JN246444

緑風出版

ブロック大学における批判的動物研究の発足に向け多大な示唆を与えてくれた
「動物たちを守るナイアガラ活動チーム」のキャサリン・エンス氏、
動物解放戦線の共同創設者ロニー・リー氏、
ならびに、暴力・抑圧・搾取を消し去るため
思いやりに満ちた奮闘に身を捧げてきた
世界各地の動物の権利活動家たちに、本書を捧げたい。

謝辞

貴重な助言によって本書の質を高めてくださったファーンウッド出版の編集長キャンディダ・ハドレー氏に謝意を表したい。また、綿密な原稿整理を御担当くださったペネロペ・ジャクソン氏、滞りない制作に当たってくださったビバリー・ラック氏にも御礼申し上げる。そしていつもながら、鋭い指摘と激励の言葉を寄せてくださるアツコ・マツオカ氏に感謝を申し添える。

目次

第8章　カナダにおけるエコテロリズムの捏造

※本文中の［　］は著者による注／傍注および〔　〕は訳者による注である。

第1章　幻想の世界

恐怖の操作

ニュルンベルク軍事裁判が進行していた一九四六年、ナチスの軍事指導者ヘルマン・ゲーリングは、独房を訪れた米陸軍大尉の心理分析官G・M・ギルバートに向かい、全体主義のからくりを論じつつ、一集団がいかにして社会全体を動かし、恐怖の操作を通して目標への合意を取り付けるかを明かした。ドイツ人は陰謀や差し迫った脅威などを語る言説に不安を煽られ、過激な政策の支持へと流れたのだという。恐怖を利用することで政治家が大衆を操る、その方法をゲーリングは説明した。

いや、無論、国民自身は戦争をしたがらんさ。……しがない農夫が戦争に命を賭けたがるわけがないだろう。戦争に巻き込まれたくなければ、傷を負わないうちに畑へ戻るに越したことはない。普通なら一般人は戦争を望まないもので、それはロシアでもイギリスでもアメリカでも、いやその点に関してならドイツでもそうだ。当たり前のことだよ。だが結局のところ、政策を決めるのはその国の指導者であって、国民を誘導するなど何でもない。民主制だろうと、ファシストの独裁制だろうと、議会制だろうと、共産主義の独裁制だろうと、……国民を指導者の命令に従わせるくらいはいつだってできる。実にたやすい。やるべきことは、わが国が攻撃を受けていると国民に説いて聞かせる、そして平和主義者がいれば、お前たちは愛国心が足りない、そのせいで国を危険にさらしている、と糾弾する、それだけでいい。これはどんな国でも通用する。(Gilbert 1961: 255-256)

この方法がカナダにおいて有効であるさまを示したのは、首相スティーブン・ハーパーが国民に対し、「巨悪が世界に舞い降りつつある」と警告した時だった(Harper 2015)。巨悪の正体は「暴力的ジハーディスト(聖戦士)」であるとみたハーパーは、その勢力拡大について述べ、さらにこう語った。「カナダ人がこのテロリストたちに狙われるのは、我々がただカナダ人であるからという理由をおいて他にない。我々を攻撃したがるのは、かれらがこの社会を憎み、この社会の価値観を憎むからである」。ハーパーの議論は、合衆国のジョージ・W・ブッシュ大統領(当時)が二〇〇一年九月二十日に行なった議会演説を元としており、ブッシュの演説では、イスラム主義のテロリストが「我々の自由を憎んでいる」との主張が語られた。「カナダに宣戦布告」したジハーディストたちの脅威を引き合いに出しながら、ハーパーは「カナダ国民の安全を守る」ため、「カナダ軍を国際的大連合と結託させ、いわゆるダウラ・イスラーミーヤ(注1)に対抗させる」と

注1 「イスラム国」と訳されるイスラム主義の武装組織。正式名称は「イラクとシャームのダウラ・イスラーミーヤ」(ISIS)。「イスラム国」という呼称は直訳であるものの、イスラム教信仰に対する偏見を助長するおそれがあるため、本書ではアラビア語の呼称「ダウラ・イスラーミーヤ」を訳語に用いることとした。なお、原文では(ハーパーの引用以外も含め)英訳の Islamic State を用いている。

誓った。この措置を確固たるものとすべく、二〇一三年にはテロリズム防止法が、続いて法案C44こと、「テロリストからのカナダ防衛法」が制定され、これによって監視力を強めた諜報機関、カナダ安全情報局（CSIS）は、カナダ国境に縛られず、「五つの目」と称する国際諜報協定の加盟国（オーストラリア、ニュージーランド、イギリス、アメリカ）と連携してセキュリティ任務に当たれるようになった上、CSIS内部の人事と情報源を機密事項とすることを認められた。ハーパーはさらに、カナダ国民を「巨悪」から守るためと称し、二〇一五年には対テロリズム法を制定した。

言葉は力を持つ。合衆国の元国家安全保障担当補佐官ズビグネフ・ブレジンスキーは、ブッシュ政権の進める「テロとの戦い」が恐怖の文化を生み、イラク侵攻をはじめとする政策に大衆の支持を集めたと指摘した（Brzezinski 2007）。ブレジンスキーがみるところ、これは「国家的洗脳作戦であり、「その推進に当たったテロリズム事業者ら」はテロの専門家を名乗りながら、その実は「大衆に向かって、新たな脅威が迫っていると説くことをなりわいとする」。その新たにつくられた脅威の中に、最も脅威とはいいがたい存在、動物の権利運動がある。

人間以外の動物の搾取・苦痛をなくしたいという思いやりと願いに発するこの運動は、圧倒的多数が非暴力を旨とし、その支持者が故意の殺人を犯した事件は過去に一度もない。あらゆる社会運動の例にもれず、動物活動家のあいだでも目標と戦略は分かれ、平和的な手段を好む立場もあれば施設破壊におよぶ立場もある。後者は時に暴力とみられるものの、そうした行動のほとんどは大きな損害をもたらしはせず、例えば毛皮用動物飼育場や動物実験施設の窓ないし鍵を壊して、そこで確実な死を迎えるはずだった動物を解放するといった程度のことに過ぎない。動物に不要な苦しみを与えてはならない、というのは西洋社会のほぼ全ての人々が抱く信念であり、多くの人はさらに、そうした苦痛を防ぐためならば施設侵入などの違法行為も許されると考える。食品や衣服に変えるため、あるいはさして意義のない反復実験のために動物を殺すのはまさに不要なのだから、倫理的に筋を通し偽善を避けたいのなら、私たちは菜食を実践し、動物を害悪から救う活動家の仕事を容認するのが当然であって、その意味では動物の権利運動も菜食も異常ないし「理解しがたい」ものではなく、むしろ倫理的信念と現実の行動を一致させる努力、思いやりと利他的正義にもとづく努力というべきである。(注2) また、その点に納得できないとしてもなお、動物擁護活動は大半の人がテロリズムと考える行為からはかけ離れている。しかし、動物搾取によって利益を上げる者は、活動家の思想を危険視して、その抑え込みを図るとともに、常識の範囲をみずから設定しようと試みる。動物を搾取する業者は、不誠実にも動物福祉の推進者を名乗り、「人道的」な利用や屠殺を行なうと主張する一方で、真に動物の福祉を考え利用や屠殺をな

注2　本書でいう「菜食」はビーガン、すなわちあらゆる動物製品の消費を拒み、間接的な動物利用（動物実験など）に支えられた製品も可能なかぎり避ける立場を指す。陸生動物の肉や毛皮などを避ける一方で乳製品や卵や魚介類を消費するといった立場はベジタリアンといい、本書ではこちらに「菜食主義」の語を当てる。これに伴い、菜食の実践者は「菜食人」、菜食主義の実践者は「菜食主義者」として、「主義」の有無により両者を分けることとした。なお、菜食に寄せられる典型的な質問群――「植物なら食べてもいいのか」「ライオンは他の動物を食べるじゃないか」など――については、シェリー・F・コーブ著／拙訳『菜食への疑問に答える13章』（新評論、二〇一七年）が、ほぼ網羅的に回答しているので参照されたい。

くそうと努める人々を、過激派やテロリストとみなす。

非暴力を主流とする思いやりある活動家たちを「テロリスト」に仕立て上げるため、動物産業複合体（後述）は宣伝作戦によって、活動家の目標を理解不能かつ危険なものとして描き出し、人々の共感を遠のかせる。そして、動物活動家をテロリスト呼ばわりするだけでもおかしいのであるが、なお不可解なことに、アメリカ連邦捜査局（ＦＢＩ）はそうした活動家を「国内最大のテロ脅威」に指定している（Schuster 2005）。誇張はさらに環境活動家に対しても用いられ、かれらと動物活動家は二つの脅威として、ともに「エコテロリスト」の語で括られることとなった。動物搾取と資源採掘で儲ける強大富裕な産業界の働きによって、「エコテロリズム」の言説は反対者を抑え込むのに使える便利な道具となった。一方、活動家をテロリスト指定する動きは、営利目的で動物を利用する企業にとって有益なだけでなく、絶え間ない恐怖の創出によって儲け、かつ支えられる、テロリズム企業をも潤した。

テロリズムとは何か

「エコテロリズム」は新しい言葉であり、正当に用いるならば、資源採掘という破壊的営為に直接関与する企業、動物や環境に対し日常的に暴力を行使する企業、そうした自社の活動に反対する人々を弾圧しようと警察力や現地国の軍や私兵団を用いる企業を指してしかるべきである（Nocella II 2014: 181）。ところがそれは一般的にみられる用法ではない。逆に、この言葉はそうした法人の暴力に反対する人々を指して使われる。「テロリズム」という概念は元々が曰く付きであり、研究者の立場次第で何百通りもの定義に分かれる（Schulenberg 2013）。ある行為がテロに分類されるか否かは「意図や状況による」という見方もある（Schmidt and Jongman 1988, quoted in Jackson 2009: 172）。ただし大方の見解では、政治的動機から罪なき市民を殺害して恐怖を広げる違法行為がテロリズムとされる。そこでイギリスの『ガーディアン』紙に載った社説は、チュニジアのリゾートで三八人の人々を殺害したイスラム主義者の攻撃について次のように述べた。

観光客らを狙った攻撃は正真正銘のテロリズムといえる。その意図は他のリゾート客を恐怖によって追い散らし、チュニジア経済に損害を与え、それによって罪のない何十万というチュニジア人の生活を損なうことにあった――そして、人々が困窮と喪失に苦しめば、さらに多くの若者を暴力的ジハーディズムに引き入れ、残忍な流血行為へと駆り立てることができる。（Guardian 2015）

このような殺害行為がテロに該当するという点ではほとんど異論がないとしても、他の政治的暴力（特に強国によるそれ）がテロとみなされないことを考えると、テロ指定の判断は主観的というほかない。「実際にはある集団の行為が『テロ』とみられるか否かは、その行為自体の性質によるよりも、むしろ当の集団が政治的・文化的にどれだけの正当性を認められているかによることの方が多い」（Jackson 2009: 173）。「テロ」という言葉の政治性が浮き彫りになった例として、二〇一五年六月にサウスカロライナ州の教会で起きた銃撃事件が挙げられる。九人の人々を銃撃した犯人デュラン・ルーフは人種差別を表わすマークで身を飾り、犯行の政治的動機を語る差別的声明文を書いていたにも拘らず、FBIの長官ジェームズ・コーメイはこの事件をテロとは思わないと語った。

> テロというのは、公共団体や市民に影響を及ぼす目的を持った暴力行為もしくは脅迫行為ですから、政治的な色彩が濃いものでして……私の知るかぎりでは、この事件は政治的行為に当たらないと思います。(Downie 2015)

「人種戦争」の開始を意図した白人至上主義者が九人の民間人を殺害したこの事件は、コーメイの目にはテロと映らなかったが、そのわずか一カ月後に二人の活動家、ジョセフ・バデンバーグとニコル・キッセンが逮捕された折には、毛皮用動物飼育場からミンクを逃がしたとして、FBIは両名をテロリストと認定した。ジャーナリストで法律家のグレン・グリーンワルドは、FBIが二人を告発したのはワシントンDCで動物の権利の全国年次総会が開かれるタイミングであったことから、これは活動家を怖気(おじけ)づかせ動物救助活動をくじこうとする法律の乱用であると指摘し、同様の例として司法省が二〇一四年、毛皮用動物飼育場から動物を逃がした活動家ケビン・ジョンソンとタイラー・ヤングをテロリストとして糾弾した事件にも言及した(Greenwald 2015)。

ＦＢＩがルーフをテロリストとみなさずとも、この男が政治的意図を持っていたことは否定のしようもないほど明白である。『ワシントン・ポスト』紙は当の事件を「まぎれもないテロ行為」と断定した上で、「テロ」という語は普通、白人以外の、特にイスラム教徒の犯罪行為に対して用いられる反面、白人至上主義者や〔右翼の〕反政府組織による行為を指す例はメディア上に見られないと述べた（Philip 2015）。実際、「テロ」の定義はほとんどが支配者サイドの視点から概念化されたもので、それが指し示すのは普通、権力や現状に異を唱える者、あるいは、かつてアルゼンチンに君臨した独裁者ホルヘ・ラファエル・ビデラが端的に述べたところの「西洋文明、キリスト教文明に反する思想を広める者」（Butko 2005: 148）のことである。国連は次のようにテロリズムを定義した。

> 民間人、もしくは武力紛争において積極的な戦闘参加をしていない者に対し死や重傷をもたらすことを企図した行為で、その目的が行為の性質およびその時の状況からして、人々の脅迫、あるいは、政府や国際機関に向けた特定行動の要求ないし特定行動取り消しの要求にあると判断できるもの。（United Nations 1999）

ＦＢＩのウェブサイトは合衆国法典の第一一三Ｂ章に依拠して、テロリズムを「連邦法ないし州法に違反する暴力行為、および人命を脅かす行為」と定義し、特に「その意図が⑴民間人を脅迫・威圧すること、⑵脅迫・威圧によって政府の政策に影響を及ぼすこと、または⑶大量破壊・暗殺・誘拐により政府施策を左右することにあると考えられるもの」と限定を加えている（Federal Bureau of Investigation n.d.）。

こうした定義は一般にテロと考えられる行為とおおよそ一致する。テロと聞いて多くの人が思い浮かべるのは、二〇〇一年に世界貿易センターとペンタゴンを襲って数千人を殺害した同時攻撃、あるいは一九九八年八月にケニアとタンザニアで起こったアメリカ大使館爆破事件、二〇一五年一月にパリの新聞社「シャルリー・エブド」のオフィスを襲った殺人事件、二〇一五年十一月にパリを襲った同時攻撃、二〇〇八年十一月にイスラム主義組織ラシュカレ・トイバが企てたムンバイ同時攻撃、それにアフガニスタン、イラク、リビア、シリアで、記者や救援隊員、兵士、村民、コプト正教徒を襲うＩＳＩＳの首切り事件などであろう。法人メディアは国家のテロ行為に目を向けず、「世界最悪の途方もないテロ作戦」、すなわち無人機（ドローン）を使ったアメリカ合衆国の「世界的殺戮作戦」（Chomsky 2015）にすらも光を当てようとしない。そして合衆国のテロ対策機関、国家テロ対策センターは、テロリズムの定義から国家によるテロ行為を除外している。

> 「テロリズム」とは、政治的動機を背景に局地的集団や秘密結社が非戦闘員を標的として行使する計画的暴力を指す。（National Counterterrorism Center 2006）

この定義が実行犯や犠牲者の範囲を恣意的に限定してあるのは見過ごしがたいが、それはさておき、罪のない人間を殺害するという点が一般にテロリズムの重要な要素と考えられていることは論をまたない。非暴力を主とする動物擁護活動が「テロ」とされるのは、この強い政治色を帯びた言葉がいかようにも解釈できるせいで、概念の混乱が起きていることを示している。ＦＢＩの高官や政府役員が動物活動家を合衆国一のテロ脅威とみなすのがいかに不条理かは、暴力に反対する活動家たちの取り組みを、歴史上に現われた真のテロリズムと比較してみれば分かることで、後者はグローバル資本主義を維持しようとする強国が数世紀にわたり、外交政策の中で「威圧の道具」として用い、二十世紀だけでもその広汎な暴力によって推定一億七〇〇〇万から二億の人命を奪ったのである（Blakely 2011: 1）。活動家がテロリストと称されるのは、この言葉が至極主観的かつ政治的な意味をはらむ証拠といえる（Jackson 2009）。動物の搾取と商品化によって利益を得る企業はメディアや政府に働きかけることで、自社への批判を非合法とし、他の場合では軽犯罪とされる侵入や破壊などの行為にも、より重い刑罰を課そうとする。活動家は畜産・実験・収容・娯楽産業において当然とされている陰惨で恐ろしく残忍な営為の実態を示し企業を批判するが、エコテロリズムの言説はその批判から注目をそらす。毎年何十億もの動物を虐げる暴力について弁護を迫られるどころか、業界はみずからを「過激派の動物活動家」や「エコテロリスト」の暴力に悩まされる犠牲者と位置づけるのである。

つくられた脅威

危険な脅威をつくり出せば、侵略的な政策目標を立てる者にとって追い風となる。例えば北べトナムの哨戒艇がアメリカの駆逐艦を攻撃したとされるトンキン湾事件は、一九六四年にアメリカがベトナムへの軍事介入を拡大する決定的な口実となったが、アメリカ国防総省の諜報機関である国家安全保障局（NSA）が公表した資料によれば、この事件は「故意にゆがめられた」証拠によって捏造されたものだった（Shane 2005）。同様に、アメリカを襲った9・11は新保守主義の政策立案者らにとっては追い風となった。一九九七年に設立されたネオコン組織「アメリカ新世紀プロジェクト」の構成員である副大統領ディック・チェイニーやその主席補佐官ルイス・スクーター・リビー、国防長官ドナルド・ラムズフェルド、国防副長官ポール・ウォルフォウィッツ、防衛政策協議会会員リチャード・パール、国家安全保障会議役員エリオット・エイブラムスらは、アメリカによる世界支配の必要性を訴えた。彼らは9・11にイラクが関与していないことを承知していながら、この同時攻撃はイラクの石油を支配する好機であると考えた。そこでラムズフェルドは二〇〇一年九月十二日、ブッシュ大統領の顧問団に、すぐにもイラクを攻撃するよう勧告した。

こうしたことに似て、エコテロリズムの脅威をつくり出すのは動物産業複合体を構成する企業にとって有益な施策であり、それというのもこの業界は批判勢力を封じるために多大な警察力や法的措置を必要とするからである。それらの企業は元来、経済活動のなかで人間以外の動物を利用・虐待し、環境に悪影響を及ぼすことで批判を浴びている。活動家をテロリストに仕立て上げれば、企業やその代弁者である政治家らは人々の恐怖心を煽り、批判者を黙らせる警察力の強化や抑圧的な法制定を正当化できるというわけである。

その一例として、アラスカ州の下院議員ドン・ヤングが、9・11はエコテロリストのしわざだったのではないかと述べたことが挙げられる（Grove 2001）。アメリカで最も腐敗した政治家として何度も指名されたことのあるヤングは、環境活動家を反米的だと言って攻撃し、アラスカの北極圏国立野生生物保護区で石油掘削を進める計画に賛同し、絶滅危惧種を狙った狩猟活動を肯定し、二〇一〇年にメキシコ湾で起こったような大規模な石油流出事故が環境災害にはならないと主張する。平和的な動物活動家や環境活動家をテロリスト呼ばわりする一方で本物の暴力団体を是認するヤングは、二〇〇九年、反政府組織のアラスカ平和維持市民軍〔極右の武装勢力〕が政府の銃規制に対抗しようと武力蜂起を呼び掛けた際、その声明文に署名してもいる。二〇一一年には同組織の四人が違法銃器の所持により逮捕されたが、その武器類にはアサルトライフルやマシンガン、グレネード、何千もの弾薬などがあり、いずれも判事や州警察の殺害に用いることを意図したものだった。ヤングは全米ライフル協会の役員を務める熱烈な狩猟愛好家で、海洋哺乳類救出支援改正法を後援したとの理由から不条理にも全米人道協会（HSUS）の表彰を受けた時にはこれを辞退し、HSUSと「動物の倫理的扱いを求める人々の会」（PETA）を過激派組織として非難した。[注3]

資本主義に駆られた業界団体は、恐怖を煽って政治を操作し、活動家をテロリストとして糾

注3　HSUSとPETAはともに、署名運動から啓蒙、潜入調査まで、多彩な活動に従事する動物擁護団体。後者は日本においても毛皮や革製品に反対する抗議デモなどを実施している。

弾するため、ロビイストや政治家を利用する。二〇〇二年に競争事業研究所が主催したイベント「過激派エコ活動をどう防ぐか――自由企業、私有財産、アメリカ式ビジネスを保護するための立法・法執行・対話戦略に関する会議」の中で、合衆国下院議員スコット・マッキニスは動物解放戦線（ALF）と地球解放戦線（ELF）[注4]をアルカイダになぞらえ、かれらを国内一のテロ脅威と述べたFBIの言葉を引き合いに出して、企業と政府による取り締まりの強化を呼び掛けた。「危機管理」会社ニコルス／デズンホールの最高経営責任者ニック・ニコルスは、活動団体を「危機製造産業」と呼び、その統括に当たるのは「無政府主義者、マルクス主義者、技術嫌悪者、時代錯誤者」だとののしった（*CounterPunch Wire* 2002）。マッキニスはELFの攻撃をPETAが財政支援したとして、団体活動の捜査を求めた。さらに、ほか六人の下院議員とともに大手の環境団体へ書面を送り、エコテロリズムを9・11の攻撃になぞらえつつ、そうした活動を認めないことを公式に宣言するよう要請した。強硬的態度が盛り上がりを見せるなか一部の団体は程なくして圧力に屈したものの、環境NGOグリーンピースの事務局長ジョン・パサカンタンドに言わせれば、この動きは人々の愛国主義に働きかけて環境問題への関心を失わせる策だった。テロ対策を名目に政府権力が強まれば、民主主義で認められた反抗の権利を行使する市民が、いたるところで取り調べを受けることとなろう、と警鐘を鳴らしたパサカンタンドは、環境団体を叩くマッキニスの目的が、自然保護区での石油採掘に反対する市民運動の弱体化にあると指摘した。

　カナダではアルバータ州のタールサンド開発をはじめとする資源採掘の環境影響を憂慮する人々の運動が、安全保障上の脅威として、暴力的ジハーディズムの脅威と一緒くたに語られる。

カナダ政府と王立カナダ騎馬警察は、憂慮する市民を「反愛国的」な批判者、「カナダの石油開発に反対すべく高度な組織化を遂げ大きな財源も備えた発展中の勢力……社会が化石燃料を頼りとすることに異を唱える……平和的活動家・戦闘員・暴力的過激派」とみなした（MacCharles 2015）。エコテロリズムの脅威はここでも、人々の恐怖心を操る政治家や資源採掘産業にとって有益に働く。警察や治安当局、民間警備会社は、新しい脅威がつくられることで収入や仕事が増えるなど恩恵に浴し、並みいる「テロリズム事業者ら」は専門家の立場からその脅威に関する知見と情報を提供する。この現実離れした、むしろバカバカしくすらある「脅威」を真剣な問題として確立するため、一方（ひとかた）ならぬ努力が傾注されて、富と力の支配を支える幻想の世界がつくり出された。

種差別主義

種差別主義とは、生物種のみにもとづいて存在の価値を決める態度を指す。これは人種差別や

注4　ＡＬＦとＥＬＦは、直接行動を主眼として施設破壊や動物救助などを行なう有志の集まり。しばしば「テロ組織」と称されるが、両者とも中心組織は設けておらず、ＡＬＦ、ＥＬＦの指針に同意する各個人が主体となる。ＡＬＦの行動理念（ALF Credo）については、公式サイトに日本語版があるので参照されたい。http://www.animalliberationfront.com/ALFront/Actions-Japan/ALF_Credo-Japanese.htm

性差別と同じく、道徳に関係のない差異をもとにして他者への接し方を変えるという点で、多くの識者から偏見の一種とみられている。哲学者トム・レーガンはやはり種差別主義を偏見と断じ、動物は有情（うじょう）の存在、生の主体であって、「信念や……願望、知覚、記憶……未来像……快苦の気持ちに彩（いろど）られた感情的生、好みや幸せを追う関心、行動を起こす能力……定まった心身の個性、および個としての幸福」を有し、内在的価値を宿すがゆえに、他の者の目的達成に向けた手段とされてはならないと論じた（Regan 1983: 243）。種差別主義は基本的利害の扱いに差異を設ける。法学者のゲイリー・フランシオンは、人間以外の生きものに財産としての地位を与えることがかれらの利益を損なう大きな元凶とみて、動物利用の全廃を唱え、菜食を道徳の基礎に据える（Francione 2011）。社会学者デビッド・ナイバートは種差別主義をイデオロギー、すなわち現状の社会秩序をよしとする世間共通の思想・価値観・信念とみて、これが経済搾取、力の不均衡とともに、抑圧の重要側面をなすと捉える（Nibert 2002）。人間の抑圧と他の動物の抑圧、双方の絡み合いを唯物論の立場から分析するナイバートは、資本主義が抑圧を激化させていった過程を歴史的見地から浮き彫りにする。資本主義のもとでは切り離し〔マルクス用語でいう「疎外」〕が頂点に達し、人間は自分自身からも他の人間からも自分の生産物からも、また他の生物種、自然からも切り離され、ゆがんだ意識に動かされながら、他の動物に恐ろしい暴力を振るい、かれらを一切の関係性から隔たった商品へと変える。商品化された人間以外の生命はもはや内在的価値を宿す個としては扱われず、交換価値しか持たないモノとなり、他者によって値打ちを決められる。畜産であれば、動物の商品化は生活の質を無視し、最小の費用で最大の生産をめざし、動物自身の負担を顧みず最大の効率性を生み出す工場式飼育の手法を用いることで達成される。

［さまざまなイデオロギーによって］良識を狂わされた私たちは、他の種に属する存在をさいなむ、みずからの途方もない暴力と蛮行、かれらに強いる境遇について、目を向けることをやめてしまった。人間以外のほぼ全ての存在に対し、私たちは共感や同情、懸念を寄せまいとする。私たちは何の気づかいもなく私たちの労働をかれらに課し、私たち自身の手、私たち自身の機械が生む責め苦によって、他の存在が悲痛にうなり、涙し、叫びをあげても、それについて何一つ考えようとはしない。（Sayers 2014: 534）

切り離しを通して、人間は他の存在を食料、労働力、娯楽の道具、実験材料、神への供物（くもつ）に変え、かれらを奴隷となし、工場式畜産場、屠殺場、実験施設、その他、制度化された暴力を行使する場において筆舌に尽くしがたい蛮行におよび、その上でなお、かれらは苦しまない、苦しむとしてもそれは重要ではない、人間はかれらを支配する権利がある、と自分に言い聞かせる。マルクス主義では工業労働者こそが最も搾取される商品だとされるが、いま必要なのは、「全く新しい語り」によって人間以外の動物が人間の支配下で何を味わっているかを知り、かれらを「資本主義の檻に閉じ込められた最も不幸な存在」（ibid.: 535）と認めることである。

エコフェミニストは抑圧の交錯を捉え、女性の抑圧と人間以外の生きものの抑圧を結ぶ関連性に光を当てて、フェミニズムの配慮（ケア）の伝統を礎（いしずえ）に他の動物と倫理的な関係を築くことが必要であると訴える。そうした関係構築のため、ジョセフィン・ドノバンは倫理的観点から共感を重視し、これが単なる感情の働きではなく、注意と観察にもとづく認識力・想像力の働きであって、正義の土台になると論じる（Donovan 2007）。ジョン・サンボンマツは、メタ人間主義（ヒューマニズム）、すなわち人間中心主義を脱して、苦しむ者すべての解放をめざす、社会主義に根差した新しい人間主義を、配慮の倫理によって導き、これを単なる独自意見ではなく社会的な運動に育て、自と他の解放、人間と人間以外の者の解放へと向けなければならないと説く（Sanbonmatsu 2007）。

動物の権利運動は人間以外の動物を思いやる長い伝統に起源をもつ。しかし他方、人間以外の動物は人間によって搾取され、抑圧され、犠牲にされてきた歴史を負い、その裏には人間と他の動物を峻別（しゅんべつ）する思想、人間を道徳的優位に立たせる思想があった。それを正当化するため、人間は神から支配権を授けられたという説や、人間だけが魂・理性・言語・道具使用能力・感情・自己意識を持つとの説が唱えられる。しかし、人間と他の動物の差異は程度によるものであって種類の違いではない、とチャールズ・ダーウィンは言った。倫理的配慮の条件とされる特徴は人間だけでなく他の種にも具わっており、また人間と他の種を分かつ特徴は倫理に関係するものではない。にもかかわらず、人間例外主義という誤った観念が、動物を人間用の商品とすることを許してきた。他の動物の抑圧は資本主義の誕生以前から存在したものの、資本主義によって強化され、巨大な世界規模の破壊構造を生み出した。世界に裾野を広げる動物産業複合体の広汎な制度化された権力と、それがつくり広めた根深い種差別主義のイデオロギー、活動家はこの両者に立ち向かわなければならない。

幻想の構築

新自由主義は福祉国家を大いに切り崩し、社会支出を減らしてその金を軍事・警備・監視の方へ振り向けた。社会支出の削減は富裕層の減税と一体になって貧富の差を広げ、あらゆる意味において公共の福利を損なった。新自由主義の文化政治は暴力をはびこらせ、私有主義を讃え、軍国主義を培い、隔離と恐怖の生産をうながす。カナダでは権力の統合をめざすハーパー政権が、新自由主義の政策を推し進める目的から宣伝活動と法制定を通し、法と秩序、安全（公安、犯罪の厳罰化、被害者の権利、移民の規制）、軍国化（戦争賛美、軍事と結びついた国民性の構築）、それに国内外の危機（イスラム教徒、環境活動家）からの防衛を前面に打ち出した（Kozolanka 2015）。絶え間ない脅威の創出によって、恐怖心は人々の同意を取り付ける手段として使われるようになった。

資本主義が人々のために整えた幻想の世界では、不都合な真実が覆い隠され、なじみのない思想が抑えつけられる。抑圧と搾取のシステムから利を得る者は、それを自然で適切で人道的なものだといいながら、反抗者を攻撃し、批判勢力を妨害・愚弄・周縁化することで自身らの権力への糾弾を封じ込める。このシステムのもとでは、利益目的で動物を利用・殺害する所業が当然のこととみなされる。資本主義は全ての存在を商品化するが、それは種差別主義のイデオロギーに合流してそれに形を与える。種差別主義の観点からすると、人間以外の生命はすでに搾取の許される標的である。人間以外の動物の搾取は、膨大というより、ほとんど把握のしようもない規模で行なわれており、代表的な試算では、毎年食用のために殺される陸生動物が五八〇億匹にのぼる一方、魚その他の海洋動物については水揚げ重量のデータしかなく、殺された数すら分からない。個々の動物は各々が情感ある生きものであり、人間の手によって恐ろしい苦しみを味わう。私たちは工場式畜産場において信じがたい拷問を働き、社会性と感受性と知性のある生きものを身動きもできない檻に閉じ込め、家族から引き離し、病気にさらし、切り刻み、引きずり回し、痛めつけ、最後には屠殺する。商業漁業によって捕殺される動物たちは網の中で折り重なって押しつぶされ、水から出されて息を封じられ、感覚の通う体に釣り針を刺され、はなはだしい責め苦を負わされる。搾取は個の苦しみを生むにとどまらず多くの生物種の絶滅をも招き、さらには人間労働者の搾取、人々の健康問題、環境破壊、破滅的な気候変動を伴うことで、文明崩壊、それどころか人類の終焉すらも引き起こしかねない。この倫理的にも政治的にも深刻な問題があってなお、搾取産業でうるおう者らは批判をはぐらかし、そうした懸念を過激な極論として遠ざける。

制度化された蛮行と苦痛のシステムに対し、真摯な人々が当然の疑問を呈し変化を求めても、動物の権利に反対する言論は抑圧と搾取をかばい、正当化する。資金豊富な有力企業の後援を受け、人間例外主義を奉じる者たちの強い信念によって拵（こしら）えられたその言論は、とてつもない規模で遂行される虐待的で残忍な暴力慣行を、容認可能な普通の行ないのごとく思わせる。その証拠に、現代社会は人間以外の動物に対する暴力的搾取の上に成り立っている、と主張しても、すぐには多くの人々に理解されない。動物への暴力は当然のこととされている上、ある意味ではそれがあまりに行き渡っているせいで目に入らなくなっている。暴力の痕跡はスーパーマーケット、レストラン、デパートなど至る所に溢れるものの、殺害は視界の外、消費者が見ずに済むところで行なわれるのが普通であり、そこで搾取される労働者たち自身も、みずからが動物に加える残忍行為によって傷つけられる。[注5] 殺しを擁護する者の多くは、動物が「そのために産まれてきた」と言うが、まさにその事実こそが犯行をより甚だしく、よりおぞましくする。それは殺害と称するのが妥当でありながら、そう表現するのは不自然に思われる。というのも私たちは、殺害という言葉が人間を殺した時にだけ当てはまると考えるよう仕向けられているからで、例えば「生命倫理学者」を名乗るウェスリー・J・スミスは、『ナショナル・レビュー』誌に載せたコラム「人間例外主義」の中で、こう述べる。「殺害されうる存在は人間だけである」、なぜなら「殺害とは法に反して人間を殺す行為と定義されるからである」（Smith 2010a）。これは循環論法であって、最初の命題に結論が含まれている上、何の情報も加えず、何の証明も行なわない欠陥論理に他ならない。人間以外の動物に平等な配慮をおよぼすことを拒み、それを擁護しようとする者を貶め遠のけ罵る言論は、こうした循環論法の上に成り立っている。

犯行の否定は序の口にすぎない。種差別主義にもとづく現状を維持しようとする者は、それに

注5　屠殺場の労働者は苛酷な業務のせいで様々な疾患や負傷に見舞われる。この問題についてはテッド・ジェノウェイズ著／拙訳『屠殺――監禁畜舎・食肉処理場・食の安全』（緑風出版、二〇一六年）を参照されたい。

異を唱える者を執拗に過激派やテロリストと呼ぶことで現実を逆転させ、動物への制度化された蛮行や暴力（社会に浸透していながら暴力とすら見られていないところの構造的暴力）に反対する勢力を、逆に暴力的犯罪者として非難する。これは故意の殺害におよぶ実際のテロリストと、非暴力的な活動によって殺害を防ぎ動物を守ろうとする活動家とを同一視する企てである。しかも、一部の活動家が時に物的損害をおよぼすのは認めるとしても、それをしない者たちまでテロリストとされる。「テロ」というレッテルが使われると、道徳的・政治的に、ある種の暴力が過小評価され、ある種の暴力が過大評価される傾向が生まれる。国家によるテロ行為という最大のテロリズムを別にしたところで、中絶医を殺してクリニックを破壊する者が犯罪者と呼ばれるかたわら、動物を助けて壁にスプレーペイントを施す者がテロリストと呼ばれるのは、この中傷が偏った恣意的な判断によることを物語っている。アメリカでは動物関連企業テロリズム法（ＡＥＴＡ）〔動物産業に経済的損害をおよぼす活動をテロリズムに指定して取り締まる弾圧法〕などの法律が都合よく特定種の政治活動だけに矛先を向ける。このようにいびつな優先順位をつけると、よりテロリストの称号にふさわしい人物を取り締まるための注意と投資力が、あらぬ方へそらされてしまう。

動物産業複合体

動物産業複合体は、人間以外の存在の搾取と商品化をなりわいとする様々な産業にまたがった政府・企業・科学機関のネットワークであり（Noske 1997）、動物の権利運動を経済的利益に対する脅威とみる。デビッド・ナイバートはその著『動物・人間・暴虐史』[注6]の中で、人間以外の動物の搾取に直接関与する「牧場経営者、穀物生産者、工場式飼育場、屠殺場」などが「ファストフード産業、小売会社、広告会社」と一体になって、「金融機関や政府機関、ロビイスト、政治家との癒着を深めつつ、強大なネットワークを形成し、他の動物の食用消費をなお一層うながした」経緯について叙述する（Nibert 2013: 189）。二〇一一年の論文でナイバートは、おもに人間以外の動物の食用利用に注目しながらも、動物産業複合体には医療産業や製薬産業も含まれると指摘しており（Nibert 2011: 207）、私たちはここへさらに農業化学産業、バイオテクノロジー産業を加えることができる。ナイバートはさらに、動物産業複合体と軍産複合体が「互いを補強し合う支配システム」であると述べ（Nibert 2014: x）、その起源と歴史的発達を解明している。ただし動物産業複合体は他にも、人間以外の動物を搾取する狩猟・娯楽・服飾雑貨・ペット取扱い・国際野生動物取引産業、等々をも包含する。さらに、世界自然保護基金（ＷＷＦ）やザ・ネイチャー・コンサーバンシーなどの環境保全団体は、自然を「資本とみなし、新しいエコ消費の可能性や金銭的報酬を生み出す生産活動の基盤として評価する」のに加え、「略奪的な資本蓄積や消費文明……を応援する」ことから、動物産業複合体の一部をなすといってよい（Spash 2015: 二）。ＷＷＦは世界の最富裕層である「産業資本家、慈善家、超保守派、上流階級の自然愛好家」らが寄り集まった上層民の組織で、カーギル、コカ・コーラ、モンサント、シェルなどの企業

注６　デビッド・ナイバート著／拙訳『動物・人間・暴虐史――〝飼い貶し〟の大罪、世界紛争と資本主義』新評論、二〇一六年。

とも繫がりを持ち、「進んで食料・エネルギー部門の大手にサービスを提供しつつ、業界にエコ志向の進歩的なイメージを与える」(Vidal 2014)。こうした組織は動物の権利や菜食を支持せず、代わりにスポーツ・ハンティングを奨励し、法人企業のほか世界銀行などの国際金融機関とも手を携え、独自に定義した持続可能な発展を呼び掛ける。(注7) 動物産業複合体に含まれるものとしては他に、改革派の団体であって、動物福祉を気にかけているといいながら公然と菜食(さらには菜食主義)を拒み、動物を搾取する企業と協力関係を結ぶ組織、例えばHSUSやホール・フーズなどが挙げられ、これらは新市場の開拓を企図したミートピア〔高級肉消費の祭典〕などの催事において、「ハッピー・ミート」〔いわゆる「人道的」畜産物〕の応援者に名を連ねている(LaVeck and Stein 2012)。

動物業界はカナダ肉牛生産者協会、カナダ養鶏農家組合、カナダ採卵業者組合、全米養鶏協会、全米酪農生産者連盟、全米豚肉協会、全米家禽鶏卵協会などのロビー団体を動かすとともに、食料農業連盟、「消費者の自由センター」、全米動物福利連盟、生物医学研究基金、全米農家・牧場経営者連盟ほか多数の偽装団体に連帯・融資しながら、利害を共有する者として、個別には関係ない事柄まで含め、あまたの問題に目を光らせる。スミスフィールドやタイソンなどの強大な畜産企業とともに、動物産業複合体にはカーギルやアーチャー・ダニエルズ・ミッドランドのようなアグリビジネス企業、ダウ・ケミカルやモンサントやシンジェンタなどの農業化学企業、バイエル クロップサイエンスやダウ・アグロサイエンス、デュポンなどのバイオ企業、畜産用の抗生物質をつくるエランコなどの製薬会社、バーガーキングやマクドナルドなどのファストフード・チェーン、それにコストコやウォルマートなどの小売店も含まれる。活動家たちは倫理・経済・政治面からの批判を行ない、人々はかれらの暴露した工場式畜産場や屠殺場の制度化された暴力を知るとともに、大々的な汚染肉リコールにおののき、大腸菌中毒やサルモネラ菌中毒の大規模発生にうろたえるので、動物産業複合体は宣伝作戦に心血を注ぎ、自分たちの業務が正常かつ安全であることを世に訴える。各企業が宣伝に投じる額は莫大なもので、カーギルは二〇一一年に一七億九二〇〇万ドルを費やし、ブラジルの食肉加工会社JBS S（エッセ）・A（アー）は二〇一〇年に一五億九四〇〇万ドルをつぎ込んだ（Counting Animals 2012）。商品を宣伝するのもさることながら、業界は巨額の広報活動によって工業的農業システムそのものを守ろうとしており、これは工場式畜産を基本として、動物に抗生物質その他の薬剤を大量投与し、除草剤、農薬、飼料添加物、バイオテクノロジー、遺伝子組み換え技術をふんだんに用いる農業形態である。四つの同業組合であるアメリカ食肉協会、バイオテクノロジー産業協会、クロップライフ・アメリカ、食料品製造者協会は、産業振興のため二〇〇九年から二〇一三年のあいだに六億ドル以上を投じた一方、独立の組織を名乗る一四の業界偽装団体は一億二六〇〇万ドル以上を費やした（Hamerschlag, Lappe and Malkin 2015）。化学・製薬業界も同様の投資を行なっており、二〇一三年にはモンサントが九五〇〇万ドルを市場開拓に、ジョンソン・エンド・ジョンソンが一七五億ドルを販売宣

注7　WWFの欺瞞と犯罪については、ヴィルフリート・ヒュースマン著／鶴田由紀訳『WWF黒書——世界自然保護基金の知られざる闇』（緑風出版、二〇一五年）が詳しい。

伝に用いた（Swanson 2015）。二〇〇九年にはファストフード業界が、おもに子供を狙って四二億ドルを広告費に使った（Harris, Schwartz and Brownell 2010）。活動家、科学者、ジャーナリストを攻撃するかたわら、企業とその偽装団体は学術界にも資金を提供して都合のいい報告を書かせ、農家や牧場経営者には訓練教程の学費を援助して企業のメッセージの効果的な伝え方を教える。業界とロビイストは政党にも巨費を献金しており、その資金に支えられたアメリカ立法交流評議会のような組織が、企業を利するＡＥＴＡや、いわゆる「畜産猿轡（さるぐつわ）」法（畜産施設の撮影等を違法化する法律）を制定する。宣伝を展開し、市民活動を違法化するのに加え、業界は利益を脅かす動物の権利運動をつぶそうと、その財政基盤の弱体化を図る。全米動物福利連盟はウェブサイトにおいて「ＰＥＴＡをはじめ、税控除を受ける多数の動物の権利団体が大衆をだまし、暴力を認め、テロに資金を流している」と述べ、そうした団体を税控除の対象から外すよう求めている。

動物の権利運動は経済的な利益を脅かすだけでなく、動物搾取を本質とする産業の存在基盤、存立基盤をも脅かす。それらの産業は男性原理も反映して、ハンターやカウボーイは「男らしい」仕事とされ、肉食もまた男らしさと結び付けられる。搾取を弁護する者の中には動物の権利運動が文化を脅かすと論じる向きもあるが、それはまるで文化が変遷や進歩と無縁であり、人の行動は修正が利かないと言うようである。搾取を認め動物の権利をそしる言論は、それに関連した一群の政治的立場と繋がることが多く、資本主義、家父長制、人種差別を肯定し、中絶や銃規制に反対し、宗教的で、家族の伝統に固執し、法と秩序を支持する傾向がある。左翼による動物の権利反対論もまた、制度化された動物搾取という構造的暴力に目が行かず、左翼自身の標榜する社会正義の理念そのものに背いて人間以外の存在に対する抑圧を認め、大抵はその苦しみを過小評価するか、でなければ人の気づかいは人間か他の動物かどちらか一方にしか及ぼせないごとく述べ立てる。しかし、そう考える必然性はなく、種を基準に思いやりを限定しなければならない理由もない。なお、左翼が無関心なのは動物搾取だけでなく、後述する肉食の環境影響についても同様であり、例えばカナダの作家ナオミ・クラインの地球温暖化に関する有名な著作（Klein 2014）はこの問題を完全に無視している。右翼の政治観は自集団以外の人間に対しても差別的かつ弾圧的なまなざしを向けるので、人間以外の存在にも同様の態度を示すのは驚くに当たらないものの、嘆かわしいのはそうした見方が、他の搾取に対しては批判的な人々からも問題にされないことである。動物産業複合体はこうした根深い偏見や種差別的な人間観をよりどころとし、それを利用することで、暴力と搾取を正常と位置づける。

資本主義に対抗する動物の権利

他者への想いと思いやりを訴える動物の権利運動は、資本主義の根幹をなす価値観である利己主義・私欲・競争に異を唱える。反戦、市民権、フェミニズム、同性愛者解放、環境保護、資本主義反対、法人グローバリゼーション反対などの運動は、いずれも社会の序列や帝国の権力に反旗を翻す。

確立された特権を放棄するよう迫られてきた者たちにとって、動物の権利は「譲歩の限界」、これまでにない常識はずれの要求と映る。種差別主義の言論は搾取を自然で人道的でさらには親切に思わせる一方、思いやりを幼稚で取るに足らないとみてあざ笑う。動物搾取を支えるイデオロギーは、資本主義社会にふさわしい道具的・経済的価値観を人々に植え付ける。本質をいえば、動物の権利に反対する者は自己利益を守りたいのであって、それは産業規模の動物殺戮から得られる会社の利益でもあれば、その殺された生きものの肉を味わって得られる卑小な欲求の満足でもある。大半の人々は自分を悪魔と見たくはないので、自己肯定的な考え方を求め、他者への仕打ちを正当化しようと試みる。一般的な方法の一つは、自分の支配下にある者を貶め、その生命を価値の劣るものとみることである。これは人種差別、性差別の歴史に見られる常套手段であり、どちらにおいても、下位に置かれた者はことあるごとに動物的な性質や特徴と結び付けられた。下位の者は「猿」「害虫」「牝牛（めすうし）」などと呼ばれ、抑圧を正当化するに当たっては、かれらの精神性が原始的な水準以上に育たないとの説が唱えられた。こうした言説が不平等を支えるのは、そもそも人間が他の動物より優れているとの想定があるからで、ことによっては人間の動物性を一切否定する神秘めいた人類起源説や人間優位論を信奉する考えがその根底をなす。

私たちはみずからを理性的・精神的存在とみて賛美し、他の動物を貧相な世界経験しか持たない道徳的に些末な存在とみて別枠あつかいするにとどまらず、後者を所有物や商品の地位にまで追いやる。人間以外の生きものを商品とみなして営利目的に利用する態度は許しがたい暴力を生む、と論じる者は、愚かな感情論者として排除される。資本主義に逆らい他の社会正義運動に与（くみ）

する人々でさえ、この基本的な現実になかなか気づかない。しかし問題は明らかであって、市民権活動家のディック・グレゴリーはこう語っている。

私は一九六〇年代初期に展開された市民権デモの「大きなもの」全て、それに「小さなもの」もそのほとんどに参加した。キング牧師の指導下にあって、全面的な非暴力を志した私は、非暴力というものがあらゆる形の殺害に反対することと悟った。聖書にある「なんじ殺すなかれ」の戒律は、人間同士の争い――戦争、暗殺、殺人、リンチ、その他――だけでなく、食用や娯楽目的での動物殺しをも制するものであると感じた。動物も人間も同じように苦しみ、死ぬ。暴力は同じ苦痛を与え、同じ流血を誘い、同じ死臭を漂わせ、同じ傲慢・残忍・野蛮のもとに生命を奪う。(Gregory 2003: 11)

革新主義者の中には、動物の権利と他の政治運動の接点を認める人々もいる。有色人女性の権利拡張に関する会合の場で、取材を受けた急進派の知識人アンジェラ・デイビスは、みずからの実践する菜食を「革命をめざす中での一行動――私たちが人間同士で思いやりある関係を築くだけでなく、この星を分かち合う他の生きものと思いやりある関係を育んで、資本主義の産業的な食料生産全体に挑む手段」であると語った(Boggs 2012)。動物産業複合体という概念をつかめば、動物の権利運動の批判対象が、いわゆる生活スタイルや消費者の選択といった軽い言葉で表現されるものではないことが理解されるだろう。人間以外の存在を商品とする発想を拒む姿勢は、消費文明の呪縛をのがれ、資本主義的消費社会の基底をなす切り離しと抑圧を見抜くことにつながる。したがって菜食は道徳の基本であって、構造的暴力に立ち向かう上での、終着点ではなく出発点である。すでに述べたとおり、この挑戦に身を投じた活動家は強大な権力と影響力を有する企業に対抗しなければならない。農薬や遺伝子組み換え生物（ＧＭＯ）を生産するＢＡＳＦ、バイエル、ダウ、デュポン、モンサント、シンジェンタなどの企業は、政治家候補者や各党の委員会に毎年巨額の献金をするほか、自社の政治活動委員会やキャンペーンに資金を投じ、もと政府役員だったロビイストを雇って、農業、製造業、化学物質、動物実験、環境保護、消費製品の安全性に関わる政策を、業界に有利なものへと仕立て上げる。その利権を擁護するのが法人メディアであり、こちらは大きな影響力を振るって、社会運動に対する特定の見方を育て、世論を形づくる。ある出来事をめぐる人々の見解は、会話、政治演説、その他の信頼できそうな情報源とともに、「メディアの報道で流れる印象的な映像」によって形づくられる（Edelman 2001: 11）。映像は「行動と思想に影響するが、既存の権力・経済構造を反映するので類型的かつ効果的であり、それが逆に公私の力関係を形成・固定化する基盤となる」（ibid.: 13）。

「印象的な映像」

動物産業複合体は「印象的な映像」と効果的な話術によって、自身らを動物福祉に関心のある者のごとく見せかけ、逆に活動家の方を頭の悪い環境保護論者やテロリストとして描く。搾取に対する倫理的糾弾や、利益を脅かす運動に直面した業界は、そうした描写を編み出して小さな変化にも反対し、それが損害を及ぼす、あるいは大きな変化の切っ掛けになると考えながら、誇張した言葉で弾劾を始める。テキサス州ドリッピング・スプリングスの学区が、健康な食生活を促す目的から「肉なし月曜日」の実施を決めた時、テキサス州農業委員長のトッド・ステープルズは日刊紙『オースティン・アメリカン・ステーツマン』に論説を載せ、これは「政治宣伝（プロパガンダ）」であって、アメリカの食生活から肉を一掃しようとたくらむ菜食人（ビーガン）たちが「巧妙に仕組んだ作戦」に違いないと非難した（Staples 2014a）。人間以外の生きものを襲う恐怖、畜産業による環境破壊、人の健康におよぶ悪影響を考えるなら、指摘の通り肉を一掃するのが賢明であるが、牧場経営・畜産・家禽・製薬業界から莫大な選挙献金を頂戴したステープルズは、そんな奨励策を「大逆に当たる」と痛罵（つうば）した。大逆は重大犯罪であり、ささやかな肉なし月曜日の目標をそのように形容するのは、この取り組みを許しがたい行為とみなすに等しい。学区が「テロリストに」味方しているのではないことを示そうと、栄養学者のジョン・クロウリーは、これが健康な食生活の促進を企図した試みであって、学校は野菜中心食を増やしてほしいとの求めに応じようとしているのだと言い、また「私どもはテキサス産牛肉を沢山メニューに取り揃えております」と付け足した上で、肉なし月曜日は肉入り弁当の持参を禁じるものではないと述べた（Klein 2014）。この事件では、ステープルズの大袈裟な騒ぎようが笑われた。偏った論説が議論を呼んだことで、ステープルズはその掲載の十日後に辞職し、テキサス石油・ガス協会の会長に天下った。肉なし月曜日を大逆と呼ぶのは滑稽に思われるが、これは動物搾取を認め動物擁護をけなす業界宣伝の延長上にある。業界宣伝は一貫して活動家を非理性的・非道徳的な者とみなし、かれらの思想を放逐しようと試みる。

動物産業複合体は穏健な改革さえも認めない。あたりさわりのない小さな改善策に反対するため企業とその政府代表者が時間と労力を傾注するのは奇妙に思えるものの、現に業界はいつでもそれをして、より大きな変化につながりそうな規制を、先手を打って封じようとする。一九八五年に合衆国の動物福祉法が改正され、動物実験は動物愛護委員会の審査を通さなくてはいけなくなった時、製薬会社はやはり反対したが、この改正は法学者ゲイリー・フランシオンに言わせれば、動物実験が政府によってしっかり規制されていることを示せる点で、むしろ業界にとって有益なものとなるはずだった。フランシオンは国立衛生研究所の研究リスク保護局で当時局長を務めていたウィリアム・ラウブの言葉を引用する。

> 我々は君たちの言うことには全て反対しなくちゃならんのだよ、でなけりゃ――君たちがあるとき口にした提案が別段どうでもよかったとしても――君たちはまた我々の元へ来て、そのうち不都合なことを言いだすだろう。だから君たちが変革を求めるたびに、我々は必ず、その反対に機会費用を投じなければならん。戦いは避けられないな、避ければ君たちは戻って来て、我々の好まない、もっと大きな変革を求めるのだろうから。(Francione and Marcus 2007)

厳しい規制を避けるために小さな改善をつぶすというのは一般的な傾向であるが、業界には様々な思惑が渦巻いており、特定利益に影響しそうな個別の改善策に的を絞って反対する企業もある。もっとも、小さな改善が実際に動物を助ける保証はなく、それらは表面的なものでしかないか、規制対象がごく限られているか、もしくは業界にとって有益だから施行されるか、ということの方が多い。したがってフランシオンは、いずれにせよ業界はそういった改善策を費用面で得とみるなり産業廃絶の動きに対抗する人道性アピールに使えるとみるなりして採用するに違いないと考え、改革ではなく廃絶をめざすよう訴える。

エコ狩り、アカ狩り

活動家をけなす業界主導の取り組みは、法と警察とメディアによる圧制の動き、いわゆるエコ狩りを生み出した。アカ狩りは一九五〇年代にアメリカの左翼やその共鳴者(シンパ)を弾圧した訴追運動を指すが、エコ狩りは法人主導の宣伝作戦が動物擁護の活動を妨げ、活動家を悪者に仕立て、その思想を危険で過激かつ異常なもののように見せかけ、それを法整備につなげて活動を違法化する試みを指す。その大きな目標は、政治的反抗それ自体に対する特定の見解を広めるとともに、恐怖の文化を維持し、市民活動を常識的な世界観に反する非理性的で危険な暴力とみなすことにある。アグリビジネスから製薬、小売食品、娯楽、軍需、それにペット産業まで、暴力的搾取に支えられた法人企業は、自社固有の利益を守る一方で、企業活動の土台である資本主義体制をも批判から守ろうとする。

エコ狩りの言論でテロとされる活動は多岐にわたり、傷害・拷問・殺害の現場からの動物救助、動物虐待の暴露や撮影、抗議やデモンストレーション、ウェブ上への情報掲載、錠前（じょうまえ）破りから放火にいたる施設破壊などにおよぶ。罪なき動物を危害から救うことが目的である以上、多くの人はこれらの活動がたとえ違法であっても賞讃をおくるであろうし、テロの定義に該当する行為はその中にほとんどない。ところがエコ狩りの言論はこれをテロだという。稀な事例では小さな爆発物が用いられたこともあり、一度、二〇〇一年には、ヨーロッパ最大の動物実験企業ハンティンドン ライフサイエンス（ＨＬＳ）の常務取締役であるブライアン・キャスが攻撃を受けたこともある。過激派の動物の権利テロ組織として広く知られる「阻止せよハンティンドンの動物虐待」（ＳＨＡＣ）は、この攻撃を「手厳しく批判」した（Kelso 2001）。

直感的に、個別の行動だけではテロといえないことは、遥かに暴力的・破壊的な国家犯罪がテロとみなされない点からも分かる。しかし国家以外の主体に目を向けても、中絶反対派やネオナチ、市民主権絶対主義者、(注8) 白人至上主義者による計画的殺人など、多くの暴力行為が、明らかにテロリズムの一般的定義に該当するにもかかわらず、そうは分類されない。二〇一二年、合衆国国土安全保障省の研究機関である国立テロリズム研究・テロリズム対策連合（ＳＴＡＲＴ）は、一九九〇年から二〇一〇年のあいだに国内右翼が犯した一四五の政治的殺人事件を挙げ、中には一九九五年にオクラホマ・シティで起きた白人至上主義者による爆破事件のような多数の犠牲者を伴う例もあったが、それをテロリズムには分類しなかった。(注9) ところが対照的に、一度の殺人も犯しておらず、人への危害を禁じる活動指針にもしたがうＡＬＦやＥＬＦを、ＦＢＩはことあるごとにテロリストと呼ぶ。右翼集団は殺人も犯して恐怖を巻き起こし、人々を脅かし、政治的主張を訴える点でよほど危険といえるにもかかわらず、国や国を動かす企業にとっては、動物団体や環境団体の方が深刻な脅威と映る。その活動家たちは自然が単なる搾取すべき資源ではないと訴え、資本主義の基底にある価値観を脅かすからである。

モノ扱いか思いやりか

人間以外の存在を資源や商品とみる代わりに、活動家は思いやりと気づかいを強調する。資本主義はそれをあざけって、人間は利己心のみに生きるのだと唱えるが、他者への思いやりは人間本性の基本的な一側面をなす。「適者生存」なる自然の掟が利己心を正当化するとの考えは根強いが、注目すべきことにダーウィンは著書『人類の起源』の中で、道徳感情や良心や共感が、高度な社会性本能を具えた動物のほぼ全てに認められると語っている（Wilson 2006: 816-837）。他者を思う心は種の壁を越える。私たちの社会では種を超えた共感が様々な形で表現され、ぺ

注８　主権者としての市民の地位を絶対視して、政府の干渉（税制や法による拘束など）を拒む人々。おもに極右の人種差別主義者からなり、武装集団を形成して有色人種や警官の殺害などを行なう。
注９　ＳＴＡＲＴの当該資料は http://www.start.umd.edu/news/far-right-violence-united-states-1990-2010 から入手可（二〇一六年十一月二十五日アクセス）。

ットを飼ったり動物園を訪れたりするような矛盾はあるものの、子供に説いて聞かせる「動物たちにやさしくありなさい」という言葉にその思いは凝縮されている。活動家は人々の心に深く根差した思いやりの感情、他者を傷つけるのは間違っていると考える心理に働きかける。

今日では食用に動物を殺さなければならない人はほとんどいないにもかかわらず、かつてない数の動物たちが殺されている。食肉消費量は史上最大の値に達し、資本主義はほとんど現実離れした規模の動物飼養・屠殺システムを生み出した。悲惨と痛苦にまみれた歪んだ生を強いながら、私たちは感覚ある生きものを、利益を生むモノ、商品へと変える。しかもこのシステムは、同時に数多くの動植物を絶滅に追いやり、人間の生存すらも環境破壊によって脅かしている。

このような行ないに身を投じる私たちは、みずからの本性と戦うことになる。活動家はそれを否定し、他者を思いやる自然な気持ちを前面に出す。倫理に一貫性を持たせるならば、あからさまな虐待を正して苦痛を減らすだけでは充分とはいえない。そうではなく、他の動物を道具として利用する行ない自体を終わらせる必要がある。人間中心的・種差別的な「常識」のもとでは、人間の優越感情、人間だけが道徳的配慮に浴する特別な地位にあるという感覚、それに人間による支配が、自然とみられ正当化されるが、活動家はこれに異議を唱える。

ブラジルの活動家は勇敢な思いやりを形にした実例といえる。二〇一三年十月十八日、およそ一〇〇人の活動家たちがサンパウロ州サン・ロケにある製薬実験施設ロイヤル研究所に立ち入り、一七八頭のビーグル犬を救出した。施設で撮影された写真や動画には、冷凍された犬の遺体や、毒性化学物質の実験にかけられる予定だった複数の犬、眼球を摘出された一頭の犬の姿があった。かつて活動家たちは施設の虐待について警察に注意喚起をしたが、何の対応もなされなかったので、みずから犬たちを加害者の手から救い出す次第となった。

これに先立つ二〇一二年には、数千人の活動家がイタリアのモンティキアーリに位置する繁殖施設グリーン・ヒルへ向かってデモ行進を行ない、中の数人は果敢にも有刺鉄線のフェンスを越えて三〇頭以上の犬を救出した。グリーン・ヒルはニューヨーク州に本拠を置くマーシャル・バイオリソース社の傘下にあり、世界中の動物実験施設と取引をするヨーロッパ最大の犬供給業者だった。動物実験では抵抗の少ないおとなしい犬が好まれるので、グリーン・ヒルも気性の穏やかなビーグル犬の繁殖に特化した。警察は盗難の件で一二人の活動家を逮捕したものの、後に釈放する。二〇一二年七月、イタリアの裁判所は虐待を訴える申し立てを受け入れ、グリーン・ヒルを暫定閉鎖して、二五〇〇頭の犬の管理を二つの動物の権利団体、動物実験反対同盟とレガンビエンテに委託した。業界はこれに応えて恐ろしい警告を発する。欧州製薬団体連合会の科学政策部長マグダ・クレブスは、この救出活動が「医療開発の遅れ」につながると語った。マーシャル・バイオリソース社の副総裁アンディ・スミスは、「操業停止を迫る政治運動」によって自社が災難を被っているように述べ、動物実験推進派の出版物は科学研究に脅威が突き付けられたと警鐘を鳴らした（Abbott 2012）。

ブラジルでは世論が救出作戦を支持し、サンパウロで行なわれたある調査では、人口の三分の二が動物実験で犬を使うことに反対するとの結果が出た（齧歯類（げっしるい）の使用については、反対は四四パーセントに留まったが）。国会議員のプロトゲネス・ケイロスは、施設が「ナチスの絶滅収容所さながらの残虐の空気」に満たされていたと語り、動物虐待の調査を行なう委員会を立ち上げた（Gallegos 2013）。警察は犬を救った活動家を逮捕しなかったものの、資産（すなわち犬）を盗み出したとの理由で調査・告発を行なうと発表した。案の定、ロイヤル研究所は救出を「テロ行為」とののしり、弾圧を呼び掛けた（ibid）。同様に二〇一三年四月、五人のオランダ人活動家が同国北ブラバント州にある繁殖施設から、製薬試験に使われる犬六頭を救出した後、警察に出頭すると、動物実験推進団体「動物研究を学ぶ会」は厳刑を求めた（Understanding Animal Research 2015）。結果、活動家は社会奉仕命令を言い渡されたが、犬は自由でいられることとなった。

これらの救出活動は、他の動物をめぐる人々の思考に大きな矛盾があることを物語っている。世界の人々はイタリアやブラジルで行なわれた救出活動に喝采を送り、これを勇気と思いやりにもとづく立派で感心な行ないとみた。ブラジルの世論調査で明らかになったのは、たとえ人助けの名目があっても、人々は犬を傷つける行為に反対するという結果だった。

業界が掲げる大義名分は、便益の大きさと照らし合わせてみなければならない。動物実験のほとんどは医療を目的としない。しかも、化粧品や日用品といった下らないものでなく医薬を開発するための実験であっても、製薬会社は利他的な動機からそれを行なうのでなく、利益のために行なうのであって、それはエイズやC型肝炎の薬に可能なかぎり最高の値段を付けることからも、また、世界の「南」の貧困諸国ですぐにも必要とされる感染症の治療薬を開発する代わりに、「北」の富裕国で流行する病の治療薬を開発することからも分かる。製薬会社はそうした新薬（あるいは自社製の後発医薬品）をつくることで巨額の収益に浴し、他方で機材や動物ケージの製造業、グリーン・ヒルのような動物繁殖業など、無数の派生産業が存在する。なるほど一部の動物実験者は自分の仕事が人助けにつながると信じている。が、実験施設に犬を供給するのを妨げれば人の健康と科学が脅かされると業界が警告する一方で、科学者らは動物利用の問題点を指摘する。欧州医学刷新協会（Antidote Europe）の代表を務める獣医・動物学者のアンドレ・メナシュ博士は、個々の生物種がおのおの複雑固有の生体システムを具える以上、他の動物を使って人間への薬効を確かめる手法はほとんど意味をなさず、その信頼性はコインを投げて裏が出るか表が出るかを占うのに等しいと述べる（Menache n.d.）[注10]。

世論調査において齧歯類の利用に反対する人が少なかったのは、一部の人々が動物種のあいだに序列を設けている証拠といえるが、それでもブラジル人の半数近くは齧歯類の動物実験にも反対であった点を思えば、多くの人は動物の命を重んじ、その気持ちは一般に害獣として嫌われる動物にもおよぶことが分かる。このような矛盾した思いやりの感情は、工場式畜産場での虐待が暴露された時にも見られる。肉や牛乳やチーズを消費する人々でも、潜入調査官の暴露した残忍行為の映像には心を乱される。大手メディアはそうした虐待を単独の犯行、すなわち日常的習慣ではなく逸脱行為として紹介し、それを動物搾取に支えられた産業の本質と捉えることをしない。実際には、特定の行為が残忍なのではなく、産業それ自体が残忍性の化身なのである。暴力

注10　むしろ、動物実験はコイン占いよりも信頼できない。動物実験で薬効が確かめられた薬のうち、九割は臨床試験の段階で、人間に効かない、もしくは問題のあることが判明する。

は構造的・本質的・内在的なものであり、産業の基盤そのものをなす。嘆かわしいことに、多くの動物擁護団体はメディアの解釈に賛同し、単独の虐待を咎めて改善を求めるばかりで、全体のシステムを廃絶しようとはしない。動物福祉改革は搾取に反対するのではなく、動物利用産業にとって経済的に有益な範囲内で限定的に動物を保護するに過ぎない（Francione 1996）。

しかしいずれにせよ、残忍行為を前にした人々の多くは思いやりと憐れみの感情を起こし、その行為をなくしたいと願う。動物産業複合体はこの思いやりを危険視する。動物の利用と処遇については混乱・矛盾した考えが広まっているとはいえ、動物の権利と菜食の哲学は脅威となる。業界は、動物利用の体系的批判がなされ、人間以外の存在を商品化する論理が問われれば、それとともに他の問題、例えば人間労働者の搾取や環境破壊などにも批判の目が向けられることを理解している。動物擁護団体が単に改善をめざすのではなしに、確固たる廃絶主義と社会主義、それに菜食の原則にのっとって行動すれば、効果は絶大なものとなろう。ただし業界は全ての活動に対抗しなければならないと考え、たとえ穏便な策であっても、それは利益に反する方向への第一歩とみて、潰しにかかろうとする。

活動家は人間本性の善とみられる部分を育て、他の存在と平和的な関係を築こうと努めるが、にもかかわらず中傷される。業界の声明、政府の文書、メディアの報道は、一様に活動家を過激派やテロリストとみなし、それが動物の権利運動を貶めかつ妨げ、思いやりにもとづく筋の通った目標を、奇怪で危険な、文字通り想像もできないもののごとく思わせる。この根本には私たちの社会の即物的な性格があり、それが動物たちを商品へ、人間の利用するモノへと変える。

気候変動

単一問題に取り組むばかりでなく、動物の権利運動とその学術領域である批判的動物研究は、動物産業複合体を多面的に捉える。この視点は問題群の相互関連に着目し、動物産業が人間搾取と結び付くほか、環境破壊・地球温暖化・気候変動にも関わることを認識する。主流の環境保護団体は動物の権利の重要性に目を向けず、冷淡でいるか冷笑するかのどちらかであるが、対して動物活動家は環境保護の重要性を理解し、それはＡＬＦとＥＬＦが共同路線の取り組みをしていることにも表われている。動物活動家も環境活動家も、気候変動や生物多様性の喪失といった今日の重大問題に向き合い、資本主義をその元凶の原動力とみる。地球上の生物や環境の働きにおよぶ人類の影響は著しい膨張を続けてきたので、一九八〇年代に生物学者のユージン・スターマーは、人類の時代を意味する「人新世（Anthropocene）」という造語によって、産業革命期に始まり二十世紀中期以降に激化した変動を言い表わした。大気化学者のポール・クルッツェンは二〇〇〇年にこの語を用い、いまや一万一〇〇〇年以上の昔から続いてきた完新世が終わって新たな地質時代が幕開けを迎え、人間活動が地球システムに影響する最大の力になったと述べた。

動物・環境活動家は気候変動の主要因である最悪の破壊的営為、化石燃料依存と国際食肉産業に異を突きつける。農業は生物多様性喪失の「最大要因」である上、地球温暖化と汚染問題の「重大要因」でもある（Bajželj, Richards, Allwood, Smith, Dennis, Curmi and Gilligan 2014: 925）。畜産部門は二大温室効果ガス、メタンと亜酸化窒素の最大排出源として、世界排出量の約一五パーセント、すなわち世界の自動車・トラック・飛行機・電車・船舶の合計に匹敵する排出量を構成し、一方で畜産物消費量は二〇五〇年までに七五パーセントの伸びをみせるものと予想されるにもかかわらず、国家や国際間の排出削減戦略ではまったくこの問題が取り上げられない（Bailey, Froggat and Wellesley 2014）。国連食糧農業機関は食肉生産が温室効果ガス排出の二二パーセントを占めると発表した（Food and Agriculture Organization 2006）。排出量の試算は様々であるものの、広く認められている見解では、今の消費傾向が改められなければ地球温暖化が緩和される見込みはなく、結果は破滅的になるだろうといわれる。この厳しい予測を前提するなら、人間以外の動物への倫理的配慮を抜きにしても、問題が極めて深刻であることを認めざるをえないはずであり、そうした懸念が過小評価される原因、懸念を訴える者が異端視される原因を確かめる作業が必要となる。

第2章　実在するテロリズム

思いやりの言論

動物の権利運動が根本的な変革を迫るのは、それが私たちに、みずからの標榜する信念にしたがって生きるよう求めるからである。ほぼすべての人が、私たちは思いやりある行動をとり、他の動物を不必要に害さずやさしく扱わなければならない、との信念を口にする。ところが実際には、私たちは不必要にも他の動物の肉身・卵・皮膚・その他の身体片を求め、搾取と殺害を遂行する。自分を親切で温厚な人間と思いたい者は、何らかの方法でこの矛盾を解消しなければならない。そこで、生活を信念に合わせるか、それができなければ矛盾の言い訳を探す。その言い訳を押し通すため、人は様々な否定の言論を生み出した。私たちは虐待・残忍・苦痛・惨殺が自分の暮らしに関わっていないかのごとく思い込み、自分のために他者の搾取・殺害を望むときにはありとあらゆる隠語・婉曲語・抽象表現を駆使して、倫理の咎(とが)から逃れようとする。私たちは特殊な用語や表現を用いることで自分の行為の真実から身を守り、やさしくて見苦しくない自分を思い描く。(注1)

「動物福祉」というのは歪んだ言葉の一例であり、人が普通に聞いて連想する概念とは逆の意味を持つ。通常、福祉といえば安心や安全、安楽や幸福、利益の保護、繁栄の保証を思い浮かべる。しかし動物産業複合体のいう動物福祉とは、営利目的の屠殺を行なう時まで動物を販売に適した品質に保っておくことを意味するのである。動物福祉を最優先していると公言する企業は、その実、基本的な身体機能も発揮できない環境に動物を置きながら、その残忍さを弁護すべく、これが業界の標準的な慣行であって違法ではないと訴える。殺しに支えられた産業のことで「福祉」を語れば、言葉の実質は失われる。

このような状況にあっては、動物が商品に貶められる一方、活動家は憎き敵として嫌われるが、それはかれらが動物を危害から救い、危害をおよぼす装置を損なうばかりでなく、人々が自分のためにつくり上げた幻想を打ち砕くからでもある。だからこそ、活動家をテロリストとしてののしり、うとみ、あざけり、けなすことに心血が注がれるのであって、つまるところ、私たちは自分の真の姿を見せられたくないのである。活動家は私たちが他の動物を搾取し、衣食や娯楽のために利用・殺害する習慣の異常さを突く。種差別主義にはほとんど普遍的ともいえる訴求力があり、生産様式として、また人間社会を形づくる基本原則として機能するそれは、「人間生活の実際を支える根本構造」をなす（Sanbonmatsu 2014: 30-31）。グローバル資本主義のもとでは、種差別主義は個人的偏見の次元にとどまらず、企業の生む大規模な構造的暴力によっても形を得て、動物たちに恐ろしい惨劇を、生態系に破滅を、文明に地球温暖化による崩壊の危機をもたらす。

この現存する経済構造を擁護したがる者は、動物への暴力を軽んじ、種を超えた正義を拒み、批判があれば個人の選択への介入あるいは食の好みへの干渉とみなす。これは他の抑圧に関して進歩的な見方をする人々にも見られる態度で、再私有化、すなわち動物消費を存在論や政治や暴

注１　「屠殺」を「と畜」や「食肉処理」などと言い換え、「死体をむさぼる」ことを「命をいただく」と言い表わすなどの例がその典型といえる。

力の問題ではなく純粋に個人的な行為、食の問題と考えて、私欲を当然のものと位置づける手法である（Adams 1995: 126）。動物の権利を拒否する姿勢は新自由主義の文脈で捉えることも可能で、そこでは一切のものが私有化・商品化され、「社会的なものは価値を失い」、「病的個人主義」と化した私欲が評価される一方、倫理、思いやり、他への気づかいは軽薄低俗を喜ぶ反知性主義の立場からバカにされ、野蛮を野蛮と見なくなった個人が興奮と刺激を渇望するなか「百花繚乱の暴力が大衆の愉悦（ゆえつ）」を形成する（Giroux 2014）。さらに新自由主義の助長した個人主義が社会の破綻をもたらしたことで、新保守主義の価値観が広まり、環境保護やその他の社会運動、積極的差別是正措置、同性愛者の権利、フェミニズム等に対するあからさまな反感が表明されるとともに、それらすべてを危険な脅威とみる「被害妄想型」の政治が様々な形で構築された（Harvey 2005: 82-84）。社会運動をくじく試みは、地球温暖化を否定する「専門家」への企業出資に始まり、科学研究への出資削減、批判的主張への攻撃、活動家の危険視にまでおよぶ。

不誠実

この病んだ風潮の中にあっては、動物への思いやりは救出・抗議・菜食、いずれの形で表現されようとも嘲笑される。オンライン紙『インデペンデント』のファッション評論家アレクサンダー・フューリーは「私がイギリス初のビーガン・スーパーで買い物をしないわけ」と題した記事の中で、それをしないのは菜食人生活（ビーガン）が「狂信的でつまらない」からだと語っている（Fury

2013）。バンクーバー人道協会（ＶＨＳ）とイギリスの残忍スポーツ反対同盟がケンブリッジ公夫妻に対し、カナダ訪問時にはカルガリー・スタンピード[注2]を観覧しないよう要請した際は、カナダの日刊紙『トロント・サン』の記者クリスティーナ・ブリザードが両組織を「おせっかいな動物の権利団体」とののしった（Blizzard 2011）。ＶＨＳは祭典への訪問が動物虐待を支持することにつながると指摘して、代わりに酷使され負傷した馬たちの保護施設を訪ねるよう夫妻に提案した。それを「興醒（ざ）まし」と評したブリザードは、動物への思いやりや保護施設で働く有志スタッフの取り組みが、動物支配の見世物よりも娯楽性において劣ると考えるらしい。この制度化された虐待を批判したＶＨＳはカナダの団体であったにもかかわらず、ブリザードはその点を無視して月並みな「外国の圧力」論に訴え、アザラシ猟とカルガリー・スタンピード――カナダで最悪の制度化された動物虐待――がヨーロッパ人から非難されていると不満を漏らした。夫妻がスタンピードに訪れたのをメディアが取り上げれば観光業に「数億ドル」の金が流れ込むだろうと述べながら、ブリザードは動物への思いやりを愚劣の極みといってしりぞけ、「次はパンケーキの虐待が問題に？」と問うた。本人はうまいことを言ったと思っているに違いないが、この言辞は動物の権利を過小評価する種差別主義者の不誠実を表わしている。

種差別主義者は心の奥底で、またさほど奥底ではないところでも、自分の議論が悪どい思

注2　カナダのアルバータ州カルガリーで開かれる毎年恒例のカウボーイの祭典。ロデオ、馬車競争、投げ縄による牛捕獲、牛とのレスリングなどを行なう。

い付きであって、真摯な道徳心から発したものでないことを分かっている。いやむしろ、その議論は大抵まったく議論の体をなしておらず、それというのもそこには知的な誠実さがなく、代わりに種差別主義者が自身の具体的選択行為の結果に向き合いたくないという、その意思があるに過ぎないからである。(Sanbonmatsu 2014: 37)

ジョン・サンボンマツは種差別主義者の戦略を反ユダヤ主義者のそれになぞらえるが、その手口はジャン・ポール・サルトルが〔著書『ユダヤ人』で〕述べたように、自身の返答がナンセンスであることを承知しながら敢えてバカげたことを口にし、「真剣な対話の腰を砕く」策だった(動物搾取の擁護に使われるナンセンスな詭弁についての考察は、フェイスブックの「Vegan Sidekick」にまとめられている)。

人間以外の動物への憐憫と正義を求める活動家たちの取り組みは、ブラジルの例で知られるように人々の共感を得ている。その感情を抑えつけ、それが倫理的に一貫した行動へと至るのを防がなければならないと考える動物搾取産業は、業界内の行ないに穏やかそうな、不満の湧きにくい装いをまとわせようとする。搾取、制度化された虐待、そして動物殺害を擁護する者は、営為の残忍性を否定するために、話の入り組んだ空論をこしらえる。法人メディアはありあまる余裕を割いてそうした否定の言論を放送するが、それもメディアに宣伝費用を払うのが動物産業複合体であることを思えば不思議ではない。しかも法人メディアは一般に社会問題の情報を流すに際しても、それによって資本主義の核をなす価値観を強め、他の展望をくじく、もしくは遠ざけるよう計らう。

しかしながら、不誠実や誤誘導や攪乱や宣伝によって、搾取・抑圧・苦痛・殺害を人々が受け入れられるものに見せかけるには、複雑な心理的旋回が必要になる。反菜食ブログ作成者のライス・サウザンは『ニューヨーク・タイムズ』紙の意見欄で、活動家の議論が「論理的におかしい」と述べ、その理由をこう説明する。

> 悪いのは利用そのものではなく……利用が害として経験されることだろう。しかしそうだとするなら、動物の支配と統制は、それを動物がさして気にしないようなやり方でできるなら、許容されうる可能性がある。(Southan 2014)

不可思議な主張を支える論拠を何一つ示さないまま、サウザンは単純に、利用と支配それ自体は、利用され支配される者が「さして気にしない」ようならば許されると述べる。利用されることを犠牲者が気にしないという考えは、いつの時代も他者の上に立つ者にとって好まれた発想であり、当の犠牲者が人間以外の存在であればこれを信じ込むのは一層容易になる。

動物が利用され支配されながらそれを「さして気にしない」でいられるとするサウザンの主張は謎めいている。

動物たちが閉じ込められ、熱した鉄棒で焼き印をおされ、電気棒でショックを浴びせられ、頭の角を焼き切られ、麻酔なしに去勢を施され、母の元から攫(さら)われ、無理矢理に妊娠を強いられ、赤子を奪われ、殺されるのを、気にしないなどということが考えられるだろうか。これらはいずれも動物の食用利用に伴う標準的業務である。そしてかたや動物実験、ロデオ、サーカス、毛皮・皮革産業、スポーツ・ハンティング、その他のあらゆる惨劇が存在する。サウザンはこれらを「人道的」に行なうことができると考えるが、到底ありえない。かりに食用利用する動物の扱いを改め、家族から引き離さず、畜産業を特徴づける監禁・身体損傷・虐待的慣行をなくしたとしても、かれらがみな屠殺のために生を与えられる現実は動かない。どうすれば屠殺が「害」にならないというのか。しかしそれを言う人間は独りサウザンだけではない。『動物の解放』を著わした、あのピーター・シンガーさえもが、動物は生き続けることに関心がないと述べているが、これは直接の観察事実にも反し、ゲイリー・フランシオンがバカげていると評したのは正しい(Francione 2009)。さらに、「利用そのもの」が害を構成するのは明らかであって、その害を受けるのは直接の犠牲者だけでなく、利用行為によって人が歪められ貶められるという意味で、行為者自身にまでおよぶ。

サウザンは食用とされた動物たちが「福祉水準の高い農場」で育てられると言い(ただし「その水準に合う農場は実質皆無」だと認めながら)、何らかの方法で「痛みのない屠殺」を行なえると述べる(ただしどうすればそんなことが可能なのかは述べていない)。現実の動物たちは産業的生産システムの中で恐ろしい苦しみを味わい、痛みなく殺されるなどということはない。つまりサウザンは、ありもしない状況(というよりむしろ、倫理をわきへ置いたとしてもそうした代替法は経済的に立ち行かないので、ありえもしない状況と言ってよいが)を空想することで、現実に存在する状況、空想とはまったく正反対の状況が、正当化されると主張するのである。

業界教祖

動物産業複合体は業界の営為を擁護するため、専門家を養成し資金援助する。その一人がテンプル・グランディンという、有名な論客の著述家で、俗にいう人道的屠殺場を設計した人物である。なるほど彼女の設計は一部の動物たちの不安を幾分か軽減しうるものの、それは生産を速め、労働者の負傷を減らし、肉として売る動物の死体に目に見える傷が付くのを防ぐことで、業界をうるおす結果につながる。他方、その「人道的」効果については獣医から疑問が呈されている（Eckhoff 2011）。グランディンは自閉症をわずらっていたことが動物たちを理解する特別な洞察を育てたと公言するが、この主張には裏付けとなる証拠が何一つなく、科学的な立場からも反論があり（Vallortigara, Snyder, Kaplan, Bateson, Clayton and Rogers 2008）、他の自閉症を抱える人々からも反論があり、例えばその一人、カナダの活動家であるトーリー・ライオンは、自閉症という「正常の境界線に位置する」境遇が、動物への共感、そしてかれらを守る意志につながった一方、グランディンのごとく「犠牲者たちをおとなしくして、生産単位としての役割をよりよくまっとうさせる」仕事をしたいとは思わなかったと語る（Lion 2015）。環境学者・進化生物学者のマーク・ベコフは、もし本当に動物の内面を見る目があるのなら、グランディンはもっと思いやりある立場に身を置き、菜食を勧めるはずではないかと論じる（Beckoff 2010）。

もう一人の専門家に、キリスト教系私立校のパームビーチ・アトランティック大学でコミュニケーション学の教授を務めるウェス・ジャミソンがいる。南部バプテストの牧師であるジャミソンは動物の権利運動を叩くのに特化した広報会社を営み、業界の会議におなじみの講演者として現われては活動家対策のイロハを示すことで「コミュニケーション学の教祖」とあがめられている（*Oklahoma Farm Report* 2011）。豚肉業界への助言では、大衆の心をつかむために「わたしのしあわせは死んだ動物」[注3]と書いたTシャツをつくることを勧めた。ジャミソンはみずからの宗教観を絶対視して、人間例外主義と支配の力を手放しに礼讃する。さらに顕著なのは、業者を慈み深い者として示す工作である。畜産同盟の副会長ケイ・ジョンソン・スミスの主張では、「農家や牧場経営者の方々は世界で最も思いやりある人々で、動物の世話を何よりも大事にしています」という（National Institute of Canine Experts 2009）。ジャミソンも同じような言葉を並べながら、かたや活動家たちが宗教的な思いやりの言説を唱えて寄付者を操作し、畜産業を破壊し、「菜食主義の目標を前進」させたがっていると述べる。業界に向けては、これに対抗するため「道徳上の懸念がやわらぐ語り口を習得する」よう促すが、ジャミソン本人は倫理的配慮の放棄を説くのが好きらしく、人間が動物搾取を続けるべきなのは単にそれが可能だからだという。

宗教的にも世俗的にも、人間は動物を消費のために利用する権利を持つ。ところが他方の勢力〔動物の権利を守る者〕は何もせず、優雅に思想や哲学的考察をこね回している。（Farm Progress USA 2010）

その「思想や哲学的考察」といった武器が、人間以外の存在に道徳的配慮を広げる者たちによってつくられたことを受け、業界はジャミソンのような相談役に金を支払っているのであり、ジャミソンはそれに応えるべく、不都合はわきへ置いて「消費者に神から授けられた肉食の権利を想い起こさせる」よう業者に説き勧める（Tartar 2009）。全米人道協会（HSUS）のような団体と交渉する気はあるかと問われた際には、ジャミソンは断固たる態度で答えた。「いえ、絶対にありません——動物の権利活動家と交渉するのは、オーストリアがヒトラーと交渉するようなものです」（*Oklahoma Farm Report* 2011）。チャールズ・パターソンの『永遠の絶滅収容所』（Patterson 2002）[注4]に代表されるように、動物擁護者はナチスの集団殺害と動物の大量虐殺に共通性を見出してきた。哲学者のデビッド・スタイベルはその比較が妥当であることを証明したが（Sztybel 2006）、これは人間への侮辱であるとして方々で非難される。ところが大量虐殺を防ごうとする活動家を大量虐殺の遂行者であるナチスに譬（たと）えたジャミソンや、同じ比喩をウェブ上の詩作品「奴らは馬を求めてやって来た、奴らはお前を求めてやって来る」の中で用いたジョン・カッツなどに対しては、そのような非難が寄せられない。こうした下等な戦略はそれこそホロコーストを矮小化するものであり、活動家は究極の悪として描かれ、その主張は真剣に扱う価値が

注3　「スヌーピーのしあわせはあったかい子犬」のパロディー。
注4　チャールズ・パターソン著／戸田清訳『永遠の絶滅収容所——動物虐待とホロコースト』緑風出版、二〇〇七年。

ないとされるだけでなく、考えられもしないものとみなされる。

ジャミソンはホルスタイン財団からの出資で若手酪農リーダーズ協会の「紛争対処・メッセージ発信セミナー」を担当し、正しいメディア向けメッセージの作成、政府へのロビー活動、政策操作の仕方を業界人に講義している。受講者はブログを立ち上げ、学校へ向けて業界びいきの宣伝を行ない、人々の思考に働きかける催事を開く。受講修了者の一人、レイチェル・キルゴア・サッタザーンは、ザーンクロフト酪農場を操業し、マッコールズ・フェリー農場で肉用牛を育て、ペンシルベニア州のアグチョイス農場信用協会のマーケティング責任者を務める人物で、ジャミソンとウェスリー・スミス〔後述〕に考え方を啓発されたいきさつについて語る（Sattazahn 2012）。ジャミソンが若手酪農リーダーらに説くのは、消費者の「感情的反応」を克服せよとの教えであるが、それは人々が時に動物をめぐる矛盾した態度に疑問を抱き、キャンペーンでも例えば子犬と豚の写真を並べて「なぜ一方を愛しながら一方を食べるのか」と問うようなものがみられるからに他ならない。サッタザーンは、「畜産動物と伴侶動物〔いわゆる「ペット」〕は同じではない」というジャミソンの主張を、人間至上の考えにもとづく月並みで矛盾した思い込みとみるのではなしに、驚くべきお告げと受け取りながら、しかし「酪農業に携わる私にとって、これは考えるまでもなく、つねづね実感していたことだった」と明かす。これは生産を支える物質的基盤が人の思考を形づくることの明瞭な証といってよい。教祖に導かれたサッタザーンは、考えるという不都合を避け、自分の飼い犬は「牛とは違う」、だから殺すべき存在ではなく「愛し抱きしめたい」存在であると公言する。彼女は若手酪農リーダーらにジャミソンの助言にしたがうよう促すが、その助言たるや、「消費者が偽善者として生きることを許す」、そして「消費者を励まし、気持ちよく畜産物を堪能してもらう」という内容である。

素朴な庶民

他の専門家にヘイドリック兄弟トロイとステーシーがいて、二人はサウスダコタ州農業局と全米肉牛生産者協会を通し、聴衆のやる気を鼓舞する演説家として自身らを売り込んでいる。悩む農家を擁護する素朴な庶民を自称しながら、兄弟は全米農業連合会の農業牽引協力者プログラム、それに全米肉牛生産者協会の「牛肉応援修士（ＭＢＡ）」課程で研鑽を積んだ経歴を持つ（Simon 2011）。ホルスタイン財団の若手酪農リーダーズ協会よろしく、ＭＢＡは牧場経営者に向け、動物保護に対抗する業界宣伝の広め方を教育する。トロイ・ヘイドリックの大きな仕事としては、ユーチューブの動画でイエローテイル〔カセラ・ワインズ社のブランドワイン〕のボトル入りワインを床に流し、会社が全米人道協会（ＨＳＵＳ）への寄付を行なったことに抗議した例が挙げられる（ヘイドリックによれば、イエローテイルは二度とＨＳＵＳへの寄付をしないと約束したそうである）。兄弟は活動家の話題をブログで取り上げ、否定的な報道記事や異端視を促すコメントを投稿している。二〇一〇年の二月五日に載せたのは日刊紙『ソルトレーク・トリビューン』の記事で、毛皮用動物飼育場から六五〇匹のミンクを逃がした活動家ウィリアム・ジェームズ・ヴィールに対し、連邦地方裁判所判事ディー・ベンソンが「これは一種のテロリズムである」との評価をくだして禁錮二年を言い渡したニュースを、嬉々として紹介している（Carlisle 2010）。ヘイドリック兄弟はベンソンが「正真正銘のテロリズム」に厳刑を課したと賞讃し、こう付け加えた。

　将来には家族農家や牧場経営者を狙ったこの種のテロ行為がさらに増えるだろう。［動物解放戦線］のような集団は……若い人間を引き入れ、動物を救うためなら人を殺してもかまわないという思考を洗脳によって植え付ける。これは世界中のテロ組織の常套手段となっている。（Advocates for Agriculture 2010）

兄弟はミンクを檻から逃がす行為をテロリズムになぞらえ、これを「人を殺」すことと同列に並べる。ヴィールは誰も殺さず、殺人予告もしなかった。そもそも彼は動物を解放することで命を救おうとしたのであって、誰かの命を奪おうとしたのではない。ヘイドリック兄弟は動物を憐れむ人々を救いようのない間抜けのごとく言い、かれらが若いうちに「テロ組織」へ引き入れられて命令に従うよう「洗脳」されていると述べる。工場式畜産が健康と環境に害をおよぼすことを示す科学的議論、他の動物の素性に関する近年の知見などは、感覚ある存在を苦しみと死から守るべきだという思いやりの訴えともども、単純に無視されている。

　自身らを「農業に情熱を注ぐ人間」と描きながら、兄弟のブログはすべての動物搾取を肯定し、すべての活動家を主義も戦略も関係なしに否定し、すべての動物保護・環境保護に反対する。へイドリック兄弟は馬を屠殺から救う取り組みに異を唱え、子犬工場廃止法と呼ばれるミズーリ州住民投票事項Bの撤回を後押しし、菜食主義が健康によくないと言い、菜食を「危険」だとののしり、狩猟を支持し、毛皮産業を肯定し、遺伝子組み換え作物を是認し、合衆国環境保護庁がアグリビジネスによってひどく汚染された東海岸のチェサピーク湾を浄化しようとしたことに反対し、学校の食品安全向上努力や人々の健康を守るための政府による産業規制を批判し、オーストラリアが生きた牛をインドネシアへ輸送して、多くの証拠が示す通り恐ろしい苦痛を味わわせているにもかかわらずそれを擁護し、動物実験と動物の遺伝子改変を礼讃し、工業的農業での無秩序な抗生物質使用を取り締まる動きに反発している。

制度化された暴力を擁護する

動物搾取に支えられた産業は幻想の世界をつくり保つことで、多くの人々が他の動物に対して抱く思いやりの感情に対抗しなければならないと考える。そこでかれらはしきりに活動家の「感情的な訴え」を叩き、それが正当な懸念ではなくハッタリであるかのように言う。農業誌『ビーフ』はパーデュー大学の動物科学准教授であるキャンデス・クローニーの言葉を載せたが、彼女はこう説明する。「活動家はうまく消費者の動物福祉思想に働きかけるため、人々の大事な価値観である思いやりや正義、公正、自由などに訴える……さらに、活動家は消費者が容易に理解できる話題、たとえば飼育環境、世話、痛みなどに光を当て、それから道徳的な高潔さを示すなり、時には宗教まで使うなりして、穏健な変化を求める要望をつくり上げる」（Smith 2012）。クローニーは活動家の主張が「完全に筋が通っているように思える」と認めつつも、その筋の通った訴えに対抗するためアグリビジネスが「自身の主張を発し」、自身らが営利目的で飼育・殺害する動物たちの福祉を重んじているように振る舞わなければならないと唱える。当然ながらそれは難題であり、クローニーも具体的にどうすべきかは述べていない。他方、『ビーフ』誌のウェブサイトは独自の「牛肉応援」方法として、全米ホットドッグ・デーを宣伝する、ロデオに参加する、などの助言を記す。他のところでも、クローニーは動物科学の御用学者がよく使う論法を用い、自身らの知見を、感情に曇らされた消費者の無知な「認識」なるものに対置させる（Croney 2011）。

その上で彼女は、制度化された虐待への懸念は動物の求めに関する間違った理解から生じると述べ、家禽檻（バタリーケージ）[注5]を擁護する文脈で、雌鶏は滅多に羽を広げないのでそれをする空間は必要ないのだと論じる（Croney 2012）。「科学は実際のところ家禽檻が雌鶏にとって悪いとは証明していません」と彼女は言い、檻（おり）の利点は「雌鶏の健康［なぜ健康に良いのかの説明はない］……採卵作業［および］食品安全」におよぶと説明する（もっとも、檻が鳥の自然なしぐさを妨げ「生産の観点からみて不利益となる行動」を起こさせる点は認めるらしい）。虐待慣行を擁護するクローニーの言葉は昔からある同類の発言に通じており、例えば全米豚肉生産者評議会のデーヴ・ワーナーはこんな言葉を残している。「なるほど私どもの動物は二年半のあいだ体の向きを変えられず、妊娠豚用檻（ストール）[注6]で子豚を生産していますが……豚に体の向きを変えたいか尋ねた人物を私は一人も知りません」

（Terris 2012）。

「動物福祉」

業界組織は動物への蛮行をよいものに見せかけ、動物を金儲けのために搾取する人間を動物福祉に気をつかう人間と見せかける、という難しい任務を負っている。カナダの畜産動物評議会（ＦＡＣ）各州支部は、寄り集まって「畜産動物の話をしよう」と題したウェブサイトを立ち上げ、事業家を売り込み批判をかわす目的から、自身らを動物福祉に並々ならぬ関心を寄せている者のごとく紹介する。ある投稿ではブリティッシュ・コロンビア州のＦＡＣ事務局長キャロリン・マ

注5　採卵用の鳥を閉じ込める金網の檻。基本的に一羽につき三〇センチメートル四方ほどの空間しか与えられず、複数羽を収容する場合、中の鳥が折り重なって圧死することも少なくない。身動きができないので鳥はストレスから例外なく異常行動を来し、地下の肥溜めから立ち昇るアンモニアその他の毒素に全身を冒され病気になる。病気を防ぐために業者は抗生物質を鳥に与えるが、その乱用のせいで薬剤耐性生物（ＭＲＳＡ、耐性インフルエンザなど）が発生する。日本では九六・二パーセントの養鶏場が家禽檻を使用している（国際卵業協会・二〇一三年会議の日本発表より）。

注6　妊娠中の雌豚を閉じ込める檻。大きさは縦二メートル×横六〇センチメール程なので、中の豚は起伏をのぞく一切の身動きを禁じられる。繁殖機能を利用される動物の例にもれず、雌豚は絶え間ない妊娠と出産を強いられるので、事実上その生涯のほぼすべてをこの檻で過ごす。日本における妊娠豚用檻の使用率は約八八・六パーセントとされる（公益社団法人畜産技術協会「平成26年度国産畜産物安心確保等支援事業（快適性に配慮した家畜の飼養管理推進事業）豚の飼養実態アンケート調査報告書」より）。なお、出産時の檻である分娩房も同じ程度に狭い。

クラーレンが、牛の角を切り落とし、鶏のくちばしを「トリミング」するのは「それが動物たちにとって安全」であるからと、身体損傷の苦痛を無視してそれを動物のために行なうことのごとく述べ立てる（MacLaren 2014）。抑圧的環境に押し込められた動物たちは甚だしい不安から互いを攻撃するので、生きた商品に傷をつけたくない人間の所有主らがこの処置を行なう、という説明はない。身体損傷が恐ろしい苦痛とトラウマを生むことは、畜産業界とつながった獣医組織のあいだでさえも広く認められているが、ＦＡＣはそれを親切な介入行為と位置づける。

オンタリオ州の酪農家アンドリュー・キャンベルがツイッター上の日記で自身の仕事を楽しく紹介したのに対し、活動家たちが酪農業の制度化された構造的な動物虐待を指摘すると、ウェブサイト「畜産動物の話をしよう」の寄稿者らはキャンベルに同情を示した。業界びいきのメディアは活動家の懸念表明をこぞって「ハイジャック」と形容したが、これもまた「航空機のハイジャック」などと言われるように、テロの言説と強い親和性のある語彙といえる。ウェブサイト「真の農業」の編集者リンゼイ・スミスは、活動家がツイッターのハッシュタグ[注7]「#farm365」を「ハイジャック」して「過激派の」菜食メッセージを投稿したことに憤った（Smith 2015）。日刊紙『ウェランド・トリビューン』では記者ジョン・マイナーが、キャンベルの被った身の毛のよだつ「攻撃」の例を示したが、それはある「過激派」が子牛の顔をなめる母牛の写真を投稿して「動物たちは互いを愛し絆をつくる。かれらを傷つけ殺すのは間違っている！」と書き込んだ行為だった（Miner 2015）。業界サイト「西部の生産者」では、エド・ホワイトがこうしたコメントを「フランスで起きたシャルリー・エブド社の殺人テロ事件」になぞらえた。ホワイトは菜食テロの例を並べ、ローレン・カーティス（@lauren_govegan）がツイッターで「すべての動物（人間も含め）を苦しみから救うため、#farm365からの菜食メッセージ拡散にご協力ください！」と呼びかけたことなどを挙げている。カーティスの主張・戦略は、クアシ兄弟がイエメンのアルカイダを名乗ってパリで一二人を殺害し（シャルリー・エブド襲撃事件）、その三週間前にも一一人を傷害した例とはだいぶ違うようであるが、業界擁護者は動物（と人間）への思いやりを訴える平和的な呼びかけさえもテロリズムと位置づける。

もう一つの業界宣伝サイトに、アグリビジネス団体のアグケア、農業振興評議会、オンタリオ州畜産動物評議会（ＯＦＡＣ）が運営する「ファームイシュー・ドットコム」があり、最新ニュースや「子供たちに向けた楽しい農業情報」を提供している。そのパンフレット「畜産動物――世話する人は？」には農家や牧場経営者が「私たちの動物をいつも世話しています」と書かれ、屠殺用に動物を売る人間が動物福祉を最優先事項としているかのように紹介される。同パンフレットによれば、農家が動物たちを一頭ずつ檻に閉じ込めるのは餌の取り合いを防ぐためであり、一生涯にわたり畜舎に閉じ込めるのは「適切な環境」において悪天候や捕食者からかれらを守るためだという（かれらを皆殺しにする人間という捕食者への言及はない）。そして、そうしたやさしい心づかいは親密な感情的絆から生まれるように説明される。「畜産動物の多くを屋内飼育するのは、人々がペットを室内で飼うのと同じ理由、快適性・安全性・食料と水の管理を考えてのこ

注7　ソーシャル・ネットで共通の話題を探すための機能。キーワードの頭に「#」をつける。

とです」。ペットが屠殺場を免れる一方、その他の動物がことごとく屠殺場送りにされなければならない理由は書かれていない。農家がいかに動物を大切にしているかを示そうと、OFACは次のように問いかける。「知っていましたか？ いくつかの農場ではスプリンクラーを設置して、動物たちや鳥たち［原文ママ］が暑い日でも涼しく快適にいられるようにしているんです」。おそらく、ここでいう「いくつかの農場」は、二〇一〇年五月に七五〇〇頭の豚を火事で焼死させたマニトバ州ラ・ブローケリーの農場や、その一週間前にやはり火事で四五〇頭の豚を焼死させた同地区セント・アンの農場を指してはいないのだろう。「食用動物の倫理的扱いを求めるカナダ市民の会」（CEFTA）の調べによれば、二〇〇八年にはマニトバ州で畜舎の火事による動物死亡数が豚を中心に三万五〇〇頭を数え、二〇〇九年八月にはカナダ全域で推定四万九五〇〇頭の動物が火事によって焼死した。他にも、スプリンクラーが動物を「涼しく快適に」していなかった農場としては、二〇一一年六月に二万三〇〇〇羽の鶏を焼死させたアルバータ州カルガリーのスパークス採卵農場（Humane Society International 2011）や、毎年何万もの動物を焼き殺している多数の施設が挙げられる。[注8] このようにわずかな例をみるだけでも業界の無配慮は明らかであり、生産費用を最小限にまで抑えようとするその姿勢が、何千という動物を閉鎖的な施設に監禁し、「事故」――日常茶飯事で容易に予測できる事態を「事故」といってよいならば、だが――の犠牲にするのである（無論、人間労働者も同様の横暴、同様に予測できる悲劇の犠牲となるのであって、バングラデシュ、パキスタン、中国、タイ、その他で今日発生している工場火災の歴史を辿ると、一九一一年にニューヨークで一四六人の労働者を葬った悪名高い事件、トライアングル・シャツウェスト工場火災にまでさかのぼる）。資本主義生産システムのもと、現実を無視し、動物福祉の幻想世界に安住しながら、この「ファームイシュー・ドットコム」の親切な家畜所有者たちは、尊い仕事を邪魔する活動家の問題に対処している。動物福祉と動物の権利を分けた上で、かれらは前者を支持する自分たちが正統派であることを示そうとする。

多くの人々は、人間が動物を利用する権利を持ちながらも、人道的な扱いを心がける責任を負うという、動物福祉の原則を信じています。農家、牧場経営者はこの原則にしたがって暮らしています。

何十億もの動物を工場式畜産場で育て屠殺場で殺すのは、動物福祉を高める行ないではない。これはおぞましい所業を思いやりある行為に見せかける攪乱である。動物を搾取する人間を動物の保護者とする一方で、かれらは活動家を訳の分からない不可解な哲学の信奉者として描き出す。

対照的に動物の権利支持者は、食用・娯楽・医学研究を問わず、人間に動物を利用する権利はないと考えます。普通の人は、動物の保護ないし利用に関わる多くの立場や団体を区別するのにとまどってしまうでしょう。

注8　熱を帯びた照明器具や機械類、古くなった配線などが発火して、畜産場ではしばしば火災が起こる。

ＯＦＡＣによれば、「普通の」人々はそうした問題をしっかり整理して考えるのではなしに、ただ「とまどってしまう」らしい。つまり賢明な人々は、解けない謎に関わったり時間を費やしたりはしないというわけで、それというのもＯＦＡＣのみるところ、活動家の動機は非現実的なばかりでなく不純に映るからである。「活動家はどのような人間であれ、基本的に解決の模索には興味がなく、問題やその際立った実例を示して寄付と協力をあおぐことに関心を寄せます」。パンフレットの執筆陣は、自分たちが企業を擁護する「活動家」となって、市民に邪魔されず利益を増やしたいと願うアグリビジネスに仕えているとは考えない。代わりに、自分たちは穏健な目標を持った一般庶民だという。

農家である私たちは活動家と戦う気はありません。私たちの関心は、責任ある畜産動物管理の向上です。私たちは一年三百六十五日、農場で動物たちの世話をしているのです。

これは現実の歪曲であり、大量の動物を搾取・殺害する業界の元締めや働き手が「動物たちの世話をしている」人間と描かれる一方で、活動家が人間と人間以外の動物の双方を害する強欲なテロリストということにされている。業界と法人メディアは活動家の行為を「攻撃」「襲撃」などと呼び、暴力を連想させる。合衆国毛皮協会は、「過激派」逮捕につながる有益情報に五万ドルの賞金を懸けた。

動物の権利運動過激派は近年、北米全域で家族経営のミンク飼育場を攻撃している。これらの攻撃は残酷かつ動物たちに心痛を負わせるばかりでなく、動物関連企業テロリズム法に抵触する連邦犯罪でもある。一生懸命に働く家族やその農場を狙った攻撃により、これまでに何百もの動物が苦しめられ、痛ましい死を迎えた。犯行者は英雄でも理想家でもなく、人々の暮らしを侵犯・破壊し、真夜中に家族を恐怖させる重罪犯である。(Fur Commission 2013)

毛皮協会の描写では、動物の救出者はテロリストで、家族の領域に立ち入って動物たちを害するという。現実には、いうところの「家族農場」は工場式の施設であって、何千もの動物を窮屈で不潔な環境に収監したあげく、最後には肛門に電気棒を通して感電殺するか、首折りや踏みつけによってかれらを殺すのである。毛皮協会のいう「攻撃」とは、「家族」が「一生懸命に」遂行する暴力から動物たちを救い出す取り組みに他ならない。

腐ったリンゴ

メディア会社は他企業の傘下にあってその提携者であるので、資本主義の根底をなす社会経済秩序に異を唱えはしない。しかもメディアは宣伝によって収益を上げ、宣伝主の多くが営利目的の動物搾取を行なっている都合から、根本的な思想や構造を批判することはなく、ごくまれに浅ましさの際立つ動物虐待を報じるに過ぎない。普通、虐待は単独犯の仕業とされ、他の者はこの「腐ったリンゴ」のためにいわれのない悪評を被るように言われる。二〇一〇年、動物擁護団体「動物たちへの憐れみ会」による撮影で、オハイオ州のコンクリン酪農場職員ビリー・ジョー・グレッグ・Jr.が牛を蹴り、殴り、顔や体を干し草フォークで突き刺している様子が発覚した際は、禁錮八カ月と罰金一〇〇〇ドルの刑が確定し、動物虐待の刑事訴追が成功した稀有な例としてこれを喜ぶ声も聞かれた。ところがグレッグの雇用主はこの犯行を関知していなかったと言い、責任逃れを図る。農場主ゲイリー・コンクリンは、ビデオの中で「歩行困難（へたり）」牛の頭を何度も蹴りつけていたことで罪に問われるも、業界の獣医がそれを酪農業の標準慣行と証言したので無罪となった。業界誌『明日を行く酪農家』はいちはやくコンクリンの弁護に回り、繰り返される虐待について彼にすぐ報告せず、証拠集めをしていた「『動物たちへの憐れみ会』の行動を、誰かが調査する必要がある」と主張した（Lee 2010）。オハイオ州農業局は当の虐待を「不必要で……理解不能な……加害行為」と批判しつつも、「この出来事が動物の権利活動家に政治利用されないか」を危惧した。「これらの非道行為がオハイオ州の農場で日常的に行なわれているように述べる主張は詐欺的といえるでしょう。農家は自分たちの家畜を大切に育てます。なぜなら、それが正しい人間のすべきことであり、また、快適な動物こそが生産的な動物であるからです」（Ohio Farm Bureau 2010）。

すでに述べたごとく、工場式畜産では「正しい人間」が無数の動物を監禁し、絶えず繁殖を強い、その肉身と体液を目当てに殺害するのであって、動物を「大切に育て」るのは動物自身にとっての最善を考えるからではなく、かれらを金に換える時までその品質を維持しておきたいからでしかない。虐待は「腐ったリンゴ」の犯す逸脱行為ではなく、産業の本質である。ジョー・グレッグの犯行をはじめとする嗜虐的な攻撃行為が咎められなければならないのは無論だが、そこに注目していると事の真相が見逃される――事実は、システムそれ自体が虐待なのである。

標準業務

業界は動物の苦しみを気にする人々をなだめようと表面的な改善を図るものの、一部の組織は頑なな態度を崩さない。『ニューヨーク・タイムズ』紙が報じるには、ネブラスカ州の合衆国食肉動物研究センターは動物を「再整備」して、体格の大型化と異常な大量繁殖を促した結果、脆弱で奇形を負った動物を生み、「食肉業者でさえ眉をひそめるほどの大量死」を引き起こした(Moss 2015)。同紙によれば、税金で運営されるこの巨大な機密研究センターは「一つの最重要任務として、牛肉・豚肉・子羊肉の生産者に増収をもたらすことをめざしている」。研究者らは公費で行なう実験によって直接に利益を受け、センターは独自の食肉加工工場を有する。その収益は施設に監禁される動物たちの「甚だしい負担」と引き換えにもたらされるが、それというのも同センターは動物の扱いをめぐる人々の懸念を無視し、業務に対する規制はおろか、あらゆる監視をも拒んできたからである。何十年もセンターに勤める獣医さえもが、この研究は理解に苦しむ上に「監視の目をくぐり抜けて」きた、実験は擁護できない、動物が味わう苦痛への配慮は「たびたび無視され」、「日常的な世話」の面でも「不足があり」、「動物管理の基本原則に背いて」何千もの動物を不潔な過密環境に閉じ込め、空腹や簡単に治せる病気によって死に至らせ、時には放置虐待を隠蔽するため偽造記録までこしらえる、と証言した。センターの科学者らは動物への配慮を拒む意図から、人間の支配を説く聖書の言葉を引き合いに出し、活動の監視は「行き過ぎた規制」、科学の自由に対する侵害であるといって、形を問わず認めない。研究者は動物の苦しみを減らす獣医の勧めに逆らうばかりか、動物を苦しめるのを「面白がって」もいて、同伴の技師らはその状況を「衝撃的」だったと振り返る。懸念をあらわにする者はクビになった。多くの実験は奇怪かつ残忍で、業界の利益を向上させるというセンターの目標にもそぐわなかった。記者が言うように、母動物に小さく弱い子を沢山産ませようとしたことが致命的となって、毎年一〇〇〇万頭もの子豚が大きな母豚に押しつぶされる事態を招いた。大きな子羊をつくり出す実験もまた、母羊に男性ホルモンのテストステロンを射ち込むといったことをした結果、排尿のできない生殖器異常を子羊に負わせ、大量死を引き起こした。この実験は「羊生産者の足しになるところがほとんど何もなかったことから」取りやめとなる（ibid.）。『ニューヨーク・タイムズ』紙の報道が切っ掛けとなって、農務省は動物福祉の向上戦略とセンターの活動評価を実施する指令を発した。

業界が表向き規制されている場合でも、都合の好い抜け穴が「標準業務」の名による残忍行為の数々を許容する。新自由主義の政策は業界の自己管理を推し進め、政府査察を減らしていく。

ニュージーランドを例にとれば、第一次産業省の一〇人の動物福祉査察官が、全国で飼育される一億を超す動物の取り扱いを監督しなければならない。

人間例外主義

やさしい動物の保護者を装った業界人は、活動家を秩序への脅威と訴える。その主張を支えるのが人間中心主義の言説であり、人類の支配を認め、自然の唯一の存在理由は人間に仕えることだとするその思想が元となって環境危機がもたらされ（White 1967）、福音派に染まったキリスト教徒が気候変動の科学的事実を頑なに否定する次第となった（Marsden 2015）。現実否定を生み広めるのが右翼の宗教団体で、その一つ、コーンウォール同盟は、『緑竜への反抗』と題した書籍とビデオを通し、資本主義を讃えつつ、環境運動を「汚らわしい獣……獰猛な狼……真性の悪」に譬え、「社会最大の脅威」と断罪する（Hickman 2011）。コーンウォール同盟は建設的未来委員会（CFACT）〔人為による地球温暖化を否定する右翼組織〕を介して鉱業や石油産業ともつながっており、CFACTの資金提供元には石油メジャーのエクソンモービルやシェブロンのほか、ガルフ・オイルや製鋼企業を財源に抱えるスカイフ財団が名を連ねる（Jun 2010）。右翼の宗教家はキリスト教の言説を用いて動物の権利運動を非難するが、人間例外主義は俗人の思考にも影響し、活動家が動物を守る法的・道徳的配慮の拡大を求める中にあってなお、工場式畜産業による動物の商品化を容認する。衰えを見せないその思想の浸透ぶりを思えば、ここでそれを一瞥するのも無意味ではあるまい。

人間例外主義を唱える代表者の一人はウェスリー・J・スミスという、シアトルに拠点をおくディスカバリー研究所の「上席研究員」である。同研究所はロナルド・レーガン大統領の元副補佐官ブルース・チャップマンが創設したキリスト教右翼機関で、資本主義と反科学の主張を賞揚し、「知的設計（ＩＤ）」論[注9]を支持して学校での進化論教育に反対している。富裕層の福音派キリスト教徒から出資を受ける研究所の重役にはハワード・アーマンソン・Jr.がいて、彼が中心人物となって進めるキリスト教再建運動は全体主義のネオファシズム神権政治により、中絶や同性愛の犯罪指定、福祉国家の解体などをめざしている。ディスカバリー研究所に所属する他の「上席研究員」らは文鮮明の統一教会ともつながりを持つ（『進化のイコン』著者ジョナサン・ウェルズなど）。

ウェスリー・スミスは右翼宗教家の典型的な議論を用いながら、動物の権利運動と環境運動を人類に対する戦争と捉え、その主導者は人間嫌いの原理主義者であって、かれらは人口の大幅削減をもくろむ一方、動植物や地球そのものに法的権利を与えようとしている、と説く。スミスによれば、人間は特別であり、動物の権利論は反人間的であり、私たちが動物搾取を続けるべきなのは、それが私たちの利益になるからだという。動物の権利は私たちを縛り、革靴を履いたりステーキを食べたりする喜びを奪う、だから認めるわけにはいかない、とスミスは述べる。つまり、どれほど動物たちの負担が大きくとも、どれほど私たちの快楽が下らなくとも、私たちは動物搾取を続けるべきなのであって、それは単に私たちがそうしたいからだという理屈である。利己心むきだしの低級な議論という他ない。驚くには当たらないが、スミスの思想は動物搾取で儲ける者たちから偉大な哲学と絶讃されている。

合衆国毛皮協会がディスカバリー研究所の会員なので、スミスが毛皮産業を肯定しているのは当然ながら、彼はまたトロフィー・ハンティング〔動物の首や角などを記念品とする娯楽狩猟〕、動物園、動物実験、工場式畜産をも支持する。というより、スミスはあらゆる動物利用を擁護し、わずかなりとも人間が快楽を得られるならば動物の虐待も殺害も許されると考える。犠牲者が人間であれば、倫理に背くこのような主張を認める者はそういるまいが、犠牲者が他の種に属するというだけで搾取が許されると論じるのは説得力がない。現に、同様の議論は十九世紀のアメリカにおいて奴隷制擁護者らが使っていたものであり、かれらは奴隷の生産する綿・砂糖・煙草・米などの商品が経済に欠かせないとの理由から奴隷制の継続を訴えた（Finkelman 2003）。狂信的な人種差別主義者だけが受け入れるであろうこの完全に破綻した論理を形づくった奴隷制擁護者の中には、著名な外科医で民族学者だった奴隷所有者のジョサイア・C・ノットが数えられ、その人種多源論は異なる人種が異なる起源を持ち、ゆえに異なる種であると唱える理論であった。人種差別と種差別の共通性を視野に入れるなら（Spiegel 1996）、スミスの思想は低俗な時代錯誤と知れようものの、人間以外の生きものについて本気でこの考えを信奉しているのは独りスミスだけではない。もっとも、人が何らかの利益を引き出せるのなら他を苦しめ殺してもよいという思想はまことに身も蓋もなく、スミスほど開き直って利己心をあらわにする者は多くない。大抵

注9　宇宙や生命は自然原理だけでなく、知性ある何者かの設計によってつくられたとする疑似科学理論。

は必要性や慈悲心を言い訳にして搾取をごまかそうとする。スミスもあいまいな言葉で動物福祉に関心がある旨を一応は述べ、動物を「不必要に」害してはならないとした上でテンプル・グランディンを褒め称え、彼女の革新が屠殺を人道的にしたという。人道的屠殺とは矛盾した言葉であり、その無意味さは「やさしい強姦」「敬意ある集団殺害」などを想像するに等しい。殺しは究極の害である。安楽殺でさえ、癒すことのできない耐えがたい苦しみを終わらせるための殺しでありながら数々の難問を抱えるが、人道的屠殺はそれですらなく、若くて健康な生きたがっている動物を、他者の利益と快楽のために殺す行為を意味する。この言葉は不誠実の極みといってよい。ところが動物搾取を行なう者は人道的屠殺を大いに担ぎ上げ、それを動物への愛情だと言っている。

動物に降りかかる惨劇を無視して、スミスの掲げる利己心だけを基準に考えても、彼の議論には致命的な欠陥がある。動物性食品が癌・心臓発作・脳卒中・糖尿病・肥満その他の問題と関わっていることを示す科学的知見は増えているにもかかわらず、スミスはそうした食品を避けるのが人の健康に良いのではないかという点をまったく顧みず、まして真剣に考えてはいない。アメリカ癌協会、アメリカ癌研究協会はともに肉食と癌の関連性を指摘している（American Cancer Society n.d.; American Institute for Cancer Research n.d.）。のみならず、肉中心の不健康な食生活によって医療費が膨れ上がるかたわら、食肉生産によって環境破壊も進んでいる。スミスは無視するが、工業的畜産は深刻な環境問題を起こしており、土や水や大気の汚染、地球温暖化の加速などは人類にとっての難題をも招来する。世界的な食肉システムが生む人間の苦しみはそれだけラテンアメリカでは動物飼料の大豆をつくるために熱帯雨林が急減している。[注10]森林伐採による動物生息地の破壊や生物多様性の喪失に加え、地域住民の強制立ち退きも生じ、人々は土地を失い貧困に陥り土着文化を滅ぼされている。大豆の主要生産国であるパラグアイでは、政府の腐敗、土地の安さ、環境規制の甘さ、農産物輸出税の軽さを、企業が最大限利用する。同国の大豆はほぼすべてが遺伝子組み換えであって、化学物質と農薬が大々的に使用される。毎年散布される農薬は何千万リットルにもなり、土壌と水系の汚染は野生生物も飼育される動物も人間も毒に冒す。先住民社会は土地への侵入や農薬散布に抵抗するが、警察と準軍事組織が暴力的に応酬し、食用作物を焼いて家をブルドーザーで壊し、人々を殴打・銃撃する。活動家は時に失踪し、時に暗殺される。圧制は何千もの小規模農家に、市街のスラムの明日をも知れぬ生活を強いてきた。これが「安い肉」の隠されたコストである。

動物の権利を危険視する他の者と同様、スミスは違法行為や施設破壊に目を付ける。しかしそれらは動物擁護活動のほんの一部を構成するに過ぎない。倫理性や効果のほどはさておき、単純な事実として、ほとんどの活動は合法的なものであり、要望書の送付・署名運動・印刷物の配布・菜食料理の食事会・抗議デモ・啓蒙活動などに分かれる。一部の活動家は潜入調査を行ない、制度化された残忍行為を暴露する。違法行為の大半は傷害と殺害の現場から動物たちを救出する努力である。

注10　例えばアマゾンの熱帯雨林破壊は九一パーセントが畜産業によるものである。Margulis, Sergio. "Causes of Deforestation of the Brazilian Amazon." Washington, D.C.: World Bank, 2004.

虐待者を直接脅迫する者は稀であるにもかかわらず、スミスはそこを強調し、他の活動家がそれを咎めないといって非難する。実のところ、企業寄りの動物擁護団体は脅迫行為を咎めるので、カリフォルニア大学ロサンゼルス校に勤務する動物実験者の自宅に爆発物が設置される事件が起きた際は、ＨＳＵＳが犯人逮捕につながる情報に賞金をかけたが、業界におもねるこうした対応さえもスミスは気に入らなかったらしく、賞金の額が小さすぎると不満をこぼした。

合法的活動についてもスミスは政治宣伝とみて否定する。活動家は子供の感化をもくろんでいる、と彼は警告し、共産主義者や麻薬の売人、ロック・ミュージシャンよろしく、活動家が無垢な若者を堕落させようとしているかのようにほのめかす。ところがそれより遥かに影響力のある業界の子供向け宣伝は何の問題もないらしく、酪農業界や食肉業界が現実をゆがめ、制度化された暴力を善と見せかけることは容認する。

スミスは動物の権利論を実在するテロリズムと位置づけ、「人間と動物を別の仕方で扱うのは間違っていると考える思想」と嘘の定義を下す（Smith 2010b: 6）。人と動物を同じように扱おうという考えこそが「動物の権利論と動物解放論という異種の思想を結び付ける共通の信念」である、と彼は述べるが、そこで一つの出典も示さないのは道理であって、なんとなれば誰一人としてそのような主張はしていないからである。他種の生きものを同じように扱おうなどと唱える者はいない。動物の権利論は人間以外の動物を人間の目的に利用することに反対する。欲するものは動物によって違うのだから、異なる扱いは適切でかつ必須でもある。動物の擁護者は人間の利害と他の動物の利害に平等な道徳的配慮をおよぼすべきだと説くのである。

スミスは動物搾取がなくなれば「人間が動物のように扱われるだろう」と懸念する。これは自身らが不当な扱いを受けてきたと感じる人々が絶えず口にしてきた不満で、些細な不便から実際の蛮行まで、あらゆるものに反対する文脈でささやかれることであるが、かれらは一般化した動物虐待を虐待と認めながらも、利己心と不誠実をあらわにする（すなわち、かれらを虐待するのはよい、けれども私は嫌だという論理である）。しかしながら動物を親切に扱えば人間が不当に扱われると考える理由はなく、むしろ逆に、動物への思いやりを高めれば人間への温情も高まると考える方が自然だろう。

スミスは食用目的の動物飼養に伴う残忍性を無視し、工場式畜産は動物を「より安全かつ健康で」いさせると主張する（ibid.: 206）。これも偽りで、実際の動物たちは不衛生な密飼い環境のなか疾病と負傷に悩まされる。感染症が抑えられるのは抗生物質を大量に使い、動物の多くを生後数週間で殺すからに過ぎない。工場式畜産は新型ウイルスを発生させるには理想的な仕組みであり、私たちは感染爆発への備えをほとんど持たない。綺麗な環境で育つ健康な動物たちはウイルスに対抗できるが、工場式畜産場に押し込められた動物たちは免疫系が弱り、不潔空間に監禁されて自身の排泄物に体を覆われ、薬剤なしでは生きられない。一部の細菌はそれでも生き抜き、人間が唯一かれらへの対抗策として持ち合わせる抗生物質への耐性を育てる。つまり私たちはみずからを脅かす世界的健康災害をつくり出している。二〇一五年には合衆国の一五の州で、二二三件の鳥インフルエンザ発生が報告され、四八〇〇万羽を超える鳥が感染して、アイオワ、ミネソタ、ネブラスカ、ウィスコンシンの各州は非常事態宣言を発した。二〇〇三年以降、何百という人々がH5N1鳥インフルエンザに感染し、その六割が死亡している（Centers for Disease Control and Prevention n.d.）。二〇〇九年には例外的におだやかなH1N1豚インフルエンザの流行で世界の二〇万人以上が命を落としたが、より致死性の強いウイルスが蔓延していれば数百万人が犠牲になったであろうことは疑えない。こうした無数の例を振り返れば、アメリカ公衆衛生学会が工場式畜産の暫定禁止を勧告したのも当然といえる（Johns Hopkins Bloomberg School of Public Health 2004）。

スミスはそうした環境でも動物は苦しまないと言い、理由はかれらが「自分に足りないものを認知できない」からだと説明する（Smith 2010b: 207）。おそらく、同様の環境に置かれた人間の幼児も「自分に足りないものを認知できない」であろうが、それがその扱いを正当化することはない。動物たちが自己選択と自由行動を許された時の生活をどの程度想像できるかは問題ではない。かれらは明らかにそれを欲しているのであって、体の向きも変えられない檻に入れられ、あるいは一生涯のほぼすべてを闇の中で過ごすような監禁生活に苦しんでいる。

他の存在への思いやりと敬いを高めることが人間へのそれを減じるとは考えられないように、人間生活の価値を認めるからといって他の動物の権利を否定すべき理由はない。人間例外主義はこれをゼロサム・ゲーム〔一方の得が他方の損になるゲーム〕のように考えるが、著名な人道主義者、アルバート・シュバイツァーなどの言葉は違う。「思いやりの輪をすべての生きものにまで広げない限り、人間は自身の平和をすら見つけられないだろう」（International Vegetarian Union n.d.）。アインシュタインも同じように考えた。

人間は私たちが「宇宙」と呼ぶ総体の一部、時空に限定された一部です。彼は自分自身を、自分の思考と感情を、他から分かたれたものとして経験します——それは意識の錯覚とでもいえましょう。この錯覚は一種の牢獄であり、それによって私たちは個人的な願望に囚われ、私たちの愛情は自分に最も近しい少数の者たちにのみ向けられます。私たちの務めは、この牢獄を脱し、思いやりの輪を広げてすべての生きもの、そしてすべての自然を、その美のままに包み込むことです。完全に成し遂げることは何人（なんぴと）にも叶いませんが、それをめざす努力そのものが、一つの解放であり、内なる安寧の礎（いしずえ）でもあるでしょう。(Sullivan 1972: 20)

動物擁護者はこの意識の錯覚を振り払い、牢獄を抜ける鍵を差し出す。人権に反するどころか、かれらは歴史上、性や年齢や肌の色で差別される人々の保護を求める運動を支持してきた。そして、動物がものを感じ苦しみを覚える生の主体であることから、かれらの利害に平等の配慮をおよぼすべきだと説いても、同じ特性を持つ人間の権利が否定されはしない。そうした特性を具えた動物に保護の枠を広げれば、それを欠く人間が危機にさらされる、と生命倫理学者は危惧するかもしれないが、ならば必要なのはその人々に特別の保護を約束することであって、他の動物の保護を一切否定することではない。動物への思いやりを高めても弱い人間へのそれが減ることは考えられない。動物擁護者が脅かすのは、他の存在を支配する自由、かれらの苦しみと死を利益に変える自由である。人間例外主義者はまさにそれを、何に代えても守ろうとする。

第3章　テロリズム事業者

テロリズム産業

「動物の権利テロ」や「エコテロリズム」への不安を理解するには広い領域を見渡す必要があり、動物産業複合体に直接関与する立役者だけでなく、急増したテロリズム関連業一般、それにテロリズム事業者の誕生にも着目しなければならない。テロリズム事業者はテロリズムの研究と対策をなりわいとする者たちで、その所属する各機関は相互につながり合う。政府、民間組織、専門家からなるこのネットワークはいまや、エドワード・ハーマンとジェリー・オーサリバンのいう「テロリズム産業」(Herman and O'Sullivan 1989) を超えて広がっている。ペンシルベニア大学のハーマンとオーサリバンは、「テロリズム」という概念が西側諸国の国家政策に合わせて恣意的に構築されていく過程を示したが、この管理社会風のシステムにおいては政府と企業のエリートらが専門機関やシンクタンクに投資を行ない、そこから輩出される知識人や専門家らが依頼主の要望に応えるべく、従順無批判なメディアを通して適切なメッセージを発する。そうして右寄りの思想が常時垂れ流される風潮ができあがると、別の立場はもし注目されたとしても、異常で理解不能なものとみなされる。メッセージを吹き込まれた人々は、社会的反抗の抑え込みを支持する方へ流れるのみならず、漠然とした恐怖に取りつかれて理性を失い、政界のエリートが自身の目的を達するに任せつつ、圧制的な法整備、監視の強化、個人の権利の侵害、軍事の増強を認めるようになる。

二〇〇一年九月十一日の攻撃はテロリズム産業に拡大の機会を与えた（同様の機会は二〇一五年十一月のパリ攻撃直後の時期にも訪れ、国連気候サミット開催の折には抗議デモが禁じられた上、多くの活動家が自宅軟禁を強いられた）。政府の諜報活動が盛んになった一方で、テロリズムを扱う研究機関、学術機構、シンクタンクも急速に数を増やした。テロリズム研究をなりわいにする者はテロリストを必要とする。そこで数々の個人・組織・社会運動がテロの枠に括られる傾向が生まれ、妥当ではないもの、動物擁護や環境保護までもがそこに含まれることとなった。「テロリズム」の形態が増えれば、研究や出版活動、出世の機会も増える。9・11の後、恐怖が渦巻き復讐と軍国化が叫ばれるのを追い風に、並みいる企業、法律家、政治家、慈善家、セキュリティ会社、小売会社、詐欺師らが大収入を得た。例えば二〇〇五年から二〇〇九年にかけて合衆国国土安全保障長官を務めたマイケル・チャートフは、自身のセキュリティ・コンサルタント会社チャートフ・グループを立ち上げ、メディアのインタビューを通して、国内飛行場に全身スキャナーを設置するよう促した――自社がその製造元を代表していることは伏せたまま、である。無論、こうした企てではアフガニスタンとイラクの戦争が巨万の富を生むのに比べれば小さなもので、後者は石油・ガス会社、軍需会社、建設・土木会社、電子・情報会社を潤す（Rayman 2011）。なお、その恩恵に浴する電子・情報会社サイエンス・アプリケーション・インターナショナルの最高執行責任者デュエイン・アンドリュースは、ディック・チェイニーやドナルド・ラムズフェルドの側近だった経歴を持つ。

テロリズム研究も一大成長産業になった。二〇〇七年、イギリスの『ガーディアン』紙はイースト・ロンドン大学のテロリズム研究長アンドリュー・シルケ教授の言葉を引用しつつ、「英語で書かれたテロリズム文献は六時間ごとに新刊が出されている」と述べた（Shepherd 2007）。テロリズム研究への関心は前代未聞の高みに達したと同紙は報じ、関連の学術科目・学術機関・学位が急増したことを指摘する――その多くは、スコットランドのストラスクライド大学社会学教授デビッド・ミラーにいわせれば、「西側諸国の思想敵に対する脅迫観念が生んだ」ものだった（ibid.）。テロリズム研究はもともと小さな領域だったのが、9・11を契機に「世界中で渦巻く学術的・政治的関心の的となった。新たにこれを学んだ学界の冷戦支持者や従軍記者らは先を競うように、アルカイダに関わるものがあれば何でも構わず商業的成功に結び付けたが、そこでは往々にして内容、出典、その他、健全な学問的要素がないがしろにされた」（Ranstorp 2006: 3）。スウェーデン国防大学のマグナス・ランストープは資料の急増に注目しながらも、そのほとんどがテロ理解の役には立たないことに気付いた。不正確な定義を用いるテロリズム研究は有用な理論を打ち立てることができていないとした上で、ランストープはこの領域が「通常の健全な社会科学の手続き」、例えば「前提への問いかけ、議論の批判、研究手法の考察」などを欠いていると結論した（ibid.: 4）。

ニュージーランドのオタゴ大学国立平和紛争研究センター副所長リチャード・ジャクソンは、テロリズム研究の方法論的な欠陥および問題として、使用される概念や理論があいまいである点などを挙げ、テロリズムの定義が何百通りにも分かれること、テロリズムが固定された客観的な現象ではないことを指摘した（Jackson 2007: 2008）。ジャクソンの見解では、テロ専門家は非国家主体に注目しつつ、国家、とくに西側諸国の行使するテロリズムを看過し、「政治的バイアス」に囚われながら「国や大衆メディアがつくり出す主流のテロリズム神話を……（解体するのでなしに）強化・再生産する」（Jackson 2008）。その神話の一つに、テロリズムは新しい現象であり、とくに西側諸国にとって危険な脅威であるとの説がある。こうした風潮に抗するべく、ジャクソンは批判的テロリズム研究を立ち上げ（Jackson 2005）、主流のアプローチを問い直す意図から敢えて政治的立場を前面に出しつつ、テロというレッテルの安易な使用に疑問を呈し、政界・機関・企業に属する主流テロ学者の実態を明らかにする。批判的テロリズム研究の起源はノーム・チョムスキーとエドワード・ハーマンの業績にあり、二人は複数の研究文献において国家テロリズム、なかんずくアメリカ合衆国のそれに光を当てている。従来型のテロリズム研究が時の権力構造の枠内に収まっていたのに対し、批判的テロリズム研究は支配者目線のテロ理解に異を突き付ける。

　プリンストン大学の人類学者ヨセバ・ズライカは、テロリズム研究が「知の危機」に陥っているとして、テロリズムの定義にまつわる問題のほか、それを検証する解釈の枠組みや、テロリストの主体性を故意に無視する傾向にその徴候が表われていると考察した（Zulaika 2012）。テロ対策の中で空想が果たす役割にさらなる注目が必要であると述べつつ、ズライカは無人機（ドローン）殺戮のSF的性格と、それがテロを悪化させる実態に光を当てた。ピッツバーグ大学のマイケル・ブレナーは、テロとの戦いを検証する中で、神話や固定観念や娯楽産業の影響が人々のテロ理解を形成すると論じた（Brenner 2014）。批判的テロリズム研究の成果をもとに、ここでは動物活動家をエコテロリストに仕立てる上で空想の力が大きく作用することを示し、同時にそうした曲解・誇張・捏造が特定の利害関係者に資する形で意図的に案出・形成される点を明らかにしたい。

「エコテロリズム」

「エコテロリズム」を深刻な脅威とみる思考は、動物産業複合体が批判から身を守るためにつくり上げた社会的・政治的構築物である。個人や団体をテロリストと呼ぶ業者の社会的・政治的な意図は、批判勢力を法に反する者、すなわち単なる逸脱者ではなく根本的な悪と位置づける過程を通して、警察力による監視の強化と特別の刑罰を求めることにある。反抗者に利益を脅かされる者からすれば、批判を防ぎ払いのけるにとどまらず、それを手に負えない悪党の倒錯した罵詈雑言（ばりぞうごん）として示せれば効果的には違いない。そこで動物を守ろうとする活動家の取り組みは、法にのっとる平和的な抗議も菜食料理会のような無害な催しも、あるいは例外的に行なわれる害の小さい施設破壊も、つねにイスラム主義のテロリストによる大量殺戮になぞらえられ、かたや動物搾取で儲ける業者はかよわき犠牲者を演じてきた。業界は9・11が生んだ恐怖心と復讐心を故意に利用し、批判者への圧制を要求する。

エコテロリズムが捏造されて利益に浴したのは、ネットワークを形成しつつあるテロリズム事業者らも同様で、こちらは動物の権利運動に関する有用情報を集める技術を売り込み、脅威に対抗するセキュリティを提供する。脅威が多ければキャリアにつながるとの認識から、こうした事業者は動物の権利運動やエコテロリズムを他と並ぶ手ごわい危険分子として「宣伝」し、特殊な施策・防衛の必要性を説く。

業界の拡大

国際テロリズムをめぐって専門家と諸機関が政治的に有用な分析・定義・解釈を生み出す巨大ネットワークを形成していることがハーマンとオーサリバンによって指摘されて以降（Herman and O'Sullivan 1989）、テロリズム産業は飛躍的な成長を遂げた。『ワシントン・ポスト』紙は、合衆国で二〇〇一年以降に発達した防衛・情報分野の官僚機構が「あまりに巨大かつ、あまりに肥大し過ぎ、あまりに機密性が高いせいで、もはやどれだけの資金がそこへ流れているのか、どれだけの人間が雇われているのか、それが合衆国を安全にするのかどうかを知る者は一人もいない」と論じた（*Washington Post* 2010）。同紙の調べでは、少なくとも一二七一の政府機関と一九三一の民間企業が最高機密のテロ対策・国家安全保障・諜報プログラムに関わり、拠点はアメリカ合衆国全土で一万カ所を超え、ワシントンDCだけでも三三の新施設があるという。機関内では最高機密へのアクセス権を持つ人員が八五万人以上を数え、他にも技術・建設・サービスなどの面でその任務に関与する仕事は無数に存在するので、そこに費やされる資金が法外なものであることは疑えない。しかし『ワシントン・ポスト』紙は「各機関の連携不足、……人員過剰、任務の重複」が「最大の問題」であるとしている。

こうした事業が急発展した背景には、警察活動一般の肥大化と軍事化があると考えるのが妥当で、逮捕率の上昇もそれに関わる。民間のセキュリティ会社や諜報会社と同じく、国家警察も脅威の発掘に関心があるが、それは様々な脅威があれば効果的な対策のためと称して予算の増額を求めることができ、危機を誇張すれば強力な監視技術や武器類を購入する口実ができるからである。

カナダでは警察が高性能兵器や装甲軍用車両を持つほか、軍組織との連携任務にも携わり、バンクーバー警察の軍事連絡部隊は合衆国州兵の訓練も受けている（Lorinc 2014; Quan 2014）。合衆国では軍需（「防衛」）産業が利益を維持・増大する必要から、特に軍からの注文が減る戦争の撤退時期を中心に、警察への製品売り込みを図り、警察の方もまた全米戦術部隊員協会などの組織を通して軍用機器の導入を求めている。さらに、合衆国の国防総省・国土安全保障省・司法省は軍用品支給と軍用訓練のプログラムに投資を行なってきた。国防総省の一〇三三プログラム〔連邦政府の余剰武器を一般の警察機関に分散するプログラム〕だけでも、五〇億ドル以上に相当する軍用品を警察へ流し、地方部隊までが自動小銃や戦闘服、装甲兵員輸送車、戦車などを得た。麻薬戦争や対テロ戦争といった概念に駆られ、他方で最新兵器を備え戦闘服を使うことになった警察は、自身を戦士とみなし、社会を戦場、市民を敵とみるようになった。いまや小さな村の警官隊が装甲兵員輸送車に乗って、カボチャ祭りやイースターの卵探し大会やポーカーの見回りを行ない、もう少しマシと思えるところでは飲酒運転手の呼び止めに励むが（Rahall 2015）、同じ精神性と習慣性から、連邦警察は動物活動家を国内随一のテロ脅威に指定した。

テロリズム産業は「テロ」を必要とする

資本主義下の経営組織が利益を守るという使命に駆られ、その自己正当化と権力拡大のために諜報・セキュリティ・警察機構を必要としたことから、市民監視と政治的スパイ活動が盛んになり（Chase 2015; Tucker 2013）、多くは合法的な取り組みに狙いを定めた。警察や監視会社は制度の力やイデオロギーに囚われ、無害な活動をも反体制的とみて取り締まろうとする。アメリカ自由人権協会（ＡＣＬＵ）は合衆国で政治的スパイ活動が増加したと発表し、一一一件の事例を挙げた（American Civil Liberties Union 2010）。大半は反戦活動家の監視であったが、特に光を当てられたのは、アリゾナ大学の学生がチョークで抗議運動の宣伝を書いて逮捕された事件や、オレゴン州ビーバートンの活動家四人が歩道に水溶性チョークで「動物たちを救え」と書き、動物実験施設を新築しようとするワシントン大学に抗議して逮捕された事件だった（American Civil Liberties Union 2010; Potter 2015）。他のテロ対策行動としては、カリフォルニア州国土安全保障局の者がカナダのアザラシ猟に反対する活動家をスパイする、警察がカリフォルニア州立大学フレズノ校の菜食講義に六人の調査官を潜入させる、コロラド大学ボルダー校附属警察が毛皮反対金曜日〔ＰＥＴＡの開催する毛皮反対イベント〕に関するＥメールを傍受し、デンバー警察と合同テロリズム対策部隊（ＪＴＴＦ）に内容を報告する、などの例がある。ＪＴＴＦはコロラド州で、ホームレスの人々にベジタリアン料理を支給する団体「爆弾ではなく食事を（フード・ノット・ボムズ）」をスパイし、ミネソタ大学では破壊行為の罪で逮捕された学生を、菜食料理会の潜入調査官として雇おうとした。こうした監視活動からは、警察機構が「テロ」の発見に躍起になっている様子がうかがえるのと同時に、その標的がまったくの思想的理由で選ばれていることが分かる。

軍が存在意義を打ち立て公的資金を享受し続けるため常に新たな敵をつくり出さなければならないのと同様、テロ対策産業は重大な脅威とみなせるテロリストの存在を絶えず必要とする。イスラム主義のテロリストが少なくなれば別の脅威で穴埋めをしなければならない。勢力を伸ばす集団の中で、とくに勝手がよかったのは「動物の権利テロ」と「エコテロリズム」だった。民間の諜報・セキュリティ組織はこの概念を利用して恐怖の空気を煽り、自身らがいうところの専門技術を企業に売り込む策に出た。それにもまして活動家をテロリストに仕立てたかったのは動物搾取で直接利益を得ていた企業である。動物の権利運動によって儲けが脅かされていると悟った業者らは大金を注いで宣伝作戦を繰り広げ、批判者を貶めつつ活動家にテロリストの烙印をおし、業務の妨害を防ぐ法制定に結び付けようとした。すなわち、エコテロリズムが一大脅威となれば、諜報・セキュリティ会社と動物産業複合体、どちらにとっても得になる。

エコテロリズムを売り込む

漠然としたエコテロリズムの概念を打ち立てたテロリズム事業者らは、問題となっている敵の動機や活動について自身が専門の知識と特別な見解を持っていると宣伝する。そこには大抵、活動団体のウェブサイトを検索すれば簡単に得られる情報も含まれるが、事業者らはその示し方に工夫を加えることで、秘密の陰謀、すなわち資本主義そのものを根底から覆す脅威を匂（にお）わせる。しばしば大手メディアに現われ「エコテロ」の解説をする「専門家」にロン・アーノルドがいる。自由企業防衛センターに所属する彼は環境保護運動に憎しみを向ける批判者で、企業後援の反環境保護同盟「賢明な利用運動」を立ち上げ、市民軍〔極右武装組織〕や反政府組織と連携して財産権の拡張をめざしている（Hsiao 1998）。反環境保護戦略をうたうアーノルドの言葉は有名である──「俺たちはクソどもをブッ殺したいんだ。単純に奴らを消し去るのよ。目標は環境保護運動の完全な破壊だ」（Buell 2003: 332）。

資本主義の擁護者の中には客観主義[注1]を信奉する者があり、その思想的な起源は作家アイン・ランドの、利己心を賛美する冗長な小説群に求められる。そうした思想に感化された者らは、エコテロリズムが単に屠殺場や工場式畜産場といった特定の標的だけでなく、西洋型社会の根幹をも脅かすと警鐘を鳴らす。アイン・ランド研究所の上級研究員オンカー・ゲートによれば、動物擁護と環境保護の支持者らは「原生自然を崇拝」し、高貴な産業資本家を筆頭に人間一般を嫌悪するるので、文明にとっての脅威なのだという（Ghate 2006）。雑誌『資本主義』の中でゲートは「誰が産業をエコテロリズムから守るのか」と不安がるが、これはまるで、世界最強国家のあらゆる備えが、非暴力を誓った少数の菜食人（ビーガン）から企業を守るべく、いつでも用意されている現実を否定

注１　理性の行使による自己利益の追求を肯定し、それを可能にする社会的基盤として自由放任資本主義を支持する立場。

するかのような発言といえる。

動物の権利テロの脅威を煽れば、ビジネスの助言とセキュリティ技術の提供を仕事にする「専門家」が利を得る。テロ対策研究には何億という大金が投じられ、大学へも大きな収入がもたらされる。二〇〇四年にはニュージャージー工科大学（NJIT）がドナルド・H・セバスチャンを所長としてニュージャージー州国土安全保障技術体系センターに指定された。テロ対策に投じられた額は、軍事・バイオテクノロジー研究と合わせて「二〇一〇年に一億ドルに達し、ＮＪＩＴを全米トップ10の工科大学にランク入りさせた」(New Jersey Institute of Technology 2010)。収益が見込まれる交渉中の取引案件にはストラトコム・インターナショナルとの提携もあり、この会社を運営する米海軍退役中将ジェームズ・エイブラハムソンは、スペースシャトル計画や戦略防衛構想(「スターウォーズ」計画)を指揮して宇宙空間の軍事化を企てた人物である。ＮＪＩＴとストラトコムの提携は宇宙に無人のプラットホームを設けて全米監視システムを構築する企図から発したものだった(New Jersey Institute of Technology 2004))。

ニュージャージー州国土安全保障準備局の局長チャールズ・マッケンナはＮＪＩＴの研究に「惚れた」と言い、とくにコンピュータの危険人物分析が「人種を基準にした従来の危険人物絞り込み手法よりも洗練されていて速い」ことに感心した(その人種別の絞り込みという手法自体にも彼はどうやら疑問を持たないようである)。マッケンナはＮＪＩＴの監視技術が柔軟性を持ち、「ジハーディストもクリップス〔アフリカ系アメリカ人を中心とするギャングの一種〕も過激派の動物の権利活動家も、みんな等しく」監視下に置けることを賞讃した(Peet 2010)。ここにみられるごとく、多くの議論で取り沙汰される動物の権利活動家の脅威なるものは誇張に満ちてバカげているものの、それが有用な表象として、必要に応じ利用される「融通無碍（ゆうずうむげ）な一群の比喩」(Nietzsche 1954: 46) となる点は見逃せない。マッケンナの言葉は重要な真実を物語っている――恐怖の文化をつくり、テロ対策産業に利益をもたらし、産業界に国の力を用いた批判者弾圧の口実を与える点で、多種多様な仮想の脅威はまさに「みんな等しく」有用なのである。

動物の権利テロ

動物産業複合体はエコテロリズムの脅威を捏造するのに大金を費やしてきた。動物の権利という概念そのものが、業界の行ないに対する経済的・政治的・道徳的糾弾となって事業の根幹を脅かすため、活動家を非合法化して危険な狂信者とする必要が生じる。脅威への対抗策として、業界は偽装団体を使いながら「動物の権利テロ」なる概念をつくり出した。動物の権利という考えは人々の共感を得るので、企業とその偽装団体は他の動物への憐れみと思いやりを殺いで、それを活動家への恐れと憎しみに入れ替える努力をしてきた。貶（おとし）めは相手をバカにすることに始まり、動物の権利を個人の選択権に対する侵害と位置づける、人間例外主義と支配主義の教説を固める、それに活動家をテロリストとして描く、などの手法に分かれる。

かくして「動物の権利テロ」はセキュリティ会社の成長領域となり、例えばその一つ、インカーマン・グループは、業界の顧客向けに『エコテロとの戦い』といった報告書を作成する。アジエンダ・セキュリティ・サービスはウェブサイト上で動物の権利活動に関する月刊観察報告の提供を約束する（Agenda Security Service n.d.）。同様にペンシルベニア州の情報ネットワーク・アソシエート（ＩＮＡ）は、企業や政府の顧客（合衆国国防総省、国土安全保障省も含む）に代わって「潜入調査」や「監視活動」を行なう。ＩＮＡは二〇一〇年、ペンシルベニア州ハリスバーグで「活動団体による脅威の管理」を議題とする「セキュリティ円卓会議」を企画した。同社は閲覧限定ニュースレター『過激派ウォッチ』で顧客に情報を売るが、その中には活動家の名前や住所、相互関係などの記述も含まれる。合衆国の毛皮用動物飼育場からミンクを逃がしたことで懲役二年の刑を受けた活動家ピーター・ヤングは、「阻止せよハンティンドンの動物虐待」（ＳＨＡＣ）に属する活動家七人が裁判所に訴えられた際には、かれらが動物実験者の自宅住所を明かしたことを主な理由に、訴追者からテロリストの烙印をおされたと指摘する（Young 2010）。対してＩＮＡが活動家の自宅住所を出版物で明かしても同じ糾弾がなされないというのは、「テロリズム」が特定の行動をもとに定義される語でなく、行為者の素性や思想をもとに定義される語であることを物語っている。

他のテロリズム事業者と同じく、ＩＮＡも企業の顧客に極秘情報を提供すると請け合う。実際には、そのほとんどはデモや会議や菜食（主義）イベントに関するウェブ上の資料から容易に確認できる内容であるが、ＩＮＡは他に、活動家のフェイスブック個人ページも監視する。二〇一〇年八月十九日には『過激派ウォッチ』により、カナダの動物実験反対組織「阻止せよＵＢＣの動物研究」が取り上げられた。この件に関し、同組織の広報担当ブライアン・ヴィンセントは述べる。

我々がＵＢＣ〔ブリティッシュコロンビア大学〕の動物研究を暴露したのが気に入らないという有力企業もあります。……そうした会社はＵＢＣが生まれたての子豚の肺にサリン溶液を流し込んだり、猫の背を切り開いたり、マウスをタバコの煙にさらしたりといった残忍な動物実験を行なっている実態を人々に知られたくないのです。(注2)

ヴィンセントの主張では、ＵＢＣが実験についての情報公開を拒んだのに対し、「阻止せよＵＢＣの動物研究」は隠すものなど何もなく、使命は動物実験を告発・廃止することと明確に定まっており、そのために用いるのは思いやりにもとづく法的・平和的手段である。「我々が監視されているということは、この方法に効果がある証拠です」。

ＩＮＡその他のテロリズム事業者らは動物解放戦線（ＡＬＦ）の組織についても特別の知識を持つと豪語する。が、ＡＬＦの行動は独立の個人が起こすもので、一枚岩的な単一組織の計画にもとづくものではなく、研究などはできない。結局のところ、テロリズム事業者は顧客の恐怖に

注2　この言葉はStop UBC Animal Research, 2010. "Shadowy US Private Detective Agency Investigating Canadian Animal Activists." November 9. <http://stopubcanimalresearch.org/shadowy-us-private-detective-agency-investigating-canadian-animal-activists/>で閲覧可（二〇一六年十二月十三日アクセス）。

つけこみ、浅薄で不正確な情報とセキュリティの幻想を売るに過ぎない（Young 2010）。

セキュリティ関連組織は違法行為を普通の犯罪ではなくテロリズムに指定したがる。テキサス州に拠点を置く民間情報セキュリティ会社ストラトフォー（ストラテジック・フォーキャスティング株式会社）に勤める元合衆国国務省のテロ対策担当者フレッド・バートンは、活動家たちの直接行動について、「政治的動機に根差すためテロリズムに分類」しなければならないと述べた（Burton 2007）。そうすることで事業への脅威はより深刻なものと映り（よってそれを裁く刑罰もより重くなり）、「専門家」の役割もより重要と思われるようになる。そこでこの専門家らは通常、何の証拠もなしに、「エコテロリズム」の危険は増していると唱える。ストラトフォーの報告書『セキュリティ・ウィークリー』は、ALFの「暴力がエスカレート」しているとの警告を載せたが、「エスカレート」の状況を示すデータは一つも挙げていない（Stewart 2010）。

一九九五年から二〇〇一年のあいだにコロラド州とオレゴン州で施設破壊を行なった「ザ・ファミリー」を名乗る動物・環境活動家たちについて論じた際も、バートンは同じ調子で、かれらの活動は暗殺にまでエスカレートしようとしている、と述べた（Burton 2007）。主張の元となったのは金を渡されたヘロイン中毒者の証言で、その男はFBIの求める情報を提供しなければ投獄される危機にあった――つまり情報提供者としては、嘘の証拠をでっち上げてでも自分が危険なテロリストを取り締まるのに有用な人物であると思わせたい肚(はら)があった。しかしながら活動家が暗殺を検討しているなどという証拠は見つかっておらず、またすでに述べたように、ALFと地球解放戦線（ELF）の活動指針は人や他の動物への危害行為を禁じている。成文化した暴力の禁止規則があろうと、証拠が一つもなかろうと、ストラトフォーがそうした主張を広めることには変わりがなかった。

ストラトフォーはアメリカ石油協会、アーチャー・ダニエルズ・ミッドランド、コカ・コーラ、ダウ・ケミカル、ノースロップ・グラマンなどの大手企業に奉仕し、活動家の情報を提供する。二〇〇九年にはコカ・コーラの経営幹部ヴァン・ウィルバーディングがストラトフォーに接触し、「動物の倫理的扱いを求める人々の会」（ＰＥＴＡ）のカナダでの活動について情報を請うとともに、ＰＥＴＡがバンクーバーの冬季オリンピック開催時に抗議活動を行なうか、無政府主義者やＡＬＦの支援者がそれに加わる可能性があるかを問うた。バートンはＦＢＩがＰＥＴＡの秘密調査を行なっていると答え、自分でもコカ・コーラ社に提供できる情報があるか確かめてみると請け合った。この回答からすると、彼はＦＢＩの秘密調査情報を閲覧できる立場のようである（Global Intelligence Files 2012）。ストラトフォーの仕事が明らかになったのは、ハッカー集団アノニマスの活動家が同社のコンピュータ・システムに侵入して五〇〇万通を超えるＥメールをウィキリークスへ流し、同サイトがそれを「世界情報ファイル」の名でオンライン公開したことによる。二〇一三年、活動家ジェレミー・ハモンドがストラトフォーのシステムをハッキングした罪で懲役十年の刑に処されるが、ハモンドは自分にそれをさせたのがＦＢＩとつながった密告者ヘクター・ザビエル・モンセガー（一二件の刑事罰を解消するため警察との司法取引を望んでいた人物）であると証言し、この判決は合衆国政府の「悪意に満ちた復讐行為」であって、自分を見せしめに政治活動を躊躇させようとする策だと述べた（Pilkington 2013）。

ストラトフォーは企業に情報を提供するだけでなく、批判者を打ち倒す戦略の助言も行なっており、これは同社の前身ペイガン・インターナショナルがつくり上げた分割統治戦術にもとづく。ペイガン・インターナショナルは、一九八五年にラファエル・ペイガン・Jr.という、元米軍将校で対反乱活動の心理作戦を指導していた男が、協力者ジャック・モンゴベンとともに立ち上げた。二人は一九八〇年代、第三世界での乳児用粉ミルク販売を批判されていたネスレの不買運動対抗作戦を成功に導いた。〔ネスレその他の企業が粉ミルクの使用を世界に広めていた当時、〕貧しい女性たちは不衛生な水で粉ミルクを過度に薄めて使ったことから乳児の大量死亡を招き、これを発端に国際的なネスレ商品の不買運動が起こった(注3)。ペイガンとモンゴベンは不買運動を分断する戦略として、一部の活動家を急進派として孤立させ、より穏健と思われる者らを支援・誘導した。ネスレ自身も穏健派を利用して会社の理念を拡散し、大衆の意見を操作した。ペイガン・インターナショナルはシェル石油がアパルトヘイト時代の南アフリカで操業していた折も、国際的抗議運動から同社を守るために同様の戦略を用いた。一九九〇年にペイガン・インターナショナルは倒産するものの、引き継ぎ企業の「モンゴベン、ビスコー&デューチン」(MBD)が同じ作戦を用い続け、後にストラトフォーへ併合された(Horn 2013a)。MBDと同じく、ストラトフォーは膨大な活動家ファイルを作成して、その打倒を図る企業のための戦略をつくり上げた。「デューチンの公式」は活動家を日和見(ひよりみ)主義者・現実主義者・理想主義者・急進主義者に分ける。日和見主義者は利己的なので買収可能、現実主義者は穏健な変化を受け入れるよう説得可能、理想主義者は事実誤認があると指摘して説得可能、しかし急進主義者は宣伝と偽情報の流布(るふ)と誹謗中傷を通して孤立化・周縁化させることが必要、とされる（Horn 2013b）。アメリカ石油協会のためストラトフォーは環境保護運動に狙いを定め、二〇一〇年にカナダの石油会社サンコールに向けたプレゼンテーションを行なった際はデューチンの公式を用いて、タールサンド開発に反対する環境団体を分類した。

ストラトフォーは活動家の中傷も行なう。ジャーナリストのアレクサ・オブライエンと、オブライエンが銀行業に抗議するため創設協力した団体「合衆国・怒りの日」は、イスラム主義に駆られたアルカイダ系のテロリストということにされ、投獄の危険を負わされた（Hedges 2012, 2013）。自由企業防衛センターのトム・アーノルドは、オブライエンらを社会主義者のテロリストで「手段を選ばず……資本主義の壊滅を図る」連中だと語った（Newman 2011）。ストラトフォーの専門家は動物の権利運動が暴力性を増していると主張する。同社の戦術分析部長スコット・スチュアートは元合衆国国務省役員のテロリズム調査官で、活動家たちが人命の尊重から「目をそらし」たと述べ（ＡＬＦの活動指針はまさに人命の尊重を命じているが）、高まる暴力性が「エスカレートするままにしておけば……いつかその攻撃は殺人行為におよぶとみて間違いない」（Stewart 2009）と警告した（それから年月が経ってもなお、この予言は成就していないが）。スチ

注３　貧しい女性たちは母乳を与えていれば子供を育てられるはずだったが、ネスレをはじめとする企業が彼女らをだまして粉ミルクを売り込んだために幼児大量死亡の悲劇が起こった。これまで狡猾な宣伝にさらされたことのなかった女性たちに罪はなく、悪いのは明らかに、彼女らの無知につけ込んだ企業である。

ュアートの見解は実のところ、彼自身が共同執筆したストラトフォーの報告書をもとにしている(Burton and Stewart 2007)。唯一の論拠として彼が示したのは、司法取引でＦＢＩに協力した活動家ローレン・ウェイナーがマックデビッドの裁判で述べた証言であり、そこでウェイナーは、マックデビッドが状況次第で爆発物の使用を検討すると言っていた、と語っている。しかし爆発物は使われず、そもそもこの事件は囮(おとり)を使ったＦＢＩの工作であったことが判明している(後述)。

スチュアートは別の場(Stewart 2010)でも活動家がやがて人に暴力を振るうと予言し、逮捕された活動家ウォルター・ボンドが書籍『宣戦布告――人を殺して動物と環境を救う』を所持していた例を挙げる。この本は「叫ぶ狼」という、活動家としては考えにくい筆名を持った一活動家が書いたと噂される作品で、動物の権利に反対する団体からしばしば過激主義の実在を示す証拠として言及されるものの、これを真面目に受け取っている活動家はほとんどいない。哲学者のトム・レーガンは『宣戦布告』を「嘘の挑発を並べただけの作品、事実でないものを事実にみせかけた作品」と評し、業界が活動家の評判を落とすためにつくったものと判断した(Regan 2004: 17)。

ロビー団体と宣伝者

業界は広報会社、ロビイスト、偽装団体に大金をつぎ込んで、動物・環境活動家をエコテロリストとして描き、動物の権利に対抗する宣伝をつくりかつ広め、批判者の活動を縛る法制定へと政府を動かそうとする。それとともに政府官僚へ直接金を手渡し、自身らに奉仕させようとする。製薬業界は二〇〇八年、ワシントンＤＣでのロビー活動に七〇〇〇万ドル以上を費やした（Gawrylewski 2009）。カナダ酪農組合はロビー活動に年間一億ドルを使う（Ling 2014）。業界上層部は脅威とみた活動家を断固つぶそうとする。イギリスの製薬会社グラクソ・スミスクラインのＣＥＯジャン・ピエール・ガルニエが「我々はテロの被害に遭っている」とこぼすと、イギリス内務大臣キャロライン・フリントは即座に保護へ向け動きだし、「動物過激派の恐怖統治」に対抗する策を求める一方で、「狂信的」活動家がイギリスの八〇億ドル市場にもなる生物化学研究産業を「包囲」しているせいで、国は対策のため毎年二〇億ドルの投資をしなければならないと語った（Capell 2004）。

全米採卵業者組合の代表アル・ポープは家禽業界への助言を行なう中で、全米人道協会（ＨＳＵＳ）の幹部が「我々の目標は家禽産業を全廃することだ」と言うのを聞いたと語った（しかしながらＨＳＵＳは〔全廃派ではなく〕改革派の立場をとる点で多くの活動家から批判されているのが現実であって、同団体が応援する「人道的食肉」や「ケージ不使用」の推進は、結局のところ搾取を認め、畜産に対する抵抗感を消費者から取り除くことで、動物たちの一層の苦しみにつながると言われている）。ポープはさらに、活動家は動物福祉の促進を通して業界に生産費用の増額を課している、その影響は消費者の需要、「ひいては業界の経済的安定にまでおよぶだろう。悟らなければならないのは……我々が戦争状態にあるということだ」と述べ、「動物福祉、環境、食品安全への関心が極端な域に達した途上国では、一人当たりの消費量が急落した」と不満をあらわにする。業界への助言では、「新しい戦略、新しい製品、新しい顧客」を育てるとともに「現状に対し宣戦布告をする」よう促した（Butler, Olejnik and Strickland 2007）。

「消費者の自由センター」（ＣＣＦ）

その宣戦布告を引き受けたのが企業の偽装団体で、その一つである「消費者の自由センター」（ＣＣＦ）は精力的な立ち回りで、活動家を抑えつける法制定を求めてきた。個人の選択権を守り、動物利用に関する常識を広めるのが目的だと謳うＣＣＦは、一九八五年につくられたゲスト・チョイス・ネットワークが前身で、その立ち上げ人リチャード・バーマンはタバコ会社フィリップモリスの投資も受けつつ、タバコ・食品・外食産業を統合して、人々の健康改善をめざす喫煙・飲酒・肉食反対キャンペーンに対抗しようと考えた。ＣＣＦへの転身は二〇〇二年に訪れ、バーマンはこの時、いわゆる反消費主義活動家が個人の自由に対する攻撃を強めているので、より強靭な消費応援アプローチが必要であると語った。団体への投資元には他の大手企業も加わり、食品・アルコール・外食部門を中心とするその顔触れには、アンハイザー・ブッシュ、ブリンカー・インターナショナル、カーギル、コカ・コーラ、ＨＭＳホスト・コープ、モンサント、ピルグリムズ・プライド、ＲＴＭレストラン・グループ、スミスフィールド・フーズ、タイソン・フーズ、ウェンディーズ、等々が名を連ねる。ＣＣＦはこれらの会社の偽装団体として、その批判者に対する中傷作戦を担当する。そこで、組合結成、最低賃金の設定、飲酒運転規制、喫煙規制、食品の警告表示に反対し、肉、タバコ、アルコール、肥満、狂牛病、サルモネラ菌中毒、農薬、遺伝子組み換え、畜産での抗生物質使用、魚介類の水銀汚染に関わる健康上の懸念を否定する。バーマンは特定企業のために働く一方で、資本主義自体を肯定する宣伝も行なう。政府が企業を利するべく、求めに応じて保護・補助金支給・法制定を行なう資本主義社会の現実とは正反対に、ＣＣＦは「統制国家」が不要かつ厄介な規制をビジネスに課し、消費者の個人選択権を損ねているように論じる。バーマンの有名な戦略は「伝道者を叩く」というものなので、ＣＣＦとその関連団体・関連ウェブサイトは、疾病管理予防センター、「飲酒運転に反対する母の会」、グリーンピース、ＨＳＵＳ、ＰＥＴＡなどの団体を、圧制的なお節介といって攻撃する。動物福祉団体については、合法的な行動をとると言いながら実際にはテロを応援している、とＣＣＦは断言する。さらにＣＣＦは「ＰＥＴＡと放火魔の熱い関係」なる中傷キャンペーンをウェブ上のアーカイブに載せ（Center for Consumer Freedom n.d.）、ある宣伝記事では燃える建物を写した大きな写真を示しながら、ＰＥＴＡは「有罪となった放火犯その他の暴力的犯罪者」に一〇万ドルを握らせている、したがってこの団体は「皆が思うように温和でも可愛いものでもない」、との主張を展開する。

ＣＣＦの組合反対キャンペーンを喜んだのが、自社工場内での組合結成に反対するスミスフィールド・フーズだった。さらに同社は豚の肉身の「生産者」としては世界最大を誇り、牛の肉身も相当量を「生産」しているので、ＣＣＦによる動物活動家叩きからも恩恵を得る。スミスフィールドのことで悪名高いのは驚くべき環境汚染の記録で、中でもノースカロライナ州の養豚場肥溜め池に貯留されている数百万ガロンもの未処理の排泄物がその大きな原因となっている。近隣住民は深刻な健康被害に見舞われ、家の外へ出られないほどの強烈な悪臭に抗議してきた。

一九九〇年代後期にスミスフィールドは水質浄化法違反により一二六〇万ドルの罰金を科される。これはこの種の罰金にしては大きかったものの、同社の収益からみればほんのわずか、年間売り上げの一パーセントにも満たない額だった。一九九九年にハリケーンがノースカロライナ州を襲った時は、肥溜め池が決壊して地域の水路が汚染された。メキシコにあるスミスフィールドの施設は二〇〇九年に流行した豚インフルエンザの発生源とされる。施設近隣の住民はノースカロライナ州の人々と同様の健康被害を訴え、肥溜め池で発生する大量の蝿に関しても苦情を寄せている（蝿は病気の運び屋となっている疑いもある）。組合結成に反対し、人々の健康に無配慮で、環境もないがしろにするスミスフィールドは、自社の殺す動物たちの扱いに関し、わずかな改善を加えるのも嫌がることで有名であり、妊娠豚用檻の漸次撤廃に同意したのも、HSUSが辛抱強い運動を展開した結果に過ぎない。雌の豚たちはほぼ一生涯にわたって、体の向きも変えられない檻に閉じ込められ、人工授精・妊娠・出産のサイクルに延々と苦しめられ、産む子の数が減ってきたところで屠殺に回され次の犠牲者と入れ替わる。二〇〇七年、スミスフィールドは嫌々ながら少しずつ妊娠豚用檻をなくしていくことに同意したのを勝利といって喧伝し、二〇〇九年にはこっそりと、計画には従わない旨を発表した。

顧客の利益に資するため、CCFは裕福な動物の権利団体が勤勉な一般人のすることに口を出し、個人の選択に縛りをかけるという印象をつくり出す。テレビ宣伝「食品警察はあなたの選択を打ち砕くのか？」では人々の権利と怒りの感情に働きかける。

どこを振り向いても、あれを食べてはいけない、これもいけないという声が聞こえてきます。夜にちょっと一杯やるのも難しくなってきました。いつも誰かの指図を受けている、そんな気がしませんか？

新自由主義のイデオロギーは揺るぎない法人の権力を個人の自由に欠かせないものとして賞揚するが、「個人の選択権」というのは一方で、動物消費をやめるべき理由を説く論理的議論に答えられない者が、最後に訴える主張でもある。[注4]「個人の選択権」を口にするのは議論を打ち切るためであり、その神聖な権利はいかなる理由であれ制限されてはならないという考えが裏にある。しかし私たちの選択権はつねに制限されているのであって、個人の自由に一切の制限がないとすれば人は生きることすら難しい。奴隷所有者に個人の選択権があるというだけでは、他者に労働を強いる言い分にならない。それと同じで、個人には選択権があるのだから動物を殺してもいいと言うのは、動物たちの生きる選択権を無視した主張である。ＣＣＦは大衆の怒りや無力感に訴えて、活動家が過激思想を人々に押し付けていると言い、動物擁護を脅迫として描き、それにテロリズムの烙印をおす。

注４　「価値観を押し付けるな」という言葉も同趣旨の発言とみてよい。

カナダの農業ロビー団体

企業とロビー団体はつねに動物擁護活動の危険を唱え、批判者への対抗策を講じる。オンタリオ州の農家は活動家を監視しているのに加え、業界会議への参加者に活動家が紛れていないかを確かめるため「セキュリティ部隊」まで編制した。オンタリオ州ゲルフに拠点を置くロビー団体、農業・食料ケア（ＦＦＣ）は、明るい農場のイメージを宣伝することに力を入れながらも、「裏では活動家の計画を監視して」、セキュリティ部隊を要請したい農家に直通電話サービスを提供する（Pearce 2014）。ＦＦＣは農家のメディア教習も行ない、「バイオテクノロジー、農薬、抗生物質、ホルモン」の使用など、「農業をしない一般人に説明するのが難しい」事柄を正当化する方法について講義する（Farm and Food Care 2014）。二〇一五年一月、ＦＦＣはオンタリオ州菜種生産者協会、オンタリオ州豆類生産者協会、オンタリオ州穀物農家組合、機材管理者協会、それにバイオテクノロジー団体のクロップライフ・インターナショナルその他など、種々の産業団体と提携して新聞紙面を買い、ネオニコチノイド規制に反対する全面広告を掲載した。ネオニコチノイドは広く使われる農薬で世界の蜜蜂の大量死（蜂群崩壊症候群）に関係し（Chensheng, Warchol and Callahan 2014）、鳥類、両生類、その他の野生生物にも深刻な影響をおよぼしているのに加え、人間の食料危機にもつながりかねない（食料生産の八〇パーセントは蜂の受粉に頼るため）。二〇一四年、オンタリオ州環境委員会のゴード・ミラーは、ネオニコチノイドに関する科学的所見を参照した上で、「これは生態系の構造と安定を脅かす点で、私がこれまでに見てきた中でも最大の、ＤＤＴよりも恐ろしい脅威といえます」と語った（Leslie 2014）。この死を呼ぶ化学物質の規制・撤廃に関して、私たちは「自然界の存続をとるか、農薬会社の利益をとるかの選択」（Monbiot 2013）を迫られている。業界の宣伝は、後者を選べと私たちに訴える。（注5）

毒薬の使用を促すかたわら、ＦＦＣは農家に、オンタリオ州動物虐待防止協会（ＯＳＰＣＡ）の動物虐待調査や、農業慣行に関する情報公開請求への対処法を教える。つまるところＦＦＣの描き出す活動家も、違法行為を働く過激派であって、制度化された虐待への問題意識から合法的な抗議権を行使する思いやりある人々ではない。

ロビイストは恐怖を誇張する。ＦＦＣとオンタリオ州酪農組合は二〇一三年七月、活動家の攻撃について警鐘を鳴らす中で、マリンランド（オンタリオ州ナイアガラフォールズにある水族館と遊園地の複合施設）や屠殺場で「動物の権利活動家による大規模な抗議運動」が起こると予言する一方、同年六月にナイアガラ地域の「農業・農産物施設」が破壊行為の標的となったことを指摘した。ＦＦＣオンタリオ支部の事務局長クリスタル・マッケイは、気に入らない活動の例として「食肉加工工場への抗議、広告キャンペーン、畜産物を仕入れる企業（ティムホートンズなど）の株を買って株主総会で動物の扱いの改善を求める行為、政治家に規制を迫るロビー活動、食品業界指導層との会談」を挙げた。これらはすべて合法的戦略であり、民主主義の本質をなす自由言論、政治的意思表明の一環である。それを業界は不都合に思う。マッケイは活動家たちが

注5　日本はネオニコチノイド規制が皆無に等しく、単位面積当たりの使用量は中国の一〇〇倍、残留基準値はヨーロッパの数十倍から一〇〇倍にもなる。

家禽檻（バタリーケージ）や妊娠豚用檻（ストール）の撤廃など動物福祉の議論を用いることは認めながらも、騙されてはいけないと警告を発し、「かれらの取り組みの核心には菜食の促進という目標がある」と述べる。活動家の本性を明かすと言って、マッケイはこう主張する。「かれらは喜んで法律違反を犯す人種であり、現在、私たちはその一端をオンタリオ州で目の当たりにしている」。マッケイはこれを「はなはだ恐ろしい」と評するが（Mann 2013）、カナダの活動団体は事実上すべてが平和的・合法的手段のみを使い、施設破壊などはごく稀にしか行なわない。世界中のＡＬＦの活動をまとめたウェブサイト「バイト・ブラック」は同年（二〇一三年）にカナダで実施された活動をほとんど載せておらず、オンタリオ州での例としては唯一、何者かがウェランドの家禽屠殺会社キャミ・インターナショナル・ポールトリーに停めてあったトラックのタイヤをパンクさせ、ケージにスプレーで「動物解放戦線」と記した事件を記録しているに過ぎない（*Bite Black* 2013）。

小さな脅威を誇張すれば動物の権利運動全体を異端視する理由ができ、活動家の存在を暴力的な差し迫った危機と捉えて一層の事業保護と批判者弾圧を求める口実になる。ＦＦＣのような組織にとっては「セキュリティ部隊」の派遣も仕事の一環である以上、対抗すべき強力な敵がいなければならない。

「畜産業界の多様な声」を代表するアルバータ州畜産動物ケア協会（ＡＦＡＣ）は、農業食料取引所（ＡＦＸ）なる「高度に専門化した情報局」を介して、企業が「特殊な利益団体」に対抗する手助けをする。そうした団体は「イデオロギーに駆られた干渉によって、生産者・加工業者・小売業者・飲食業者・原料供給業者の経営を脅かし、収益と成長を妨げる」のだという（なお、畜産業界は特殊な利益団体とみられていないらしい）。ＡＦＸは週刊の会報と月例の報告書を作成して、活動家の話題と重要なセキュリティ上の注意情報を掲載する。ＡＦＡＣは活動家が政策に影響をおよぼしているとした上で、人々が潜入調査によって暴露された動物の扱いに懸念を覚え、業者がその対応に追われることを指摘し、その例として「動物たちへの憐れみ会」カナダ支部の採卵業に関する報告がテレビ公開された時の騒動を挙げる。ＡＦＡＣは、動物福祉を気にかけていると言いつつ、明らかに、人々の認識の変化によってビジネスが被る影響の方をより気にかけている。「優先すべき目標の一つは、問題処理に際して業者に経済的負担を課さないことであり、農場・移送・工場・小売・食品供給、いずれの業務においても、生産費用の増加等があってはならない」。ＡＦＡＣは動物福祉の概念を統制したいと考えるが、それは動物を思いやるからではなく、利益に影響するからである――「現代農業に反対する者は絶えず前線に立ちはだかり、将来的には商業と繁栄に大きな打撃を加えるものと予想される」。

一貫しているのは、活動家が動物の扱いを暴露して産業を危機にさらすから、業界はそれに対抗する議論をひねり出さなければならない、という問題意識であり、例えばＡＦＡＣの出版物である『畜産動物――世話する人は？』〔第２章参照〕などは「私たちの動物をいつも世話」する農家や牧場経営者を描いて、業界が動物を商品とみるのでなく親切に育て守る保護者であるかのごとく見せかける。そこでは「世話」という言葉が強調され、笑顔をつくる農家や科学者の写真があり、動物とともにポーズをとったその姿などを見ると、あたかもかれらにとっての動物たちが所有物ではなく大事な友達であるように思えてくる。ＡＦＡＣは残忍な業界慣行を動物の手助けと称する。「断嘴（だんし）」は「くちばしトリミング」と温和な言葉に置き換え、「卵用鶏が互いを傷つけるのを防ぐため」の処方だと説明する。

このとてつもない痛みを伴う身体損傷は、ひどい過密飼育に起因する鳥たちの攻撃行動を無効化して農家の収益を守るために行なう、と認めるのではなく、ＡＦＡＣはそれを親切な干渉行為として紹介する。同様に、妊娠豚用檻（ストール）の使用も豚の自然な攻撃性を抑えるための善意にもとづく措置とされ、過密監禁から発狂する豚たちが互いを傷つけるのを防ぐ手段とは語られない。すなわち、業界のいう「世話」や「動物福祉」とは、標準慣行に人道性のラベルを付したものでしかない。

合衆国ではＨＳＵＳが連邦取引委員会に訴えを起こし、全米豚肉生産者評議会が「私たちは世話人イニシアチブ」や「豚肉品質保証プラス」プログラムにおいて詐欺性のある宣伝を行ない連邦取引委員会法に抵触したと主張した（HSUS 2012a）。評議会のキャンペーンは「豚の福祉に関する嘘の主張にまみれ、例えば取引団体は公然と、豚肉品質保証プラスのプログラムが『豚肉業界のすべての豚に人道的な世話と扱いを約束する』といった嘘を並べている」。ＨＳＵＳの指摘では、評議会のいわゆる動物福祉プログラムが認める慣行は虐待的であり、「同会の表向きの主張に根本から反している」。ＨＳＵＳはさらに、標準的な業界慣行の中でも「大半の消費者が人道的と考えないものとして、例えば繁殖用の豚を幅二フィート〔約六〇センチメートル〕の鉄の檻に入れる極端な監禁、基本的に麻酔を施さないまま行なわれる尾切りなどの痛みを伴う処置」が挙げられると指摘した。

畜産同盟（ＡＡＡ）

業界が動物の権利運動を危険視するのは、慣行が暴露されれば大半の人々から非難が寄せられると考えるからである。二〇一四年、アルバータ州畜産動物ケア会合で、合衆国の組織、畜産同盟（ＡＡＡ）の代表であるケイ・ジョンソン・スミスは活動家の危険性を説いた。いわく、合衆国には四〇〇を超える動物の権利団体が存在し、「そのいずれもが、動物を食用に飼育してはいけないという原理主義を信奉しています」（MacArthur 2014）。ＨＳＵＳや「動物たちへの憐れみ会」（ＭＦＡ）といった団体は暴露ビデオを作成して「消費者に恐怖と不信感を植え付ける」と言いながら、スミスは農家に、より優れた宣伝技法をあみ出して畜産業を良く見せるよう促す。もっとも、それが至難の業であることは彼女も認めているらしい。「業務全体を真摯に見つめてみましょう。農業と無縁の人がそれを見て好印象を抱くでしょうか」。スミスは動物擁護団体が強力な敵対者で、「大金を投じたロビー活動、宣伝、運動を通して農家を悪く見せようと試み」、動物利用の全廃という目標をめざすとした上で、ＭＦＡがキャンペーンとして「大学生に一ドルを払い、生産過程で害される動物のビデオを見せて、最低でも週に一日は肉を食べないよう呼びかける」ことを例に挙げた。こうした団体は計画を前に進めるべく、肉なし月曜日などの戦略で学生たちを徐々に自分たちの側へ引き入れ、菜食主義を流行のようにに見せかけている、と彼女は警告した。

業界は「阻止せよハンティンドンの動物虐待」（ＳＨＡＣ）がハンティンドン ライフサイエンスへの間接攻撃としてその取引会社を襲撃するテロ組織だと糾弾するが、ＡＡＡは同じ戦略を用いて加盟業者に働きかけ、ＨＳＵＳなどの団体に寄付をする会社とは付き合わないこと、ソーシャルメディアを使ってそうした会社に「農業の応援」を促すメッセージを集中投稿することを呼びかける（*High Plains Journal* 2010）。ＡＡＡはオーストラリアの会社カセラ・ワインズを脅迫してＨＳＵＳの応援をやめさせ、動物福祉団体の中でも「実地の愛護活動である救助や不妊手術、給餌、災害時の支援などに特化した」組織のみを支持するよう誓わせた（ibid.）。成功を告げながらスミスは、カセラ・ワインズが広告上で「バーベキューの販売促進」を行なうと誇らかに語った。ＳＨＡＣがこの戦略を使うと恐喝・脅迫・テロなどと称されるが、ＡＡＡの行為は別の基準で評価されるらしい。

ＡＦＡＣや全米動物福利連盟（ＮＡＩＡ）同様、ＡＡＡはロビー団体として、アグリビジネス、製薬会社、飼料会社、屠殺会社、小売会社などに奉仕する。動物福祉を支持すると謳いながら、大規模な動物搾取・動物虐殺の制度と慣行を擁護する。その広報担当者カレン・ドクエーシーは業界誌『堆肥が肝心』の中で「工場式畜産をめぐる神話」をあざ笑う一方、農家にＡＡＡへの加入を促して、「豊富な資金源を持つ」動物の権利運動の「誇張が過ぎる」議論に対抗するよう呼びかける（DeQuasie 2003）。その誇張された議論というのが、「何百万トンもの動物糞尿を毎日無配慮に排出する、業界慣行は一般に無規制である、そしてそれは人の健康に深刻な影響をおよぼす」といった事実の指摘である。彼女は漏洩や氾濫を起こす「巨大な肥溜め池」が環境と人の健康に危険を突き付けるとの報告を承知していながら、読者には「動物科学」が「最高の公衆衛生」を約束すると請け合って、その根拠を自分の空想以外に何一つ示さない。

業界は改革派さえも利益を脅かす過激派とみる。バージニア州アーリントンで開かれた「工場式畜産を終わらせる会議」について報じながら、ＡＡＡはこれを「過激派組織」の集会と断じた（Animal Agriculture Alliance 2011）。すなわち、集まった団体は菜食を実践しつつ「農家や牧場経営者を脅迫」して「畜産業を丸ごと廃絶」しようと骨折っているのだという。現実には、複数の組織が廃絶主義の菜食運動を支持するどころか、業界と結託し、ホールフーズ・マーケットのような食肉小売店のいわゆる動物福祉改善基準を是認している（Francione 2014）。

ＡＡＡは搾取を応援して、サーカス、ニューヨーク市の馬車、農薬、遺伝子組み換え、尾切り、畜産猿轡法、内部告発禁止法を擁護する。二〇一四年四月のブログ記事では下院法案一五一八こと、ソーリング全廃戦略法案に反対したが、これはテネシー州の上院議員ラマー・アレクサンダーが提出して、アメリカ獣医師会、アメリカ馬臨床獣医師協会、ＨＳＵＳ、ほか多数の組織から支持を得たものだった。ソーリングとは馬に故意の痛みを与えて不自然な誇張した歩行を強いる行ないを指し、目的は人間の観客を楽しませることにある。手法としては、腐食性の化学物質で蹄を焼いて激痛を味わわせる、あるいは圧力装蹄といって、馬の蹄を痛覚の通うところまで削って敏感な箇所に蹄鉄を打ち込み、足に重みがかかったら痛みが走るようにする、などの種類がある。こうした虐待的な施術は、テネシー州の馬術大会で使われる馬にビッグ・リックという特殊歩法を演じさせるために行なう。身体損傷に加え、馬は訓練のために重い鎖や蹄鉄を着けられて、さらなる苦しみのなか不自然な脚の動作を強いられる。一九七〇年の馬保護法がソーリングの禁止を図ったにもかかわらず、業者が独自の検査官に馬術大会の監督を任せることが認められたせいで、適切な取り締まりが行なわれずにいる。ＨＳＵＳは検査官のほとんどが現状維持に努める業界内部の人間であることを突き止めた（HSUS 2013a）。法規制に反対するのはこの野蛮な慣行で儲ける代表的見世物興行、テネシー常歩馬国民祝典である。ＡＡＡのブログ「本当の農家、本当の食」の中で、マーケティング担当部長の養牛業者ロッシー・ブリンソンは馬の痛みをジョークにして「これは業界上役と議会の紳士淑女にとって、ちょっとイタい話だ」などと言い、「業者の大半」はもう腐食性の化学物質で蹄を傷つけることなく、脚に錘を着けて馬を訓練すると説明した（Blinson 2014）。しかしＨＳＵＳは潜入ビデオを公開して、全国に知れた調教師ジャック・マッコネルが自分の会社であるホイッティアー・ステーブルズで化学物質を用いている様子を暴露し、これによって五二件の容疑が確定した（HSUS 2012b）。ビデオに映った馬たちは「乱暴に鞭打たれ、蹴られ、顔に電気ショックを浴びせられ、頭から脚にかけてを重い木の棒で激しく殴られ」ながら馬主の求める動作を強要されていた。マッコネルは停職中の身でありながら馬の訓練を続けていた。彼には罰金七万五〇〇〇ドルと三年間の保護観察が言い渡されたものの、共犯者らは保護観察に処されただけで罰金はなかった。現在ではもう化学物質を使って馬を傷つける方法はそれほど用いられない、と言い張る業界側の弁明とは裏腹に、ＨＳＵＳが二〇一一年テネシー常歩馬国民祝典の出場馬を任意に検査したところでは例外なく違法物質の陽性が確認され、農務省の監査が入った全馬術大会の中での違反率は、二〇一〇年に八六パーセント、二〇一一年には九七・六パーセントを記録した（HSUS 2012c）。それでもブリンソンはソーリングを擁護しつつ、「テネシー常歩馬産業は多くのテネシー州民にとっての伝統遺産であり、州に沢山の観光客とショーを呼び込むことができる」と論じる（Blinson 2014）。動物虐待と明白な結び付きがある「伝統遺産」は疑問に付されなければならず、それによる業者の利益や観客の娯楽は消し去らなければならない、といった考え方は検討にすら値しないらしい。ブリンソンはＨＳＵＳの「隠された目的」が、動物利用を全廃し、「動物を見世物や娯楽に使う地域社会を壊滅させる」ことにあると警鐘を鳴らす。

動物搾取を擁護するＡＡＡは合衆国内で馬屠殺の再開を後押しする。二〇〇七年に連邦法で馬の屠殺が禁じられた後、畜産業界はその再開に向けたキャンペーンを行なって、屠殺場の閉鎖は価格を下落させたので飼料代を捻出できなくなった馬主らが馬を放置ないし遺棄して苦しませることになったと主張した。スミスは言う。「この嘆かわしい事態は馬屠殺反対運動の直接の結果です。その指揮に当たったのは菜食人（ビーガン）が率いる……（ＨＳＵＳ）その他の動物の権利団体でした」。菜食人の過激派が馬虐待の「津波」をつくって「全国的な悲劇」を引き起こした、と主張してスミスは続ける。

今こそ連邦政府が介入して菜食団体を阻止する時です。かれらは我が国に菜食主義の目標を押し付けようと、この多くの人々からアメリカの偶像とあがめられている動物たちを政治の駒に用います。……そして、今こそすべての政府――連邦と州と自治体――は、これらの団体の正体を見極めなければなりません。かれらは動物福祉を利用して急進的な菜食政策を前進させようと試みる過激派なのです。（Animal Agriculture Alliance 2008）

実際には、「津波」は屠殺肯定派の生んだものだった。馬福祉連盟（ＥＷＡ）は遺棄に関する主張が「誤りを含み、大きく歪められている」ことを明らかにした（Equine Welfare Alliance 2011）。ＥＷＡが確証を得られた範囲では、合衆国南西部の動物遺棄は「屠殺バイヤー」によるものが中心で、かれらはメキシコまで屠殺用の馬を移送し、（不健康で屠殺に適さないなどの理由から）国境での検査に引っかかった馬は、よそへ連れて行くコストを避けるため、付近の砂漠地帯に棄てていく。ＥＷＡが証明した通り、遺棄は屠殺がなくなった結果ではなく、屠殺があるからこその現象といえる。

ＡＡＡは日常業務として行なわれることならば事実上あらゆる動物虐待を容認するが、加えて畜産猿轡（さるぐつわ）法を後押しし、活動家が業界の実態を暴露するのを防ごうとする。ＡＡＡの広報担当者エミリー・メレディスは、潜入調査を農畜産業に対する攻撃と位置づけ、その目的は「菜食政策」の推進と資金獲得にあると主張する。暴露ビデオは合法的な業務を残忍に見せかけるため「編集と操作が入っている」と彼女は言う（Caigle 2013）。これは典型的な業界の反応であるが、事実の歪曲を示す証拠は何もない。産業の標準業務が残忍の極みで、それを隠すために調査を防ぐ法律まで必要とすることを思えば、なるほどこうした現実否定をしたがるのも無理はない。

フランキー・トラル

フランキー・トラルはワシントンＤＣの同じ住所に拠点を置く三つの組織、生物医学研究財団、国立生物医学研究協会、広報会社ポリシー・ディレクションの創設者兼代表者である。三組織はいずれも生物医学やアグリビジネス、繁殖業、生体実験、製薬産業その他の動物利用を推進する。トラルは顧客に代わって自身が動物関連企業保護法（ＡＥＰＡ）と動物関連企業テロリズム法（ＡＥＴＡ）を通過させるのに貢献したことを誇っている。

彼女は動物実験を肯定する文脈で「ヒトラーは代表的な動物の権利論者だった」と述べ、ナチスが動物の代わりに人間を使って実験をしていたと指摘する（Keim 2007）。動物実験の推進者はしばしばナチスが一九三三年に動物実験禁止法を可決した史実に言及したがる。しかしながら同法は他国の法律とほぼ変わらない内容であり、しかも動物実験はナチス政権下においても大々的な癌研究などの形で続けられていた（Proctor 1999）。ナチスは人体実験を行なったが、他の動物の利用も続けていたのである。

ヒトラーは菜食主義者だった、という主張も動物の権利に反対する者が口にすることで、動物への思いやりを否定するために、それを支持した人間が大悪党であったと指摘するのであるが、論拠は薄弱といわざるをえない。ヒトラーは肉食を控えてそれを禁欲主義や道徳的な優越性の証にしようとしてはいたらしいが、一方でソーセージや雛鳩（ひなばと）といった動物の肉身に目がなく、何よりナチスはドイツの菜食主義団体を迫害・撲滅していた（Preece 2008: 294-296）。かれらが動物への思いやりを標榜したのは好印象を生むための宣伝であって、動物に対するナチスの思想と実践は動物の権利擁護派のそれとは似ても似つかない（Arluke and Sanders 1996: 132-166）。種々の「望ましくない」人間集団に対する迫害と虐殺は人種差別の言説によって促され、その中で当の人々は動物（ねずみ、虫、豚、犬など）に見立てられて生きる価値を否定された。これは考えられるかぎり最も動物の権利から遠ざかった態度である。トラルは「連帯責任」の論理に沿って活動家をののしるが、仮にヒトラーが菜食主義や動物の権利を支持していたとしても、それがこれらの理念を否定する理由にはならない。ナチスは家族とスポーツを賞揚したが、だからといって家族やスポーツを咎めるべきいわれはないのと同じことである。

ロビイストは理性的人間の鑑（かがみ）のごとく振る舞って、大事な目的のための人道的な動物利用と動物福祉を信奉し、感情的で非理性的とされる動物の権利活動家の対照に自身らを位置づける。『サイエンス』誌がトラルを責任ある動物管理の擁護者として紹介したことに対し、ＰＥＴＡの実験施設監督専門員アルカ・チャンナ博士はオンライン上のコメント（Gawrylewski 2009）で反論した――「［トラルは］実験用のマウス、ラット、鳥類に最低限の保護を与える法案にすら反対するが、この動物たちは実験施設で監禁・殺害される犠牲者の少なくとも九七パーセント（一億匹以上）を占める上、合衆国のいかなる動物福祉法によっても守られていないのである」。

さらにトラルは、契約実験会社コーヴァンスによる「違法行為をも……堂々と擁護した」、それも「ＰＥＴＡのビデオ記録によって、同社の職員が猿を殴打し、窒息させ、壁に叩きつける様子が公開された後に、である」。チャンナが述べるには、病気にかかり傷を負った猿たちは獣医療もほどこされず苦しむままに放置され、合衆国農務省はコーヴァンスに動物福祉法違反の罰金を科した。

人を惑わす宣伝を行なうにもかかわらず、『サイエンス』誌はトラルを専門家と称して憚（はばか）らない。同紙のオンライン・ニュース編集者デビッド・グリムは、動物への思いやりに警鐘を鳴らすトラルの見解を好意的に紹介し、もしも猫や犬といった動物に法的権利主体の地位を与えれば、それは「マウスや実験用ラットにまでおよんで、生物医学研究の未来を曇らせかねない」と主張する（Grimm 2014）。グリムはさらに、国立生物医学研究協会（ＮＡＢＲ）の会員であるペパーダイン大学法学教授リチャード・カップの奇怪な議論を引用するが、それによれば他の動物への思いやりは人間を貶めるのだという。

私たちが動物を仲間に入れれば、人間が特別だという考えは失われます。……動物が人間と同じ地位に立てば、それらを気づかう道徳的責任ももはやなくなるでしょう。そして人間と動物が同等だというなら、何が人間の安楽殺を押しとどめるのでしょうか。（Grimm 2014）

しかしながら第一に、他の動物を思いやることが人間の特別性を損なうことはなく、それはすべての種が、否、すべての個が、特別だからである。次に、他者の主体性を認めることは、かれらを「気づかう道徳的責任」を、なくすのではなく高める。最後に、他の動物の主体性を認めることは、人間を――今日の他の動物のように――簡単な理由で殺すことを意味するのではなく、そうした殺害のすべてをなくすよう命じる。カップの主張はナンセンスだが、グリムはこれをトラルの主張とともに、動物実験反対論への真剣な反駁（はんばく）として紹介する。アメリカ市民のあいだでは動物実験に反対する人々の割合が二〇〇一年の二九パーセントから二〇一三年には四一パーセントにまで増え、十八歳から二十四歳の世代では五四パーセントを占めるに至っている。

全米動物福利連盟（NAIA）

全米動物福利連盟（NAIA）は「動物の福祉を高め、人と動物の絆を深め、責任ある動物所有者の権利を守る」ことを使命とする（National Animal Interest Alliance n.d.）。ところがこの組織は動物の福祉を高めるどころか、それに反する活動に携わる。

実行委員は動物産業複合体を構成するサーカス、ロデオ、動物実験産業、犬繁殖業、動物競走産業、アグリビジネスの代表らからなる。かれらが動物たち自身ではなく動物搾取を擁護しているのはウェブサイトからもうかがえる。創設者で局長のパティ・ストランドは犬繁殖業者であり、愛犬家団体アメリカン・ケネル・クラブの取締役会に名を連ねる。彼女によると、動物の権利運動は「カルト」である上、「ナチズムの継子に相違ない」そうで、これが「決定的に反人間的な性格」を持つのは、「人間から権利を奪うことなくして動物に権利を与えることはできない」からだという（Strand 1992）。ストランドは活動家を「道徳的エリート」とののしり、「この政治的に抜け目のない者たちが生み出した永続的な資金獲得と権力闘争の装置は、まったくの無責任で……脅迫とテロ戦術」を用いると説く。しかし、動物の権利運動は反人間的ではなく、多くの活動家は搾取される人々を応援する。他の動物に権利を与えれば人間の権利が脅かされるという主張はもっともらしく響くものの、それによって唯一失われるのは、他者を抑圧する「権利」、例えば女性が平等権を得た時に男性が失うような類のもので、倫理的な人間であればそれを擁護することはない。活動家が道徳的エリートであるというのは現実の歪曲である。人間例外主義者は人間が優れているという信念のもと、動物搾取を自分たちの権利だと考えるが、活動家はそうしたエリート主義を認めない（Francione 2015）。

ＮＡＩＡのウェブサイトは多様な搾取と利益を映し出す。役員会の面々はいずれも動物利用産業に専門の関心を寄せ、動物の権利に嫌悪を示す。加盟組織にはロデオ協会やカウボーイ協会、馬車運送業者、サーカス団体とともに、動物実験推進団体の「医療進歩を求めるアメリカ市民の会」（ＡＭＰ）の名もある。動物実験はともかくロデオが「医療進歩」に結び付くとは明らかに考えにくいが、それでもＡＭＰが娯楽産業と提携するのは、動物の権利を弾劾する点で両者の利害が一致することを示している。動物福祉を改善するどころかＮＡＩＡはそれを阻むロビー活動を行なって、不妊去勢法や子犬繁殖工場廃止法、実験用動物の飼育環境改善に反対し、一方で馬の屠殺や工場式畜産場・ペット繁殖場・ドッグショー向け繁殖場での動物身体損傷に賛成する。

すなわち、そうして不妊去勢プログラムや馬屠殺禁止法や畜産動物の虐待禁止法と戦うＮＡＩＡは、「動物福祉」を推進するといいながら、動物の権利論や環境保護に対抗することで福祉を葬っている。動物を守る奨励策に異を唱える一方で、動物を傷つける営為や制度を後押しし、狩猟、動物実験、それに「サーカスや動物園、水族館、野生動物公園、自営の興行師や施設」による動物芸能産業を応援する。そして身体損傷を伴う「牧畜」慣行、すなわち「除角(じょかく)、……耳刻(じこく)（個々の動物を見分けるため耳に刻みを入れる処置）、断尾(だんび)、犬の声帯除去、猫の抜爪(ばっそう)手術（爪が生えないよう指先を切り落とす処置）」を推進し、食用・繊維用・牽引用・毛皮用の動物繁殖を是認する。

つまり、NAIAが承認・促進しない動物利用は事実上、何一つない。NAIAの語彙でいう「動物福祉」は、「動物搾取」の同義語である。

NAIA局長パティ・ストランドとその夫（ロッド・ストランド）は、ダニエル・T・オリバーの編著『動物の権利――非人道的十字軍』に寄せた緒言の中で、動物の権利運動を富裕層の急進派組織による陰謀と捉え、それが「節度ある」動物福祉への思いを操作して動物利用を全廃しようとするものだと述べた。編者オリバーは首都研究センター（CRC）の研究補助者で、同センターの資金提供元には右翼組織のブラッドリー財団、ジョン・M・オリン財団、サラ・スカイフ財団、カーセッジ財団などのほか、企業後援者のエクソンモービル、マクドナルド、タバコ業界なども加わっている。CRCは「左翼」組織の切り崩しと資金削りを画策しており、標的はグリーンピースやシエラ・クラブといった環境団体から、タバコ産業にとっての脅威であるアメリカ癌協会にまでおよぶ。CRCに属する著述家ニール・マガミは、HSUSがアメリカ経済の壊滅をもくろむ陰謀団で、アグリビジネスを攻撃し、重要な医学研究を阻んで菜食主義を奨励し、環境活動家と手を組んで「『気候変動』の恐怖を宣伝し」（ここでは気候変動が科学的な統一見解ではなく革新派のでっちあげとされている）、さらにはエコテロリズムを応援している、と糾弾する（Maghami 2010）。NAIA、CRC、およびそれに類する組織の言論においては、企業寄りの主流動物福祉団体さえもが反人間的な急進派と目される。

NAIAは活動家弾圧に投資して、かれらをテロリストに指定する法案を作成する。二〇〇六年には「動物の権利運動過激派が我が国に突き付ける脅威」に対抗する策として、動物関連企業テロリズム法（ＡＥＴＡ）が「可決されたことに喝采」を贈った（National Animal Interest Alliance 2006）。二〇一二年には他のロビイストと組んで「上院司法委員会の行動を求める要望書」を拡散した（National Animal Interest Alliance 2012）。ＮＡＩＡの主張によれば、「エコテロリズム」は法に反する暴力的な陰謀によって「個人、企業、医療・農業研究施設、官有財産、繁殖施設、農場を狙い、自身らの政治的・社会的目標を達成しようと企てる」、それによって脅かされるのは「人々の健康（医療研究が妨害されるので）、栄養（乳製品と肉製品が一掃されるので）、野生生物管理（狩猟・漁業・罠猟が阻止されるので）、商業と貿易（州間取引・海外取引をする事業が破壊されるので）」であり、さらには「官有財産が損傷され、動物の権利テロが諸外国に輸出される」ことも危ぶまれるという。そこでＮＡＩＡは動物の権利テロに関する上院司法委員会の公聴会開催と国家対策本部の設置を求め、逮捕、告発、厳刑化、ならびに動物の権利団体の免税撤廃を呼びかけた。

「医療進歩を求めるアメリカ市民の会」（ＡＭＰ）

ＮＡＩＡと並んで「医療進歩を求めるアメリカ市民の会」（ＡＭＰ）もまた、動物関連企業テロリズム法を支持した。しかし前者が様々な業界のためにロビー活動を行なうのに対し、ＡＭＰは製薬・動物実験会社を代表する。委員会はこれまで、アボット・ラボラトリーズ、アストラゼネカ、ブリストル・マイヤーズ スクイブ、コーヴァンス、チャールズ・リバー・ラボラトリーズ、グラクソ・スミスクライン、ノバルティス、ファイザー、ワイス、テュレーン国立霊長類研究センターなどの重役が務めてきた。これらの企業は現行のわずかな動物福祉法規にも違反した前科を持ち、動物擁護団体、健康団体、消費者団体からの抗議にさらされている。チャールズ・リバー・ラボラトリーズ（CRL）は世界屈指の実験用動物供給会社であり、動物実験で使われる動物のおよそ半分を繁殖して各国の大手バイオ企業・製薬会社に販売する。PETAは動物実験企業「最悪一〇社」の一覧において同社の社長ジェームズ・C・フォスターを「動物たちにとって最悪のCEO」と断定し、CRLの動物福祉法違反を示す長大なリストを作成して、同社が利益を抑える代替実験手法に反対していることを指摘した（PETA n.d.a）。

AMPに属する製薬会社はハンティンドン ライフサイエンス（HLS）の顧客でもあった〔二〇一五年にHLSは他社と合併してエンヴィーゴになる〕。ワイス〔ファイザーに吸収された製薬会社〕は女性ホルモン剤プレマリンの開発過程で馬を虐待していたことから批判を受けた。AMPの委員を務める四つの大学――ハーバード大学、オレゴン健康科学大学、ノースカロライナ大学チャペルヒル校、テュレーン大学――はPETAの「一〇大最悪実験施設」に数えられた。オレゴン健康科学大学のオレゴン国立霊長類研究センター（ONPRC）は、アルコール・ニコチン・肥満・母子隔離の研究で霊長類を虐待しているとの疑いから、HSUS、PETA、「阻止せよ動物搾取を今すぐに！」、「動物たちを守るため」の査察を受けてきた。人間以外の霊長類はHIV／エイズを発症しないので実験モデルとしての有用性は疑わしいにもかかわらず、ONPRCはエイズ研究で動物を使い続けていた。複数の内部告発者や潜入調査官ばかりでなく、ウェイク・フォレスト大学のキャロル・シャイヴリー博士という、ONPRCみずからが囚われの霊長類の心理状態を評価する目的で雇った病理学・心理学教授までもが、二〇〇一年の報告書において未熟な実験者らによる恐ろしい虐待の実態を明かしている。

包囲網内の産業

他のロビー団体と並んで、畜産業界を代表する組織もまた二つの議論を同時展開して、一方では畜産業が大きな経済的価値を有し、社会にとってなくてはならないものだと論じつつ、また一方ではそれが権勢を振るう勢力に取り囲まれているので、補助金の支給や圧制的法整備といった広汎な国家支援が業界の生き残りに必要であると訴える。現に近年では畜産業に不穏な影が差している。環境団体の地球政策研究所は合衆国農務省のデータから、同国の一人当たり食肉消費量が二〇〇四年に頂点の一八四ポンド〔約八三キログラム〕に達して以降、二〇一一年には一七一ポンド〔約七八キログラム〕に落ち込み、今後もさらなる下落が見込まれると報告した（Larsen 2012）。多くの人々が肉から離れているのは、暴力や動物搾取に対する倫理的な問題意識によるだけでなく、様々な要因が絡んでいる。メディアが取り上げた食肉生産の暗部は、動物の虐待と殺害だけでなく、高度加工とアンモニア殺菌を経た屑肉（くずにく）、「ピンクスライム」の使用や、細菌を発酵してつくられるトランスグルタミナーゼの「結着剤」によって屑状の牛肉をつなぎ合わせ高級ステーキに見せかける詐術（さじゅつ）にまでおよび、これらが人々の食肉消費欲を幾分か減退させたことは疑えない。他に危惧されたのは健康上の悪影響で、こちらは癌・心疾患・糖尿病・脳卒中の発症率上昇から、肥満の増加、大腸菌やサルモネラ菌その他による中毒、牛海綿状脳症（「狂牛病」）をはじめとする致死性疾患の蔓延にまでおよぶ。無論、肉だけが病気の大発生に結び付く製品ではない。二〇一四年にはオースティン・デコスターとピーター・デコスターの兄弟が連邦食品安全規則違反の罪を認めたが、それというのも二人は二〇一〇年に大規模なサルモネラ菌感染によって数千人を中毒にしたからで、この事件は五億五〇〇〇万個の卵リコールへと発展した。アイオワ州に位置する兄弟の企業クオリティ・エッグは、古くなった卵の表示を新鮮なもののように偽装し、農務省の監査役に賄賂を贈っていた。オースティン・デコスターは食品安全法、移民法、労働法の違反を長いあいだ繰り返してきた（Beck 2014）。他方、食肉生産に伴う環境影響を気にして消費を控える人々も現われた。大規模な工場式畜産場や肥育場（フィードロット）は大気・土壌・水の汚染を、食肉生産は浪費的なエネルギー費用と水・化石燃料の大量使用を、深刻な問題として抱えている。国連は畜産業が温室効果ガスの排出と地球温暖化に大きく関わっていると指摘する。こうした要因に加え、人々が制度化された動物虐待に嫌悪を覚えたことから、動物製品の消費に翳り（かげり）が見え、業界の利益を脅かす次第となった。

そこで動物産業複合体は秘密主義の環太平洋パートナーシップ協定（ＴＰＰ）のような取引を支持して、国際市場を相手に利益の回復を図るとともに、法人グローバリゼーション反対派の活動家に対抗しようと動きだした。しかしながら一番の標的は、消費選択に影響を与えたとして憎まれる「動物の権利運動過激派」だった。ロビー団体の言い分では、大きな資金源を持つ「特別利益団体」のＨＳＵＳやＰＥＴＡなどが、世論を操作しようと詐欺的な動画を作成し、動物について誤解を抱く大衆の感情に働きかけているのだという。しつこく唱えられるのは、ペットとしか関わりのない都会人に比べ農家や牧場経営者は他の動物の求めをずっとよく理解している、という主張である。なるほど一部の畜産業者は動物と接する機会もあろうが、だからといってかれらが動物の求めや、まして個性について特別な洞察を持っているなどとは言えない。業者にとって動物は大量生産したのち営利目的で殺害する商品でしかない。農家や牧場経営者は他の動物の生をみつめ重んじる行動学者や自然愛好家ではない。業者は動物を搾取するのである。

ＡＥＴＡのロビー活動

批判に対抗するため業界団体は特別な法的保護を必要としており、その一つに合衆国の動物関連企業テロリズム法（ＡＥＴＡ）がある。カナダ毛皮評議会は「任務完了！」と謳った広告を発表して、公式にＡＥＴＡを支持した一七〇の動物搾取組織をリストアップした（Fur Council 2006）。「支援確立者」の名に挙がったのは、ＮＡＩＡ、生物医学研究財団、それに動物関連企業保護連盟で、連盟の構成員は不明であるものの、資金提供元にはバイオテクノロジー産業協会、ベーリンガーインゲルハイム、グラクソ・スミスクライン、ファイザー、ロシュ、ワイスなどの研究組織や製薬会社が控えていた。

企業が融資・結成した有力団体と並んで、個人の研究者もＡＥＴＡ可決へ向けロビー活動を行なった。ウィスコンシン大学の研究者ミシェレ・バッソは、自分が活動家の批判に脅された旨を下院司法委員会に訴えた（その際には何の詳細も示さず、過去にも一度たりとて脅迫の件で警察を呼んだことはなかったが）（Animal Law Coalition 2007）。バッソの研究は「猿の眼に強膜サーチコイル〔眼球運動を測定する特殊コンタクトレンズ〕を縫い合わせる、猿の頭蓋に金属機器をスクリュー留めする、猿の脳に電極を埋め込む、給水を制限して猿に特定の視作業〔眼を使う仕事〕を課す、長時間にわたり猿の動きを禁じる」などの作業を含み（Primate Freedom 2010）、これに対する批判が正当であった証拠には、少なくとも五匹の猿を死なせたほか、数多くの動物福祉違反により、二〇〇九年に大学が彼女を停職処分にしたことからも察せられる。大学の主任獣医ジャネット・ウェルターが語るところでは、バッソは「長きにわたって獣医スタッフとの協力を拒み、……明瞭な規定にも背き」、記録も好い加減にしかとらず、動物を「危険な状態のまま長時間放置し」、さらには「殺菌していない物質を脳組織に」注入して動物に「膿瘍（のうよう）や慢性炎」を生じさせた疑いがある（Welter 2009）。バッソは一年後に復帰したものの、今度は獣医の監督が付くこととなり（Podolak 2010）、後にカリフォルニア大学ロサンゼルス校へ職場を移した。

テロリストの構築

ＡＥＴＡのような法律を通過させるために企業の偽装団体とロビイストは活動家をテロリストに見立てる。国立生物医学研究協会（ＮＡＢＲ）は公式サイト上で、活動家が「人々のあいだに動物研究反対の気風を生むことに成功した」と認める（National Association for Biomedical

Research n.d.)。世論に対抗するNABRが持ち出すのがテロ概念である。「地球解放戦線（ELF）と……動物解放戦線（ALF）は一九九〇年代に合衆国を襲ったテロ行為の大半に関与している」。

NABRは名誉棄損反対同盟（ADL）の報告書を引用して、エコテロリズムを「国内で最も活発なテロ活動の一つ」とする（Anti-Defamation League n.d.a）。NABRは活動家の施設破壊による損害額を九〇〇〇万ドルとしたのに対し、ADLはそれを「一億ドル以上」と見積もった。ADLの報告書はコロラド州ベールで起きた放火事件の損害額を五〇〇〇万ドルと算定し、『ビレッジ・ボイス』紙は一二〇〇万ドルと試算した（Hsiao 1998）。いずれの報告も数字の根拠を示してはいない。

NABRとADLは活動家を一九九〇年代の一大テロ勢力と位置づけたが、ADLのウェブサイト自体がその誤りを証明し、右翼の暴力の方が遥かに危険であることを示唆している（Anti-Defamation League n.d.b）。一九九五年にはオクラホマ・シティの爆破事件に次いで、キリスト教アイデンティティ[注6]を信奉する聖職者ウィリー・レイ・ランプレーが複数の爆破事件を画策した。一九九六年には同じくキリスト教アイデンティティを信奉する愛国者組織モンタナ・フリーマンの団員らが、武装状態で八十一日間にわたりFBIと睨み合いを続けた末に逮捕された。またこの年には武装組織アリゾナ・バイパー市民軍、グルジア共和国市民軍、ワシントン市民軍、ウェ

注6　白人至上主義にもとづく極右的キリスト教解釈。北方ヨーロッパ人種は由緒ある選民であり、その他の人種はヨーロッパ人種に奉仕するか消滅すべきであると考える。

ストバージニア山岳市民軍らが武器所持と政府施設爆破計画の件で摘発された。一九九七年にはカンザス州のブラッドリー・グローバー率いる市民軍がテキサス州のフォート・フッド陸軍基地で開かれる七月四日の祝賀会に襲撃を仕掛けようとして逮捕された（グローバーは米軍基地で新世界秩序の軍勢、すなわち中国の共産主義者らが訓練を受けていると信じ込んでいたようである）。一九九八年にはミシガン州で、北アメリカ市民軍の加盟員が連邦政府施設の爆破と要人暗殺を計画して逮捕された。一九九九年には白人至上主義の宗教組織アーリア国家の信者ブフォード・ファローがロサンゼルスのユダヤ人公民館で子供四名・大人一名を射殺し、後にフィリピン系アメリカ人の郵便局員も殺害した（Anti-Defamation League n.d.c）。「この上なく非暴力的な」動物の権利運動（Munro 2005: 57）は、施設破壊まで含め何一つとして、こうした実際のテロリズムと共通する部分はないが、それにもかかわらずＮＡＢＲその他の業界団体は動物保護の活動を貶めようと「テロ」の語を用いる。

虐待行為を暴露する調査が増え、人と他の動物の関係や菜食をめぐる新しい思想が生まれてきたことに危機感を覚えた業界団体は、活動家の脅威を強く訴えてその打倒戦略が必要であると唱えだした。動物擁護は執拗にイスラム主義のテロリズムと結び付けられ、両者が実際には何の関係もないどころか根本的に相いれない思想に立つことは顧みられない。二〇〇六年に畜産同盟（ＡＡＡ）は脅威への対抗を図り「対テロ訓練教程」を設けた。プレスリリースでは差し迫った脅威が持ち出される。「アルカイダの訓練キャンプから得た文書によると、合衆国の食品供給は大きな標的の一つになっている」。そしてＡＡＡはアルカイダと国内の「テロリスト／活動家」

を結び付け（両者にほとんど何らの違いもないようにほのめかし）、後者は「現代の食と農に宣戦布告をした」と述べる。「テロリスト／活動家」は現代に対する原始的嫌悪から動き、これはイスラム主義の自爆犯が原始的狂信から行動を起こすのに比せられるのだという。何十億という動物たちの苦しみと死、活動家が取り組むこの中心問題は、業界の言説では掻き消される。人間以外の動物の主体性や、かれらを殺害する道徳的に許しがたい現実はうやむやにされ、「現代食品」という言葉のもとに美化される。活動家は菜食スローガンを掲げて「これは食品ではない、暴力だ」と唱えるが、業界の言説はそれを無視し、工業的農業に伴う動物虐待や環境破壊、農薬汚染、抗生物質の乱用といった深刻な問題群を覆い隠す。そうした厄介な点を明るみに出す者は過激派と呼ばれる。そこで、世界環境保全資源行動センター（ＧＲＡＣＥ）が「農畜産業反対訓練セッション」を開講した際にはＡＡＡが警戒を呼び掛けた。「農畜産業反対運動を進める一部の過激派分子は、ＧＲＡＣＥの活動家による煽動的な話術にそそのかされ、みずから事を起こす可能性がある」。

ＡＡＡはさらなる危険を警告する中でＦＢＩの言葉を引用し、「環境運動および動物の権利運動の過激派による損害額は二億ドル以上」と試算されること、さらに「農場、加工工場、研究所、その他の商業施設を狙った暴力が……増加している」ことを指摘した。が、詳細や根拠は何も示さない。この戦慄すべきシナリオをこしらえたＡＡＡは、オハイオ州畜産連合および法執行学術研究ネットワーク社との提携を発表し、「活動家／テロリストが食品産業・農業・畜産業に突き付ける脅威への対処法――常識的アプローチ訓練教程」を設けて、「国内外のテロリスト、中でも動物の権利運動過激派が、動物関連企業（動物研究施設、小売店、飲食店、食品サービス会社）とその消費者に突き付ける脅威を分析する」方策を打ち出した。オーバーン大学家禽（かきん）学部の獣医微生物学・生物テロ対策学教授ボブ・ノートン博士は、この提携ワークショップが「アメリカ流の生活と人民を損なおう」とするエコテロリストからの防御策になると絶賛した。

業界宣伝は工場式畜産を国の個性（「アメリカ流の生活」）に欠かせないものとする一方、人間以外の動物への思いやりに発する尊い努力を異常な危険行為と位置づけ、反乱分子が「人民を損なおう」としている、と恐ろしい警告を発するのである。

第４章　暴力の捏造

思いやりを打ち砕く

共同体思想に真っ向から反し、資本主義は利己的事業者精神と市場を讃え、経済を海外投資に振り向け、アグリビジネス・採掘業・石油産業を先住民社会や農民社会と戦わせ、企業によるメディアと国家の支配、それどころか社会全体の企業化を推し進める。もう一つの側面は自然の私有化であり、そこでは所有者／所有物の関係があらゆる生命にまで拡張される。この潮流を加速させるのが新自由主義で、その極端な個人主義思想のもとでは、公共の利益を守る制度が重んじられないばかりか、思いやり（とくに動物へのそれ）が愚弄・嘲笑され、残忍の文化に価値がおかれる。新自由主義の風土はファシズムを育てる土壌であるが、そこでは教育やメディアを覆う企業の影響によって、大衆が政治への関心を失っていく。

人々の価値観、市民の意識、批判的な公民精神を衰退させたのもまた、右翼思想の経済団体を代表する反市民的な知識人、強力な企業の操る中道右派を中心とするメディア、それに市民の義務感を廃れさせ、終わりなき消費と商品廃棄を促す市場原理に駆られた公共教育だった。……人々を興奮させるセレブ礼讃と、法人支配下のニュース、テレビ、ラジオ、エンターテイメントによって、歴史と社会と民族の記憶を葬る教育がつくられまた広められ、かつ愚昧と検閲と人目をさらう見世物の文化が生み出される。（Giroux 2015a）

こうした状況の中、新自由主義の言論は人間以外の動物を貶め商品化して、利用に伴う罪悪感を消し去るばかりでなく、かれらを守り搾取に抗しようとする人々を中傷の的にする。人間以外の存在への気づかいと思いやりは物笑いの種となり、人の宿す最悪の本能が掻き立てられる。

法人メディアはこれを成し遂げるため、他の社会運動を報じる際と同じ枠組みを用いる。世界に広がる正義運動の報道は大半が否定的な論調で満たされるが、そこでは五つの典型的な枠組みが使われる——暴力、妨害、異常、無知、それに様々な不満の合唱である（Boykoff 2006）。メディアは法人グローバリゼーションへの反対運動を報じるに当たってはその暴力的側面を強調し、何も起こらない場合でも、いずれどこかで紛争や衝突が発生することを匂わせる。デモ参加者が世界貿易機関や世界銀行、国際通貨基金といった組織の会合を妨害していると報じながらも、メディアは一般市民の生活が妨害されているように強く訴えかける（この手法は他の場面でも用いられ、例えば先住民集団がストライキや道路封鎖を企てた際には、足止めを喰らう自動車運転手の不満の声などが報道で取り上げられる）。

メディアは反体制派を主流でないように見せかけ、思想が未熟で逸脱していると論じ、デモ参加者は愚かで単純で言葉が通じず自分の主義主張の意味も分かっていないように言う。同様の枠組みから、世界的な正義運動は方向性が定まっていないもののごとく描かれてきた（ibid.）。これが動物活動家の描写においてメディアが用いる常套手法であるが、中でも暴力の枠組みは常に好んで用いられる。

暴力の枠組み

イギリスのＢＢＣニュースは「セント・アンドルーズ大学のテロリズム専門家ポール・ウィルキンソン教授」の言葉を引いて、「動物の権利運動はいまやイギリスにおいて暴力騒動を引き起こす最大要因である」と報じた（BBC News 2000）。ＢＢＣは動物解放戦線（ＡＬＦ）を「イギリスでネットワークを形成する動物の権利テロ集団の中心」に位置づけた。「動物の権利市民軍」と「正義省」は暴力に関する考え方の違いによりＡＬＦから分裂した集団であるにもかかわらず、ＢＢＣでは「ＡＬＦの支部組織」と紹介された。ＢＢＣは一貫して執拗にＡＬＦの行動を「テロ」と称し、「都会のテロリズム」「テロ・キャンペーン」などの見出しを用いる。ある番組では『ザ・スコッツマン』紙の報道担当者が、正義省の活動家を訓練したと語る元兵士を見つけた」として、その言葉を引用する。「『正義省は旧ユーゴスラビアの火器を手に入れました』と報道担当者は語る。『かれらはそれを使うでしょう』」。『ザ・スコッツマン』紙の報道担当者が「元兵士」の話を紹介して十五年が過ぎ、なお一度たりとて活動家が火器を使用したとのニュースが報じられないことを考えるに、これはデマであったと結論するのが妥当と思われる。

９・11の後、合衆国の政府機関と法人メディアは、西側諸国、とくに国内でのテロ脅威を煽った。しかしながらその脅威は印象ほど大きなものではない。政治学者ジョン・ミューラーによると、「国際テロリズムは一般に、世界で年間数百人を殺害する――これは一年のうちに風呂場で溺死する合衆国人口とそんなには変わらない」（Mueller 2009: 2-3）ということで、彼は人がテロリストに殺される統計確率を「ごく微小」と見積もる。動物活動家や環境活動家が危険をもたらす可能性はなお小さい。にもかかわらず、ミューラーと同じく右翼機関ケイトー研究所に属する上級研究員ダグ・バンドウは、アメリカ人を狙う国際テロリズムの危険を誇張し、それを動物活動家や環境活動家と直接に関連づける——「９・11の攻撃、最近年ではロンドンの爆破事件に代表される国際テロリズムは、アメリカに安全保障上の最大脅威を突き付けるものと思われるが、それとともに国内テロリストも人々の中に潜伏し、多くは動物の権利活動家や環境活動家を装っている」（Bandow 2005）。テロリズムの脅威はいずれも誇張されるが、動物の権利テロや環境保護テロの脅威は取るに足らない。しかし法人メディアや業界宣伝が絶えず「テロリスト」や「過激派」などの呼称を使うので、およそすべての活動家が暴力的であるかのような印象がつくられる。他方で動物産業複合体が常時行使する制度化された暴力は滅多に注目されず、光を当てられた際にも、それは一部の「腐ったリンゴ」による逸脱行為とみなされる。

テレーザ・プラットは環境や所有権の問題を中心に右翼の主張を代弁する広報「専門家」で、先の印象づくりに貢献している。ミンク飼育産業のロビー団体である合衆国毛皮協会を代表して、プラットは活動家の犯行によると思われる暴力事件の一覧を作成した（Platt and Ward 2011）。活動家が人命を脅かすことを示そうと、プラットはあらゆる不明瞭かつ関連性の薄いこじつけを行なって一覧を水増しした。彼女によれば、一九七五年にリネット・フロムがジェラルド・フォード大統領の暗殺を企てたのは、チャールズ・マンソン〔カルト教団「マンソン・ファミリー」の指導者）がカリフォルニア州に広がるセコイア杉の森を守れと命じたことによるという。しかし明らかにマンソンは環境活動家ではなく、彼やその信者が環境に関心を示していたのだとしても、それは彼がビートルズの曲を好んでいたというのと同程度の余談でしかない。プラットは「ユナボマー」こと、爆弾魔のセオドア・カジンスキーも環境活動家であったという。しかしこれはカジンスキー自身が否定している。「動物の権利だの環境保護だのの運動に興味はない。憎き敵と思うだけだ」（Liddick 2006: 107）。

一九九〇年にテネシー大学獣医学部長のハイラム・キッチン博士が殺された事件もプラットは一覧に含め、根拠として、匿名の警告状により活動家が一年にわたり月一回、獣医学部長を殺害する旨が予告されたと記す。この殺人事件は未解決のままで容疑者も見つかっていない。犯行声明も他の関連殺人もなく、この事件と動物の権利団体の関わりを示す何らの証拠もない以上、当の手紙は動物の権利と関係なしにキッチン殺害を図った人物が、警察の注意をそらすために書いたものと推測できる。ところが国立テロリズム研究・テロリズム対策連合に属する犯罪学者のジェニファー・カーソン、ゲイリー・ラフリー、ローラ・ダガンは、立証されていないプラットの主張を受け入れる（Carson, LaFree and Dugan 2012）。キッチンの殺害は動物・環境活動家の一〇〇〇件におよぶ殺人「攻撃」の一つに過ぎないといいながら、三名は「明確な証拠が存在しない」と認め、「連邦政府の法執行機関は急進派の動物の権利団体を犯人とすることにためらいがある」と述べ、みずからも活動家と事件の関与を示す証拠を挙げない。しかもかれらは「こうした団体が殺人を犯す例は稀である」と述べ（動物の権利団体が殺人を犯した実例は何一つ示さないが）、「活動家は人への危害を避けようとする」（ibid.: 304）と認識しているにもかかわらず、なお活動家にキッチン殺害の罪を着せる（ibid.: 303）。カーソン、ラフリー、ダガンの研究は業界団体やロビイストの報告書をもとにしており、業界団体やロビイストには暴力を誇張したがる理由がある。そしてこの三名はメディアの報道に検証を加えたと言いながら、その分析は無批判なものに終始している。

プラットは一九九八年にバーナード・レプレーザが殺されたソルトレーク・シティの事件を、菜食・動物の権利運動に結び付ける。しかしながら『ロサンゼルス・タイムズ』紙によれば、レプレーザの殺害は人種差別とギャングの抗争――ストレート・エッジのスキンヘッド、すなわち「暴力と菜食主義に傾倒し、麻薬・アルコール・婚前性交渉を忌避する白人中産階級のギャング」と、「サモア人、黒人、ラテン系アメリカ人」の組織との衝突――によるものだった。なお、ソルトレーク・シティの警察は、町の印象を悪くしないよう、また二〇〇二年のオリンピック開催に支障を来さないよう、この事件を軽く扱うこととした（Moore 1998）。

極秘情報の提供を売りにしたプラットらの事件一覧には、立証の難しい犯行や、存在が怪しまれる集団の行為が記されている。テロリズム研究分析連合のウェブサイトには、数件の爆破事件に関与しているとされる「革命細胞・動物解放旅団」なる組織の紹介がある。テロリズム事業者らによれば、かれらはＡＬＦの分派で暴力を容認し、テロ行為を激化させているという。ところが、この組織が実在するのか否かは定かでなく、ＦＢＩの報告書は革命細胞の犯行とされる僅か二つの事件について、たった一人の関係者を見つけたに過ぎない。一つめの例はカリフォルニア州のバイオ企業カイロンで起きた小さな爆破事件で、これは何枚かの窓が割られるといった「小規模被害」しか引き起こさず、一人の負傷者も出なかったので、会社はその日も「フル操業」できた（Finz and Tansey 2003）。二つめの爆破事件はハンティンドン ライフサイエンスに動物実験の下請けを任せていたシャクリー社で起きた。これも負傷者なしの小規模被害に収まり、ただ次の警告文が書かれたに過ぎなかった――「抑圧者によるこれ以上の殺害は許さない。今度は被抑圧者が反撃する番だ」（Finz 2003）。この文言からすると「抑圧者」が殺害されかねないように思えるものの、現実には殺害などなく、それどころか同組織のさらなる行動もなかった。暴力の激化というのも誇張だったようである。

誇張はテロリズム事業者の十八番といってよい。ピッツバーグ大学の司法行政学准教授ドナルド・R・リディックは、「急進派の地球・動物解放運動」が今後さらに暴力を増すと警告する。活動家は人間否定の思想に動かされて生物兵器を用い、数百万もの人々を殺し、ことによると人類文明をすべて葬り去るかもしれないという。リディックはこれまでにいかなるテロリストも生物兵器を使ったことがなく、まして人への危害を拒む活動家がそれを使った前例はないと認めながら、それでも「きわめて現実味のある危険」を読み取って、「間違いなく地球・動物解放運動の急進派には、この星とその人間以外の住民を救うためであれば人類を滅ぼすこともためらわない一握りの連中がいる」と述べる（Liddick 2006: 113, 115）。が、この見解を支える論拠は何も示されず、彼自身の研究でも活動家は「ほとんど人間に対する暴力・脅迫を支持しない」ことが判明している（ibid.: 112）。

ジャーナリストのニック・ブリッテンも活動家の実際の理念を無視してかれらをテロリストと呼ぶ（Britten 2006）。いわく、「動物の権利運動過激派が住む倒錯世界では……服役期間の長さが昇格に結び付き、過激な暴力を振るう者ほど高い評価を与えられる」。ダグ・バンドウも活動家を危険な狂信者とみなし、彼が依拠する南部貧困法律センターの情報プロジェクト理事マーク・ポトクは、活動家が「政府そのもの、産業民主主義そのものと戦争している気になっている」と考える（Bandow 2005）。バンドウはフランキー・トラルの見解も引く――「かれらは信じがたいほど卑しい魂の持ち主で、古典的なテロ組織の流儀にしたがって行動する」。

バンドウによれば活動家は何百もの犯行を重ねており、ＡＬＦは広汎な破壊行為を犯して、アイオワ大学の職員を「脅迫」したこともあるという。大手の団体ＰＥＴＡでさえも「ケンタッキー・フライド・チキンの重役に詰め寄り、同社の宣伝担当を脅し、イベントの開催を妨げた」らしい。バンドウは不安をかもす危険活動の一覧を示すが、その一々を曖昧な記述でごまかすので、「犯行」の中身が具体化できず、動物救助すらもそこに含まれる可能性が否めない。同じく、「脅迫」やＰＥＴＡの「脅し」についても内容の説明がない。代表的なＰＥＴＡの行動といえばチラシを配ったり野菜をあしらったビキニを着たりといったもので、「ＰＥＴＡの活動手引き」（PETA n.d.b）をみても、菜食料理の販売会を開く、革製でない靴を買う、動物保護施設のボランティアをする、といった提案があるのみで、特に危険な行動を勧めてはいない。ケンタッキーのイベント開催を「妨げた」というのも、しごく平和的かつ完全に合法的なデモ行進を指すものと考えられる。しかしそれでは望みのメッセージがつくれないので、バンドウは危険を強調するため、FBI副次長補ジョン・E・ルイスが上院環境・公共事業委員会の聴聞会でエコテロリズムについて語った言葉を引用する。「過去数年のあいだにわが国で数多くの暴力犯罪とテロ行為を重ねてきたものは、エコテロリズムをおいて他にない」。ルイスは意図した以上のことを口にしてしまったらしい。テロリズムに関する現象が「他にない」となったら、FBIや9・11以降に現われた巨大テロ対策機構は、他の「脅威」を見つけだして自身らの存在意義を示さねばならず、エコテロリズムは格好の標的になった、ということである。

バンドウは結論する――「PETAとアルカイダはそれほど同じものには見えず、現に両者は大きく異なる。しかし動物の権利テロや環境テロの危険性は、PETAをはじめ主流と思しき団体の支援によって大きくなる。人が死ぬまでこの脅威を放っておくわけにはいかない」。バンドウの言葉は二重の意味を持ち、一方ではPETAをアルカイダになぞらえるバカバカしさを承知しているようでありながら、他方ではまさにその比較を行なって、差し迫った脅威への警戒を呼び掛けるのである。

動物福祉団体を過激派に

業界ロビイストは保守的な動物福祉団体をもテロリストとして弾劾する。例えばアニマルズ・オーストラリア（AA）は生きた動物の輸送産業と工場式畜産形式の子犬繁殖場に反対し、平飼い卵を応援する。ウェブサイトに菜食（ビーガン）の情報はなく、「よくある質問」コーナーには菜食主義（ベジタリアン）への言及があるにすぎない。「アニマルズ・オーストラリアはつねに、動物はオーストラリアの法規制にしたがって国内で処理され、食肉になってから輸送されるべきであると考えます」という主張はとても過激派のものとはいえず、むしろやさしすぎる印象が強い。ところがこの、オーストラリアの国内法遵守を唱える意見すらも、業界や業界の献金を受ける政治家たちにとっては急進的すぎると映るらしい。ニューサウスウェールズ州第一次産業大臣のカトリーナ・ホジキンソンは二〇一三年、同州農家組合の年次総会でＡＡを非難した。

私たちは都会の人々、農業のやり方やその重要性を理解しない、あるいは必ずしも理解しているとは限らない人々に、アニマルズ・オーストラリアのような団体やその行動を支持しないよう訴えていかなければいけません。こうした団体は文化破壊者です。テロリストの親類です。（Australian Broadcasting Corporation 2013）

ホジキンソンは活動家が工場式畜産場へ立ち入って人々に動物の境遇を暴露することに不満をもらし、虐待的な集約養豚の撮影を「悪魔的」だと形容する。虐待そのものではなく、その暴露を「悪魔的」だと言うのである。そこで彼女は、オーストラリアも畜産猿轡法〔畜産施設の撮影等を違法化する法律〕を敷いて、活動家による暴露を犯罪指定すべきだと唱えた（O'Sullivan 2014; Wagstaff 2014）。ＡＡは暴力的な悪の勢力で、その急進的な行動計画は勤勉な一般庶民を脅かすということにされた。しかしながらＡＡは徹底した保守主義の立場からこう述べる。「私たちは菜食団体ではありません。人に指図して、何をすべきか、何を考えるべきか（あるいは何を食べ、着るべきか）を示すのは正しくないと信じます」（Animals Australia 2013）。動物の権利に目を向けることなく、ＡＡは搾取を単なる個人選択の問題に帰す。ここからするとＡＡは、動物を利用するのもしないのも道徳的には変わらないと考え、人に「何をすべきか」を示すのは想像もつかない行為だと言いたいらしく、私たちがそれを日常的に行なっていることも、菜食の勧めに関しては道徳的に正しい判断といえることも、念頭にはないようである。搾取の廃絶を求めるのでなく、この団体は単に自分たちが最悪の虐待だと思うものを矯正して、畜産物の「消費を減らす」よう呼びかけるに過ぎない。このように、ＡＡはきわめて穏健かつ限定的な目的から、目に余る虐待を暴露するだけにもかかわらず、ホジキンソンはそれを賞讃しようとはせず、ただ罵倒する。動物解放ＮＳＷの代表リンダ・ストーナーはホジキンソンの大臣交代を政府に求め、「彼女はこの地位に立つには無知すぎる」と批判した（ABC News 2013）。

業界団体と法人メディアも大手の動物福祉団体である全米人道協会（ＨＳＵＳ）などを急進派の動物の権利団体として扱う。進歩的な活動家は動物搾取を資本主義の枠組みにおいて分析し、これを他の抑圧形態である人種差別や性差別などと絡み合うものと捉えるのに対し、ＨＳＵＳをはじめとする大手団体は根本的な分析を行なわない。それどころかＨＳＵＳは動物の権利運動との関わりを再三にわたって完全否定し、業界と組んで特定の慣行を正していくばかりで、搾取そのものに異を唱えない。協会代表のウェイン・ペーセリは言う。

私どもは動物の権利については語りません。語るのは人間の責任についてです。……これは何度も言ってきたことです。……畜産を終わらせたいとは思っておりません。それは夢物語です。そんなことを口にしたことはありません。実際の行動を見ていただければ、それが私どもの仕事や目的でないことはお分かりになれるはずです。（Kelly 2011）

フェイスブックに載せた「ＨＳＵＳファーマー・アウトリーチ」のページで、ＨＳＵＳは菜食を支持するのか、との質問が寄せられた時には、「いいえ、私どもは人道的かつ持続可能な農畜産業を応援します」とＨＳＵＳは答えた（HSUS 2014）。二〇一四年八月には「人道的……な農畜産業を応援」するよりもさらに先を行き、ＨＳＵＳはデンバーで開かれる五日間の食肉消費祭「牛歩で行こう」の主要後援者となって、毎日別種の動物の肉身が売られる催事の中、積極的に「ハッピー・ミート」を宣伝した。

ＨＳＵＳは畜産業の廃絶を目指さないと公言し、他の動物福祉団体と並んで積極的に食肉消費を促進し、業者への暴力を非難しているにもかかわらず、動物産業はこの協会を急進派の危険な組織と言ってばかりいる。業界はこうした手口を使い、ＨＳＵＳ等が穏健な改革案を提示する段階から反対の意を示しておくことで、実際に動物の権利を掲げる団体からさらに大きな要求が突き付けられる事態を避けようとする（Francione and Marcus 2007）。

法学者ゲイリー・フランシオンの見方では、大手動物福祉団体のＨＳＵＳその他は業界の脅威でないどころか実際にはむしろ「搾取の提携者」であり、それはかれらがいわゆる「人道的」商品の肉・乳・卵、等々を勧めていることからも分かるという（Francione 2010）。動物福祉団体からの圧力に応えて企業が取り入れたとされる改革は、フランシオンに言わせれば、生産効率を上げ、商品化した動物に意図せざる傷が付くのを防ぎ、しかも利益を増すものである以上、いずれにせよ業者が導入したであろう施策といえ、しかもそれによって動物の苦しみが大幅に減ることはない。福祉を向上させないばかりか、そうした改革運動は業界に善良なイメージを持たせ、心地よい幻想をつくり出すことで消費者が気兼ねなく搾取を応援し、みずから搾取に加担する事態を招くのが現実といえる。動物福祉団体は業界に「テロ」の脅威を突き付けるのでなくして、むしろ「共生関係」を築き、そこでは両者が無意味な改善をめぐって芝居を演じたあげく、互いに得をするという構図ができあがる（Francione 2010）。その芝居の一コマに、現状の搾取に対するあらゆる改革案を、些細なものまで含めて急進的な脅威だと弾劾する筋書きがある。

過激派の創出

業界宣伝が描く活動家は一律に、人間を憎む暴力的テロリストということにされる。実際には大半の動物擁護活動が合法的かつ平和的なものであるにもかかわらず、「暴力」という言葉が無差別に使われることから、そうした活動に汚名が着せられる。対象を違法行為に限定しても、「暴力」が指すものは侵入から放火まで多岐にわたる。しかも「暴力」という枠組みの使われ方は恣意的である。この言葉は動物活動家を責める文脈で広く用いられるが、そこで見過ごされる事実を明かせば、動物産業こそが最悪の暴力を大規模に行使する者なのであって、その仕打ちは集中的繁殖、強制収容、工場式畜産場と屠殺場での恐ろしい動物虐殺、動物実験施設での非道な拷問にまでおよぶ。これらの暴力は業界の標準慣行として正常の枠に収められ、法的にも認められる。他の者が企てればテロとみなされる行為でも強大な国家が行なえば許されるごとく、私たちは犠牲者が動物でさえあればどれほど浅ましい暴虐をも受け入れる。人間が被害を受ける時にだけ暴力に反対するという態度は差別に他ならない。暴力はいけないという陳腐な教えが一般に流布していながら、世界は実のところ暴力によって成り立っている。そして他方、多くの人々の認識では、時に暴力の許される状況というものがあり、罪なき者を脅威から救うための干渉はその一つに数えられる。そうしてみると、動物擁護の目的は肯定的に捉えられよう――それは苦しみをなくし、動物たちを危害から救う試みである。

もっとも、暴力の定義をこのように限定したところで、ほとんどの活動家は非暴力的といってよい。その戦略は様々で、菜食を促す、人道的な啓蒙活動を行なう、不買運動を起こす、メディア・キャンペーンを打ち出す、抗議デモを繰り広げる、工場式畜産場や屠殺場や実験施設の秘密調査を企てる、顔を隠さない公開式の救出活動によって劣悪施設の動物たちを救い出す、などに分かれる。基本的にデモンストレーションは暴力を伴わない。カナダのオンタリオ州トロントで活動する団体ワイルド・アット・ハートとアース・キッズは、環境問題を憂慮する子供たちからなり、かれらの開催したロデオ反対イベントは「友好的で家庭的な抗議運動」として、娯楽目的の動物虐待に反対する参加者らが西部風の衣装をまとって「大いに楽しむ」催しとなった

（Animal Voices 2006）。二〇一五年六月にはカナダのマニトバ州ウィニペグで、鶏の衣装を着たPETAの活動家が車椅子と歩行器と松葉杖を用いて、カナダ家禽・卵加工評議会の会議中に外でデモを行ない、業界の動物虐待に抗議しながら人々に菜食を呼びかけた（*CBC News* 2015a）。同年七月にはイギリスのマンチェスターで、象の格好をした数百人のランナーがマラソン大会に加わって、アフリカの絶滅危惧種を守るデビッド・シェルドレーク基金への寄付を求めた。毎年行なわれる「象と犀（さい）を守る国際行進」には、学生団体その他、動物の衣装に身を包んだ人々が参加して、この動物たちを絶滅の危機から救おうとする。動物の権利団体トロント・ピッグ・セーブは屠殺場に対する静かなデモを行なう（二〇一五年十月に代表のアニタ・クラージンは、屠殺場へ向かうトラックの中で脱水を起こしている豚たちに水を与えたことで、器物損壊と財産への干渉を名目に刑事告発された[注1]）。他の団体は組織的な虐待者たちに電話や手紙を寄せ、その自宅前でデモを行なう。警察でさえも活動家が穏便な手段を選ぶことは承知しており、イギリスの警察機構である全英対過激派戦術連携部隊（NETCU）の広報担当は次のように語る。「動物の権利運動過激派は多くの支持を得ているので、至極丁寧なEメールを作成するだけで結果を出せます。……メールリストを使って沢山のメールを送ることができるんです。……まったく脅しの要素がない文面でも、これまでに多々、目標を達成してきました」（Fickling 2005）。その「丁寧」で「脅しの要素がない」抗議文になぜ警察が目を光らせるのかは問われてよい。仮に脅迫めいた文言があったとしても、それだけでは一般に考えられるテロの要件を満たさない。

　過激主義の証拠を示す目的からしばしば引用されるのが、アメリカの外傷外科医ジェリー・ヴラサックの主張である。彼は二〇〇三年のある会合で、暴力は道徳的に認められる上に効果もある、数人の動物実験者を殺せば無数の動物たちを救える、と語ったという。イギリスの『オブザーバー』紙はヴラサックの言葉を引用した。「暴力は抑圧との戦いの一環といえるでしょう。そうした人たち［動物実験者］に不幸が起これば、他の人は意欲を失います。戦いの中で暴力が使われるのは避けられませんし、それが効果的なのも否めません」（Doward 2004）。「動物の権利運動の頭首、『科学者を殺せ』と証言」と題されたこの記事を読むと、活動家は序列にしたがい、「頭首」（ここの想定ではヴラサック）の命令を仰ぐかのように思われる。ところがこの後、複数の活動家がヴラサックという名は聞いたこともないと発表し、彼と現に関わりのあった団体も即座にヴラサックから距離を置いて非暴力の方針を再表明した。ヴラサックは自分の言葉が文脈を無視して引用されたとした上でこう述べる。「個人的には殺害を擁護・容認・推奨するつもりはありません。私は外科医として命を救っています。日がな一日、人命救助を行なっているのです。ただ私が言いたいのは、歴史的に見て、暴力は我々動物の権利活動家や動物たちに対し行使されてきた、それは我々の側が暴力を振るうのと変わらないだろう、ということです」（Best 2009）。活動家に動物実験者を殺せと言っているのではなく、奴隷反対運動やアパルトヘイト撤廃運動で暴力が使われた例を引き合いに出しただけだ、とヴラサックは何度も繰り返した。しかしイギリス政府は彼の入国を禁止する。それから今に至るまで、ヴラサックの言葉は動物の権利運動に反対

注１　豚という「器物」に正体不明の液体を与えて品質を損なった、という論理。

する者から、運動の暴力性を証明するものとして引用され続けることとなった。同様に二〇〇五年にはアメリカの哲学者スティーブ・ベストが、ＡＬＦを支持してテロリズムを正当化したとの理由から、イギリス政府により国内への立ち入りを禁じられた。しかしベストは暴力を大局的に捉える。アイオワ大学心理学部の動物実験室に忍び込んだ活動家が、八八匹のマウスと三一三匹のラットを救出して一部の機材を破壊した二カ月後、ベストは同大学の講演に招かれた。心理学教授数名がその演説を止めようと試みた後、ベストは応えて言った。「どうか、偽善を捨てて我々の道徳的な憤りを広い視野で考えてください。動物解放の名のもとに窓やコンピュータが壊されるのに対して、その何億倍にもなる動物たちが、毛皮用動物飼育場や工場式畜産場、屠殺場、ロデオ、サーカス、実験室で、搾取に従事する人間の手により、恐ろしい拷問と死を味わわされるのです」(Smallwood 2005)。

動物救出は「憤り」を呼び、ベストの発言は議論を呼ぶものであったにせよ、これは種差別主義者のダブル・スタンダードを如実に捉えた言葉だといってよい。毎日繰り返される動物への暴力は、現に活動家の行なってきたどんな企てと比べても桁外れに大きい。ヴラサックとベストは暴力の擁護者のように評され、その主張は動物運動一般の立場を代弁するように受け止められているが、多くの活動家は彼らの見方を拒み、他はそもそも二人を知りもしない。しかも一方で、ヴラサックとベストを暴力支持者だとののしるオンライン・フォーラム自体が、活動家に対する過度に暴力的な言辞で溢れている。暴力の言葉が活動家に向けられるのは右翼メディアの文脈においてであり、そこでは戦争を煽る対外強硬派の意見とともに、移民や非異性愛者や社会的少数派に対する憎悪、あるいはかれらへの暴力行使を呼びかける主張が当然のように表明される。全国ネットのラジオ番組で、司会のビル・オライリーは、合衆国が「テヘラン〔イラン首都〕のような都市を滅ぼして何百何千の人間を殺せ」ばいいと語った（*Media Matters* 2006）。こうした言葉は過激発言を好む合衆国の右翼有名人、グレン・ベック、アン・コールター、ラッシュ・リンバウ等々が普通に口にするもので、いつものことであるから見逃されるか冗談として片づけられる。合衆国ではこの手の暴力的な右翼発言が、個人の悪党に働きかけて行動を促す（例えばボストンではリーダー兄弟スコットとスティーブが、二〇一五年の共和党大統領候補ドラルド・トランプによる不法移民追放の呼びかけに賛意を示す意図から、ヒスパニックのホームレス男性を鉄の棒で殴り、その顔に尿を浴びせる事件があった）のみならず、高度に武装した組織的な市民軍をも動かす（第5章参照）。さらに、暴力は「あらゆる厄介に対する国家の慢性的な反応」となっている（Hedges 2014）。イランへの爆撃を促したのはオライリーのような煽動家だけではない――合衆国の元イギリス大使、現在は右翼系シンクタンクのアメリカン・エンタープライズ研究所に属するジョン・ボルトンもまた『ニューヨーク・タイムズ』紙上の意見欄で同じ助言を行ない（Bolton 2015）、言うまでもなく法人メディアはイラク攻撃に全面賛成した。加えて暴力は「原始的なコミュニケーション形態」（ibid.）として当然視されるに至り、これを土台にした映画やテレビ番組は漫画のヒーローや爆発シーン、戦争犯罪の美化を好んで、国粋主義に凝った『アメリカン・スナイパー』のような作品を生んだ（Giroux 2015b）。これらすべての現象を発生させるのは軍事化を進める新自由主義の社会であるが、そこでは安全保障崇拝のもと不条理な恐怖が利用される。

この、暴力が当然視され賛美される風潮を思えば、動物産業複合体が何億何兆という情感ある個の存在を殺して計り知れない戦慄を行き渡らせる中、少数の活動家が暴力による対抗の意義について考えるのはさほど不思議ではなく、むしろより多くがその方針をとらずに、動物の権利運動が非暴力手段を固守していることの方が驚くべきといえよう。

暴力が常識化して広く受け入れられているにもかかわらず、「阻止せよハンティンドンの動物虐待」(SHAC)のような団体が危険とみなされるのは、かれらが企業の上層部に不利をおよぼすからで、エリートたちは活動団体の成功が他を勢いづけるのを恐れてきた。二〇〇九年、イギリスの『デイリー・メール』紙は「大富豪、恐怖する」と題して、スコットランド王立銀行の元CEO、無慈悲な職員解雇で「シュレッダーのフレッド」と恐れられた、サー・フレッド・グッドウィンの自宅が破壊された事件を報じた。グッドウィンは二〇〇八年に巨額の年金を得て退職し、その直後に同銀行はイギリス企業史上最大の年間損失を発表した。同紙によれば、警察は「反資本主義団体が動物の権利武装組織による戦略を模倣して、信用危機の元凶と考えられる個人に直接攻撃を仕掛ける」可能性を危惧し、また「噂では無政府主義者らが来週ロンドンで開かれるG20のサミットで暴動を起こす計画を立てて」いたという。同紙がグッドウィン宅破壊の犯人として挙げたのは「銀行頭取(とうどり)は犯罪者」と称する組織で、かれらは銀行幹部が刑に服するべきだとの考えにのっとり、メディアに送ったEメールの声明文ではこう述べている。「我々が許せないのは、グッドウィンのごとき富豪らが自身に巨額の金を割り振り贅沢な暮らしを送るかたわら、一般市民が仕事も金も家もない暮らしを強いられていることだ」。こうした思いは資本主義の秩序にとって危険であるから、異端者の怒号とされなければならない。

「ただの狂気」

メディアが描く活動家は常軌を逸した思想の信奉者であり暴力的テロリストである。ケヴィン・トゥーリスは自身のウェブサイトで「著名なテロ専門家」を名乗るジャーナリストで、その議論はメディアによる動物擁護叩きの好見本といってよい。9・11の直後に彼が例によって動物活動家をイスラム主義の大量虐殺犯と関連付けたのは、多くの「著名なテロ専門家」にみられる浅薄な思考の表われであった（Toolis 2001）。トゥーリスは動物の権利団体を「イギリス史上において最も成功したテロ集団」と位置づけ、その目標を「常識から外れた原理主義の宗教」に等しい「ただの狂気」とみた。人間による他の動物の利用について倫理的・哲学的に深く掘り下げた真摯な議論を展開することなく、トゥーリスは単に他の動物への気づかいを子供じみた倒錯として片付け、「動物の権利活動家は大半が青春時代に家庭の食卓で肉を断つところからキャリアを積み始め、やがて菜食人（ビーガン）に到達する」と言い、菜食は「思想の接着剤」となって、この青臭い狂信を「盲目の宗教的真理」とくっつけるのだと解説する。トゥーリスによれば、その「宗教的真理」の一つが、「私たちの社会は動物たちの不必要な殺害の上に成り立っている」という啓示であるそうだが、これはまるで、その悟り自体がバカバカしく、彼のあざける狂信の証明であると言わんばかりの論調である。しかし事実を顧みれば、当の啓示は率直な観察結果を述べたまでで、しかも次々と発表される証拠が示すところでは、現行の動物搾取は「不必要」で倫理に背くばかりか、人の健康被害や環境破壊をも引き起こす。それへの加担をやめるのは憐憫(れんびん)と分別にもとづく判断、親愛と論理にしたがう決心といってよい。それをトゥーリスは否定して、人間以外の動物たちやかれらと私たちが共に暮らすこの星の未来を想う人々を、非理性的で暴力的なカルト宗教の信者とみなす。

制度化された動物虐待の証拠についてもトゥーリスは認めず、それらは「きりのない宣伝を繰り返すパンフレットであって、動物実験で子猫らの脳に鉄の箱が埋め込まれる実態を明らかにしたなどと吹聴する」と述べる。彼は何の根拠も示すことなく、当の「宣伝」が「吹聴」をするだけで実際にはハッタリであるようにほのめかし、また敢えて「子猫ら」に言及して活動家がバカバカしい感情に冒されていると暗示する。実際に子猫はそうした実験に利用され、他の動物も同様である。トゥーリスによれば、このような「宣伝」をうのみにした者は孤立して自己を否定する禁欲的な苦行僧になるという。

究極的に、菜食は食べるもの、食べる場所、ともに食べる相手、ともに寝る相手を決定する。……動物解放の道にしたがう者は必然的に、周囲の主流社会から完全に切り離された生活を送ることとなる。

この寂しい想像図を示された読者は、そんな抑制が課すであろう厳しい苦行にみずから身を投じる気にはなれないに違いない。が、トゥーリスの描写は嘘であり、これは菜食を厳格かつ奇妙な自己否定のカルトとみせかけるためのこしらえものに過ぎない。本当の菜食人生活は正反対に、他者への危害を減らす生き方をよしとし、搾取を避けようと努める中で、衣食や研究や娯楽のための動物利用を拒む一方、健康的で環境にやさしい食を求める。菜食人生活が食だけの話にとどまらない以上、それは社会から離れるどころか積極的に社会と関わること、しかも社会正義の原則にしたがった暮らしを送ろうと様々な問題を考えながらそうすることを意味する。

トゥーリスは読者の利己心に迎合して、そうした考えを否定し、それを異常でつまらないもののように見せかける。人々の多くは他者の搾取をなくすためであっても、自分に不便を課したくはない。思いやりの心から実際に行動を変えた人物に出会うと、人々はその倫理的実践をみて自分のエゴに気付かされる。そこで、典型的な反応の一つは、その倫理的に筋の通った人物を「主流社会から……切り離された」者だと非難する行為になる。一例は菜食人の性的指向をあげつらう態度で（Potts and Parry 2014）、トゥーリスはそれを閉鎖的世界への奇妙な引きこもりと断定する。人は普通、特定の民族・趣味・興味・職業ないし行動や慣習を同じくする他者と寝食を共にし友情を結ぶが、トゥーリスはこの簡単な真実を無視して、菜食をカルトに仕立てようとする。宗教性との関わりをしつこく説きながら、彼は菜食人が清浄と罪の観念に囚われ、動物由来の製品を避けることで他者への危害をなくそうとする人種だとあざ笑う。しかしこうした中傷は、例えば奴隷や児童労働者の手になる製品を避ける努力など、他の搾取克服を念頭に置いてみれば、ゆがんでいると知れるだろう。活動家をテロリストとしたいトゥーリスは、デモが「往々にして暴力的」になると言う（そのくせ動物の権利デモが他に比べ暴力的であることを示す証拠は一つも挙げない）。トゥーリスが槍玉に挙げる人物にバリー・ホーンがいるが、彼は放火の罪で十八年の刑に服していた最中、動物実験に抗議する意図からハンガー・ストライキを行ない、二〇〇一年に死亡した。トゥーリスは彼を「何者でもない人間、掃除夫」と侮辱しながら、またもイスラム主義者の自殺攻撃を連想させようと、ホーンに「殉教者」の烙印をおした――なお、この言葉は他の報道記者も好んで用いる（Hall 2001）。裁判官サイモン・ダーウォール・スミスは、「被告が人命を狙った攻撃を意図していなかったことは認めます」と告げたが、にもかかわらずホーンは危険なテロリストとされ、長い禁錮刑を言い渡された。

つくられた関係性

動物・環境活動家がイスラム主義テロリストとつながっていると唱える者は他にもいる。ブロガーのジャネット・パーカーは、近ごろ消去された陰謀論のオンライン・ジャーナル「新しい犯罪者たち」の中で、活動家がイスラム主義のテロリストと「そう遠くない」関係にあると記した。そこで引き合いに出されたのは活動家のジェフリー・ルアーとクレイグ・マーシャルで、二人は二〇〇一年六月、オレゴン州ユージーンの自動車販売代理店で三台のＳＵＶに火をつけて地球温暖化問題に抗議した。マーシャルはイスラム主義組織ムスリム同胞団の「代弁者」だった、とパーカーは述べたが、彼女は両者のつながりを示す何らの証拠も記事も取材記録も載せなかった。

パーカーの記事は、活動家が暴力を行使した「と疑われる」「可能性がある」、あるいはイスラム主義テロリストとつながっている「と噂される」「思われる」などという表現のオンパレードである。活動家が完全に法にのっとった手段を用いた時にさえ、パーカーはそれが違法であるごとく暗にほのめかし、かたや業界の主張を額面通りに受け入れる（Parker 2005）。二〇〇二年にオランダの右翼政治家ピム・フォルタインが動物・環境活動家のフォルカート・ファン・デル・フラーフに殺された事件について論じた際には、またも陰謀論が顔を出す。ここには「相互につながるネットワークと連携のパターン」が存在する、と、その具体的な内容に触れないままパーカーは述べ、ファン・デル・フラーフが一九九六年の政府環境調査官クリス・ファン・デル・ヴェルケン殺害に関与していることを示唆した。同様の主張は菜食主義に反対する「菜食主義者は悪」などのウェブサイトにも載っている。しかしファン・デル・フラーフとファン・デル・ヴェルケン殺害事件をつなぐ証拠は見つかっていない。菜食ジハードを妄想するのに加え、パーカーは（考えにくい話だが）自身がテロ対策に長年従事してきたと豪語し、この証言はもろもろの陰謀論サイトでそのまま受け入れられている。本人によれば、パーカーは９・11で殺された世界貿易センターの警備員、元ＦＢＩ捜査官ジョン・オニールとの共同調査に携わり、彼に情報を流す重要任務も請け負っていた。一九八〇年代には二人で動物の権利会合に潜入し、その後は組織犯罪・麻薬密売・ＦＢＩの汚職・イスラム主義テロリズムの調査をともに行なってきたという（Szymanski 2005）。

メディアと業界団体はファン・デル・フラーフが「菜食に励む動物の権利活動家」であった点

に注目し、フォルタインの親族は裁判時に毛皮のコートをまとって彼に「最大の屈辱」を与えようとした（Evans-Pritchard and Clements 2003）。他のテロ専門家も動物の権利と当の殺人を関連付けた。ティルブルフ大学とつながった政策研究機関ＩＶＡベライツオンダーツェークの顧問ロブ・ウィッテは、フォルタイン殺害が「動物の権利運動の内部で画策された」と、やはり根拠もなしに説き立てる（Witte 2013: 116）。実際のところ、ファン・デル・フラーフが菜食と動物の権利に関わっていたことは殺人とは関係なく、フォルタインの方も動物搾取には関与していなかったうえ動物の権利について何かを主張していたわけでもない。裁判の場で殺害を認めたファン・デル・フラーフは、その目的がフォルタインの差別的なイスラム教徒弾圧を阻止することにあったと述べた。『ガーディアン』紙に載った彼の言葉は、「フォルタインを撃ったのはオランダに暮らすイスラム教徒を思ってのことです」と語っている（Osborn 2003）。にもかかわらず、彼が服役期間の六割超を過ごして釈放された後もなお、メディアはありもしない動物の権利の関与を強調し続けた（BBC 2014）。

暴力的な活動家？

動物擁護の圧倒的大半は法にしたがった非暴力的な手段に訴えるものの、ある一つの事件では人に対する暴力が伴った。二〇〇一年、デビッド・ブランキンソップはハンティンドン ライフサイエンス（ＨＬＳ）の常務取締役ブライアン・キャスを攻撃した廉（かど）で懲役三年の刑に処された

（彼はこの他に、爆発物の所持と豚の救出に関しても罪を問われ、計十年近くの懲役を科された）。これは活動として例外的というだけでなく、施設破壊を伴う違法行為の中でも例外的な事件となる。イギリス「最大の爆弾魔」ドナルド・カリーは、ＨＬＳと関わりのある配送業者重役の車を破壊し、二〇〇六年に放火と爆弾設置の罪を認めた（Addley 2006）。カリーは人への危害ではなく資産破壊を企てたのだと証言した。これは脅迫を意図した政治的暴力といえるが、それでも一般的なテロリズムの定義からは外れるもので、市民に対する大量虐殺や無差別殺人によって社会全体に恐怖を蔓延させる狙いはなかった（Guelke 2008）。一部の活動家は施設破壊を認めるとはいえ、他は認めず、別の一部はそれを批判する。問題なのは活動家の暴力がテロ専門家やメディアによって絶えず誇張されることである。現に生じた暴力に対し怒りを表明する際にも、その怒りが選択的であることを思い、冷静になる必要がある。人々は暴力を容認しており、ただどんな目的のもとでならそれが許されるのかについて意見を異にしているに過ぎない。

さらに、暴力を論じるに当たっては、警察や企業の囮（おとり）についても無視するわけにはいかない。例えばイギリスの活動団体に潜入した警察のスパイ、ボブ・ランバートは、一九八七年に毛皮を販売するデパートに爆発物を設置した犯人と目されている（Evans and Lewis 2012）。一九八八年には民間セキュリティ会社パーセプションズ・インターナショナルの秘密調査官メアリー・ロウ・サポネが、活動家フラン・トラットに接近する。トラットが取り組んでいたのは動物実験反対運動で、外科用縫合針の供給業者ＵＳサージカルのＣＥＯ、レオン・ハーシュがその的（まと）だった。同社は商品宣伝のために犬を使った縫合の実演を行ない、それからその犬たちを殺すということを続けて、年間一〇〇〇匹の犬を犠牲にしていた。サポネはパーセプションズ・インターナショナルとともに、爆弾を設置してハーシュを脅すようトラットに促し、材料もすべて揃え、自身が爆破計画から手を引いた後もそれを続行するよう彼女をそそのかした。現HSUS代表のウェイン・ペーセリは当時、動物基金と提携して、サポネの参加する会合にも出席していた立場から、『ニューヨーク・タイムズ』紙の中でこう語った。「サポネは情報提供者というだけでなく回し者として振る舞い、ことあるごとに違法行為をそそのかしたのです」(Potter 2009)。

ALFはその行動指針において、人間も含め一切の動物たちに危害を及ぼしてはならないと命じ、これまでに一件の殺人も犯していない。もっとも、ただ一度だけ、動物の権利活動の最中に事故で一人が殺された例がある。二〇〇九年、イングランドのロング・マーストン飛行場で、狩猟後援者のトレバー・モースは、空から狩猟を監視していたジャイロコプターの操縦士ブライアン・グリフィスの妨害を試みた。グリフィスが燃料補給をしていた最中、モースがジャイロコプターの先に車を乗り付け、怒りの表情で近付いていった。猟師から三度にわたり銃撃されたことのあるグリフィスは、攻撃を恐れて離陸しようとする。モースはプロペラに突っ込んで殺された。罪には問われなかったグリフィスであるが、家族に報復が向けられるのを危惧し、自宅住所のメモがモースの車から見つかったこと、狩猟推進ウェブサイトが自身に関する詳細を載せていることを証言した。この事件は「とてもつらい」とグリフィスは語り、これを「人生最悪の出来事」とした上で説明した。「ただ逃げたかったんです。私は固まっていました。狩猟団がジャイロコプターを憎んでいたのはとうに承知でしたし、以前から地上の監視者に暴力が振るわれてきたのも知っています」（McCarthy 2010）。グリフィスが自責の念に駆られ、評決も彼を無罪にしたこととから、これは無情なテロリストによる故意の殺人ではなかったと判断できる。

暴力の標的となる活動家たち

業界やそのロビイストらは活動家の暴力を強調するが、実際のところ動物や環境を擁護する者は犯罪者になるよりも標的になることの方が多い。「アース・ファースト！」の活動家デビッド・チェインは一九九八年、カリフォルニア州で老齢林の違法伐採に反対していたことから伐採業者に殺害され、同団体のジュディ・バリとダリル・チェニーは一九九〇年、木材産業の応援者から殺害予告の脅迫状を受け取った後、カリフォルニア州オークランドで自動車爆弾により怪我を負わされた。ＦＢＩとオークランド市警は事件調査もせずに活動家を責め、かれらが爆弾を携帯して伐採施設の破壊をもくろんだと言い咎めた（が、証拠は一つも提出されず、州検察官は二人の訴追手続きを拒否した）。バリは乳癌で一九九七年に他界するもチェニーは法廷争いを続け、二〇〇二年、連邦陪審は二人の容疑を晴らして損害賠償金四四〇万ドルの受け取りを認めた上、全員一致のもと、ＦＢＩと市警がかれらに罪を着せるべく証拠を偽造・捏造し、虚偽の宣誓を行ない、本当の爆弾魔を見つけ出すための証拠捜査を怠り、正義を妨げて活動家たちと「アース・ファースト！」に対する陰謀を企てたと結論した。バリとチェニーを擁護する答弁の中で、ジョン・Ｃ・ライアンという、一九六六年から一九八六年までＦＢＩの特別捜査官を務め、非暴力的な平和団体をテロとして捜査せよとの命令に良心から背いて解雇された人物が、ＦＢＩの密告者利用における「詐欺と策略」について、自身の体験を振り返りつつ証言した。「ＦＢＩの捜査官が……情報を歪曲・誇張・虚報・偽造、その他の形で操作することは珍しくありません」（Ryan 2001）。二〇一一年と二〇一二年に判事らは法科学検査に回す証拠を提出するようＦＢＩに求めたが、ＦＢＩはそれを二十年ものあいだ保持していながら、真の爆弾魔さがしに使うことはなかった（Kuipers 2012）。

国際ＮＧＯグローバル・ウィットネスは、二〇〇二年から二〇一三年のあいだに世界で少なくとも九〇八人の活動家が殺されたと報告し、年間では二〇〇二年の五一人が二〇一二年には一四七人へと、週に平均二人が犠牲になる事態にまで達し、「危機の悪化」が生じているとした上で、ブラジルとホンジュラスを活動家にとって最も危険な地帯の名に挙げた（Global Witness 2014: 4-5）。犠牲者の多くは先住民社会の出身で、「土地収奪、採掘業、産業的木材取引」に反対し、「国の公安部隊、……企業、個人の土地所有者」といった強大な敵に立ち向かった人々だった。グローバル・ウィットネスによれば「死を伴わない暴力や脅迫」も広く用いられ（詳細は記されていないが）、「秘密に覆われた複合的な既得権益のネットワーク」が裏にあるため、犯罪を捜査・処罰・防止しようとする「政治的な意志が存在しない」という。

二〇一四年に『ナショナル・ジオグラフィック』誌が報じたところでは、コンゴ民主共和国のヴィルンガ国立公園で自然保護に努めながら殺された警備員らは、過去十年で一四〇人以上にも達したという（Howard 2014）。イギリスでは過去に、活動家のマイク・ヒル、ウィリアム・スイート、トム・ウォービーらが猟師に殺され、ジル・フィップスは肉用の子牛を運ぶトラックに轢き殺された。一九八五年にはニュージーランドのオークランド港で、フランスの情報機関が環境NGOグリーンピースの船舶レインボー・ウォーリア号を爆破して沈め、写真家フェルナンド・ペレイラを殺害した。二〇〇三年にはセントルシアで、東カリブ環境配慮同盟とセントルシア動物保護協会を立ち上げたジェーン・ティプソンが、違法捕鯨と捕獲したイルカを使う観光アトラクションに反対して殺された。環境団体のシーシェパード保全協会は、彼女の殺害を動物搾取で儲ける業者の契約殺人とみて、事件に関する情報提供に賞金をかけた（Sea Shepherd Conservation Society n.d.）。シーシェパード自体も動物搾取に従事する者と直接に対峙するので、団員は脅迫や暴力の標的にされてきた。二〇〇八年には捕鯨反対船スティーブ・アーウィン号の船長ポール・ワトソンが、日本の捕鯨船である日新丸の船員に胸を銃撃されたと語り、防弾チョッキに撃ち込まれた弾丸を記者らに見せた。日本の船員はシーシェパードが悪臭弾を放ったのに対し閃光手榴弾で応えて負傷者を出した、とワトソンは述べ、なぜ日本は違法の鯨殺戮を許されているのかと問うた（ABC News 2008）。また二〇一四年五月八日には、シーシェパードの潜水士ルネ・アンバーガーがハワイのコナ沖で、珊瑚礁の魚を蒐集する者らから攻撃を受けた。アンバーガーがかれらの違法行為を記録していたところ、一人が襲って来て彼女の口から酸素ボンベを引き抜き破壊したのである。シーシェパードはこれを「殺人未遂に等しい」と評価した（Sea Shepherd Conservation Society 2014）。

「動物たちに敬いと優しさを」（ＳＨＡＲＫ）の活動家らは、やはり動物虐待者と直接対峙することから、身体的暴力の被害に遭う。SHARKはロデオの残忍行為を調査するとともに、ペンシルベニア州の悪名高い鳩打ち大会をやめさせようと努力してきた。大会では子供たちが箱から放った鳩を猟師が撃ち殺すが、すぐには死なない鳩も多くいて、子供たちはかれらを踏み殺すよう教えられる。SHARK公式サイトとユーチューブの動画には、動物虐待だけでなく活動家攻撃の場面も記録され、例えば二〇一一年に同州ウォーミンスターで、SHARK代表スティーブ・ヒンディーが弾入りの半自動式拳銃を持った男に脅迫される光景もある（Biren n.d.）。イギリスの狩猟妨害協会（HSA）もウェブサイト上に、猟師による活動家への暴力や偏った警察活動をまとめた長い歴史を載せ、ある活動家はその二〇一二年の動画に収められた事件のことで「ウェスト・マーシア警察を訴え、襲撃と不当な逮捕への償いとして巨額の賠償金を受け取った」（Hunt Saboteurs Association 2014）。動物実験反対運動家が攻撃された例では、メル・ブロウトンと七十歳になる彼の母ポーリンが、オクスフォード大学の新しい動物実験施設に勤める職員から熱傷を引き起こす化学物質をかけられ病院へ救急搬送された事件が挙げられる。ブロウトンは動物擁護団体SPEAK（スピーク）が引き続き抗議を行なうだろうと述べつつも、これは非暴力運動であるし、いずれにせよ報復などは行なわないと語った（*Oxford Mail* 2014）。

二〇〇九年にはインドのグジャラート州バーヴナガルで、屠殺にかけられる水牛を救ったジャイナ教徒の動物活動家四名が、スチール棒と木の棍棒を持ったイスラム教徒の肉屋に襲われ、危篤状態で病院へ運び込まれた（*Deshgujarat* 2009）。ベンガル州ハウラーでは数週間のうちに、動物を助けた二人の男性が隣人らから殴り殺された――二〇一四年五月には傷ついた鳩を助けたナウラジュ・シングが、六月には捨て犬に食べものを与えたバネスワル・シャウが犠牲になった（Bannerjee 2014）。二〇一四年二月にはギリシャのハニアで、番犬が鎖につながれ劣悪環境に置かれているとの訴えを受けた動物保護会の代表アナスタシア・ボボラキが、調査の最中、二人の男に殴打され性的暴行を受けた（Keep Talking Greece 2014）。同年五月のイスラエル独立記念日には、多くの人々が祝いのしるしに動物の死体をグリルにして食べるので、動物解放団体269の活動家たちがテルアビブのヤルコン公園で、獣医の診療所から持ち出したラットと兎と猫の死体をバーベキュー・コンロの上に並べて動物の権利問題を訴えたところ、群衆はそうした動物を調理して食べもの扱いする行為に激怒して、自分たちがまさに同じ仕打ちを別種の動物たちにしているのも忘れたごとくかれらに襲い掛かり、警察は八人の活動家を逮捕して動物虐待と秩序紊乱（びんらん）の罪に問うた（*Pangea Today* 2014）。明らかに、世界では種差別主義と人間による支配の思想を背景に、動物を守る者たちが憎悪と暴力の的にされている。

非暴力

企業とメディアは活動家の暴力性を強調してALFをテロリスト呼ばわりするが、活動家たち自身はまったく別の展望を描き出す。ALF創始者のロニー・リーは法に背く暴力を認めず、ALFの任務でも虐待者との衝突を避けるために中止となったものは多いと言い、活動家は常識化した動物利用に異を唱えるべく啓蒙に力を入れるのが肝心であると説く（Lee 2010）。メディアがALFに注目したがるのとは裏腹に、動物の権利支持者の多く、特に学界人はこの組織とつながってはいない。エコフェミニストのジョセフィン・ドノバンとキャロル・アダムズは、動物解放の倫理を論じながらもALFの名は索引にすら含めていない（Donovan and Adams 1996）。イギリスの動物擁護を考察したリチャード・ライダーの文献でも、ALFに触れた箇所は一段落しかない（Ryder 1989）。ゲイリー・フランシオンの著作も動物の権利運動を扱う中でALFの違法活動には大きな関心を寄せず、「そうした活動のほとんどは実験施設からの動物救出や情報削除である」と記す（Francione 1996: 24）。

メディアや業界の論調に反して、多くの活動家は暴力を拒否する。社会学者ライル・マンローはオーストラリア・イギリス・アメリカの動物活動を分析して、活動家は「大半が非暴力的」であると述べる（Munro 2001; Munro 2005: 57）。動物倫理の基本文献とされる『動物の解放』を著わしたピーター・シンガーは、暴力を「嘆かわしい過ち」として認めず、ガンディーやマーティン・ルーサー・キング・Jr.の説く倫理的実践と非暴力の原則を前面に出す（Singer 2002: xx）。ゲイリー・フランシオンは菜食を軸にした非暴力の廃絶主義を訴える（Francione 2015）。哲学者トム・レーガンは一定の状況下（罪なき者を守る場合など）での暴力を認めつつも非暴力の代替案を奨励し、暴力は「誤り」であって動物の権利運動の不利益になると考える（Regan 2004: 191）。フリーマン・ウィックランドは環境‐動物同盟や「動物のための思いやりある行動」といった複数の団体に属し、動物の権利を扱った雑誌『妥協せず』を発行し、かつてはALFの広報も務めた人物であるが、彼もまた非暴力を唱える。動物の権利ネットワーク理事で雑誌『動物の人』の編者でもあるメリット・クリフトン、およびＰＥＴＡやイギリス動物実験廃止連合や「世界の畜産に思いやりを」との提携活動を経て雑誌『動物アジェンダ』の編者となったキム・ストールウッドらも同様の指針を説く。動物の権利を支持する数多くの主要な活動家や学界人が暴力を拒否しているにもかかわらず、この事実はメディアや企業のロビイスト、それに警察のつくり出す言論の中ではほとんど見向かれず、それでいて世間ではその偏った視点からすべての活動が評価される。

無論、多くの活動家が暴力を拒むとはいえ、中には手荒な直接行動、時には暴力を伴うそれが効果的だと考える立場もある。後者が活躍した事例として、実験用の猫を繁殖するイギリス最大の施設ヒルグローブ飼育場からの動物救助活動が挙げられる。その繁殖場は劣悪で、猫は恐ろしい実験に苦しんでいた。ヒルグローブを一九九九年に閉鎖へと追い込んだのは、「ヒルグローブの猫たちを救え」と題した二年にわたる活動家たちのキャンペーンだったが、警察はこのとき数百万ポンドにもなる独自の作戦でこれに応え、飼育場周囲に五マイルの立ち入り禁止区域を設定した上、数百人の抗議者を逮捕した。メディアはヒルグローブの所有者クリストファー・ブラウンが手紙爆弾により眉と胴にやけどを負ったことを報じて活動家の暴力性を強調する一方、活動家の側から発せられた暴力批判には同様の注目を寄せなかったが、例えばこのキャンペーンに加わったヘザー・ジェームズは手紙爆弾の事件について、「こんなことは認められません。我々は動物への暴力にも人間への暴力にも反対しています」と語っている（*Oxford Times* 1998）。『ガーディアン』紙はブラウンが攻撃され、その車と家が焼かれたことを伝える一方、例によって活動家を襲った攻撃には言及しなかった（Pallister 1999）。しかし例えば一九九七年には数人の活動家が有機リン系農薬スプレーのジメトエートを浴びせられる事件があった。有機リン系毒物は一九三〇年代にナチスが開発したもので、一九九五年にオウム真理教が地下鉄サリン事件で用いた神経ガスのサリンもこれに属し、湾岸戦争症候群（注2）の原因とも疑われるほか、羊の寄生虫駆除に洗羊液（せんようえき）を使う農家らのあいだにみられる重篤な疾患とも関係している。ジメトエートをかけられた活動家たちは潰瘍（かいよう）や呼吸困難に苦しみ、長期影響については未知のままである。羊農家の中毒を診察したことのある医師ロバート・デービスは、事件の起こった土地で農薬を散布する農業上の理由はないと指摘した上でこう述べた。「軍用の神経毒から開発された商品が今の時代に、何と言いますか、兵器として使われているというのは、非常に由々しき事態だと感じます」。

ヒルグローブ飼育場所有者クリストファー・ブラウンは、活動家にスプレーを浴びせたのは自分ではないと言いながらも、「抗議者があそこに入ってくる理由が分かりませんし、地元の人はうんざりしていますよ」と語った。警察は誰がジメトエートを使ったのか見当もつかないと言い、テムズバレー警察署長ポーリン・シデナムは「おそらく抗議者の側が使ったのかと。私たちじゃないのは確かです」とコメントした。犠牲者たち自身が犯人である、というのは活動家への暴力を前にした警察の典型的な反応で、イングランドのジル・フィリップスやカリフォルニア州のジュディ・バリらの事件の時と何ら変わらない。自分たちが毒物を使ったのではない、とわざわざ署長自身が断らなければならないあたりに、警察が世間からどんな目で見られているかがよく表われている。

警察の反応

二〇一二年、西ウェールズ流血スポーツ反対協会（ＷＷＡＢ）の加盟員モニカ・スモールウッドの頭を撃った南ペンブルックシャーの農家、元狩猟管理人のスティーブ・バレットは、減刑により三年半の懲役を言い渡された。モニカの夫である医師のアドリアン・スモールウッドは銃撃の場面を撮影し、警察は自宅へ向かうバレットの車を呼び止めた。すると車からは、違法に改造した銃器や、衝撃で爆発する弾薬が発見され、続くバレット宅の調査では他に一六の武器類が見つかった。目撃者はバレットがスモールウッド夫妻に人種差別的な罵倒を浴びせて発砲したと証言し、自分たちは以前にも警察にバレットの脅迫行為を報告したと付け加えた。バレットは逮捕されたものの最初は罪に問われず、逮捕後もなお狩猟に参加して、抗議者を相手に鞭（むち）を鳴らすなど脅迫まがいの振る舞いにおよんでいた。それにもかかわらず裁判所は、彼の年齢（六十六歳）と憶測に基づく健康状態の悪さを理由に減刑を決定した。狩猟推進者が他の動物に対しても人間に対してもこれ見よがしに暴力的なのと対照に、ＷＷＡＢのメンバーは厳格な指針にのっとって狩猟風景の動画撮影を中心とする活動に徹し、介入は動物救助のための非暴力的な行為に限っている。

注２　湾岸戦争の帰還兵にみられた一連の体調不良。症状は関節痛や不眠症から、記憶障害、呼吸障害、奇形児出産などにおよぶ。

警察は抗議者の監視には精力を注ぎながら、抗議者に対し動物虐待犯が振るう暴力には寛容な態度をとる（制度化され常態化した体系的な動物虐待は合法かつ正当とされ、利益目的でなく個人の病理に発する暴力のみが警察の取り締まり対象となる）。狩猟推進者は長年にわたり抗議者に暴力で応えてきたが、警察の撮影チームは狩猟妨害協会が述べる通り、抗議者の方ばかりを監視・撮影する。二〇〇二年には狩猟推進者のマーティン・メイナードが妨害活動家スティーブ・クリスマスを故意にランドローバーで轢（ひ）いて、四カ所の肋骨骨折、骨盤骨折、肺損傷、重度の内出血を引き起こし、航空手段での病院搬送を余儀なくさせた。ところが意図的に重傷を負わせた傷害罪は取り下げられ、メイナードは四度にわたる裁判欠席の責任にも問われず、保険不加入・免許不所持に関し七五ポンドの罰金を科されたに過ぎない。対照的に一八人の妨害活動家は地元の狩猟犬舎で猟師と対峙して窓を割り、暴力的騒擾（そうじょう）を企てた陰謀罪に問われた（*SchNews* 2002）。これも、行動ではなく思想の内容によって犯罪の評価が分かれた例といえる。

警察と企業は手を組んで動物の権利運動を妨害する。一九九〇年代以降、活動家たちは生体実験業界に動物を提供する複数の企業を閉鎖に追い込んできた――コンソート・ビーグル、ハイライン・ラビット、リーガル・ラビット、ダーリー・オークス飼育場、ヒルグローブ猫飼育場、オクスフォード大学公園飼育場、シャムロック飼育場、スカイ・コマーシャル兎飼育場などである。二〇〇八年にはハンティンドン ライフサイエンスその他の生体実験企業に動物を供給するハイゲート兎飼育場が閉鎖の危機に追い込まれるも、警察と関係各社が事業継続の説得にかかった。製薬会社と政府と警察は、活動家による他事業の閉鎖を防ぎ、民間企業を市民の反対から守る方針で一貫している。イギリス政府は製薬会社を国内にとどめることに専心し、動物利用の規制がゆるく市民活動も小さい国へ事業が流出するのを防ごうとする。

動物の権利運動への対抗には地元の警官隊や特殊部隊、例えば全英対過激派戦術連携部隊（ＮＥＴＣＵ）の指揮する環境抗議部隊などが当たってきた（環境抗議部隊はその名称が露骨に政治的動機を表わしていたので、後に公安部隊と改名される）。二〇〇三年には動物の権利運動が人々の共感を得て、実験用動物の供給元を閉鎖に追い込んでいた。「阻止せよハンティンドンの動物虐待」（ＳＨＡＣ）の圧力を受けて、製薬会社は風当たりが穏やかな外国への事業移転を検討した。それを何としても国内にとどめようと、時のイギリス首相トニー・ブレアは企業経営者らに保護の強化を約束した。政府役員、警察、弁護士、企業幹部は足並みを揃え、実効力ある抗議運動を乱すとともに、活動家や憂慮する市民を「国内過激派」や「テロリスト」へと貶める。

ＮＥＴＣＵはスコットランド・ヤードの「動物の権利全国総合情報局」（動物団体の情報を分析して各地の警官隊に助言を行なう警察組織）に代わって、企業を抗議運動から守るためにつくられ、活動家を監視して企業や裁判所に情報提供を行なう任務に従事した（二〇一一年、他部隊と合併してロンドン警視庁の下部組織となる）。ＮＥＴＣＵに指示を与えていたのは警察本部長協会（ＡＣＰＯ）で、この組織は警察や内務省との相談機会を提供したが、民間企業としてつくられたため、政府機関に課される法的な監視や情報公開請求を避けることができた（二〇一五年、全英警察署長委員会に転身）。ＡＣＰＯは莫大な予算と豊富な人員を抱え、指揮には全英国内過激派対策本部長でテムズバレー警察の警察次長を務めるアントン・セチェルが当たった。ＮＥＴＣＵの他に、ACPOが動かした警察組織には潜入調査担当の全英国内過激派対策班や秘密情報部隊がある。NETCU幹部の大半は動物の権利団体の抗議を取り締まった経験があり、NETCU自体もまた、環境団体その他の組織を調査しながらも、動物の権利運動を最大の標的とした。NETCUが警官隊に配る小冊子は、合法的な抗議を妨げる方法や、活動家を尋問・逮捕する口実を教えた。抗議活動は法で認められた権利であり、かつ民主的表現の基本である、と考えるのでなしに、ACPOや警察一般はそれを脅威と捉え、自分たちの奉仕する企業に不利益をもたらす存在とみる。企業の弁護士を介して差止め命令が発せられたら、警察は合法的な抗議を妨害して、法を犯していないデモ参加者を逮捕できる。デモ活動には参加者数・場所・日時・実施時間・メガホンの使用などについて厳しい条件が課され、一方で警官らは法人メディアに向かって、活動家は危険な犯罪者であり、企業や科学者の合法的活動を妨げるだけでなく、故意の傷害・殺人をも目論んでいる、と説き立てる。他の政治的な警察組織と並んで、NETCUも市民の抗議そのものを違法行為と考えていた。

NETCUの任務は圧制的な法制度に支えられた。イギリスで二〇〇五年に可決された組織的重犯罪警察法（SOCPA）は政治的反乱分子をつぶす上で機能する。その前身はストーカー被害を防ぐ目的で設けられた一九九七年のハラスメント防止法であるが、SOCPAはこれをゆがめ、政治的反対運動を違法化した。ハラスメント防止法の段階から、製薬会社の重役に「礼儀正しい」手紙を送って動物を使う商品試験をやめるよう求めた某人物のほか、反戦デモで「ジョージ・W・ブッシュ？　なんてこった！」と書いたプラカードを掲げて米兵の士気を損なったとされる活動家複数名が逮捕される事件はあった（Monbiot 2005）。それがＳＯＣＰＡに改正されると、ハラスメントの定義は、人に対し「やってもいいこと・やらなければならないことをやるなと言う、もしくはやらなくてもよいことをやれと言う」行為、となった。著述家ジョージ・モンビオットが指摘するように、それこそが抗議活動の要諦なのであるから、法改正によって警察は任意のキャンペーンを阻止できるようになったといえる。この改正は企業の利益保護を目的としたもので、ＳＯＣＰＡの第一四五節は、企業の「契約関係に支障を来す」行為をすべて違法とする。その狙いは動物実験産業の取引先を標的とするＳＨＡＣの戦術を打倒することにあった。

ＳＯＣＰＡの圧制的内容としては、ロンドンの議会広場周囲に半径一キロメートルの抗議禁止区域を設定するといったことも含まれる。イギリスの代議士らには、この法を支持してイラク侵略への抗議を抑え込もうと考えた者もあり、とくに議会広場で十年近くものあいだ座り込みを行なってきた活動家ブライアン・ハウの存在が意識された。同法のもと最初に罪を問われたのは反戦活動家マヤ・エバンスで、罪状はイラク戦争で殺されたイギリス人兵士の名を読み上げたことにあった。二〇〇八年には動物活動家のシーン・カートリーが有罪判決を受ける。活動といえばただ動物実験を批判するウェブサイトを運営して（これも合法性を確認する意図から法律家により定期点検されていた）、あとは法にしたがう平和的なデモに参加していただけであったが、カートリーは四年半の禁錮刑を言い渡され、罪状はセクアニという、活動家から二十年以上にわたり批判されてきた契約実験会社に対し抗議運動を行なったこととされた。セクアニのＣＥＯは他の動物搾取企業代表者らとともにイギリス内務省と会議を持ち、ＳＯＣＰＡをはじめとする新法によっていかに企業の求めを満たしていくかを論じ合ったが、市民は自分たちの意思決定をめぐって同様の議論の場を与えられたことはない。法改正に関与して実効力ある抗議を抑え込んだのに加え、セクアニの幹部その他は警察とも癒着していることが判明しており、同社への抗議デモを規制するに際しては派遣される警官の数も増員された。

警察が抗議者の情報を集めるのは合法のデモにおいても同様で、ハロウィーンの仮装大会もその範疇に含まれる。これまでに告発されたのは一四人、法廷に立ったのは七人であるが、長期捜査の末に有罪となったのはカートリーとダニエル・グリフィスだけで、件の警察捜査、作戦「大旋風」には、少なくとも一二〇人の警官と数百万ポンドが投じられた。グリフィスは執行猶予三十カ月を言い渡され、一件の有罪は破棄される。重大犯罪の証拠がことごとく崩れ去る中、合法的デモ参加者の罪状は多くが、動物実験業界の職員に対する誹謗中傷を行なったという点に絞られていく。カートリーが中傷を口にした証拠はないにもかかわらず、検察側は、他の参加者がそれを行なっている最中に彼がその場を去らなかったのだから、これは中傷を認めたに等しいと主張した。さらに、カートリーが他の抗議者に電話したことから検察側は彼が首謀者であると論じたが、被告側は指揮系統の存在を否定してカートリーは首謀者ではなかったと証言した。裁判官のピーター・ロスは釣り師のハンターでありながら、自身のあからさまな偏向を認めなかった。十六カ月後にカートリーは、共同被告が全員無罪となったのだから共犯者はいない、したがって陰謀に関与した可能性はない、との理由から控訴審で釈放となるが、ロスはカートリーが罪に問えないことを陪審らに伝えなかった。つまるところ、カートリーは民主的な自由言論の権利を用いたことで不当に投獄されたのだという他ない。この有罪判決が深刻なのは、それが企業への抗議を犯罪指定する国家方針の強まりを意味するからである。SHAC7の時[注3]と同様、カートリーの応援者らは、プラカードを掲げただけの彼が、人を殴打して失明させた犯罪者や児童レイプ犯よりも遥かに厳しい罰を言い渡されていると指摘した。不当な有罪判決を下されながら、カートリーには何の金銭的補償も支給されなかった。

活動家が人に危害を及ぼさないよう配慮していることは、かれらを暴力的テロリストに仕立てたがる者らにとっては悩みの種である。そこでよく使われるのが危機感を煽る戦略で、活動家が企業幹部や農家や動物実験者の暗殺に乗り出すのは「時間の問題だ」という意見が唱えられる。時にはこうした言いがかりが見事に批判され、煽動が暴露された例もないではない。例えば『オブザーバー』紙に掲載されたマーク・タウンセンドとニック・デニングの記事はNETCUの警告を言葉通りに受け取るが、それによればエコテロリストは「イギリス人を大量虐殺して地球人口の八割を減らす」計画を立てているという（Townsend and Denning 2008）。両名が引用した匿名のNETCU「幹部筋」が語るには、警察は「『アース・ファースト！』の傘下にあるイギリスの気候キャンプ[注4]や急進的環境運動のネットワークとつながりのあるブログやネット情報を監視

注3　SHACの構成員七名が、ウェブサイト上で直接行動を呼びかけ陰謀を企てたとの理由から起訴された事件。六名は懲役と罰金を科された。

注4　気候変動を進める事業に抗議する意図から、発電所の前などに集団でテントを張って炭素排出ゼロを呼びかける運動。イギリスで始まり欧米各国に広まる。

して」いて、テロ攻撃が差し迫っている証拠を発見した。

我々が見つけた証言によれば、世界人口の五分の四は他種の生物が生き残るために死ななければならない、ということでした。ああいう団体には周りが見えなくなっている人間がいますから、他の人たちにとっては危険です。

タウンセンドとデニングは調べを入れずにＮＥＴＣＵの主張を載せる一方、「アース・ファースト！」地域支部の代表による意見も引用しており、こちらは同団体が則る非暴力の方針を強調する。

環境破壊をする者がいたら私どもは時に法を犯してでも環境を守ろうとするでしょうが、環境には人間も含まれます。私どもは何よりも社会のことを考えています。資本主義こそが元凶であり、願わくはもっと持続可能性のある時代に回帰したいとは思います。けれども人口を減らすなどという使命は持ちませんので、それは警察がつくった単なるデマです。

ところがタウンセンドとデニングは確認作業を怠った。ＮＥＴＣＵの主張の裏にあるバイアスを一向に確かめようとせず、結果、環境活動家や動物活動家の危険を誇張することとなった。ＮＥＴＣＵは商業の応援を目標に掲げ、動物実験推進団体の「プロ・テスト」などを堂々と肯定する（*SchNews* 2008）。企業が後援に付いたメディアや警察による動物の権利運動の抑え込みは、タウンセンドとデニングが述べるようにイギリスでも効果を発揮している。

エコテロリズムの登場は動物の権利運動の没落と軌を一にしている。警察の話では、動物の権利運動は「混乱状態」にあり、首謀者らは告発済みか告発待ちで、筋金入りの過激派については人数が「一線」を大きく下回ったので求心力を失ったとのことである。

動物の権利運動が「混乱状態」に陥ったのでテロ対策産業は新たな標的を求め、環境活動家がその穴埋めとなった。が、イングランド南東部ブライトンに本拠を置く報道局シニュースは、『オブザーバー』紙の記事を「無政府主義者の恐怖を煽る子供だまし」と批判した（*SchNews* 2008）。タウンセンドは人口削減に関して実際には一つの声明も目にしていないことを認めており、あるブログで目にしたＮＥＴＣＵの主張をそのまま信じ込んだに過ぎない（ibid.）。多くの批判が寄せられた後、『オブザーバー』紙は当の記事を撤回して、ＮＥＴＣＵの言葉には「何らの根拠もない」ことを認めた（Corporate Watch 2008）。

企業への奉仕に余念がなく民主的抗議の鎮圧に意欲的な警察は、この上なく些細な理由で活動家にテロの罪を着せる。二〇一三年十二月、大平原タールサンド抵抗運動の環境活動家らは、デボン・エネルギー本社のロビーでラメを塗った派手なバナーを掲げ、同社の水圧破砕、カナダのタールサンド事業との関与、およびトランスカナダ（総工費七〇億ドルのキーストーンＸＬパイプラインを建設しようとしている企業）との提携に抗議したことから、「テロリズム的な悪ふざけ」の罪でオクラホマ・シティ警察により告発された。ロビー二階で広げたバナーからラメの一部が剝がれ落ちたのを見て、警察はこれを「生物化学攻撃」と判断した（Redden 2013）。大きなバナーを使って注意を惹き付けただけの非暴力的なデモンストレーションに対し、警察とデボン・エネルギー社がとった対応は容赦なく、「テロリズム的な悪ふざけ」一件につき最大十年の懲役刑が課された。活動家側の弁護士ダグ・パールはこの訴追を、「非暴力的な環境活動家をテロ関連の罪状で告発するよう南部と中西部の取り締まり機関に圧力をかけてきた、近年のトランスカナダによる立ち回りの成果」とみた（ibid.）。環境団体ボールド・ネブラスカの活動家たちはトランスカナダのパワーポイント資料を公開したが、そこには同社が活動家の主犯格とみる個人の氏名が載せられ、パイプライン建設の反対者をテロリストとして逮捕・告発することを警察に促す文言があった。あるスライドにはこうある。

> 地方検事は重要施設を狙った破壊・テロ行為を禁じる州および連邦のテロ対策法について、運用上の知見をさらに蓄積することが可能である。……ＦＢＩ駐在官は連邦検事とともに、合衆国政府による訴追を要請することが可能である。

トランスカナダ自体も市民参加に対抗する戦略的訴訟〔威圧訴訟〕の形で、活動家たちをエコテロリストとして訴えたことがあり、同じ戦略は活動家を脅迫・打倒するために諸々の企業が好んで用いる（Bernd 2012）。非暴力的な活動家たちはテキサス州ウィンズボロに「木々の村」をつくり、[注5]あるいは建設機械に自分の体をつないで、パイプラインの開発から森を守ろうとした。トランスカナダの警備員は彼等の腕をひねって口をふさぎ、催涙スプレーや遠距離用スタンガンで攻撃を浴びせた（ibid.）。

誰を逮捕すべきか、何の罪に問うかを警察に指示するのに加え、トランスカナダは非番の警察官を警備員に雇う。仕事に戻るとその同じ警察官が抗議者の監視に動員されるのは「恥知らずな腐敗」（Potter 2013）といえるが、同様の例は他にもある。パイプラインに関わる環境影響評価の代行業者、環境資源管理社（ＥＲＭ）は、合衆国最大の石油・ガス産業ロビー団体であるアメリカ石油協会に属し、報告作成者の一人はかつてトランスカナダのほか、ＢＰ、コノコ、エクソンモービルなど、パイプライン建設で利益を上げることになる石油会社に勤めていた経歴を持つ。当然ながらＥＲＭの報告書はパイプラインが何の環境影響も伴わないと言明し、シエラ・クラブはこれを「偏って［いて］問題だらけ」の結論であると批判した（Peeples 2013）。

搾取で儲ける者が批判者を暴力的過激派やテロとみる例として、アメリカ実験生物学会連合は、独自に想定するところの過激派の脅威を緩和するために、とある手引書を発行した（Federation of American Societies for Experimental Biology 2014）。執筆者のＰ・マイケル・コンとケビン・クレーゲルは動物実験を擁護しながら動物擁護を非難して、自身らをテロの犠牲者に見

注５　森の中に活動家が即席の滞在拠点をつくり、森林破壊企業に対して立ち入り禁止を訴える座り込み運動。

立てる。合衆国では一九九〇年から二〇一二年のあいだに動物の権利運動過激派による違法行為が二二〇件を数えた、と彼らは述べ、これは「抗議やデモを含む」と付言するが、なぜそうした合法的活動までもが違法ないし過激派に分類されるのかについては明らかにしない。おそらく、彼らにとっては市民活動というもの自体が過激派なのだろう。これは反・動物の権利の言論に典型的な反・民主主義の偏向である。メール抗議や請願や業務妨害は「違法」とみなされる。活動家は「侵入」によって「情報の獲得や写真・動画の収録を行ない政治宣伝に用いる」ほか、施設破壊を企て、「実験施設から動物を逃がすなど」の「窃盗」を犯す、と記される（ibid.: 4）。どうやら過激派という言葉は、自分たちと違う見解を持つこと、それを請願やデモの形で表現することを指すらしい。彼らにとっては、虐待と殺戮の現場から動物を救う者、虐待の証拠を集める者は、犯罪者なのである。

ＳＨＡＣのオンライン活動には大変な注目が寄せられ、幾人かの加盟員は抗議を呼びかけるウェブサイトに関与していただけで重い禁錮刑を科せられた。これもまた、右翼の暴力に対する取り締まりとは対照的といえる。二〇一四年四月に南部貧困法律センター（ＳＰＬＣ）は、過去五年間におよそ一〇〇人の人々が人種差別ウェブサイト「ストームフロント」の登録者によって殺された、との報告を発表した。マサチューセッツ州ブロックトンに住むキース・ルークは「人種差別ウェブサイトに影響され続けたことから暴力的な白人至上の人種差別主義者になった」人物で、バラク・オバマが大統領に就任した日、カーボベルデ共和国からの移民を襲い、一人を傷害、二人を殺害した（Weinberg 2013: 24）。

こうした例から分かるように、反・動物の権利論は人間以外の動物に対する暴力を常識化して隠蔽するだけでなく、活動家による暴力を誇張しながら、かれらに向けられた暴力を看過ないし正当化する。同様に、そこでは搾取の遂行者がテロの犠牲者とされる一方、その企業自体が動物と動物を守ろうとする人間にとって恐怖の源泉である事実が顧みられない。企業の投資によってつくられたこの暴力・過激派・テロの言説は、利益を脅かす集団を締め出し、貶め、取り締まるのに用いられる。「エコテロリズム」という言葉は監視や重い禁錮刑を正当化する目的で使われる。近年まで市民活動は利益を脅かす大きな存在ではなかった。活動家たちがいても、感情論者や変人として無視することができた。ところが運動が勢いづいて会社の利益が危うくなるや、業界は批判者を黙らせ運動を抑え込もうと、新たな法律を求めだした。法人企業はつねに大衆の合意を形成することに努め、利益に合う方向へと世論をみちびくため、広告に金を投じて自社製品の需要を喚起し、ニュースを操って環境や人の健康や労働者の権利をめぐる思想を統制する。動物・環境活動家の問題意識と運動は人々の共感に訴えるため、感化された人々がその理念に徹しないまでも、企業にとっては不都合となる。そこで業界は宣伝活動に投資して活動家をけなし、人々の共感をエコテロリズムの恐怖へと摩り替える策に出るのである。

第5章　活動家をテロリストに

市民活動の監視

人間以外の動物や自然界を商品化された資源とみて人の利用に供するという、この人間中心主義の発想に根差す資本主義に対し、動物の権利運動と環境運動は根本的な異議を突き付ける。動物擁護者と環境活動家は、生命中心主義〔非・人間中心主義〕の立場から、他の動物や自然物の商品化と搾取に反対するので、そこから利益を得る企業や組織を脅かすこととなる。資本主義社会における警察機構はそうした企業・組織に奉仕して財産関係の保持に努めることを主な任務とし、資本家による労働者支配、政府と企業による政治・経済の覇権独占を支える。動物活動家は圧制の唯一の標的でもなければ一番の標的でもなく、秩序に脅威をもたらす厄介者の一カテゴリーに過ぎない。政治的圧制のいくつかを軽く一瞥すれば状況はよく分かる。

王立カナダ騎馬警察は大部分の国内人口を反体制派とみて、何万ものカナダ人を監視している。標的には例えば以下の人々が挙げられる。

高校生、同性愛者、労働組合、共産党や協同連邦党……新民主党などの左翼政党……フェミニスト……消費者主婦連合……公務員、軍関係者、大学生、大学教授、平和活動家、移民、カナダ芸術評議会の助成金受給者、学会連合、奨学金受給者、黒人コミュニティの活動家、ファースト・ネーション〔イヌイットを除くカナダ先住民〕……先住民学の研究者……ケベッ

ク州の主権連合構想〔自治・独立〕支持者。(Kinsman, Buse and Steedman 2000: 1)

驚くには当たらないが、支配階級に仕える警察と国家保安当局は、富と権力の構造に歯向かう社会運動を脅威と認識する。国と支配層が形づくるこの安全保障の思想的脈絡のなかで、動物活動家や環境活動家が国家内部の敵分子とされるのは当然のことといってよい。戦術的には、こうした活動家に対抗するのは理に適っている。人間中心主義や種差別主義の偏見に囚われると、活動家に対する圧制や企業びいきの法制度は無害で穏便なものと見え、この傾向がさらなる取り締まり強化への地盤を固める。

警察が支配層に奉仕していることを身に染みて実感しているのは、左翼、反戦・連帯運動、労働運動、周縁化された少数集団の構成員など、長きにわたる警察の抑圧と暴力を経験してきた人々であり、かれらの理解する警察とは、市民のために義務を負う組織ではなく、市民を搾取する者のために義務を負う組織である。カナダでは先住民への蛮行が、サスカトゥーン警察による悪名高い「星明かり旅行」(先住民の人々を市外まで運んで置き捨てにし、極寒の中、歩いて市まで帰ってくることを強要して、寒気にさらされた複数名の命を奪った所業)や、先住民女性の殺害に対する無関心といった形で表われている。これは毛皮取引やヨーロッパ植民地主義がかれらの社会を破壊した歴史の延長上にあって、先住民居住区にアルコール依存症・疾病(結核や糖尿病)・保健医療の欠如・ホームレス・安全さを欠く劣悪な住居・投獄・貧困・自殺などの問題を集中発生させる元となっている。様々な政府の委員会や調査班、アムネスティ・インターナショナルなどの組織、それに国連が、先住民の境遇をカナダ最大の人権問題と位置づける。先住民が権利を主張した時、例えば一九九〇年にケベック州オカで、神聖な森をゴルフ場に変えられることに反対してモホーク人が蜂起した時などは、何千というカナダ軍部隊と軍用兵器が配備されてこれに応えた。一九九一年にオンタリオ州の先住民ストーニーポイント・ファースト・ネーションがイパーウォッシュ区立公園をめぐる係争中の土地収用問題に関し抗議の声を上げた時には、警察の狙撃手が武器を持たない平和的デモ参加者のダドリー・ジョージを殺害したが、この狙撃手は社会奉仕の懲罰しか科されなかった（なお、これに続く公式調査では、保守派のオンタリオ州首相マイク・ハリスが、公園のデモ参加者を追い散らすよう警察に指示する中で差別的発言を行なったことが露見する）。より近年では、資源掘削とパイプライン建設に反対するファースト・ネーションの人々がエコテロリストと中傷された例がある（Flanagan 2009）。これを受けて南部首長連合の大首長テランス・ネルソンは、ハーパー政権の法案C51（第7章参照）に含まれるテロ対策措置を危険なものと批判し（Taylor 2015）、ファースト・ネーション議会もまた、同法案が先住民の反対運動をテロ指定するのではないかとの懸念を表明した（Barrera 2015）。「イロコイ人および同盟先住民協会」のウェブサイトにおいて大首長ゴード・ピータースは、政府による先住民抑圧の歴史を振り返り、法案C51が統制措置であることを見抜くようカナダ人に呼びかけた。

法案C51は市民を黙らせ不服従を抑え込む恐怖政策です。テロという言葉は人々を戦争へと駆り立て、経済安全保障への賛同に向かわせるためのレトリックとして使われます。……もっとも、法案C51が守るものもあるでしょう。同法案は資本主義を守り、経済を市民権に優先させます。政府を人々の反発から守り、公正な監督なしの意思決定を許します。帝国主義のイデオロギーを守り、先住民と我々の土地や資源に対する抑圧・統制を支えます。(Peters n.d.)

一般市民にとって同様の教訓を得られるのが、警察の人種差別と暴力に対する社会の批判で、二〇一四年十二月には合衆国で数千人の人々が「反抗の一日」という集会に加わり、全米中の警察が犯している黒人青年の殺害に抗議した。その元をたどれば、同年八月にミズーリ州ファーガソンで黒人青年マイケル・ブラウンが射殺された事件に対し抗議運動が起こった事例があり、さらにさかのぼれば二〇一二年のトレイボン・マーティン殺害に端を発する「黒人の命も宝」運動が、警察活動や正義の名による殺人を、差別的貧困や国家暴力といった大きな背景の中で捉え直したことが挙げられる。警察の暴力を憂うる声に対し、ニューヨーク市警本部長のビル・ブラットンは、機関銃で武装した三五〇人の人員からなる戦略的迎撃団を結成して、当部隊は「近年の国内抗議、あるいはムンバイや……パリで起きている類の事件に対処することをめざす」と説明した。市民正義協力基金の事務局長マーラ・バーヘイデン・ヒリアードは、抗議運動を暴力的テロ攻撃と同一視するのは「全米を巡りながら人種差別反対と警察の改善を訴える無数の人々への非礼であり侮辱」であると批判した（Partnership for Civil Justice Fund 2015)。

ＣＯＩＮＴＥＬＰＲＯの遺産

構造的人種差別を理解すると、動物活動家や環境活動家に対する圧制は国家や企業が社会進歩や解放運動を抑え込んできた歴史の中に位置づけられることが分かる。一九六〇年代の合衆国では、進歩を体現するのは市民権運動、反戦・反帝国主義運動、女性の権利運動、先住民の権利運動、同性愛者の権利運動、それに動物の権利運動、環境運動だった。中にはこれら相互のつながりを理解する主張もあって、一九六七年にマーティン・ルーサー・キング・Jr.が行なった重要演説「ベトナムを超えて」はその代表例となる。対してＦＢＩは対敵諜報プログラム（ＣＯＩＮＴＥＬＰＲＯ）を指揮し、アフリカ系アメリカ人やアメリカ先住民の地域を中心に大規模な監視の網を張った。ＣＯＩＮＴＥＬＰＲＯは諜報だけにとどまらず、進歩を求める運動への潜入、その監視と妨害、さらには解体・粉砕を目的とした。このプログラムが暴かれたのは一九七一年、勇敢な反戦活動家らがペンシルベニア州メディアに位置するＦＢＩの事務所に潜入し、文書類を奪って報道局へ公開したことによる。文書はＦＢＩの秘密任務を詳述し、その中にＣＯＩＮＴＥＬＰＲＯの情報も記されていた。活動家らは逮捕されることなく、二〇一四年一月に初めてその素性を明らかにした。

ＣＯＩＮＴＥＬＰＲＯのもと、ＦＢＩはルーサー・キングに対する工作として、部屋の盗聴、性行為の収録、自殺の勧告を行なった。ＣＯＩＮＴＥＬＰＲＯが発覚すると調査が始まり、上院議員フランク・チャーチの委員会は、ＦＢＩの用いた「醜悪で悪辣な戦術は……結婚関係を解消させる、会議を妨害する、標的の人物を役職から追放する、複数の標的団体を対立させて死亡事故を誘発させる、などの裏工作におよぶ」と結論した（McCoy 2013）。委員会は一九六〇年から一九七四年までの二三七〇件におよぶＣＯＩＮＴＥＬＰＲＯの所業を調べ上げた末に、これは「巧妙な自警活動であって……たとえすべての標的が暴力に関与していたとしても民主的社会では許されない」との評価を下した（ibid.）。なお、同じ年に委員会はＣＩＡの「混沌作戦」という、『ニューヨーク・タイムズ』紙の記者セイマー・ハーシュが暴いた、反戦活動家に対する違法のスパイ活動も調査して、この「反戦抗議運動を標的とした大規模な違法監視プログラムの内に、三〇万人の氏名データベースがあることを発見した」（ibid.）。チャーチ報告書はＣＯＩＮＴＥＬＰＲＯの発祥を一九五六年として、構想がつくられた切っ掛けは最高裁が反体制派に対する合法的弾圧に制限を設け、ＦＢＩがこれに不満を覚えたことにあったと推測する。ＣＯＩＮＴＥＬＰＲＯが最も活発になるのは一九六〇年代で、標的はアフリカ系アメリカ人の団体、アメリカ先住民の運動、共産党、新左翼、プエルトリコの独立活動家、女性の権利運動に定められていた。戦術は誹謗中傷もあればデマの拡散によって団体を分裂させる画策もあり、さらには暗殺任務として、一九六九年に黒人解放組織ブラックパンサー党の指導者フレッド・ハンプトンを殺害した例などもある。

ＣＯＩＮＴＥＬＰＲＯは例外的な逸脱ではない。国家による反体制派の弾圧はこの前にも後にもある。ＦＢＩの前身、司法省捜査局は市民権の侵害を続けてきた組織で、例えば一九一八年にはニュージャージー州とニューヨーク州で、逮捕状も容疑もなしに五万人の反戦・反徴兵活動家を一斉検挙した。一九一九年から一九二〇年にかけては、第一次大戦後のアカ狩りに乗じて司法長官ミッチェル・パーマーの操る司法省が何千という人々を逮捕し、数百人におよぶ左派や無政府主義者らを追放し、労働運動、とくに炭鉱労働者のそれを攻撃した。連邦警察は違法逮捕・囮（おとり）工作・拷問によって反体制派を追い詰めた。COINTELPRO発覚の後も圧制は続く。一九八〇年には二人のFBI幹部、それぞれ国内情報部の副長官と部長にあたるウィリアム・マーク・フェルトとエドワード・S・ミラーが合衆国市民に対する陰謀の罪に問われるが、ロナルド・レーガン大統領によって赦免され、懲役刑は課されなかった。FBIは環境団体「アース・ファースト！」に潜入して、活動家デーヴ・フォアマンを投獄するため三年間にわたり少なくとも五〇人の工作員を投入して二〇〇万ドルの監視作戦を展開した。工作員マイケル・ファインは「アース・ファースト！」の活動家に繰り返し施設破壊を行なうようそそのかし、ようやく二人を送電線の破壊に同意させたところで逮捕の運びへ持っていった。

合衆国が一九八〇年代に中米でファシストの独裁者を応援し、集団殺害や暗殺団・代理軍の養成・武装強化を後押ししていた時も、FBIはそれに反対する活動家を抑え込もうと、嫌がらせや脅迫、市民権の侵害を続けた。その迷惑行為や謀略のパターンが、動物の権利運動をつぶす企てにも受け継がれる。アグリビジネスや食品産業、製薬産業などに属する大企業は動物の権利という概念そのものを嫌い、動物を救助する直接行動、あるいは動物搾取やその破壊作用を説く啓蒙活動が利益を脅かすとみる。動物搾取から直接には経済的利益を得ない企業であっても、活動家の抑え込みを有益なものと考える。企業にとっては、人々が動物の権利その他の基本的な倫理問題を真剣に受け止めることは望ましくなく、それはそうした思想が他生命を守る考えへと向かうからである。そのようなものは打ち砕かなければならない。他者への思いとはそれ自体が危険なものである。資本主義は人々を個人的利益に執着させ、他者への思いやりや親身の関わりを否定することによって機能する。活動家が厄介なのは、動物搾取に反旗を翻すからというだけでなく、法人資本主義の全体にみなぎる反社会的かつ破壊的な性格を浮き彫りにするからである。

カナダにおける「任務の泥沼化」

９・11から程なくして、各国政府は防衛・諜報部門の支出を増額した。カナダでは国防相アート・エグルトンが、防衛費を一億六六〇〇万ドルに増額する旨、および、スパイ技術向上のため国防省カナダ通信安全保障部（ＣＳＥＣ）などの機関へ三一〇〇万ドルを投じる旨を発表した。恐怖の言説が関係の機関・技術を成長させるとともに、税金の投入による監視機構の拡大を正当化した。防衛部門はかつてない広汎な脅威のカテゴリーを設定し、そこに合法的な抗議活動も含められていった。アルカイダの攻撃を恐れる心理が急速に広まった結果、カナダ安全情報局（ＣＳＩＳ）がいうところの「多岐にわたる過激主義」が危惧の的となった。首相スティーブン・ハーパーは「イスラム原理主義」がカナダにとって最大のテロ脅威であると述べるが（*CBS News* 2011）、政府は動物団体や環境団体といった他の組織へも調査を入れる。それは気候変動の関連法に反対して採掘・タールサンド産業を擁護する独断的な政策の反映であり、現に財務大臣ジョー・オリバーは、ハーパー政権が「官僚的形式主義を廃して税を下げ、世界に自由貿易を広めた」ことをもって、「この政府ほど採掘業にとって心強い味方はない」と讃えた（Gwiazda 2015）。「官僚的形式主義を廃し」た具体例としては、採掘業、すなわち「暗殺を遂行し、地域全体を軍事化し、環境破壊による河川の枯渇と汚染を通して人々を皮膚病・呼吸器疾患・生殖系疾患に陥れる」産業を応援したこと（Saunders 2014）、およびそうした企業活動に抗議する者を中傷したことが挙げられる。情報公開法を通して手に入れた機密文書をもとに、司法学者のジェフリー・モナガンとケビン・ワルビーは、カナダの警察・治安当局の言論において脅威の認識が形づくられていった過程を追い、多様な反体制の動きが市民活動の枠から過激主義やテロリズムの枠へと移し替えられる仕組みを確かめた（Monaghan and Walby 2012）。脅威には反戦活動家、動物擁護者、地球正義の応援者、それに合衆国の外交政策に楯突く反対者、第三世界の連帯組織、バンクーバー・オリンピックの批判者、先住民の権利支持者も含まれ、企業の人間に扮して人権侵害や環境破壊を批判する諷刺コンビ「イエス・メン」までもが、国家安全保障に対する脅威と目されていた。警察も政府も、こうした組織が実際にどう国家安全保障を脅かすのかについては説明しておらず、安全保障という語はあいまいなまま、特定の上層民らの利益を社会全体の利益のごとく語る中で使われるが、実のところ反体制派の罪というのは、確立された優位・支配・権力・資本の構造に異を唱える行動、社会変革を求める主張を指す。書簡や請願や投票といった、控えめになりがちで、ゆえに受け入れやすい手段を使う代わりに、これらの組織はみずからの声を訴えるため、ボイコットやデモ、行進、抗議など、より好戦的かつ対決的な方法を用いる。

国家や特定主体に関する安全の概念をぼやかし、反体制派を社会正義のために団結する市民としてではなく、社会に対する脅威として位置づけることで、警察と治安当局は「泥沼化」する任務に身を投じつつ、国内の草の根的な市民団体に対するスパイ活動を正当化し、政策に逆らう者を危険な敵対勢力と認定する。さらに、先の機密文書では組織活動の実態がゆがめられてもいた。二〇〇八年八月三十日の「国内テロ」報告をみると、「動物の権利運動ならびに環境運動の過激派［…一部黒塗り…］は、カナダの［…一部黒塗り…］施設に対し攻撃を企ててきた」とある。モナガンとワルビーが指摘するように、「攻撃」という語は広い範疇で用いられ、それが指す多様な戦略の内には、合法的かつ非暴力的な反対運動も含まれる。鍵や窓を狙った些末な資産破壊だけでなく、抗議行動や、さらには報告書の配信といった啓蒙活動までもが国家の安全を脅かす「攻撃」とみなされる。執拗に「攻撃」への言及を続けるのはまやかしであり、「多岐にわたる過激派」とされた組織のどれ一つとして、いまだかつて故意に一般市民を傷つけたことはない。

イデオロギーに駆られた取り締まり

警察業務は理想主義者のあこがれでもあろうが、合法的な力の行使をみずからの加虐嗜好の発散機会とみる者にとっても魅力がある。警察機構の思想文化は、民主的な社会参加一般に疑いの目を向ける。公（おおやけ）のデモンストレーションは民主主義の表現ではなく危険な反体制思想の表明とみなされ、厳しい制限を課すべきものとされる。たとえそれが平和的なものであっても、警察は抗議運動を抑え込むため威圧と暴力を用いる構えをとる。その行動と方針を左右するのは、確立された権力構造や企業利益への反抗を鎮めたいと考える支配層の思惑であり、黒幕の中には動物搾取に直接・間接に関わる者、環境に破壊的影響をもたらす者もいる。先住民や民族社会、反戦団体、ホームレスの人々、環境活動家、動物活動家、法人支配反対活動家らの運動はすべて秩序を乱す脅威と捉えられ、暴力的鎮圧の標的とされうる。

総じて民主主義に反するこの風潮の中、警察は一部の集団、例えば政治的左翼と思しき団体などを、特に危険と判断するが、動物・環境活動家も例外ではない。警察と治安当局はかれらが「エコテロリスト」となって、資本主義の強引な転覆を図りかねないと警告する。カナダ安全情報局（CSIS）は年次報告書の中で、動物活動家・環境活動家・法人グローバリゼーション反対活動家をテロリストと呼ぶ（近年ではイスラム主義組織に注目を寄せているが）。かかる形容は基本的な民主主義の自由精神に反するもので、新民主党党首ジャック・レイトンは「CSISは政府に従わない者を十把ひとからげにしている」と言い、国際動物福祉基金のロブ・シンクレアはCSISが動物活動家を白人至上主義者やネオナチと関連付けたのを「市民全体に対する誹謗中傷であり……真の侮辱である。……CSISは……寝言を言っているのではないか」と難じた（Cheadle 2003）。他にも、政府機関の金融取引報告分析センターなどは、金融問題の調査を通して違法活動の特定を行なうが、その中でCSISの報告書をもとに動物の権利団体や環境団体をテロリストと認定しており、特に「テロ対策の専門家」G・デビッドソン・スミスが作成した一九九八年の報告書が頻りに引用される（Berthiaume 2011; Smith 1998）。

初期のCSIS分析報告書においてスミスは、「左翼……無政府主義の」動物の権利運動が危険をもたらす、と、国内の活動例もさして示さないままに警告を発した（Smith 1992）。ところがこの誇張された警告は、最大の懸念材料と考えられているものが企業利益への脅威であることをほのめかすように、活動家は毛皮産業の「深刻な低迷」をもたらしたと指摘する。スミスは業界の言い分を復唱して、「カナダ東岸でアザラシ猟が禁止されたことは、タラの資源量（生息数）を激減させて漁業に壊滅的影響をおよぼした一因と信じられている」と語る。この空想めいた話を誰が「信じ」ているのかは明らかにされないが、実際には漁業自体が壊滅をもたらしたのは明らかであって、その原因は魚類の大規模搾取が標的の魚を絶滅寸前にまで追い込んだことにある（しかも漁業は混獲を通して他種の生物まで追い詰める）。カナダ政府が作成した一連の報告書は、タラ激減の原因が生息数の過大評価、国内外の乱獲、漁獲数の過少報告、破壊的漁法、保全警告を反映できなかった政治的失敗にあると結論し（Standing Committee on Fisheries and Oceans 2005）、同様の見解は他地域の魚群崩壊についても示されている（Brown 2011）。自身らの破壊的行為から注意を逸らせようと、水産業界は執拗にアザラシを悪者扱いし、主要政党はいずれもカナダ大西洋州〔大西洋沿岸の四州〕の票欲しさから、流れに便乗して業界に味方する。二〇一二年には水産海洋省の計画が政府に認められ、タラの生息数回復を阻んでいるとされる灰色アザラシ七万頭が同省に殺害されることとなった。が、大西洋州の海洋哺乳類を研究するダルハウジー大学の海洋生物学者らは公開書簡でこの計画を政治的行動と批判し、次のように述べた。「科学界は魚群の生息数を激減させた主要原因は人間の漁業活動にあると考え、大西洋州での灰色アザラシ駆除が魚群回復につながることを示した信頼できる科学的論証はないとの点で意見が一致しております。過去に行なわれた同様の施策が魚介類の生息数を増加させたことはありません」(Whitehead, Iverson, Worm and Lotze 2012)。この研究者らは計画の撤回を政府に求め、これを「貴重な資源と動物の命の浪費」と評価した(ibid.)。ある科学者はアザラシ殺しの提案を科学の乱用と評してこう言った。「理由もなしにこの動物たちを皆殺しにするなどという発想は認められません」(Leahy 2012)。

デビッドソン・スミスは動物福祉という考えが「有権者の心に訴えるもの」を持つと認めながらも、そうした問題意識を過小評価して、人々が動物福祉活動に惹かれるのはそれが「現代風」のオーラをまとって「平凡な生活に飽きたミーハー」の心をつかむからだと言い、訴えの内容がよく考え抜かれた他生命への真摯な倫理的関心に根差すとはみない。スミスの見方は搾取の正当化に用いられる種差別主義の言論の典型といえる。動物を守ろうとする者は働く庶民の暮らしを邪魔する女々しい余所者とされ、したがって道徳の輪から外れた異端者と位置づけられる。こうした戦略的レトリックは思いやりと気づかいを禁忌とする目的で使われる。営利の動物搾取を正当化して正常と位置づける企業や国家の基本的な政治宣伝の型にのっとりながら、スミスは動物の権利という理念に多くの共感と支持が寄せられていると認めた上で、それを否定する意図から、急進派は人々の気持ちを操って悪い目的を達成しようとしている、と隠された危険への警鐘を鳴らす。

この運動は武装過激派にも門戸を開くもので、その目標はかれらが表向き信奉している無害な主張を超えている。動物の権利といった人気を集めやすい問題関心にしっかり身を包みつつ、かれらは……ひっそりと、罰も恐れずに急進的な理想を追求する。動物解放戦線（ALF）は……ロニー・リーという公然の無政府主義者によってつくられた。……カナダでALFを支持する者の……多くは……極左ないし無政府主義の立場をとる。

動物の権利支持者が他の社会問題に関しても革新的な立場をとる傾向があるとの報告はみられるものの（Garner 2010）、スミスは右の主張を支える論拠を提示していない。また一方、政治的左翼が――社会正義への関心を同じくする点で相性が良いにもかかわらず――動物の権利論を無視してきたという事実もある（Sanbonmatsu 2005; Sorenson 2011）。この正義問題を顧みない点で左翼の多くも種差別主義者であり、自身らの権力と優位を振り返ろうとせず支配を正当化するその姿勢、他の動物の搾取を「個人の選択」とみるその態度は、階級や性別や人種にもとづく序列に異を唱える姿勢と甚だしく矛盾する。他の者は動物搾取が人間の問題に比べ些末であるといって目を向けない。しかし動物搾取は人間に直接影響する多くの問題と複雑に絡み合い深刻な被害をもたらす（Matsuoka and Sorenson 2013）。資本主義の批判的分析は動物の権利論にも暗に含まれ、批判的動物研究においてはその分析が正面から進められる（Sorenson 2014）。ところが、左翼の多くが動物搾取にまつわる重大な倫理問題・社会問題を見据えないにもかかわらず、スミスはためらい無しに動物の権利論と左翼政治論を結び付け、両者をともにこき下ろす。

スミスは単一問題に関わるテロリズムが「三つの主要関心領域」を持つと言って、動物の権利、環境保護、中絶を挙げる（Smith 1998）。彼の分析は表面的で誤解を招き、検証を経ていない一般化が目立つ。「恐怖をもたらすこと自体が動物の権利運動の中心戦略」なのだと彼は言う（ibid.: 5）。しかし、圧倒的大半の活動は法にのっとり暴力を伴わないもの、すなわち菜食料理会や図書紹介、一般講演、手紙投函、デモ行進などである。スミスの叙述が誤っているのは、無能なせいか故意に政治的バイアスをかけて嘘を並べたいせいか、あるいはＣＳＩＳがテロをつくり上げることでみずからの存在意義を示したがっているせいなのか、いずれの可能性もありうる。以前からそうであったが、スミスは危険を説きながら実例をほとんど挙げない。カナダの人間に対する暴力として唯一言及されているのは一九九六年の事件で、剃刀の刃を内にテープ留めした封筒が毛皮業者のもとへ送られた、というものだった。容疑はイギリスを中心に活動する動物の権利集団「正義省」にかかったものの、この組織に関係する者の誰一人として逮捕されてはいない上に声明文もないので、当の容疑は単なる憶測ないしでっち上げではないかと言われている。バンクーバーの活動家デビッド・バーバラッシュは、アルバータ大学の動物実験施設から二九匹の猫を救った罪で一九九二年に四カ月の懲役刑を科された人物で、問題の手紙を送った犯人と疑われたが、みずから関与を否定して、自分がＡＬＦの原則に傾倒しているのは、人に危害を加える活動には参加したくないからだと説明した。王立カナダ騎馬警察はバーバラッシュの関与を示す何の証拠も提出できず、訴えは斥（しりぞ）けられた。

スミスは環境活動家がカナダで人に危害を加えた実例も示さない。代わりに中絶反対派の狙撃手が、一九九四年、九五年、九七年に、カナダの医師を傷害した事件を紹介する。すなわち彼は、人への危害をはっきり否定する活動家と、それを戦略にする中絶反対派とを、不当にも同列に並べている。中絶反対組織をテロリストに含めるのは珍しいが、スミスもやはり、白人至上主義者の暴力を「単一問題に関わるテロリズム」に含めない。白色アーリア人抵抗運動、選民前線、KKK、西欧人防衛党、ホワイト・パワー・カナダなどによる暴力の歴史は長く、手法も攻撃・放火・爆破・殺人と様々で、一九九一年にはカナダの白人至上主義者がドミニカ島の侵略などという奇行を企て、一九九三年には「ソマリア事件」といって、カナダ空軍に蔓延していた人種差別が明るみに出て空挺部隊が解体された例もある。長きにわたる人種差別暴力の様相を記した資料は枚挙にいとまがなく、先住民の処遇ひとつとっても、カナダ史は経済的・政治的意図による差別暴力の記録に埋め尽くされている。ところがスミスはそれをテロに分類せず、代わりに動物活動に目を向けて、しかもカナダの事件だけでは活動家を暴力的過激派として示すには到底役不足であるから、やむなくイギリスや合衆国の例を引くといった手段に訴える。やはりテロの烙印がおされるか否かは、何を行なったかではなく、誰が行為の影響を被ったか、どんな政治的背景のもとに事件が起きたかで決まるらしい。スミスが組織的な人種差別集団のテロ行為を無視するのは、CSIS自体が暴力的ネオナチ組織、選民前線の「創立・指導・資金調達」に協力したことと関係があるのだろう。CSISはさらに、右翼の改革党党首プレストン・マニングの元ガードマンだったグラント・ブリストウという情報提供者を五万ドルの報酬で雇っていたほか、ジャーナリストの密偵も行なって、かれらがカナダ軍内部の人種差別について何を知っているかを探ろうとした（Farnsworth 1994）。

警察は脅威を誇張して、それを「テロリズム」というような、危機感を高め厳罰化を促すカテゴリーに分類する。例えば「二〇〇九年ハミルトン警察《憎悪・偏見犯罪》報告書」は、懸念領域として「資本主義反対運動・グローバリゼーション反対運動・環境保護運動など」を挙げ、「無政府主義文献の年次フェア」や、二〇一五年にハミルトンで開催されたスポーツ大会パンナム・ゲームズの「後援者ボイコット」を重大脅威に含めている。同地の無政府主義団体コモン・コーズに属するアレックス・ディシーヌはこの報告内容について、「憎悪犯罪規制法を曲解して市民活動を犯罪指定する企て」だと批判した（Linchpin.ca 2009）。

「我が国における今日最大のテロ脅威」

アメリカ合衆国下院資源委員会での証言においてＦＢＩのテロ対策部長ジェームズ・ジャーボウは、ＡＬＦとＥＬＦをアルカイダ等の暴力組織にも比せられる「深刻なテロ脅威」と位置づけた（Jarboe 2002）。ＦＢＩのテロ対策・対敵諜報部長デール・ワトソンも、上院諜報活動特別委員会の場で同趣旨の発言をしている（Watson 2002）。またＦＢＩ長官補代理のジョン・ルイスは合衆国上院環境・公共事業委員会で、「我が国における今日最大のテロ脅威の一つは特別利益団体の過激派活動、例えば……ＡＬＦ、ＥＬＦ、……および……ＳＨＡＣのキャンペーンなどから生じる」と述べ、「動物の権利に関わる過激行動やエコテロリズムを調査・防止することは、ＦＢＩによるテロ対策の中でも最優先事項に数えられる」と続けた（Lewis 2005）。同委員会議長の上院議員ジェームズ・インホーフはこの偏った主張に賛同して、動物・環境活動家を危険なテロリストだと認めた。

エコテロリズムに注目するＦＢＩの姿勢に疑問を呈する立場もなかったわけではない。時の上院議員バラク・オバマは、いわゆるエコテロリズムの犯罪が「減少傾向」にあることを告げ、憎悪犯罪はそれよりも遥かに多い上、企業による環境犯罪は労働者を危険にさらし人々の健康を脅かし環境も損なうと指摘して、同委員会は「より大きな環境脅威、例えば何十万という子供たちが危険な血中鉛レベルを示している問題などに注目を寄せる」べきではないかと助言した（Obama 2005）。

同様に下院議員のベニー・トンプソンも、インホーフに宛てた二〇〇五年五月十九日付の手紙の中で、私がＦＢＩの誤った優先順位に苦言を呈しようとしたのを貴殿が許さなかったのは、議員が議会委員会での発言許可を敢えて求めて拒否された初めての例になると記した。さらにトンプソンは、インホーフが「お粗末な」遊撃隊式の国内テロ対策へ向かい、ＡＬＦやＥＬＦに的を絞る一方、より深刻な脅威であるＫＫＫや中絶反対派のような武装組織を無視していると批判した。トンプソンに言わせれば、右翼組織は重大な資産破壊を行なっており、例えばメリーランド州の分譲地で建設中の家屋三五軒を焼いた放火事件は、この地にアフリカ系アメリカ人が流入することを嫌う人種差別主義者らが企てた犯行だった。これは州の歴史で最悪の放火事件となり、被害額は一〇〇〇万ドルにものぼる、とトンプソンは述べ、この一件だけでＡＬＦやＥＬＦ、それに環境過激派と称される他のあらゆる組織が過去十四年間に犯してきたとされる全破壊活動のおよそ一割に匹敵する損害をおよぼした、しかも右翼の国内テロリストは中絶クリニックや宗教施設や政府施設の破壊を繰り返しており、一九九五年にオクラホマ・シティで起きた連邦政府ビル爆破事件もその一つに数えられる、と付け加えた（Presswire 2005）。こうした批判にもお構いなく、企業の宣伝がつくり広めたテロリスト観はインホーフによって是認され、ＦＢＩの公式見解ともなって、これをバネに二〇〇六年には――すでに州法と連邦法が産業を守っているにもかかわらず――「動物産業の業務妨害」を犯罪指定する目的で動物関連企業テロリズム法（ＡＥＴＡ）が可決された。

先述したように、ＦＢＩや国土安全保障省をはじめとする機関が非暴力的な動物活動家を最優先に対処すべき国内テロリストとみているのは、右翼の暴力が蔓延している状況を考えれば驚きにすら思える。が、右翼に狙われるのは大抵が黒人教会の会衆などであり、その被害は活動家のキャンペーンが企業の利益や資金源を脅かし社会通念を揺るがすことに比べれば、取るに足らないと考えられている。セキュリティ会社ストラトフォーの諜報部長であるテロリズム事業者フレッド・バートンは、ハンティンドン ライフサイエンス（ＨＬＳ）に対するキャンペーンでＡＥＴＡに抵触した「阻止せよハンティンドンの動物虐待」（ＳＨＡＣ）の活動家六名が有罪判決を受けた事件について報告書をまとめ、そこで活動家をテロ指定する論理について幾分かの説明を試みている（Burton 2006）。すなわち、ＳＨＡＣは動物産業複合体を脅かしており、それはその「包括的な戦略」が「効果を有し」、「大きな成功」を収めてきたからだという。

銀行、年金機構、保険会社はHLSから縁を切り、ゼロックス、フェデックス、UPSなどのサービス会社も離れていった。……SHACは一六〇以上の企業・組織にHLSとの取引をやめさせたと謳っている。そしていまやHLSは経済的窮地に立たされた。二〇〇〇年にはSHACの活動が原因でニューヨーク証券取引所からその名が消え、翌年にはロンドン証券取引所のリストからも名が消えた。イングランドで債務超過に陥り、HLSは再編の末、二〇〇二年に合衆国メリーランド州でライフサイエンス・リサーチ社に生まれ変わった。同社は二〇〇五年にニューヨーク証券取引所への上場が決定したものの、SHACが会社名と取引所の担当連絡先を公開したためにこれも延期となった。

バートンの考えるところでは、SHACはエイズ克服をめざす活動団体アクト・アップと、合衆国の干渉に反対して国内デモを行なうエルサルバドル人民連帯委員会から着想を得た組織であるが、その戦略を効果的に応用していて、他の団体をも啓発する可能性があり、現にラカス協会やグリーンピース、熱帯雨林行動ネットワーク、ポパール学生団などは同様の戦略を用いている。SHACの活動家を罪に問えば他の団体を怒らせかねず、例えば「アース・ファースト!」の団員はHLSの締め付けを求めて「企業国家悪滅痾禍(アメリカ)に愚行の報いを!」なる誓いを立てたという。バートンはSHACの活動の大半が抗議やビラ配りなど合法的なもので、法に背くのは些末な破壊行為に過ぎないことを認める。二〇〇一年にHLSの常務取締役ブライアン・キャスが攻撃された事件、二〇〇三年に製薬会社カイロンとシャクリーを襲ったパイプ爆弾による爆破事件を強調しながらも、バートンはそれが「SHACの用いる通常の戦術パターンではなく」、暴力を用いる活動家はほとんどいないと書き記す。ところが彼は、SHACの影響からどんな暴力攻撃が発生するかは「予想がつかない」と警告し、真の危険は企業利益が脅かされることにあると述べた。

もう一つの例として、いわゆる「『ブラックフィッシュ』効果」が挙げられる。『ブラックフィッシュ』は二〇一三年のドキュメンタリー映画で、水族館シーワールドの飼育環境、幽閉飼育がシャチにおよぼす影響、そして調教師ドーン・ブランショーの死亡事故を告発する。作品公開によってシーワールドの客足は遠のき、株価は大幅下落して二〇一五年の第2四半期には純利益にして八四パーセント、数千万ドルの損失を出したことから、株主らは同社に対して集団訴訟を起こし、サウスウエスト航空は二十六年間におよぶ同社との提携を打ち切った。社長兼CEOのジム・アッチンソンは辞任を余儀なくされる。『ブラックフィッシュ』はさらに、農業歳出法の改正を通して農務省に動物福祉法の見直しを迫り、カリフォルニア州とニューヨーク州でシャチ飼育禁止法案が可決される切っ掛けにもなった。

動物の権利運動が動物産業複合体の利益を脅かすと思えば、有力企業が足並みを揃えて政府に圧力をかけ、AETAのような法案を通したがるのも納得がいく。潜入ビデオに打撃を受ける業界は「畜産猿轡（さるぐつわ）法」を要請して活動家の調査を犯罪指定し、動物産業複合体の核心にある制度化された蛮行の暴露を封じる動きに出た。こうした過激手段を押し通すため、企業のロビイストらは暴虐に反対する者の評判を落とす大袈裟なレトリックを動員する。人々の恐怖心を操る意図から活動家を暴力的過激派と形容し、動物を救う思いやりある取り組みをテロリズムへと摩り替えるのである。

動物の権利運動の脅威は、特定の問題をめぐって成果を挙げ、企業利益に影響してきたことだけに留まらない。この運動は動物産業複合体、そして資本主義という仕組みそれ自体の本質に宿る残忍性・暴力性を明るみに出す。動物の権利活動家は人心を根底から掻き乱す倫理的・道徳的・政治的問題群、多くの左翼までもが避けたがる問題群を提起する。しかし脅威はそれよりもまだ大きい。批判されるのは動物を商品化して人間の所有する資産へと変える営為だけでなく、人間を特徴づける本質自体もまた矢面に立たされ、人間中心主義、種差別主義、それに教養としての人間例外主義は棄て去られる。人間だけが特別なのではない、という主張は、存在の本質を問い直す大問題をはらんでいる。

思想警察

9・11後につくられた「テロとの戦い」という論理は、「国内テロリズム」なる連邦犯罪の分類を生んだ二〇〇一年および二〇〇六年の合衆国愛国者法と、二〇〇六年軍事委員会法に理論的根拠を与えた。企業は同じ論理を活動家弾圧のために用い、非暴力的な利益妨害活動を「テロリズム」と誇張する法律を求めた。二〇〇六年、合衆国国土安全保障省はＦＢＩに同調して動物活動家を最大のテロ脅威と認め、一九九二年に制定された動物関連企業保護法（ＡＥＰＡ）はＡＥＴＡへと拡大されて、様々な活動を対象に罰則が強められた。アメリカ自由人権協会（ＡＣＬＵ）、全米法律家ギルド、ニューヨーク市法曹協会、その他は、ＡＥＴＡの表現は広い解釈を許すので、ボイコットやデモンストレーション、広告戦略、潜入調査といった活動までもが犯罪指定されかねず、動物搾取産業の虐待を暴く内部告発も妨げられる、なんとなればこれらの企ては経済的損失をもたらしうる以上、同法による処罰の対象となるからだと指摘した。つまり、ＡＥＴＡは動物擁護の土台を崩す。その前身であるＡＥＰＡのもとでも、ＨＬＳを批判してデモを組織し、動物実験者の氏名・住所を載せたウェブサイトを運営していただけの活動家が、動物関連企業テロリズムの罪に問われて重い判決を言い渡された。都合よくつくられたＡＥＴＡのおかげで、業界は批判者に「テロリスト」の烙印をおし、反対勢力を迫害すべく活動家を脅威に仕立て、平和的・合法的な抗議運動さえも業務への「干渉」として投獄の理由に使える立場を得た（抗議は元来、既存の方針や営為に干渉することを目的とするのだから、広い解釈を許す法文は反抗そのものを不可能とする）。「テロリスト」という言葉は、権力や利益に異を唱える者を効果的に抑え込む装置となる。

動物の権利運動は社会の主流として認められておらず、他の進歩主義を掲げる団体もこれには支持を示さない。深く根を下ろした種差別主義は大企業の広告・宣伝戦略によって命脈を保っている。ゆえにこの運動に狙いを定めるのは圧制的法律の導入を図る上でも有益な方途だった。その一例が下院法案一九五五こと、二〇〇七年暴力的急進運動・国内発生テロリズム防止法であり、合衆国下院によって承認された同法は上院法案一九五九の名で上院国土安全保障小委員会に提出された。この法律は「暴力的急進運動および思想に駆られた暴力の取り締まりに関する国家委員会」と、大学を拠点とする「専門研究センター」に、「暴力的急進運動、国内発生テロリズム、ならびに思想的暴力の根源」を調査するよう要請する。国内発生テロリズムとは「政治的・社会的意図」から合衆国で「武力ないし暴力の行使を実践・計画・示唆する行為」を指す。暴力行使の「計画」や「示唆」までが対象となる点に注目したオハイオ州の下院議員デニス・クシニッチは、これを「思想犯罪法案」と形容した（Ridgeway and Casella 2008）。「憲法上の権利センター」は同法を「抗議運動の犯罪化」であると評して、これにしたがえば例えば、公民権活動家ローザ・パークスが一九五五年にアラバマ州の人種差別法規に逆らった行為などもテロリズムに指定されうる、と指摘した。イスラム教徒やアラブ人は、第二次大戦中に日系アメリカ人が強制収容されたような「予防的拘留」の可能性を恐れたが、この法律に関しては活動家が的の中心であり、業界やその攻撃的宣伝はＡＥＴＡを推進しながら、動物擁護をテロと結び付けることに専心した。

より深刻な脅威から注意をそらせ、ＡＥＴＡは活動家にテロリストの汚名を着せて通常の法的保護を剝奪する。その曖昧な法文が他の抗議や市民の不服従をテロリズムとする可能性は多くの者が懸念するところであり、ＡＥＴＡをはじめとする措置は「エコ狩り」の通称で、政治的左翼を狙ったかつてのアカ狩りになぞらえられる。一九一七年にロシア革命が起こったことを受け、合衆国の政府とメディアは国内で急進的政治変革が起こる事態を避けようと政治宣伝に力を注いだ。矛先は労働組合、無政府主義者、共産主義者、社会主義者、新規の移民に向けられ、政治的自由を制約する法律が敷かれたほか、司法長官アレキサンダー・ミッチェル・パーマーの指令によるパーマー襲撃では数千もの人々が逮捕され、数百人もの「外国人急進派」が国外追放された。アカ狩りの第二波は第二次大戦後におとずれ、上院議員ジョセフ・マッカーシーにちなんでマッカーシズムと呼び習わされるこの旋風下では、共産主義の恐怖がひたすらに煽られて国家的熱狂が高まる中、やはり労働運動や左翼政治思想の支持者、それに外国人居住者や同性愛者が狙われた。ハリウッドに潜む反体制的共産主義者の摘発に特化した下院非米活動委員会は、数百人を要注意人物一覧に載せ、その職業活動を禁止した。

ＡＥＴＡの反対者は同法が自由な言論と合法的な業界調査を大きく妨げると主張する。すでに業界を守る法は存在していたが、テロとされる活動に「強化刑罰」の規定が適用されるとなれば、普通は短い刑期で済む犯罪がより厳しい罰則を科されることになる。裁判所がそれに肯定的なことは、ＳＨＡＣ７の一件で証明されている。

監視と弾圧

反体制派、とくに左翼への監視は強まった。これはテロリズム事業者に新しい機会を提供する。ペンシルベニア州国土安全保障局の局長ジェームズ・パワーズは、民間セキュリティ会社のテロリズム調査・対策研究所（ＩＴＲＲ）にテロ脅威の諜報活動を依頼した。ＩＴＲＲを運営するのは元警察官のアーロン・リッチマンとマイケル・ペレルマンで、安全保障学主任のエリック・ミラーは右翼機関の民主主義防衛財団（９・11の直後に創設され、イラク、イランに対する戦争を推進した団体）やダビデ・プロジェクト（大学構内でイスラエル支持の宣伝を広める組織）などとつながっている。公式サイト上でITRRは「世界中の顧客に訓練・諜報・教育サービスを提供する卓越したイスラエル／アメリカのセキュリティ会社」を自称して、「世界の事実上あらゆる地域に拡散した現場の重要情報源ネットワーク」を有すると謳い、社内の標的行動監視センターのことは「テロリストと犯罪組織、双方と戦った生の体験を持つ歴戦の工作員・分析家・研究者が集まった強力な融合センター」と紹介する。イスラエルの情報機関モサド〔イスラエル諜報特務庁〕との提携をうたうITRRは、フィラデルフィア大学においてイスラエル国防軍の実習にもとづく科目を組んで警察・セキュリティ学の教科課程を提供した（この課程は後に、ITRRが政府の資金を受け取って、合衆国内の合法的・平和的な政治活動に携わる個人・団体を監視していたことがスキャンダルとなり廃止された）。

ITRRは諜報活動に関する隔週の会報を作成して、動物活動家や環境活動家、同性愛者の権利デモ結成者など、何百もの遵法的な個人・団体の政治見解や政治活動について書き記してきた（Lindorff 2010）。標的の団体にはPETA、SHAC、熱帯雨林行動ネットワーク、「正義ある雇用」、「貧しい人々の経済的人権キャンペーン」、それに貧困家庭への教育提供を求めてロビー活動に携わる「子供・若年層のための市民会」、教育改革を応援する「グッド・スクール・ペンシルベニア」の名も挙がる。ITRRは馬車牽引に使われる馬の保護キャンペーンが過激派にとって「人員募集と集会を行なう肥沃な土壌」になっていると警鐘を鳴らし（Farrell and Martin 2010）、地域のロデオ大会に反対する活動家、アメリカ先住民の墓所を汚す行為に抗議する活動家、学費の値上げに反対する大学生、共産主義者、無政府主義者の危険性を説いた。武器製造の契約会社ロッキード・マーティンに対する反戦デモ、採掘会社主催の高校ピクニックに合わせたガス採掘警戒連合の図書紹介キャンペーン、ガス採掘で使われる水圧破砕が広汎な地下水汚染や人体中毒につながる危険を説いたドキュメンタリー映画『ガスランド』の上映もまた、会報では危険視された。それを読んだペンシルベニア州国土安全保障局は、連邦政府・州政府・地方自治体の何百もの法執行機関と諸々の企業に情報を行き渡らせた。大半の内容は活動団体のホームページから集めたものであったが、ＩＴＲＲは内部メモを傍受したと自慢して、より念の入ったスパイ活動を行なったごとくほのめかした。

パワーズはＩＴＲＲに支払った一二万五〇〇〇ドルが重要インフラを守るための必要経費だと述べたものの、その重要インフラとは何を指すのか、同性愛者やクエーカー教徒やロデオ反対者がそれにいかなる危険を及ぼすのかは明らかにしなかった。自分の務めは企業利益を市民から守ることにある、とパワーズは考えていた。それが発覚したのは、彼が合衆国空軍の退役将校バージニア・コーディーに、国土安全保障局の集めた活動家関連の秘密情報についてＥメールを書き送ったせいだった。パワーズはコーディーが採掘企業肯定派だと勘違いして、うっかり国土安全保障局が採掘反対の合法的市民活動をスパイしていること、石油業界に情報を提供していることを明かしてしまう。「我々は引き続きマーセラス・シェール層の天然ガス開発関係者にこのサポートを提供し、同事業への反対運動を画策する団体からは距離を置きたいと考えております」(Federman 2013)。元ペンシルベニア州の知事で同州国土安全保障局の初の長官となったトム・

リッジは、石油・エネルギー会社を代表するマーセラス・シェール事業団の顧問を務め、九〇万ドルの年収を得ていた（Goodman and Moynihan 2012）。公益に反して企業利益を向上させようとする姿勢を問題視して、アメリカ自由人権協会（ＡＣＬＵ）の顧問弁護士メアリー・キャサリン・ローパーは、パワーズの罷免を求めた。

人々が反対しているにもかかわらず、かれらはこうした会報を利用して、マーセラス・シェール層のガス産業を応援しています。これは驚くべきことです。……採掘がどこで、どんな条件下で行なわれるべきかについて、かれらが一般討論の場で片方の意見を支持するなどということがあってはなりません。それは治安当局の仕事ではないはずです。（Farrell and Martin 2010）

ＩＴＲＲの活動が暴露された後、ペンシルベニア州知事エド・レンデルはその実態に「ひどく狼狽した」と述べ、当の会報については「バカげて」いて「無益」だと評し（Associate Press 2010）、国土安全保障局長官が情報を集めて拡散したのは憲法違反であることを認めたが、パワーズの辞職は要請しなかった（Farrell and Couloumbis 2010）。諜報報告の原資料を求める公式要請が寄せられても、パワーズはすべてシュレッダーで処分した。ようやく彼が辞任したのは二〇一〇年十月のことである。

ＩＴＲＲはまた一方で、二〇〇九年のＧ20サミットに合わせてデモを行なう計画を立てていた学生団に潜入し、そこで得た情報をピッツバーグ市警に提供した。警察は非武装のデモ参加者を棍棒、催涙ガス、唐辛子スプレー、音響兵器、ゴム弾で攻撃した。ユーチューブの動画には、下手な変装をした警官が黒バンダナをまとって抗議者の中に紛れ込み、無政府主義者のふりをしながら、警察がカメラを壊し攻撃してきたと語る姿が映し出されている。これは典型的な警察の手口である。警察は以前から法人グローバリゼーション反対運動の中に交わり、暴力をそそのかしてきた。近年のG20サミットやその他の政治会合の開催時に行なわれるデモンストレーションにはつねに警察が潜入し、多くの団体によればかれらは煽動工作員となって、デモ参加者らを暴力的行動へ駆り立てようと試みる。一九九九年にはシアトル〔第三回世界貿易機関閣僚会議の開催地〕で、平和的抗議運動の取り締まりに従事する警察が、一方でブラック・ブロックの名で知られる小団体の繁華街での破壊行為を黙認したという事例があり、一部の見解はこの暴力的抗議団体の構成員らが警察の工作員であったと考える。二〇〇一年にイタリアのジェノバ〔G8サミット開催地〕で世界貿易機関に対する抗議が行なわれた際には、警察が法人グローバリゼーション反対者を不利に陥れる証拠を捏造し、デモ隊の拠点となった学校に石油爆弾を仕掛け、デモ参加者が警官を刺傷したと不当な糾弾を行なって警察の暴力的攻撃を正当化したあげく、数十人の抗議者らを棍棒で滅多打ちにした（Carroll 2002）。活動家のカルロ・ジュリアーニはイタリアの警察によって至近距離から顔を撃たれた上、二度にわたりランドローバーで轢(ひ)かれて死亡した。二〇〇三年にマイアミで米州自由貿易地域協定への抗議が行なわれた後には、アメリカ鉄鋼労働組合（USWA）が、警察のそそのかした暴力、組合加盟員に対する脅迫、合法的抗議者らの鎮圧について報告をまとめた（United Steelworkers of America 2003）。「屈辱的な抑え込みの例は枚挙にいとまがなく、これによってマイアミ市警は自分で自分の顔に泥を塗った」と記したＵＳＷＡは、市警の署長ジョン・ティモニーの罷免、平和的デモ参加者に対する罪状の全面撤回、警察の組織的鎮圧行為に関する議会調査を求めた。二〇〇七年にはケベック州政府が、「北米の安全と繁栄のための連携協定」に抗議すべく同州モンテベロに集った群衆の内、バンダナで顔を覆った三人の「無政府主義者」が警察の潜入工作員であることをやむなく認めた（*CBC News* 2007a）。囮（おとり）でない本物の抗議者らは三人が警察の回し者であることを見抜いた上で、デモは平和的なものであると説き、工作員の一人に手に持つ石を捨てるよう言い、三人のバンダナを外そうと試みた。動画に映った工作員は、警察に武器使用の口実を与えようと、しつこくデモ参加者の体を押して衝突を促していた。二〇〇九年にロンドンでＧ20サミットへの抗議が行なわれた際には、自由民主党下院議員トム・ブレークにより、二人の潜入工作員が身分証を見せて警察の群れに入っていく姿が目撃された。それより以前にこの二人は警察に向かって瓶を投げつけ、他の参加者にも真似をするようそそのかしていたことが分かっている（Doward and Townsend 2009）。オンタリオ州で警察活動の監査をする独立警察審査官事務所の二〇一二年評価報告書では、二〇一〇年にトロントでＧ20サミットへの抗議がなされた際に警察が権限を逸脱して、恣意的な逮捕、無許可の捜査、取り締まりを超えた過剰な武力行使に奔（はし）ったとの結論が出された。二〇一五年にトロント市警本部長のデビッド・フェントンは、彼がテロ暴徒と呼んだ群衆の一斉逮捕を命じたことから、懲戒審判所で三件の有罪判決を受けた。ヨーク大学の政治学教授デビッド・マックナリーはＣＢＣによる二〇一〇年六月二十七日のテレビ取材の中で、トロント・サミットに抗議したブラック・ブロックに警察官がまぎれていたのは間違いないと証言し、また一方でトロントの日刊紙『グローブ＆メール』は、抗議運動に潜入した警察官が「意図的損傷」の標的リスト作成に関与していたと報じた（Mackrael and Morrow 2011）。

エコ狩り

一般市民が敵とみなされる状況では、政治的活動家は特別の標的と目される。動物・環境活動家をテロリストとする政治宣伝や法的術数は多くの面でまさにアカ狩りを髣髴させるため、エコ狩りの名にふさわしい。ＡＣＬＵは情報公開法を通して入手した資料にもとづき、「ＦＢＩは企業利益や政府施策を批判する国内の政治団体にテロ対策の労力を振り向けて監視・潜入を行なっている」と論じた（American Civil Liberties Union 2005）。アラブ系アメリカ人差別反対委員会、グリーンピース、ＰＥＴＡなどの合法的活動を国内テロリズムに指定する取り組みに言及しつつ、ＡＣＬＵはＦＢＩがこの傾向を強めて合法的デモや市民的不服従までをもテロ指定する方向へ向かっていると指摘する。テロに対抗するという建て前のもと、ＦＢＩは「ＰＥＴＡ関連の会合や活動を監視し続けて、インディアナ大学の学生・学部向けにＰＥＴＡが菜食主義生活の手引きを配る『菜食共同体プロジェクト』や、ワシントンＤＣで催された一般公開の動物の権利会合、リャマ毛皮の広め役を買って出たモデルのシンディ・クロフォードに対する計画的抗議などもその対象とした」。

　国家安全保障を脅かすものとはとても考えられないが、それでもこれらの活動はテロリズムの言論に組み込まれている。二〇〇一年九月二十日に大統領ジョージ・W・ブッシュが言明した「テロとの戦い」は、文明世界と野蛮世界の衝突という構図をつくり出す行動・言説の集積だった（Jackson 2005）。その文脈の中で活動家は容易にテロリストとされ、その烙印が動物産業複合体の利益に合うよう都合よく利用される次第となった。批判者は迫害・中傷され、菜食や動物救助はイスラム主義の狂信者による大量虐殺と同一視され、かたや動物製品の消費が「アメリカ流の生活」の象徴となったことは畜産同盟の家禽科学者ボブ・ノートンが述べた通りである（第3章）。動物擁護者の危険を誇張する流れから、私的利益への脅威と国家安全保障への脅威が混同され、取り締まりに向けた投資の増強が正当化されるに至った。活動家をテロリストに仕立て上げればテロリズム産業も潤う。動物の権利団体へ潜入するのは宗教的・差別的思想に駆られた本物のテロ組織へ潜入するよりも簡単で遥かに危険も少なく、しかも活動家を逮捕すれば、いうところの「テロとの戦い」において容易に成果を収めたことになる。国外でも国内でも、政府・軍事・警察機関は、野蛮の勢力に対しいずれは勝利するということを示すため、一定の成果を挙げなくてはならない。「動物の権利テロリスト」を逮捕するのはその目的にうってつけで、警戒網の存在を見せつけることができる。

　活動家に的を絞るのは、実際のテロを調査するためのエネルギーを殺ぐだけでなく、思想の取り締まりにもつながる。ＡＣＬＵの顧問弁護士ベン・ウィズナーはＦＢＩに向け、「動物虐待に抗議したり非暴力の市民的不服従に参加したりするアメリカ市民が、ＦＢＩから『エコテロリスト』指定されることを恐れるなどという事態があってはなりません」と語った（American Civil Liberties Union 2005）。「麻薬テロ」という言葉が麻薬戦争を宣伝して軍備と警備の強化を促し、国防総省の「脅威・地域監視通報(注1)」のようなプログラムがクエーカー教徒や平和活動家の調査を推し進めたのと同様、「動物の権利テロ」という捏造された恐怖は、国家権力の拡大、市民権の侵害、反体制派の犯罪者指定、監視強化の正当化に結び付いた。

似たような抑え込みは至るところにみられる。オーストラリアでは動物工場反対協会が、合法的運動によって毛皮目的の動物飼育、家禽檻（バタリーケージ）の使用、兎のケージ飼い、野生動物を使うサーカス、類人猿を使う動物実験などの禁止をはじめ、種々の改善を果たしたと発表した。ところが二〇〇八年に同国の警察は、証拠もないまま活動家を陰謀罪に問おうと、組織犯罪を対象とする刑法二七八aにもとづき、その事務所や自宅の強制捜査に入った。人権団体のアムネスティ・インターナショナルはこれを政府による一連の人権侵害とみる。私的利益を擁護する肚（はら）から、国家は恐怖の文化を利用して反体制派に「テロ」の烙印をおし、抗議の声を抑え込む。

スパイ活動――イギリス編

イギリスの動物活動家は長期にわたる弾圧作戦の標的とされてきた。一九八〇年代からこのかた、イギリスの警察は反戦・動物の権利・環境保護・左翼団体への大規模な潜入工作を続けている。この数十年のあいだにおよそ一〇〇人の工作員が暗躍し、政治団体や政治家に対するスパイ活動を行なった（Evans 2014a）。それによって不当な断罪や訴追に遭った活動家は五六人を数えるが、上席検察官は裁判の場で証拠を提出しない（Evans 2014b）。警察が情報を隠しているところから、『ガーディアン』紙はそうした有罪判決のいくつかは覆りうるものと考える。

調査によって、警察は少なくとも八〇人の他界した子供の個人情報を盗んで潜入工作員用の運転免許証やパスポートなどを作成したことが分かっている（Lewis and Evans 2013a）。工作員の一人ジョン・ダインズは、一九六八年に白血病で亡くなった八歳の少年ジョン・バーカーの情報を盗んだ。工作のため、ダインズは活動家ヘレン・スティールと親密な関係を築く。スティールはイギリス史上最長の裁判となったマクドナルド名誉毀損裁判の被告であり、マクドナルドは彼女ともう一人の活動家デビッド・モリスが、小さな環境団体ロンドン・グリーンピース（国際NGOのグリーンピースとは別の組織）を名乗って同社を中傷するビラを配ったとして、大金を費やす訴訟に打って出た。ビラはマクドナルドが動物を拷問・殺害し、環境を破壊し、人間の飢餓を促し、化学加工した不健康な汚染食品を売っていると告発したもので、その作成にはなんと警察の潜入工作員、他界した子供の名を盗んで「ボブ・ロバーツ」を名乗る、ボブ・ランバートも加わっていた（後述）。判事はビラに中傷的な箇所があることを認めて二人に賠償金の支払いを命じ

注1　危険分子と疑われる人物の情報データベース。これにより、反戦運動に従事する個人・団体をはじめ多くの市民が諜報・監視活動にさらされることとなった。人権活動家の抗議が実って、二〇〇七年に国防総省はデータベースの削除を発表する。

たが、マクドナルドは金を受け取れず、世間からは力を盾にする横暴企業とみられた。法的支援を得られなかったモリスとスティールが欧州人権裁判所へ出向いたところ、判決では二人が公正な裁判と言論の自由を否定されたとの結論が出て、イギリス政府に賠償金の支払いが命じられた。

一九九二年にダインズは警察から別の任務を割り当てられて唐突にスティールの前から姿を消す。動揺したスティールは、彼が自殺を企てているのではないかと不安になり、後を追うべく「バーカー」の出生証明書を使って家族を探すも、連絡を取ることは叶わなかった。後に、別の潜入工作員と近年離婚したという某女性が彼女の元を訪れ、ダインズがスパイであったことを明かした（Thompson 2013）。スティールはバーカー家と接することができなかったものの、実のジョン・バーカーの兄弟は、この個人情報窃盗が「恐ろしい」出来事なだけでなく家族を危険にさらしたと語った。ダインズが潜入したのは平和的な左翼団体や環境団体だったが、もしも相手が右翼団体や情緒不安定な人物で、復讐を胸に潜入者の家族と思しき標的を探し求めるなどしたら、事態はまったく異なっていただろう、と彼は推測する（Hill, Lewis and Evans 2013）。

二〇一一年には、正体を知らずに警察のスパイと関わった女性八人がロンドン警視庁の告訴に踏み切った（Forrester 2013）。二〇一三年にはその中の数名が、自身の被った心的外傷と人間関係への悪影響について下院の調査委員会に報告した。潜入した団体の活動家と親密な関係を築いて信用を勝ち得るのは潜入工作員の常套手段となっている。九件の事例を検証したジャーナリストのポール・ルイスとロブ・エヴァンスによれば、「大半は長期にわたる有意義な交際で、女性側は相手と相思相愛の関係にあると信じ込んでいた」（Lewis and Evans 2013b）。スパイの中には疑似交際を一時中断して「実生活」における伴侶との交際に戻る者もいる。「マーク・カシディ」の偽名を持つ工作員マーク・ジェンナーはこれによって双方の交際に支障を生じ、それぞれの関係を修復するため二人のカウンセラーにかかっていた時期がある。「ジム・サットン」の名で一九九〇年代に動物の権利団体や環境団体に忍び入っていた警察の工作員ジム・ボイリングは、潜入中に交際した女性の元へ後で戻って来て結婚までした。夫婦は二人の子を儲けたものの後に離婚している（Lewis, Evans and Davis 2011）。

警察の工作員はしばしばスパイ中の団体の中で大きな役割を果たす。ボイリングは催事の際に物資輸送をして頼りがいのある一員となった。活動家たちは裁判の場で、自分たちが逮捕・訴追される原因となった企てはボイリングが着手したものだったと述べている（Lewis and Evans 2011a）。五年にわたり反戦・環境団体のスパイ活動を続けたリン・ワトソンは運転手や活動中の応急手当て担当として活躍し、二〇〇五年の気候キャンプによる抗議活動を組織したほか、イングランドの都市リーズでは社会正義団体に集会の場を提供する施設コモン・プレースの立ち上げにも協力し、語学教育も行なえば自転車の修理もするという働きぶりだった。そのワトソンが、路上で反軍事のパフォーマンスを演じる団体「秘密の叛乱・道化軍」に潜入する。全英対過激派戦術連携部隊（NETCU）のウェブサイトはこの団体をテロ組織と認定していた。が、道化軍による下院議員ヒラリー・ベンの事務所占拠を映したユーチューブの動画では、事務所スタッフの一人がこう語っている。「かれらはものすごく友好的ですよ。敵意や危険な雰囲気なんてまったくありません」（Journeyman Pictures 2011）。ワトソンの親友だったリーズ大学の講師ポール・

チャタートンは、彼女が仲間の「信頼につけ込んだ」と言い、その行動は「邪道」だと感想を漏らした（Syal and Wainwright 2011）。

工作員マーク・ケネディは「マーク・ストーン」の名で、二〇〇三年から二〇〇九年にわたり環境団体をスパイした。かつて「動物の権利全国総合情報局」（のちの国立公安諜報局）（二七七ページ参照）で潜入工作を行なっていた彼は、この任務をあてがわれて以降、個人生活に崩壊を来し、通常の警察業務では未来の展望が明るくないということで二〇一〇年に辞職を経て、民間の諜報会社グローバル・オープンに就職した。ケネディはメディアのインタビューで自身の潜入任務について語り、スパイ対象の活動家たちと親密な関係を持ったこと、警察活動での潜入は二二カ国で行なったこと、活動中に警察から抗議者の一人（つまり暴力を向けるにふさわしい標的）と間違われて殴られたことなどを明かした。さらに、警察の上役はいい加減な監督をしていたと愚痴をこぼし、自分は潜入任務の経験がもとで心理的な治療が必要なのだと漏らした。発電所への侵入を企てたとして複数の活動家が罪に問われたある事件では、警察が証拠テープの提出を拒んで訴えが斥けられたが、被告側はそのテープが自分たちの無罪を証明し、当の侵入をそそのかした煽動者がケネディであることを明かすだろうと主張した。環境団体を狙った潜入工作について多くの情報が明るみに出る中、元環境大臣の労働党下院議員マイケル・ミーチャーはこれを「警察力の無駄遣い」だと批判した（Hill 2011）。

「ボブ・ロバーツ」の名でマクドナルドの中傷ビラを共同執筆した工作員ボブ・ランバートはＡＬＦの執筆活動にも携わったが、かれらを標的とした任務のことで悪名を得た。ランバートは一九八三年から一九八八年にかけ、対デモ特別部隊（ＳＤＳ）のもとで潜入工作を受け持ってきた。一九八七年には三人の活動家が三軒のデパートに発火装置を仕掛け、夜に爆発を起こすよう時刻を設定し、スプリンクラーを停止させ、毛皮のコートを焼却した事件があったが、ランバートは犯人の一人だったと伝えられている。結婚して二子を持ちながら、ランバートは潜入中に少なくとも四人の活動家と性的関係を持ち、動物擁護者のあいだで慕われている女性を狙って子供まで産ませた。女性は「国にレイプ」された気分だと当時を振り返る（Lewis, Evan and Pollack 2013）。ランバートは悪びれる様子もなく、任務を終えた後は別の工作員を養成して、丸め込んだ活動家と性的関係を持つ時はコンドームを着けるようにと指導するだけだった（ibid.）。彼はＳＤＳの副司令官にまで昇格する。もと工作員のピーター・フランシスは、ＳＤＳが一九九三年の黒人青年スティーブン・ローレンス殺害事件について揉み消しを行なっていると批判した上で、自分はローレンス家の不名誉となる情報を探すよう命じられたと証言したが、ランバートによってこの主張を否定された。ランバートは警察をやめ、セント・アンドルーズ大学とロンドン・メトロポリタン大学でテロリズム研究の講師となったものの、解雇を求める市民運動が起きて、二〇一五年十二月に辞職を余儀なくされた。数年後にその警察任務が発覚した時、活動家デビッド・モリスはこう語った。

　これで、我々の取り組みを阻もうとする影の勢力があることが明らかになりました。その手口は卑劣きわまるものですが、結局は無駄なことです。警察や秘密工作員は世界中で抗議運動への潜入を試み、金と力のある人間を守ろうとしますが、近年多くの国で見られるように、人々の勢いと、真実・公正を求める動きは止まりません——どんなに許しがたく圧制的な秘密警察の戦術を前にしてもです。(Lewis and Evans 2013c)

メディアが潜入工作のスキャンダルを報じると、警察は自分たちよりも会社の工作員によるスパイ活動の方が多く、しかもそちらはまったくの無規制だと言い訳する。その理由から警察本部長協会の代表サー・ヒュー・オーダーは、人々の怒りが不当に多く警察に向けられていると不満を漏らす(Lewis and Evans 2011b)。実のところ、その「無規制」な民間諜報会社の多くは、元警察組織の人間によって運営されている。その一例がグローバル・オープンであり、運営者のロッド・レミングは元ロンドン警視庁公安課の役員だった上、一九九〇年代には秘密組織「動物の権利全国総合情報局」の元締めを務めていた。警視庁を退職した後、レミングは企業の顧客を相手に活動家のスパイをするグローバル・オープンを立ち上げる。企業が雇いたがるのはコネと経験のある警察や国家保安部や軍諜報機関の元役員らで、かれらの腕があれば、活動家をスパイするとともに、それが見破られた時にも法的な裁きを回避することが可能となる。警察も国家保安部も軍も、産業界と思想的価値観を同じくしており、批判者を倒し抑え込むために連携する。思想上、平和活動家や環境活動家、動物の権利活動家は、国や企業のスパイから見れば、自身らが守るべき企業の利益を脅かす存在、ひいては資本主義への脅威と映る。スパイたち本人もそうした活動家を監視・打倒することから直接の利益を得るので、脅威を誇張するのは経済的に明らかな得となる。

企業は批判勢力の取り締まりと抑え込みを強化するよう国に圧力をかける。『オクスフォード・メール』紙によれば、「世界屈指の製薬会社グラクソ・スミスクラインは、イギリスに年間一〇億ポンド以上の投資を行なうが、動物の権利運動過激派を政府が放置するのであれば、新しい研究投資をやめると脅している」（*Oxford Mail* 2004）。イギリス政府は唯々諾々と企業の求めに従い、保安局の軍情報部第五課が「動物の権利運動過激派との戦いを支援する態勢となった。その背景には、活動家らの脅迫行為がイギリスの主要産業を損なっているとの不安感が広まってきた事情がある。製薬会社への脅威に対抗すべく、保安局の高官は内務省に接し、諜報活動を行なう必要性について話し合っている」（Evans, Hosking and Tendler 2004）。警察も企業の求めに従い、活動家をいかなる手段をもってしても倒さなければならない敵とみる。この精神性は時に警察自身の言葉からも露わになるもので、ある例では複数人の警官が、オクスフォード大学の新しい実験施設に対する抗議運動を阻むため、活動家メル・ブロウトンに「汚い戦争」〔裏工作〕をしかけようと話し合う様子が、本人らの気付かないうちに録音されていたこともある（BBC News 2010）。

スパイ活動――ニュージーランド、オーストラリア編

企業と警察は似たような潜入手法をあらゆるところで使っている。二〇一〇年にはニュージー

ランド豚肉産業委員会が動物の権利運動をスパイしていることが発覚した。切っ掛けは「動物たちを搾取から救え」（ＳＡＦＥ）に属するロシェル・リースほか数名の活動家が養豚場の撮影をしている最中、車に取り付けられた追跡装置を見つけたことで、その通信先を辿っていくと、オークランドの民間調査会社トンプソン＆クラークに行き着いた。同社はかつて石炭採掘会社ソリッド・エネルギーの依頼で動物活動家や平和活動家、環境団体のスパイを行なっていたことが判明しており、この時は金で雇った学生に、団体への潜入、報告書の作成、活動家のＥメールを会社へ転送するコンピュータ・プログラムの作成を任せていた。豚肉産業委員会はトンプソン＆クラークからの情報を農家に流していたことを認める。目的は風評被害の軽減で、それというのもテレビジョン・ニュージーランドが養豚場の驚くべき惨状を暴露し、豚肉製品の宣伝役に雇ったはずのコメディアン、マイク・キングまでが、活動家とともに養豚場を見学した後で、豚を檻に閉じ込める「無情で悪質な」慣行を批判したからだった（Hager 2010）。

イギリスの場合と同様、工作員は個人関係を通じて情報を得ようとする。ロシェル・リースは二〇〇八年、ボーイフレンドのロブ・ギルクリストからコンピュータの修理を手伝うよう頼まれた際に彼が警察の回し者であることに気付いた。ギルクリストは活動家の情報を匿名のＥメール・アドレスに送っていたが、それが警察のものであると判明したのだった。二〇〇一年につくられた警察のテロ対策部門、特別調査班から、彼は十年以上の期間に数十万ドルの報酬を受け取りつつ、動物活動家、環境活動家、反戦団体、貧困撲滅団体、遺伝子組み換え作物反対団体、労働組合、緑の党などの情報を提供していた。四十歳になるギルクリストは複数の活動家と性的関係を持ち、中には十六歳の少女二人もいて、警察の管理者にその全裸写真を送るなどのこともしている。「ウェリントン・動物の権利ネットワーク」のマーク・エデンは、彼が執拗に違法行為をそそのかしていたと振り返る。

彼はいつも違法行為に奔りたがる人物を探していて、自分でも違法行為や潜入ならどんなことでもしてみたいとよく口にしていました。……仲間をドライブへ連れて行って、工場式畜産場や動物実験施設の前に座りながら、侵入や何かの違法行為を働く気はないかと尋ねてもいました。(Hager 2008)

活動家たちの証言によれば、ギルクリストは抗議運動の最中に警察をバカにしながら参加者の暴力を煽り、違法行為を促し、その遂行方法を説くなど、潜入工作員おなじみの戦略を用いた。彼のスパイ活動をもとに警察が誰かを逮捕した例はないので、標的となった団体は何ら違法行為を犯していないこと、警察が監視を正当化する際に持ち出す国家安全保障という口実は間違っていることが知られる。ギルクリストが暴いた最大の犯罪は、動物の権利団体ビーガン・バラクラバ・ピクシーズが食肉の宣伝をする掲示板に菜食主義の標語をペイントした行為である(ibid.)。後にギルクリストは経済的損失を受けたことと恥をかかされたこと、不名誉を被ったことを理由に警察を訴えようと試みた。

似た例では二〇〇八年、警察の工作員セザ・サンがオーストラリアのメルボルンで、活動家や教会、住民団体、学生団体のスパイを行なっていたことが発覚した。おもな標的は工場式畜産場の動物を覆面なしで救出する団体の動物解放ビクトリア、そして兵器展覧会のアジア太平洋防衛保安エキシビションに抗議する平和活動家だった。活動家たちは警察の監視がプライバシーの侵害である上に不必要であると主張し、自分たちが非暴力の原則にのっとっていること、資産破壊を行なっていないことをその理由に挙げた（Baker and McKenzie 2008）。

企業のスパイ

企業は国を操って敵をつぶそうとするだけでなく、みずからスパイや煽動工作員を雇う。何百という民間セキュリティ会社が警察機構や国家保安組織の元メンバー、例えば「ＣＩＡやＦＢＩ、軍情報部第五課、第六課、ＫＧＢ」などの職務経験者を雇って、顧客企業にサービスを提供している（Armstrong 2008）。企業の投資を受ける民間スパイは環境活動家の密偵に特化し、時には率先して団体への潜入を請け負うことで自身の仕事を売り込もうとする。諜報サービス会社ディリジェンスの取締役社長ラッセル・コーンによれば、企業スパイはどんな抗議団体の中でも成員の四分の一を占め、「団体会議が開かれた時に市中銀行を狙おうと提案してから、その場を離れて当の銀行の職員に電話して、自分は御社への攻撃を企んでいる活動組織に潜り込んだが、詳しい情報を売ろうか、と持ち掛ける、そんな事例」もあるという（ibid.）。

動物擁護団体に企業が民間のスパイを送り込むのも長い伝統となっている。コラムニストのジエフ・スタインは、一九八九年にリングリング・ブラザーズ・サーカスの興行主ケネス・フェルドが様々な潜入工作に投資した実態を告発する（Stein 2001a; 2001b）。フェルド興行は、民間セキュリティ会社リッチリン・コンサルタントに仕事を依頼した。同社を運営するのはフェルド自身の護衛で後にフェルド興行の副社長となるリチャード・フローミングで、彼が潜入工作員ダグラス・マーティンとジュリー・ルイスを派遣して、カリフォルニア州の芸能動物福祉協会（ＰＡＷＳ）へ潜入させた。活動家として振る舞う二人はＰＡＷＳの事務局長パトリシア・ダービーと幹事エドワード・アレン・スチュアートに接近する。例によってマーティンはスチュアートに違法行為をそそのかし（リングリング・ブラザーズに拘束・虐待される象の救出など）、ルイスの方はダービーと国会議員が囚われの動物をめぐる規制案について話し合った内容を会社に伝えた。マーティンとルイスは、ダービー、スチュアートの自宅内部を撮影し、二人の個人情報をコピーし、ＰＡＷＳの内部資料や寄付者一覧を盗んで、それらを反・動物の権利団体「人が一番」の寄付金集めに利用した。ダービーがフェルド興行とリングリング・ブラザーズを訴えた結果、示談が成立して数頭の象はＰＡＷＳに引き渡され、飼育費用は会社が負担することとなった。しかしフェルドは、ＰＥＴＡがリングリング・ブラザーズの象を苦しめる浅ましい処遇を暴露したところ、今度はそちらに矛先を向ける。不満をつのらせたセキュリティ要員ジョエル・カプランは、リングリング・ブラザーズが動物虐待のほか、薬物使用、強姦、小児性愛といった犯罪にふけり、自分はＰＥＴＡの「破壊」を命じられたと秘密を告白した。さらにカプランによれば、セキュリティ会社リッチリン・コンサルタントは、動物興行の禁止案に関するトロント市議会の議事録を盗み取ったという。

ジェフ・スタインの記事が語るには、フェルドは合衆国教育省の政策分析官ジャン・ポトカーが新聞に彼の家庭や事業について書き立てるのを憎んで、執念深い復讐を企てた。ポトカーがリングリング・ブラザーズの動物虐待や児童労働規制法違反に関する暴露本を書いていると知ったフェルドは、彼女の仕事妨害と生活破壊を目論んで工作員クレア・ジョージに少なくとも二三〇万ドルを支払い、七年間にわたる秘密任務を依頼した。ジョージはロナルド・レーガンの大統領時代にCIAの秘密作戦本部長を務め、イラン・コントラ事件（CIAがイランに武器を売って、その収益をニカラグアの右翼ゲリラ〔コントラ〕に投じることで同国サンディニスタ政権の打倒を企てた事件）の関係で一〇件の偽証罪・司法妨害罪に問われた経歴を持つ。無効審理の後、第二審でジョージは二件の有罪判決を言い渡されるが、ジョージ・H・W・ブッシュ大統領により赦免された。ポトカーの盗聴・監視任務を始めたクレア・ジョージは彼女の行動について報告を続けたが、その行動内容には美容院の予約などというものまで含まれていた。フェルドはポトカーの結婚生活を壊そうと、ジョージに男を雇うよう促し、ロバート・エリンガーに金を支払ってポトカーと友人関係を結ばせた上、サーカスに関する本の執筆を妨げるため別の企画を提案させもした(Stein 2001a; 2001b)。

サーカス興行に囚われる動物たちを救おうとする者に対し、断固つぶす姿勢で挑むフローミングは、象連盟、動物防衛団、ＰＡＷＳ、ＰＥＴＡへ、分かっているだけで一六人の潜入工作員を送り込んだ。工作員らは収支記録から医療記録まで、個人・団体の情報を集め、動物の権利運動の打倒・破壊を画策した。ところが二〇〇六年三月にバージニア州で裁判が開かれた折、フェルドは秘密任務について何も知らなかったと驚くべき主張を行ない、陪審はそれを受け入れた。任務は十年ものあいだフェルドの上級社員がつかさどり、三名の証人がフェルドは報告書を受け取っていたと述べ、フェルド自身も毎週の報告書を受け取っていたこと、かつ自分がその任務に約九〇〇万ドルを投じたことを認めたにもかかわらず、裁判所は動物擁護団体つぶしの秘密作戦について彼が責任を負わないものと結論した（Jackman 2006; PETA 2006）。

活動団体に潜り込んだ企業スパイは、しばしば団体にとって欠かせない頼れる地位にまで昇り詰めて内密の情報を得ることがある。例えば大手の武器製造会社ＢＡＥシステムズ（元ブリティッシュ・エアロスペース社）はマーティン・ホグビンを雇って、反戦団体、とくに武器取引反対キャンペーン（ＣＡＡＴ）を標的とするスパイ任務に就かせた。警察のスパイが動物活動家をだますべく親密な関係を築くのに似て、ホグビンもまた反戦活動家たちと親身の友情を結んだので、かれらは後にこの上ない裏切りを味わったと語っている（Thomas 2007）。ホグビンは統率者として異彩を放ち、ＣＡＡＴは彼に全国規模の催事・キャンペーンの調整役を任せた。その力量を知った警察はホグビンを国内最大の過激派に指定する。ホグビンは大事な統率者となって、団体の方向性を決める上で大きな役割を果たした。

ＢＡＥシステムズはＣＡＡＴの情報収集を民間企業の脅威対策インターナショナル（ＴＲＩ）に依頼したが、ホグビンは同社に雇われた少なくとも八人のスパイの一人に数えられる。ＴＲＩは同族経営のスパイ会社で、事業主のエヴリン・ルシェンは政府の諜報・保安機関とも深いつながりを持つ。同社は反戦団体、環境団体、労働組合のスパイ活動を行ない、企業向けに左翼活動家一四万八〇〇〇人以上の名が載ったデータベースを売り込んでいる。エヴリン・ルシェンの息子は「アドリアン・フランク」「アドリアン・マイヤー」の名を使い、エコアクションというフランスの団体で理事を務めている経歴を掲げて反戦団体に潜入した。ホグビンが欧州武器取引反対ネットワークの会合でCAAT代表を務めたのと同様、ルシェンの息子もフランスの反戦団体の代表を務めた。カトリーナ・フォレスターは、これらの工作員が監視対象の活動に参加するだけでなく活動の内容を左右している点に着目して、これは密偵というより教唆であって、かれらは煽動工作員だと指摘した（Forrester 2013）。ルシェンはBAEへの助言の中で警察に働きかけるよう言い、状況を操作して好都合な逮捕を成立させるのが肝心である、例えば警官への攻撃を行なったかどで活動家を断罪すれば抗議運動の評判を落とすことができる、などと説き立てた。BAEはリンデュー・アソシエーツという別の会社のスパイも雇ったが、その一人であるポール・マーサーはCAATの秘密文書をBAEのセキュリティ担当理事に手渡している（Armstrong 2008）。

企業スパイにも有能でない者はいる。トビー・ケンドールは、気候変動の防止をめざして航空産業に焦点を当てる団体プレーン・ステューピッドに潜入するも、「世界最悪のスパイ」の汚名を着ることとなる。「ケン・トビアス」の名を使ったケンドールは、もっと過激な行動を起こすよう周りにしつこく呼びかけていたことから団体の疑惑を買う。ケンドールに宛てた意図的な偽情報がメディアに載ると疑いは強まり、決定打となったのはキャリア・ネットワーク・サイト

「LinkedIn（リンクトイン）」に載ったそのプロフィールが、もと警察官らの運営する民間諜報会社C2iインターナショナルの「分析官」という肩書きを示していたことだった（Omond 2008）。同様の例として、C2iインターナショナル職員を経て諜報会社ヴェリコラのCEOとなったレベッカ・トッドは、エネルギー企業に代わって環境活動家や気候変動防止活動家の情報を集めるべく、自身でも活動家をよそおい、スパイを会合に送り込む手も使ったが、報告書の一つを誤ってスパイ中の活動家に送ってしまった。別の民間諜報会社インカーマン・グループは高位の元警察官を雇い、顧客企業に動物活動家や環境活動家の情報を送っている（*Inkerman Monitor* 2007）。その専門集団は大手の非暴力組織をエコテロリストに仕立てようと奮闘している点で「悪意に満ちている」か「まぬけである」かのどちらかと考えられる（Potter 2010）。ある報告書によれば、環境に悪いオフロード車に「オレは気候を壊している。やり方は見ての通りさ」と書いた自家製のステッカーを貼り付けるといった無害な行為までもがエコテロリズムに分類されるらしい。

　警察や企業のスパイは複数が同時に同じ団体へ忍び込むこともある。ボブ・ランバートがマクドナルド名誉毀損裁判の元となったビラを作成・配布していた最中、ロンドン・グリーンピースには別の工作員らも潜んでいた。マクドナルドは独自に複数の会社からスパイを雇って、そのそれぞれが互いに関係なく行動した。ほかの活動団体と同じく、ロンドン・グリーンピースも公開会合を通してメッセージを広め、新会員を募っていた。こうした組織は開放的なのでスパイは容易に潜入できる。しかしロンドン・グリーンピースへはあまりに沢山のスパイが潜り込んだので、時には実際の活動家よりもその人数が多くなり、少なくとも二度の会合では参加者全員がスパイとなって、しかもそのそれぞれが互いをスパイしていたという例さえある（Forrester 2013）。ランバートだけでなくマクドナルドのスパイたちもまた、名誉毀損罪の原因となるビラを配り、熱狂的な活動家を演じて仲間に過激行動や強硬手段をそそのかした。煽動工作員を使う手は常套化したので、いまでは多くの活動家が、違法行為を促す人間は警察や企業の回し者だろうと考えている。それでも工作員は活動家をテロリストに仕立てる努力をやめず、中には動物の権利との戦いにおける勝利と讃えられる作戦もあり、「アンナ」の一件はその例となる。

囮工作

先の章で触れたように、ＦＢＩの工作員「アンナ」は、二〇〇六年にカリフォルニア州で三人のいわゆるエコテロリストを逮捕する上で中心的な役回りを演じた。ザカリー・ジェンソン、エリック・マックデビッド、ローレン・ウェイナーの三人は、ダム、発電所、魚の孵化場、携帯電話の中継塔、林業研究センターを爆破するという陰謀の罪に問われた。アンナはイデオロギーに凝り固まった極右思想の持ち主で、ＦＢＩから少なくとも六万五〇〇〇ドルの報酬を受け取っていた（Todd 2008）。二〇〇五年、彼女は全米の抗議運動や団体会合に参加して無政府主義者や動物活動家、環境活動家への接触を試みた。「アース・ファースト！」のウェブサイト「密告者の足跡」によれば、アンナは判明しているだけで他にも一二件の無政府主義者告発に関与している（Earth First! 2013）。ＦＢＩに従うアンナは、ジェンソン、マックデビッド、ウェイナーを集めて、より過激な直接行動を促し、標的の選定を迫り、全国の移動を助け、三人の生活費を払い、住居と職場を与え、爆弾の作り方を教え、爆弾の材料を仕入れ、自分の計画に三人が難色を示すと大声でののしった。捕まった後にジェンソンとウェイナーはＦＢＩと司法取引を交わし、保護観察への減刑と引き換えに、証言ではマックデビッドの罪を認めるよう求められた。マックデビッドはアンナからグループの隊長と目され、本人の方ではアンナに恋をして、過激な態度を目立たせることで自分を印象づけ、直接行動を求める彼女を喜ばせようとしたものの、カリフォルニア州のニンバス・ダムを爆破する案については「バカげている」と語っていた（Kuipers 2012）。ウェイナーには二週間の、ジェンソンには六カ月の禁錮刑が科されたが、マックデビッドには二十年が言い渡された。

マックデビッドの裁判に出席した陪審員キャロル・ランジは、二〇〇八年四月三十日付「被告量刑覚書に関する宣誓書」の中で、自身その他の陪審員が考えるところでは、マックデビッドは明らかにＦＢＩによる囮（おとり）工作の犠牲者である、ＦＢＩは「無法者」で、アンナは信頼に足る証人ではない、マックデビッドは地球解放戦線（ＥＬＦ）の名において行動してはおらず、政府施設の破壊にも同意しなかった、彼はグループの統率者ではなく、むしろアンナこそが統率者であり活動の煽動者だった、と記した。ランジが示した陪審の見解では、マックデビッドは単にアンナと結ばれたくて問題の行動を起こしたに過ぎず、彼の裁判は不当だったとされている。

陪審員ダイアナ・ベネットは二〇〇八年五月八日付の宣誓書に、陪審は裁判所の説明に関し、とくにアンナが政府の工作員だったかどうかをめぐって「ひどく混乱」していると書き記した。

ベネットによれば、陪審は当初、マックデビッドがアンナに騙された点を鑑（かんが）みて情状酌量の余地があるものと結論したが、裁判所がアンナは政府工作員ではなかったと説明したので一転して有罪評決に至ったのだという。ベネットもまた、アンナは「信頼できない証人」であり、ＦＢＩの工作員は「人騒がせ」だと語っている。ベネットは自身の見解として、マックデビッドは法医遺伝学研究所やニンバス・ダムや携帯電話の中継塔を破壊する計画に同意していなかった、もしも初めからすべての関連情報を提示されていたら陪審はこの件を囮工作として扱っていただろう、と述べ、やはりアンナを「グループ全体の統率者」とみた（Todd 2008: 325）。陪審には気がかりな点があったものの、裁判所の歪んだ説明によって有罪評決が通り、さらに裁判官がテロ行為促進の罪を加えたことで、マックデビッドの懲役二十年が決定した（彼はこの時点で既に一年半の審理待ち期間を独房で過ごしていた）。マックデビッドの刑が異常なのは、これをミシガン・フターリーなどの処罰と比べてみれば分かる。フターリーは白人至上主義の愛国的キリスト教徒がつくった武装組織で、警察官の殺害を企てたほか、墓地を爆破して人々を殺傷する計画を立てていた。武器・弾薬の秘密倉庫を構え、人を殺す意図は明らかだったにもかかわらず、団員のほとんどは二〇一〇年の裁判で無罪を言い渡され、判決ではかれらの言動が自由言論であって殺害計画ではないとされた。三人のメンバーは武器所持の有罪判決を受けたものの、審理待ち期間で懲役を終えて釈放となった。マックデビッドの方は服役で九年間を過ごした後の二〇一五年一月になって釈放される。ＦＢＩが証拠不提出を認めざるをえなくなって判決が覆ったおかげだったが、それでもマックデビッドには陰謀をめぐる幾分かの罪状を認め、政府を訴追しないことが求められた

（Shourd 2015）。

煽動工作員は動物産業複合体の企業に所属していることもある。二〇一五年七月、ＰＥＴＡはシーワールドの職員ポール・Ｔ・マッコームが「トマス・ジョーンズ」という活動家をよそおい、ＰＥＴＡと、シーワールドの元調教師からなる団体「シャチの声」に加盟していたことを明らかにした。「ジョーンズ」をかたるマッコームは路上デモに加わって活動家に暴力を促し、もっと過激な直接行動を起こせと言い、例としてシーワールド重役の自宅前で夜に騒音をまき散らす案を出し、違法行為をそそのかしながらシーワールドを「焼き尽くそう」と煽り立てた（Walker 2015）。マッコームの芝居が露呈しだしたのは、二〇一四年にカリフォルニア州パサデナでデモを行なった際、他の活動家とともに逮捕された彼が何の咎めもなく釈放された時だった。ＰＥＴＡの代表イングリッド・ニューカークは、当団体の考えでは他に少なくとも二人の自称活動家がシーワールドのスパイであると疑われる、と述べ、パサデナ市警がマッコームとの関係を隠そうとしている可能性を指摘した（Gibson 2015）。

路上の煽動者

シカゴの「ＮＡＴＯ三人組」事件は、警察によるテロ捏造の実態を示すもう一つの例となる。二〇一二年の北大西洋条約機構（ＮＡＴＯ）サミットに先立ち、若くて経験の浅い二人の潜入工作員が無政府主義者を見つけ出すべく、コンサート会場やカフェ、地域集会の捜索を任じられた

（Gosztola 2014）。警察と検察官の標的は三人の青年、ブレント・ベタリー、ジャレド・チェイス、ブライアン・チャーチで、彼らはサミット開催時に使う火炎瓶を製造したとの理由から、9・11後に制定された州法のもとテロリストに指定されていた。工作員の録音を聴くと、二人はこの、罪を犯しているわけでもなく、むしろ酔っ払って薬物にふけり自慢話をしたがっているようにうかがわれる青年たちに、NATOの会合でもっと攻撃的な行動を起こすよう説き聞かせている。メディアの報道では青年らが偉ぶった薬物常用者とされ、工作員の一人ナディア・チッコは、やる気のない三人に爆弾製造法を教え暴動をそそのかすなど、「録音からすると煽り役のような印象を受ける」と評された（Hussain 2014）。チッコの相方メフメト・アイガンは爆弾の材料を揃えて製造を促した（Clary 2013; Free the NATO 3 2014）。

煽動工作員は警察自体のことも金で雇われた回し者のこともあるが、社会運動に潜り込んで違法行為を煽り立て、公的な弾圧の口実を設ける。暴力や犯罪を促すかれらは社会運動を「いちじるしく歪める」（Marx 1974: 403）。社会学者のゲイリー・マルクスは、警察が工作員を使って情報収集と煽動を行なった三四件の事例を検証した（ibid.）。すると合衆国の複数の都市において、警察は組織犯罪よりも政治的抗議の調査に力を注いでいた。いくらかの例では警察がみずから急進組織を立ち上げて後に自身らでその密偵を行なうことになったなどという話もあれば、工作員が団体一の活発なメンバーとなったせいで、潜入任務が終わるとともに団体がつぶれたという話もある。マルクスの挙げる事例では、工作員は社会運動組織の結成者や主要メンバーとなって、積極的に会員をつのり、仲間に違法行為や暴力行為を促す。かれらはしばしば銃や爆弾の使用を勧め、武器の作り方や使い方を教える。一九七〇年にはシアトル警察に雇われた強盗犯アルフレッド・バーネットが、退役間もないベトナム復員兵の黒人青年ラリー・ワードに、不動産事務所への爆弾設置をそそのかした。バーネットは初め、ブラックパンサー党の党員にこれをさせようとしたが、断られたのでワードに近づいた。爆弾設置の報酬として七五ドルを手渡され、バーネットの運転で現地まで向かったワードだったが、着いたところで警察に射殺された。バーネットは彼が殺されるとは知らなかったと言いながらも、「サツが爆弾魔を探していたから俺が見つけてきたんだ」と語った（ibid.: 407）。

マルクスのみるところ、警察が工作員を送る相手には偏りがあって、特定の社会運動だけが政府の注意を惹き付ける。検証した三四件のうち、一一件は白人の学生団で、一一件は白人を中心とする平和団体、一〇件はおもに黒人やメキシコ系アメリカ人の団体で、二件は右翼組織だった（ibid.: 409）。警察が潜入するのは危険な暴力組織よりも、むしろ寛容の精神にもとづき改革主義を掲げる平和的・民主的・開放的・楽観的な団体であるのが普通で、かれらは地域に根差し、人を信じ、政府の監視などは知らず、「大抵は何も隠すところがない」（ibid.: 424）。その一番の罪は、現状に逆らう政治見解を持つことにある。警察が工作員を使って団体を陥れる背景には、往々にして法的理由ではなく警察独自の道徳観・政治観が存在する（ibid.: 436）。犯罪組織と違ってこれらの団体は、密偵が行なわれていると分かっても報復するすべを持たない。これが警察や企業スパイにとって、非暴力的な動物団体や環境団体を狙う際の魅力であることは疑えない。

右翼ジャーナリストは時にみずから社会正義運動に潜入して暴力を煽り、それを後で紙上攻撃しようとする。『アメリカン・スペクテーター』誌の編集補佐パトリック・ハウリーは反戦デモの参加者に扮して、国立航空宇宙博物館による偵察・暗殺用無人機（ドローン）の展示が巻き起こした抗議運動をつぶそうと図った（Howley 2011）。警備員と対決したがらないデモ参加者らの弱腰をののしって、ハウリーは博物館の扉を突破した。他の参加者も自分に続くと思ったようであるが、当ては外れ、ハウリーは周りにいた他のジャーナリストや旅行客ともども、警備員らの唐辛子スプレーを浴びせられることとなった。

組織的事業創出

マルクスは「組織的事業創出」という現象に目を向ける（Marx 1974: 432fn41）。結局のところ、政府やＦＢＩなどの警察組織が公共の敵をつくり出すのは、自身らの存在に意義を持たせ、より多くの予算と人員を得るためである。同様に麻薬取締局はマリファナの危険性を誇張することで「規模と権限の飽くなき拡大を求め続ける官僚機構」の欲求を満たそうとする。これらの組織は、悪や危険のレッテルを貼った活動団体に目を光らせる一方、同様の活動をしていても思想的に権力寄りの団体には目をつむる。すなわち刑事司法組織が犯罪や暴力を捏造する裏では、「取り締まり事業の創出者が……一定の集団を……違法行為に導くか、もしくは違法行為におよんだごとく見せかける。……権力者がみずから、取り締まるべき当の現象をつくり出す」のである（ibid.）。

ＦＢＩもまた、９・11後に渦巻いた恐怖に乗じて反体制派の調査を始めた。同時攻撃の十年後に合衆国司法省の内部監査が明らかにしたところでは、ＦＢＩは動物擁護・反戦・環境団体を標的として、カトリック労働者運動、グリーンピース、ＰＥＴＡ、トマス・マートン・センターなどに狙いを定め、加盟員の名をテロ監視リストに登録していたという。監察官のグレン・Ａ・ファインは、ＦＢＩの行動が「悩ましい」と言い、それらの背景に「充分な根拠がない」こと、一部の「捜査は非暴力の市民的不服従を『テロ行為』の分類に」収めていることを指摘した（Serrano 2010）。

二〇〇九年、アメリカ自由人権協会（ＡＣＬＵ）は国土安全保障省に苦情を提出し、情報組織「テキサス州中北部融合システム」が不適切な調査を行なったあげく陰謀論を掲げたことを糾弾した。融合システムは、「イスラム教徒の市民権団体、ロビー団体、反戦団体、一人の元合衆国女性議員、合衆国財務省、ならびにヒップホップ・バンドが合衆国に寛容の精神を広めているが、これは『テロ組織の活発化につながる条件を整える』」と述べ、警察の監視を呼びかけていた（American Civil Liberties Union 2009）。翌年、ＡＣＬＵテネシー州支部は、テネシー州融合センターが「違反を犯した」との声明を出す。同センターはウェブサイト上に「テロ事件その他の不審な活動」を示す世界地図を載せ、そこにＡＣＬＵテネシー州支部の活動をも含めていた。支部が学校長らに手紙を送り、「感謝祭以降の休暇期間には全ての宗教的信仰を支持する」よう促したのがその内容であるが、これは明らかに「寛容の精神を広め」る危険な取り組みであったらしい。ＡＣＬＵテネシー州支部が問題にした「融合センターの危うさは、権限系統が不明瞭であること、機密性が極めて高いこと、民間企業や軍による不正な関与があること、無害な活動を対象に情報収集やデータ解析を行なっていることなどにおよぶ」(American Civil Liberties Union of Tennessee 2010)。

無論、無政府主義者や動物・環境団体だけがテロ対策捜査の標的ではない。9・11後の合衆国ではイスラム教徒が、例の同時攻撃を支持した証拠などはないにもかかわらず、疑いの目を向けられるようになった。

イスラム教徒に対する偏見や危険視はFBIに蔓延し、テロ対策訓練ではアルカイダと一般のイスラム教徒の区別すらされない。データ解析を通して民族集団や宗教集団を監視する地域管轄プログラムのもと、FBIは何の犯罪疑惑もない人々の情報を集め、移民法違反や不倫などの問題を抱える個人に、秘密を黙っているのと引き換えに工作員の仕事を強要する(Aaronson 2013: 45-53)。9・11後の十年に起訴された何百というテロ犯罪を調べたトレバー・アーロンソンは、犯人の多くがFBI工作員に狙われた者で、逮捕に先立つ囮作戦では工作員が「標的の人物にテロ計画の案を示し、必要な手段と機会を整えていた」ことを突き止めた。工作員は大金を手渡され、訴追が成功すれば追加報酬も受け取れた。自身らが罪を負っていて、投獄を免れるためFBIに協力したという工作員も多く、かれらは標的の逮捕につながる証拠を何としてもつくり出したい大きな理由があったといえる。連邦控訴裁判所の判事スティーブン・S・トロットに言わせると(ibid.: 61)、最良の工作員は「社会病質者」であって、かれらは「個人関係を築いた後、それを自分の利益のために、良心の呵責もなく悪用できるプロの嘘つき」である(なお、イギリスの警察が送る回し者の所業にみられるように、この特徴は金で雇われた工作員だけのものではない）。テロ対策の囮工作で捕えられる者は、多くが「貧しくて教育を受けていない、簡単に騙せる」社会周縁の人々で、一部は精神的問題に悩まされている個人だった（ibid.: 234）。アーロンソンによれば、９・11後に恐怖の風潮がつくられるとテロ対策に莫大な資金が投じられ、ＦＢＩは実際のテロリストが見つからずともテロリスト摘発の実績をあげるよう「大きな圧力」にさらされた（ibid.: 207）。そこで、予算の必要性と仕事の成果を示す意図からＦＢＩは囮工作へと向かった。ＦＢＩは高価で高度な技術を駆使できるにもかかわらず、訴追の際に提出される証拠はほぼ常に「録音機の不調」によって肝心な会話部分を欠く傾向がある、とアーロンソンは指摘して、その欠如した箇所を聞けば、ＦＢＩの工作員が標的を脅し、煽り、けなしながら、テロ容疑の逮捕につながる行動・言動を無理にでも引き出す様子が分かるだろうと推測する。

様々な政府機関がそれぞれ数千人もの専属ないし雇いの工作員を抱え、司法省だけでもかれらに支払う報酬は年間一億ドルにのぼる（Ratliff 2011）。工作員らは裁判所の指示がなければ通常は得られない証拠を持ち出せるので、政府機関にとっては適正な法的手続きを省ける点で都合が好い。刑事事件の証拠をつかむ価値は高いので、工作員によっては報酬が数十万ドルにも達し、時には没収品から生じた収益の一部をも頂戴できる。

ロヨラ法学院のアレクサンドラ・ナタポフ教授は記す。「工作員が事業創出を行なっているのは危険である。……工作員は自身らと政府のためにビジネスをつくり出せるばかりか、それをしたがる強い動機を持っている」（ibid.）。

厳刑化

合衆国史上最大のエコテロリズム逮捕騒動、バックファイヤー作戦においても、工作員は中心的な役割を果たした。これは一九九六年から二〇〇一年にかけ複数の州で起きた放火事件を対象とした捜査で、犯行はALFとELFによるものとされ、FBI、アルコール・タバコ・火器及び爆発物取締局、オレゴン州警察、オレゴン州司法省、合衆国土地管理局、合衆国林野庁、ユージン警察、レーン郡保安官事務所がその連携任務に当たった。二〇〇五年から二〇〇六年のあいだに、放火主犯格のジェイコブ・ファーガソンというヘロイン中毒者が、投獄を免れ金をもらう見返りに工作員の役を引き受けたおかげで、FBIは放火・爆破事件の犯人とされる一三人の容疑者を逮捕した（ファーガソンは二〇一一年に、ヘロインの製造・販売とコカイン所持の罪で五年間の懲役を言い渡される）。警察は被疑者らに対し、テロ行為促進の罪状をちらつかせながら自白と仲間の告発を迫った。この罪状によれば判事は同様の犯罪に適用される通常の刑よりも重い罰を科すことができる。実際、放火に関しては通常七年程度の懲役刑が科されるにもかかわらず、検察官らはバックファイヤー作戦で逮捕した者に終身刑を科すよう求めた（Rasmussen 2007）。

テロ行為促進の罪で長い懲役刑を科されると知った被告らは、多くが司法取引を交わして互いに不利な証言をすることに同意したが、ネイサン・ブロック、ダニエル・マッガワン、ジョナサン・ポール、ジョアンナ・ザッカーは他の被告を裏切らずに罪状を認めた。マッガワンは二件の放火罪により投獄される。ミネソタ州の低警備刑務所で九カ月を過ごした後、彼は突如、イリノイ州の特別刑務所、通信監理舎（ＣＭＵ）へ送られる。ＣＭＵはおもにテロと関連付けられたイスラム教徒の囚人を収める一方で、合法的な社会運動組織に関わった個人らをも閉じ込める。囚人は面会や携帯電話の通話を制限され、他の刑務所が実施する各種プログラムも奪われる。マッガワンの移送は、権利として認められているはずの政治的言動に対する罰のようだった。彼は自身の服役体験をブログに載せ、雑誌の編集者に手紙を書き送っていた。それが刑務所の規則違反に当たるという話は聞かされていなかったが、連邦刑務所局のテロ対策部長レスリー・スミスは思想的な理由から抗議の声を上げ、マッガワンは文通と「過激な執筆活動を通して……急進的な環境団体・動物団体の統合を図っている」と責め立てた（McGowan 2013）。マッガワンは自分をＥＬＦの統率者とみるスミスの見解を否定したものの、移送に不服を唱えるすべを持たなかった。二〇一二年にはニューヨーク市の更生施設へ送られるも、ＣＭＵの批判を書いたことで再逮捕となる。その後、公益組織「憲法上の権利センター」（ＣＣＲ）が、彼の破ったとされる規定は憲法違反だと論じたのが認められてマッガワンは再び更生施設へ戻り、二〇一三年にようやく仮釈放となった。二〇一四年にＣＣＲが指摘したところでは、各地のＣＭＵは二〇〇六年から二〇〇八年のあいだに建てられていったものの、そこへ囚人を送る基準は二〇〇九年になるまで文書の形で示されることはなく、基準ができた後も各々の官僚機構がそれを独自に解釈している。囚人の行き先をＣＭＵに決定する際の理由は「不完全かつ不正確で、時には不当ですら」あり、収監に先立って必要な手続きが踏まれることもない（Center for Constitutional Rights 2014）。ＣＣＲ

は、規律上の問題を示す何らの徴候がなくとも囚人たちがＣＭＵへ送られることを明らかにした。基本的に刑務所の管理者は、自分たちの決定について説明を行なう義務も、囚人たちにどうすれば一般の刑務所へ戻れるかを教える義務も負わない。

エコテロリストに指定された活動家は、テロ行為促進罪を負わずとも、単純に政治犯罪を重く罰する習慣に従って厳刑を科される。二〇〇一年には環境活動家のジェフリー・ルアーズが、三台の軽トラックに火をつけて、地球温暖化とアメリカの外交政策、アメリカとサウジアラビア独裁政権の癒着に抗議した。怪我人はなく、火は一台のトラックを焼いただけで残り二台は修理のすえ売却されたが、ルアーズは普通なら二年で済むはずの放火罪に対し、二十三年の刑を言い渡された。二〇〇八年にはアムネスティ・インターナショナルその他の国際キャンペーンが実を結んでオレゴン州控訴裁判所が刑期を十年に縮め、二〇〇九年にルアーズは釈放される。独立放送局「デモクラシー・ナウ！」のインタビューに応えたルアーズは、自分が長い懲役を科されたのはＦＢＩに逆らって、人への傷害を企てた罪を認めず、ＦＢＩが環境活動家をテロリストに仕立てることを許さなかったからだと説明した。彼の弁護士ローレン・レーガンが論じるには、合衆国憲法の平等保護条項は同じ犯罪を同じ扱いで裁くよう求め、動機によって刑罰に不平等が生じてはならないとしているが、ブッシュ政権と企業の影響によって環境活動家には不当に重い刑が科されている。ルアーズの件では政治的理由から放火を犯した結果、利益目的の放火（保険金を受け取る狙いのそれなど）に比べ一〇倍も重い刑が科されたことになる。

判事は動物活動家に対して通常ならばありえない厳刑を科すにとどまらず、企業やその弁護士らが作成した声明に直接沿った量刑を考え出すこともある。二〇〇四年、動物擁護団体の「思いやりある消費者たち」はニューヨーク州ウォルコットのウェグマンズ採卵場へ侵入し、ビデオ撮影をしつつ病気や瀕死の雌鶏たちを一一羽救出して、二〇〇五年に同採卵場の動物虐待を暴露する『ウェグマンズの虐待』というDVDを発行した。三人の活動家が罪に問われ、二人は司法取引を交わしたものの、ウェグマンズはもう一人の活動家アダム・デュランドを告発する姿勢を崩さず、彼に負わされた一〇件の罪状の中には重罪に当たる不法目的侵入罪も含まれていた。陪審は三件の侵入罪しか認めず、それだけであれば軽犯罪として、前科のないデュランドのような者であれば懲役刑は科されないのが普通だった。が、判事デニス・ケホーは彼に百八十日の懲役、一五〇〇ドルの罰金、一年の保護観察、百時間の社会奉仕を言い渡す。さらに異例の対応として、五ページにわたる声明を書いてデュランドの行為を糾弾し、自分はもっと重い刑を科したかった、DVDの内容には根拠がない、こんなものは破壊したいところだがあいにくそれを正当化できる法的口実が見当たらない、などと述べ立てた。ケホーの声明はウェグマンズが提出した被害者声明と「ほぼ文字通りに」対応する。この厳刑はデュランドがメディアに向けた発表の中で虐待暴露は正当だと述べたことに対する報復の含みがあり、彼の弁護士はこれを「はなはだ理不尽」だと評価した（DeGeorge 2006）。

FBIは「テロリスト」指定をちらつかせて活動家を脅迫する。ジャーナリストのウィル・ポッターは、自宅近所に動物実験反対のチラシを配ったことで軽犯罪に問われ逮捕された後、二人のFBI捜査官の訪問を受けた体験について語っている（当の訴えは後日斥けられた）。捜査官らはポッターに向かい、国内テロリストに指定されたくなければ工作員となって市民団体に潜入せよと迫った。さらに、フルブライト奨学金への応募も却下されるよう手配する、ガールフレンドの博士課程奨学金も却下させる、と脅した（Eng 2014）。ポッターは条件を飲まず、代わりにエコテロリズムを狙った政府の策略について執筆することに専念し、エコ狩りに関する最新の有用情報を載せるブログも立ち上げた。

二〇一一年、市民正義協力基金（ＰＣＪＦ）は情報公開法を通し、国土安全保障省（ＤＨＳ）、ＦＢＩ、合衆国国立公園局の数千ページにわたる文書を取得した。内容は占拠運動の合法的・平和的抗議を監視してまとめたもので、ＰＣＪＦはこれに関し次のように報告する。[注2]

法にのっとる平和的な自由言論活動に参加する人々を相手に、ＤＨＳの「脅威管理部」は秘密政治警察のごとく振る舞う。伏字だらけの文書からは、脅威管理部が地域諜報分析官に「諜報日次報告」の提出を指示していることが分かり、同報告書には「国内テロ活動」とともに「平和的活動デモ」の報告カテゴリーが存在する。（Partnership for Civil Justice Fund n.d.）

ＰＣＪＦが企業と政府の癒着を示す例として挙げたのは国内安全保障連合委員会（ＤＳＡＣ）で、警察、ＤＨＳ、ＦＢＩ、それに民間部門の提携からなるこの組織は、占拠運動の情報を民間のセキュリティ会社に提供していた。ＰＣＪＦ事務局長のマーラ・バーヘイデン・ヒリアードは、この文書によって「連邦政府機関がウォール街と企業大国アメリカの事実上の諜報部門として働いている」ことが明らかになったと語った（*Democracy Now* 2012）。ＰＣＪＦが記す警察の手口も、抗議者をよそおって平和的デモに潜り込み、本物の参加者らに橋への爆弾設置といった暴力行為をけしかけ、弾圧を正当化するとともに抗議運動を悪に仕立てるというものだった（Verheyden-Hilliard 2012）。

テロリストは至るところに

「テロ」という言葉は予算を増やし敵を異端にする目的からあまりに広く使われるので、言葉の意味はほとんど失われている。二〇一一年には合衆国主要都市の警察署長らが各地の融合センターへ向け、占拠運動に関する「情報収集・分析・週二回の報告を行なうため、ネバダ州南部テロ対策センター〔融合センターの一つ〕のサービスを活用する」と伝えた（Partnership for Civil Justice Fund 2014a）。すなわち融合センターはテロ防止を仕事にするといいながら、実際には国内で社会正義運動に携わる平和的抗議者の取り締まりに使われるのである。

二〇一一年十一月、ワシントンＤＣ警視庁の諜報融合部専務理事・合同テロリズム対策部隊指揮官のトム・ウィルキンスは、国際ショッピング・センター委員会（ＩＣＳＣ）がまとめた報告

注２　合衆国のウォール街占拠運動を発端に世界へ広まったデモ運動。社会・経済の不公平是正を訴える。

書を配布した。そこでは、占拠運動の一環として行なわれるボイコットが商業活動の支障となりかねないことが論じられ、危惧される事象として、「何も買わないデー」には運動参加者がパフォーマンスでクレジットカードを切り刻む、「無料・非営利の路上パーティー」や「環境配慮型の代替輸送機関を使った行事」に興じる、「ゾンビの行進」と称して「ショッピング・モールその他、消費活動の場をうつろな目でさまよい歩く」などの行動に打って出る例が挙げられている（ibid.: 18）。このテロリストらは手段を選ばないと言わんばかりに、報告書はシアトルで発生した「既知の具体的脅威」を列挙しつつ、「歌・音楽・ダンスの鑑賞、工房……でのクリスマス・プレゼント製作、料理会の開催……などを促す行為」もその中に含める（ibid.: 23）。さらにこの報告書は、テキサス州の占拠運動参加者らが「反戦を掲げる団体の趣旨にのっとり、軍事支出が経済に打撃をおよぼしてきた実態について啓蒙活動」を行なうかもしれない、と懸念を表明する（ibid.: 26）。ＩＣＳＣは自身らの「諜報技術」と「重要な分析を行なう」能力を自画自賛するが（ibid.: 31）、報告書の内容は大半がウィキペディアなどから直接引いてきた情報で、しかも出所は明記されていない。

笑止な報告書でありながら、ボルチモア市警はこれを市と州の当局、ＤＨＳ、ＦＢＩ、財務省秘密検察局、融合センター各局、それに他の警察機関へ配布した。ＰＣＪＦ事務局長のマーラ・バーヘイデン・ヒリアードは述べる。「テロ対策当局がその権限と予算に物を言わせて企業大国アメリカを消費者のボイコットから『守っている』とは許しがたいことです。融合センターへの莫大な税金投入は一刻も早く断ち切られなければなりません」（Partnership for Civil Justice Fund

2014b）。

ＰＣＪＦが入手した四〇〇〇ページを超える文書には、ＤＨＳの資金に支えられた融合センターがテロ防止の代わりに占拠運動への執拗な監視を続けている実態が示されている。何百万ドルという税金を投じながら、ＤＨＳ、ＦＢＩ、その他さまざまな警察機関に属するスパイたちが企業の警備員と提携する。ボストン地域情報センターのスパイは、組合会議や学生集会、ヨガの講座、大学の授業、コンサートに潜り込んだ。ボストン警察はテロや犯罪行為と関係する組織以外には監視を行なわないと語ったが、ＰＣＪＦの入手した文書によればこれは嘘であり、警察は「問題児」でないと認められる学生にもスパイを付けていた。さらに、国防総省は融合センターと提携しつつ独自に占拠運動を監視していた。同省の国防脅威削減局は「あらゆる化学兵器・生物兵器・放射能兵器・核兵器・高性能爆薬の脅威に対処する」ことを使命に掲げながら、実際には国内テロリズム追跡システム〔政治運動の発生地点を世界地図上に表示する有料登録サイト〕を介して融合センターとともに活動家を監視する。ＰＣＪＦの指摘では、「国内テロリズム追跡システムの関連キーワードには次のようなものがある――無政府主義者、社会主義者、共産主義者、抗議者、環境活動家、動物の権利、市民的不服従、社会正義、世界正義」（Verheyden-Hilliard and Messineo 2014）。融合センターを一翼とする監視産業複合体は、テロ対策に欠かせないサービスを提供すると謳い、そのために莫大な税金投入の継続を求めることで、みずからの永続を図る。この複合体は途方もない税金浪費の元凶であるばかりか、基本的な市民権と自由にとっての脅威でもある（ibid.）。

同様の大規模監視と情報収集任務はイギリスでも行なわれている。「国内過激派」を探し求めて警察は合法的・平和的抗議の監視に毎年何百万ポンドもの大金を費やし、罪のない何千という人々の個人情報を集めて国のデータベースに蓄積する。警察本部長協会（ＡＣＰＯ）は「テロリズムおよび同類の問題」に関するスパイ任務を実施すべく、三つの国立機関を統括した（Lewis, Evans and Taylor 2009）。柱となるのは国立公安諜報局で、そのデータベースは抗議運動をスパイするイングランドとウェールズの警察が集めた数千人の「国内過激派」に関する情報を収める一方、下部組織の監視部隊である前線諜報班は、抗議運動参加者を写真・動画撮影して、氏名や車のナンバープレートを記録した。その情報を、ＡＣＰＯが統べる第二の機関、全英国内過激派対策班が一点に集める。そして第三の機関である全英対過激派戦術連携部隊は企業への直接支援として、環境破壊や動物搾取、労働者搾取、その他の社会正義問題を訴える市民活動への対抗を手助けした。ＡＣＰＯの懸念対象には極右組織のイングランド防衛同盟なども含まれたが、最大の標的は動物活動家、環境活動家、左翼団体、それに反戦団体だった（ibid.）。

動物関連企業テロリズム

二〇〇七年十月、カリフォルニア大学ロサンゼルス校の動物実験者が暮らすバークリーの自宅前で、活動家たちがデモンストレーションを行なった。一年半の後、ジョセフ・ブッデンバーグ、マルヤム・ハジャヴィ、ネイサン・ポープ、アドリアナ・スタンポの四名が、「動物関連企業テロリズム」を企てた陰謀の罪で起訴される。これは二〇〇六年に可決された動物関連企業テロリズム法（ＡＥＴＡ）による初の訴訟となった。罪状となった「テロ行為」の内容は、合唱、ピケ、ビラ配り、歩道への落書き、インターネットを使った情報集めである。いずれも合衆国憲法修正第一条により保護される活動であったにもかかわらず、政府はＡＥＴＡにしたがい各々に十年の懲役刑を科そうとした。二〇一〇年七月に連邦裁判所判事は訴えを斥け、訴状は曖昧で四名がいかなる犯罪行為におよんだのかを明らかにしていないと指摘した。カリフォルニア州北区裁判所の判事ロナルド・Ｍ・ホワイトもその点を重視し、とくに「問題となっている行動が、憲法上保護された政治的抗議から犯罪行為にまで及びうる」際には具体性が求められると指摘した。「憲法上の権利センター」（ＣＣＲ）に所属する弁護士マシュー・ストラガーは言う。「抗議や演説をテロ行為とみるのは滑稽です。……訴えの内容が曖昧模糊としているのは不思議ではありません――でなければ検察官が平和的なビラ配りや抗議運動をテロと言っていることが、市民や裁判所にバレてしまいますから」（Center for Constitutional Rights 2010）。ＡＥＴＡの漠然とした規定は、つまるところ効果的な活動を取り締まるのが狙いである。収益の減損はいかなるものでも経済的打撃と定義でき、活動家の目標は動物搾取で儲ける業者を廃業に追い込むことにあるのだから、法律はそれを阻む形につくられる。もっとも、ＣＣＲの弁護士であるビル・クイグリーとレイチェル・ミーロポルが述べるように、この事件は動物活動だけでなく、他種の抗議運動にも関わる点で重大な意味を持っていた（Quigley and Meeropol 2010）。人権防衛センターの警告によれば、ＡＥＴＡは当初こそ動物活動家を標的としたが、法文がどのようにも解釈できるので、例えば労働運動家が労働者を搾取する企業に対し平和的なピケを張ったり効果的なボイコットを行なったりすれば、それを訴えるのにも容易に同法が利用できてしまう。表現と反抗の自由を気にかける人々にとって、先の四名に対する訴えが斥けられたのはよかったものの、裁判所の決定は政府がかれらをより具体的な罪状で再訴追する可能性を打ち消すものではない。

ＡＥＴＡによって訴えられた別の人物に、ミネソタ州の学生スコット・デムースがいる。もう一人の活動家キャリー・フェルドマンとともにアイオワ州の連邦起訴陪審〔刑事事件の起訴をするかどうかを決定する機関〕の前へ呼び出された彼は、二〇〇四年にＡＬＦがアイオワ大学の動物実験施設へ侵入して、マウス八八匹とラット三一三匹を救出し、施設の一部機材を損傷した事件について証言することを命じられた。合衆国の起訴陪審制度は組織犯罪の取り調べを行なう目的からつくられたもので、訴追者は通常の裁判手続きを経ずに証人への質問ができ、被告側の弁護士は出席できず、裁判官は同席せず、証人は訊かれた質問すべてに答えなければならず、憲法修正第五条にしたがい証言を拒んだ場合は審理期間を通して投獄される可能性がある。デムースとフェルドマンが当の事件に関与した証拠は何も見つかっていなかった。大学院で社会運動に関する研究をしていたことから、デムースが活動家たちに取材を行なったところ、ＦＢＩはその研究資料を渡すよう命じ、取材の守秘義務を破らせて彼の社会学者としての倫理的責任を損なおうとした。指導教授のデビッド・ペローがデムースの立場を擁護すると、ＦＢＩはペローへの尋問を試みたが、本人から拒否された。検察当局はデムースを無政府主義者、ＡＬＦの団員、国内テロリストと呼んだ。勇敢にもデムースとフェルドマンは証言を拒む。フェルドマンは法廷侮辱罪を負わされ、協力を強いる意図から独房に閉じ込められ、ようやく釈放されたのは二〇一〇年三月のことだった。二〇〇九年十二月、デムースは侮辱罪から解放された代わりにＡＥＴＡによって陰謀罪に問われるが、二〇一一年に自身の罪を認める司法取引を行なって、繁殖施設から二〇〇匹のフェレットを逃がした過去の罪状で六カ月の懲役刑を受け入れるのと引き換えに、二〇〇四年の事件に関する検察の訴えを撤回させた。

二〇一四年七月、タイラー・ラングとケビン・ジョンソンは毛皮用動物飼育場から狐とミンクを救い出した疑いにより、ＡＥＴＡのもと国内テロリストとして訴えられた。逮捕は二〇一三年八月、イリノイ州の地方で行なわれていた通常の検問で、車のトランクに入っていたボルトカッターその他の道具を警察に不法侵入の道具だと見咎められたのが原因だった。その時は飼育場から動物を逃がした罪には問われなかったものの、警察が罪状を付け加えると脅したことで二人は司法取引に応じた。ラングは二〇一三年十一月に釈放された一方、ジョンソンは牢獄に残り、彼が三十カ月の刑に服している最中に、連邦政府はＡＥＴＡのもと二人をテロ容疑で起訴した。時あたかも、ロサンゼルスで全国動物の権利会合が開かれ、他方で兎同盟、抵抗エコロジー、「アース・ファースト！」の三者が「抗戦か航空か」と題した募金ツアーを始めて、実験用動物を空輸するデルタ航空への抗議キャンペーンを応援するとともに、環境活動家と動物活動家の同盟を築こうとしたところだった（Support Kevin and Tyler 2014）。二〇一五年二月、ジョンソンとラングは連邦裁判所に現われ、テロ行為の訴えを却下するよう求めた。ＡＥＴＡに対し違憲の異議申し立てが行なわれたのはこれが初めてとなる。ＣＣＲの弁護士レイチェル・ミーロポルは、Ａ

ＥＴＡのもとでは通常のテロリズムに伴う暴力の側面が語の定義から外され、私有財産（すなわち飼育場の所有する動物）を奪う非暴力的な窃盗がテロリズムとされるので、憲法によって求められる必要な手続きがなされないと論じた（Pilkington 2015）。続けて、ＡＥＴＡはピケを張るなど表現の自由にのっとった非暴力的な行為を、企業利益の支障になるとの理由から犯罪に指定し、しかもその適用対象を活動家だけに絞って、かれらを「テロリスト」と位置づけることで動物の権利運動を迫害しようとしている、と指摘した（Meeropol 2015）。しかしあいにく、判事は訴状却下の求めに応じなかった。

第6章　恐怖の政治学

恐怖の利用

テロに仕立てた動物活動家の逮捕・告発・断罪は、9・11以降に広まった世界的な圧制の一部をなす。ほとんどあらゆる国がテロ関連法規の整備・改訂に向かい、それを政治的反乱分子の弾圧に用いるようになった。百を超える国々に散るAP通信の記者らが、各国の情報公開法を通じてテロ関連の訴追に関するデータを集めたところ、9・11の同時攻撃に続く十年間に一二万人の人々が逮捕され、テロ行為で有罪となった人々は、かつては数百人程度だったのが、三万五〇〇〇人に達したことが明らかとなった。データは六六カ国のもので、情報提供を拒んだ国も多かったことから、逮捕・有罪判決の数は実際にはこれよりも遥かに大きいと推測できる。AP通信によれば、テロリズムの定義は何十種類にも分かれ、広範囲にわたって適用されていた（Mendoza 2011）。合衆国では一〇〇〇人を超えるアジア人やアラブ人が逮捕され、数百人がテロに関与したとの理由で国外追放された。CIAは極秘プログラムによる拘留と特別引き渡しを行ない、テロ容疑者を法的手続きなしに他国へ移して拷問にさらした。全体の犠牲者数は不明であるが、「開かれた社会財団」が確認できただけでも一三六人がその被害に遭い、関与したのは五四カ国の政府で、カナダもその一つだった（Singh 2013）[注1]。

9・11の後、メディアや大衆文化は恐怖の政治学に覆われた（Altheide 2003）。これは犯罪報道が恐怖を煽り社会管理を求めてきた歴史の延長上にある現象といえるが、大衆娯楽には昔からそうした面があり、このアメリカ社会の伝統が9・11後には政府の統制と監視をよしとする土台になった。恐怖の政治利用は多くの国が社会統制の手段とするところであるとはいえ、中でも合衆国は「異常なまでの恐怖症国家」であり、悪辣な敵への恐怖は植民地時代から現在に至るまでアメリカ社会の基層をなして、この国の「恐ろしく病的な銃文化」に結実している（Chomsky 2014）。恐怖は被害妄想の中に顕われ、虐殺に抵抗する先住民が文明への脅威とみなされる例に始まり、蜂起する奴隷、共産主義者、移民、「ならず者国家」、外国人、それにエコテロリストまでが敵となる。

アメリカ新世紀プロジェクト（ＰＮＡＣ）を立ち上げた合衆国の新保守主義者（ネオコン）は、恐怖の政治学を利用して大衆を怯えさせ、強大な敵の危険性を説く（Altheide 2003）。先述したように、ＰＮＡＣの目的は合衆国による世界支配であり、その達成のために軍事支出の増額と強引な国際規約の設定が求められる。短期目標の一つは豊富な石油資源を抱えるイラクの政権交代と定められ、9・11は改めてその主張を唱える口実となった。ブッシュ政権は恐怖の政治学に依拠して「テロとの戦い」を案出し、これによってイラク侵略を正当化した。ＰＮＡＣの頭脳集団は9・11を軍事遠征実施の好機とみて、合衆国の他国支配を前提とする新世界秩序の確立と、合衆国内における右翼勢力の権限確立を狙った。ＰＮＡＣは二〇〇一年の同時攻撃にサダム・フセインが

注1　ＣＩＡに協力した五四カ国は次のサイトで確認可。"Map: The 54 Countries That Helped the CIA with its Torture-Linked Rendition Program," http://www.vox.com/2014/12/9/7361291/map-cia（二〇一七年一月二十三日アクセス）。

関わっていると主張して、それを裏付ける何らの証拠もないままにイラク侵略を促した。その侵略は合衆国の企業にとっては降って湧いた幸いで、イラク破壊に用いる兵器の供給、破壊されたイラクの復興、石油支配、すべてが儲けの種となった。侵略を支えたのは、海の向こうに悪魔のような敵がいるという考えであり、異を唱える左翼は裏切り者とされねばならなかった。国内の右翼テロリストに懸念を示すのはこの物語に益さない。というのもテロとの戦いを操る新保守の遠征者らは、人種差別や宗教的原理主義、資本主義への傾倒など、多くの価値観や信条を右翼と同じくするからである。

自爆犯、大量破壊兵器、警戒レベルなど、危険を伝えるひっきりなしの報道が、この絶え間ない恐怖の言論に新たな章を付け加えた。恐怖の政治学が利用されることで、愛国者法などの制定による国内の社会統制も進んだ。イラク戦争が長引き米兵の死者数が増えると、政治宣伝を増やして新しい脅威をつくり出し、恐怖を煽ることで戦争支持の世論を維持する必要が生じた。その過程でテロリズムの定義が拡大され、多様な活動がその範疇に含まれることとなる。テロとの戦いが生んだ結果の一つはテロリストの増殖であり、これは妄想の中の敵が増えたという意味もさることながら、現実にも、合衆国の攻撃による巻き添えで家族を失った者の多くが復讐を誓う事態が起こっている。

メディア研究家のエドワード・ハーマンは、国家が主体となる「大口の」テロと、小集団や個人が主体となる「小口の」テロを区別した点で注目される（Herman 1982）。ハーマンによれば、個人の行為も時には被害者に甚大な苦痛と不正義をおよぼすが、そうしたテロリズムは政治的理由から過度に誇張され、国家の犯すさらに大規模かつ深刻なテロ行為から人々の注意をそらすとともに、大衆の恐怖を操って合意を形成することに利用される。

政府はテロ攻撃の恐怖を誇張して圧制的な法整備を行なう。第1章で述べたように、ブッシュ政権はテロとの戦いを「国のスローガン」に掲げたが、そこから生まれた恐怖の文化は「有害」作用を伴い、不安感と被害妄想を広める一方で、真の脅威に対する防衛力を損なった。ズビグネフ・ブレジンスキーは、恐怖の文化を生むことが大きな目標とされたのは、その利用価値ゆえのことだったと論じる。「恐怖は理性を曇らせ、感情を昂らせ、煽動を好む政治家が自身の追い求める政策のために大衆を動かすことを容易にする」（Brzezinski 2007）。恐怖の文化は「瓶から放たれた……精霊」のごとく自身の生命を得て、周囲に常なる危険を感じるアメリカ人らにパニックをもたらす。ブッシュ政権が「テロ問題をめぐる国家的洗脳」を行なっていることを糾弾してブレジンスキーは言う。

かかる恐怖利用は、セキュリティ事業者、マス・メディア、娯楽産業の力を借り、やがて独り歩きをするようになる。一般にテロ専門家と呼ばれるテロリズム事業者は、自身の存在意義を示すために否応なく競争へ身を投じる。するとかれらは大衆に新たな脅威が差し迫っていることを納得させなくてはならない。そこで、前代未聞の恐ろしい暴力が発生しうるという、まことしやかなシナリオが求められ、時にはそれとともに自身らの行動の青写真を示すことも必要となる。

イスラム主義テロリズムを引き合いに出すブッシュ政権の恐怖操作にブレジンスキーが筆誅を加えるのは、幾分、皮肉なところがある。かつて本人が認めたように、ブレジンスキーはカーター政権の国家安全保障担当補佐官だった頃、ソビエトをアフガニスタン侵攻へ向かわせる目的から、ムジャーヒディーン〔ジハード遂行者〕の組織結成に大きく関わったからである（Cockburn and St. Clair 1998）。

動物活動家やエコテロリストの脅威というのも、こうした恐怖利用の一環に組み込まれ、漠然とした不安感や恐怖感を維持する政治の道具となる。それに並行して産業界からも独自の「テロリズム事業者」が生まれ、世にイスラム主義テロリストやジハード遂行者への恐怖が広がっているのをいいことに、それを動物活動家や環境活動家の危険性と混ぜ合わせ、誇大なエコテロリストの脅威をつくり出した。

誇張されたテロの脅威を口実に、世界には瞠目すべき諜報・警察・監視機構が整えられた。ジョン・ミューラーとマーク・スチュアートは、合衆国のテロ対策費用が9・11以降に急増し、膨れ上がる国内安全保障の費用が二〇一一年に一兆ドルを超えたことに注目しつつ、政府がその費用対効果を計測できていない事実を明らかにして、これらの予算増額は「度を超えて」おり、その元となった安全保障の専門家による助言は「弁護できない」と論じた（Mueller and Steward 2011: 1）。オーストラリア、イギリス、カナダの状況もこれと大差ない。安全保障の費用には、テロとの戦いを名目としたアフガニスタンやイラクとの戦争その他に投じた予算が計上されないので、支出額は過小な見積もりとなっている。巨額の安保支出は、最悪のシナリオを想定し、テロ組織の規模・能力を過大視することで正当化されるが、実際にテロ攻撃で人が殺される可能性は極めて低く、「9・11以降でも、戦闘地域外でイスラム過激派によって」殺される人々の数は「年間二〇〇から三〇〇人前後にとどまる」（ibid.: 8-9）。犠牲者に数の大小は関係ないとしても、ここからすると、テロリズムは世間で思われているほど大きな脅威ではないといえるだろう。同じ期間で比べると、バスタブで溺死するアメリカ住民の方が多いのである（ibid.: 320）。似たような比較になるが、もと国連のアルカイダ・タリバン監視チーム代表リチャード・バーネットによると、二〇〇七年から二〇一一年のあいだに合衆国でテロ攻撃によって命を落とす確率は二〇〇〇万分の一だったという（Barnett 2013）。他方、蜂に刺されて死ぬ確率は七万五八五二分の一に達した（National Safety Council 2014）。

テロリスト事業者とセキュリティ専門家は絶えず動物活動家と環境活動家の危険を大袈裟に訴えてきた。国立テロリズム研究・テロリズム対策連合（ＳＴＡＲＴ）に提出した報告書の中で、スティーブン・チャーマクらはエコテロリストの同定が困難であると言い、その理由は「かれらが犯行に先立って精力的に合法の抗議や運動関連の行事に関わることは極めて稀」な上、「合法的手段によって自身らの運動の目的をおおやけにする意欲にも乏しい」からだと説明する（Chermak, Freilich, Duran, and Parkin 2013: 12）。チャーマクらによれば、刑事犯罪の多くはごく少数の個人によるもので、その大半は若い白人男性が占め、三割は前科持ちだった。大抵は単独犯として動き、「大きな組織力を持つ集団とはつながらず、資金援助はほとんど受けていない」

（ibid.: 14）。そしてこの犯行者らは動物の権利団体や環境団体が募集した人間でもなかった（ibid.: 15）。しかも「多くの国家」では一度も「エコテロリズム」が発生しておらず、これまでに起きた事件の三五パーセント以上は些末な施設破壊や経済的損害を伴うのみで、残りの事件に関しては実際の被害評価が見つからないため著者らは損害額を推定するにとどまっている。さらに、報告書が挙げた一四七の犯行者名は重複があるため、実人数ではわずか五九名となる。すなわち、著者らが警戒するエコテロリストとは、本当のところはごく少数の者を指すに過ぎず、その少数者は動物の権利運動とも環境運動とも関わりを持たないのに加え、犯罪行為を禁じるそれらの団体の活動指針にも従わない。ところがチャーマクらは諜報・セキュリティ機関へ向け、そうした運動に「一層の注意」を払うよう呼びかけている。動物の権利や環境保護を名目とする資産破壊は、そうした運動とほとんど関わりを持たない少数の青年によるしわざである、と、そう指摘したのは著者ら自身であり、右の結論は矛盾したことを述べているように思われる。

おかしなことを言っているのはこの著者たちだけではない。動物実験を推進するロビー団体「動物研究を学ぶ会」は、ウェブサイト「動物の権利運動過激派情報」に先のSTARTによる報告書を載せ、「ELFやALFによって故意に人が狙われる可能性を見逃さないことが重要」であると述べるが、ここでもまた地球解放戦線（ELF）や動物解放戦線（ALF）の危害防止原則が無視されている。それにそもそもの報告書自体が、人への危害などには言及せず、ELFやALFの行動は物的損害を伴うに過ぎないと明言している。

活動家への監視強化を促す一方で、報告書作成者の一人であるチャーマクは、メディアが右翼市民軍の運動による危険を誇張していると論じる（Chermak 2002）。右翼のテロリズムを過小評価し、左翼（動物・環境活動家を含む）のテロリズムを過大評価する態度は、テロリズム事業者や政府機関が形成した一般的傾向といえる。が、それは現実の歪曲に他ならない。

看過される右翼の暴力――ヨーロッパ編

活動家をエコテロリストに仕立てる宣伝努力と表裏一体のものとして考えなければならないのが、右翼の暴力を過小評価する態度である。右翼集団はヨーロッパ全土で力を伸ばしており、その背景には深刻な財政危機と債務危機、世界的な景気後退、失業の蔓延、生活水準の低下、膨らみゆく将来への不安と絶望がある。右翼はこの十年ほどで力を蓄え、準軍事組織と化したギャングが人種差別的な路上暴力を振るいだしたばかりか、デンマーク国民党やオーストリア自由党、オランダの自由党、ギリシャの「黄金の夜明け党」といった政党までが現われた。フランスの国民戦線党首マリーヌ・ルペンとオランダの自由党党首ヘルト・ウィルダースは右翼の連合をつくってEUを解体しようと目論み（Traynor 2013）、東欧のファシスト政党は国際同盟を結成して反環境保護・反移民の人種差別的な共通政策を推進しようと図った。ウクライナでは政府がファシストを擁護した一方、ギリシャでは露骨なナチズムを掲げる「黄金の夜明け党」が議席を獲得して、そのギャングが路上を闊歩しながら、移民を標的に威嚇もすれば、店に押し入って火あぶりにすると脅迫もし、警察が黙って見過ごすなか暴行も加える（Alderman 2012）。人種差別と移民迫害の思想・行動が世にはびこり、大政党が保守と革新の別なくその要望に応えようとするさまは、かつてナチス政権の誕生を許した一九三〇年代のドイツを髣髴させる「そら恐ろしい反響」である（Palmer 2013）。

警察・諜報機関はイスラム主義と左翼の組織に目を向け、そこに動物活動家と環境活動家も含めて警戒の対象とするが、一方でかれらは危険な右翼組織を無視してきた。二〇一一年に全英国内過激派調整官のアドリアン・タドウェイが口にしたところでは、警察はイングランド防衛同盟を過激派組織とはみなさないという（Dodd and Taylor 2011）。同組織は差別感情からイスラム教徒に攻撃を仕掛け、ノルウェーの虐殺犯アンネシュ・ブレイヴィークから賞讃を受けているにもかかわらず、である。右翼が寛容に扱われるのは、そうした集団の掲げる思想に「法と秩序」の概念が含まれ、警察や治安当局を共鳴させるからでもあるだろう。ギリシャでは某巡査長が、警察内の様々な部署に「黄金の夜明け党」の党員がまぎれていること、警察が右翼の活動に目をつむっていることを認め、人権団体は警察の暴力事件と差別暴力の事件が重なり合うとの指摘を行なっている（Chatzistefanou 2012）。

オランダの総合情報保安局（ＡＩＶＤ）は左翼に焦点を当てていることで知られ、かつてはオランダ・マルクス・レーニン主義党なる偽装政党をつくって、オランダ共産党の弱体化と中国政府への接近を図った（Henley 2004）。ＡＩＶＤの公式サイトには「特殊利権領域」の一覧があり、そこに動物の権利論も入っている。同局の報告書では右翼テロリストが無力な「一匹狼」に過ぎないと過小評価される一方、左翼集団は（動物活動家も含め）高度に組織化され、国際同盟の結成に余念がないなどと記される（General Intelligence and Security Service 2011; 2013）。同じく、エコテロリストが「国際規模で……暴力犯罪を展開する」という誤った示唆・警告を行なったのが、欧州刑事警察機構と欧州司法機構であり、その二〇一一年会合では、ハーグに「法執行機関および検察当局の専門家五八名と、民間部門三五組織の代表者ら」が集まって「過激派による暴力の増大」を議論した。「事の重大性を過小評価する傾向」に懸念を示した参加者らは、警察が連携を強化するとともに「セキュリティ分野の企業と協力した合同戦略」を練って「動物の権利運動過激派」を打倒するよう求めた（Europol 2011）。

看過される右翼の暴力──アメリカ編

合衆国では二〇〇一年以降、「国内テロリズム」への懸念から、政府・警察・産業界・メディアが、一方ではイスラム教徒に注目し、一方では動物・環境活動家に注目して、「エコテロリズム」の範疇をバカバカしい規模にまで拡大した。政府と警察は脅威を誇張し、活動家を最大の懸念材料としながら、右翼テロリストの政治的暴力を看過するが、こちらは前者よりも遥かに甚大かつ深刻な被害をおよぼす。例えば刑務所内を本拠とする暴力集団、アーリア人同胞団は、悪名高い白人至上主義者の組織で、殺人・麻薬売買・闘犬など多岐にわたる犯罪行為を指揮する上、全米の刑務所制度に影響をおよぼしている。右翼テロリストの大きな脅威を無視して、代わりに左翼の一味とみた動物活動家を警戒する態度は、テロとの戦いにおける国内監視の一般傾向にみごと合致する。

右翼集団が危険であることを示す証拠は枚挙にいとまがない。新アメリカ財団（ＮＡＦ）の調べでは、９・11以降、イスラム主義の思想に駆られた者は合衆国で二一人の人々を殺害したが、右翼の過激派は政治的理由から三四人を殺害した（Bergen and Sterman 2014）。さらに、ＮＡＦの研究者らによれば、イスラム主義のテロリストは生物兵器も化学兵器も持たないのに対し、右翼過激派はこれらを持つ（Bergen and Lebovich 2011）。ＮＡＦは左翼過激派に言及しながらその具体的な名を挙げない。危険な化学物質を所持していた罪で二〇〇二年に逮捕されたシカゴのジョセフ・コノプカは「無政府主義者」に分類されたが、メディアの報道によるなら、彼は社会的に孤立した人物で確固たる政治思想も持っていなかった。

メイン州のネオナチであるジェームス・カミングスは、長年にわたり家庭内暴力を振るった末、二〇〇九年に妻に殺害された男であるが、彼は放射性物質を所持し、それで「汚い爆弾」（放射能をまき散らす爆弾）をつくろうと計画していた（Keller 2009: 23）。右翼の過激派は、殺せるだけ多くの人間を殺したいという意思表示を何度も行なってきた。しかしその明らかな危険性を知ってなお、政府も警察もメディアも別の標的に目を向ける。フォックス・ニュースはＦＢＩが依然として動物・環境団体を国内一のテロ脅威とみている旨を報じ、その中で特別捜査官のリチャード・コルコは、ＦＢＩが一八〇件のエコテロリズム関連捜査を行なっていると語りつつ、右翼テロリズムについては一言も触れなかった（FOX News 2008）。より現実に近いと思われるのは二〇一四年に国土安全保障省が発表した報告書で、そこでは警察が認知する五大テロ脅威として、市民主権絶対主義者、イスラム主義過激派、市民軍・愛国者組織、差別的スキンヘッド、ネオナチが挙げられている。

ただし、ここでも「動物の権利運動過激派」「環境保護運動過激派」は第六、第七の脅威とされ、クー・クルックス・クラン（ＫＫＫ）や中絶反対派、税制反対派の過激集団、移民反対派の過激集団、キリスト教アイデンティティその他のカルト集団よりも上位に置かれている（Carter, Chermak, Carter and Drew 2014）。

動物活動家と右翼テロリストを分けるものは非暴力の実践だけではない。動物活動の動機には他生命とのつながり意識、思いやりと気づかい、環境を守ろうとする思いがある。中には人間嫌いを表に出す者もいるとはいえ、多くの活動家は他の社会正義運動にも共感を示し、それに参加することも珍しくない。政治宣伝はかれらを反人間的であるように言うが、動物活動家は普通、迫害・搾取される人々との連帯を訴える。だからこそ動物擁護は往々にして反対派から左翼運動と目される（左翼は一般に動物の権利論を些末な富裕層の関心事と考えるが）。

右翼テロリストが民族・人種・宗教集団を一枚岩に捉えるのと違い、動物擁護派に求められる姿勢はＡＬＦの活動指針が要求する通りである――「提起する活動についてはその副次的影響を考え、対象を特定できる情報がある際は一般化を行なわない（すべての〇〇は悪である、等）」（Animal Liberation Front n.d.）。対照的に、ＫＫＫやスキンヘッドやキリスト教アイデンティティといった右翼集団は、差別感情と宗教的偏見に突き動かされる。デビッド・デュークの全米白色人種向上協会がそうであるように、白人至上主義団体は白人文化の保護者を自称するが、右翼の心理は他者への憎しみを原動力としており、それは反共産主義、反ユダヤ、反カトリック、反同性愛、反移民の各種運動や人種差別に表われる。動物の権利論は他者の伝統文化を重んじない豊かな白人の趣味だ、という罵りは聞かれるが、それを口にする批判者は、白人以外の活動家による貢献をすべて無視している。さらに、批判的動物研究はそうした話題や絡み合う抑圧に関する議論を促す（Sorenson 2014）。

対して右翼テロリストは自身らが自然の人種序列と考えるものを守ろうと欲し、極端な社会保守主義〔伝統的価値観への固執〕、敵対意識、外部者嫌悪、それに他集団への露骨な憎悪を行動原理とする。

かれらが築き守ろうとするのは単一民族の祖国であって、外国からの影響はその完全性に対する脅威とみなされる。この排外的な態度は諸々の「外国人」に向けられるばかりでなく、すべての集団の平等を支持する革新派（リベラル）にも向けられる。そうした反社会的な思想と共鳴するように、税制反対や自由信奉の主張、サバイバルやカウボーイの空想、父権的な女性観、他の動物や自然に対する支配主義・種差別主義が存在する。アメリカの右翼活動家は、共通の心理としてこれら排外的な信念や憎悪を抱くとともに、奇妙な反政府思想も持ち合わせる。多くの右翼が、連邦政府は国際主義勢力に乗っ取られている、この勢力は銃規制を通してアメリカの弱体化と市民の無力化を図り、新世界秩序において国連に一種の警察国家をつくらせようとしている、といった考えをめぐらせる。こうした妄想は一九九〇年代に盛んとなって、武装市民軍や愛国運動の増殖へとつながった。

白人至上主義者

白人至上主義団体は思想的理由から暴力行為を働くにもかかわらず、メディアの分類や裁判の訴状においてテロリストとされることは滅多にない。警察はその活動にほとんど関心も示さない。もとＦＢＩ捜査官のマイク・ジャーマンは白人至上主義団体や反政府市民軍に潜入して数年間を過ごしたが、二〇〇四年に退職した後はＦＢＩを糾弾し、テロ対策に不備がある、管理が不行き届きである、人権を侵害している、「情報収集に思慮が足りない」、信頼性の高い根拠にもとづく犯罪捜査を怠りながら諜報任務の拡大に浪費的な投資を行なっている、といった問題点を挙げた（Braverman 2013）。さらに、ＦＢＩは白人至上主義者を「単独犯の過激派」とみるのでなく、その組織的な構造に目を向けるべきだとも指摘した（German 2005）。

ジャーマンの忠告は無視される。二〇〇八年、ペンシルベニア州国土安全保障局長官のジェームズ・パワーズは、オクラホマ・シティを爆破したティモシー・マクベイと中絶クリニックを爆破したエリック・ルドルフについて、両名は政府転覆を図る組織に属さないのだからテロリストではない、と語った。マクベイが税制反対組織や市民軍、白人至上主義団体と関わっていた点を無視してパワーズは述べる。「ティモシー・マクベイはテロリストではなく、ただアメリカ政府に大きな不満を抱いていただけです。……ある人物がテロリストか犯罪者かなど、私には関係ありません」（Haines 2008）。パワーズは関係ないと言うが、この区別は実際のところ極めて政治的なもので、「テロリスト」の分類は特定集団を異端化する目的で使われる。加えて、「テロリスト」

は「犯罪者」と同じ行動を起こしてもより重い刑を言い渡されるのだから、訴えられる者からすれば、この区別は関係が大ありなのである。

マクベイは政治的動機からオクラホマ・シティのアルフレッド・P・ミュラー連邦ビルを爆破して、一六八人を殺害し、六〇〇人以上を負傷させたにもかかわらず、テロリズムの罪には問われないで、大量破壊兵器の使用と使用未遂、器物損壊、殺人の罪に問われただけだった。他方、白人至上主義のキリスト教アイデンティティ組織とつながったエリック・ルドルフは、ゲイバーや中絶クリニック、一九九六年に開催されたアトランタ・オリンピックの会場で爆破事件を起こし――五輪会場の爆破はルドルフ本人いわく、「グローバル社会主義」への攻撃だったという（Rudolph n.d.）――、これらによって二人を殺害、一五〇人を傷害した結果、FBI長官ルイス・フリーから、一九九八年のFBI文書内でテロリストと呼ばれた。しかしパワーズはマクベイとルドルフをテロリストに分類することを拒み、テロ攻撃の防止はペンシルベニア州警察に任せていると語った。そのペンシルベニア州警察幹部服務課に所属する元陸軍中佐のジョン・R・ブラウンは、国内における三大テロ脅威として、ALF、ELF、および「阻止せよハンティンドンの動物虐待」（SHAC）の名を挙げる。

動物活動家や環境活動家を執拗に大きな陰謀や大資金に潤う団体と結び付けるのに対し、警察もメディアも、暴力的な右翼テロリストに関しては「一匹狼」と形容したがる。明らかな証拠があっても、警察とメディアは右翼の攻撃を思想的動機と結び付けようとしない。有名な白人至上主義者で元ＫＫＫの州組織幹部だったフレージアー・グレン・クロス（別名フレージアー・グレン・ミラー）が、カンザス・シティにある二つのユダヤ人公民館で三人を殺害し、逮捕されながら「ヒトラー万歳」の叫びを上げげた時も、警察は「この銃撃事件を憎悪犯罪とみなすのは早計だ」と語った。クロスはかつて「違法の準軍事組織を動かし、アフリカ系アメリカ人に対し脅迫戦略を用いた」ことで、南部貧困法律センターから訴えられた経歴を持つ（Pearce, Glionna and Webber 2014）。この公民館襲撃事件に関しては、最終的にクロスは憎悪犯罪で訴えられた。こうした例とは対照に、警察とメディアはありもしない左翼組織の関与をすぐに口にしたがる。

限定された標的

珍しく右翼テロに注意が向けられた際には激しい反応が湧き起こる。二〇〇九年に国土安全保障省（ＤＨＳ）が作成した右翼テロに関する諜報報告書は大きな議論を呼んだ（United States Department of Homeland Security 2009）。報告書は、右翼テロリストが中絶に目を向け、合衆国における初の黒人大統領誕生に心を乱し、アフガニスタンとイラクから帰還した不満をつのらせる退役軍人を招き入れてその武器知識を利用しようと試みるおそれがある、と述べる。軍人募集をめぐる懸念は妥当なものといってよい。白人至上主義者のウェイド・マイケル・ペイジは、ウィスコンシン州のシーク教寺院で六人を殺害し、四人を負傷させた人物であるが、彼はノースカロライナ州ファイエットビルに位置する軍事基地、公然たる人種差別主義者とネオナチ新兵の温床として知られるフォート・ブラッグに配属され（Teague 2012）、そこで落下傘兵のジェームス・バーマイスターという、一九九五年に一組の黒人カップルを殺害して有罪判決を受けたスキンヘッドの男と知り合いになった（Trotta 2012）。ペイジは差別主義者のロックバンドにも属し、ナチスの入れ墨で体を覆っていたにもかかわらず、ＦＢＩは右翼テロを見過ごす普段の慣例にならい、彼と白人至上主義の関わりを軽く受け流した（Pearce 2012）。ジャーナリストのマット・ケナードによれば、米軍は差別主義者やネオナチなどの「数えきれない」右翼過激派を惹き寄せており、かれらの多くはアフガニスタンやイラクでの任務中に堂々とその紋章を見せびらかすばかりか、「殺人班」をつくって気晴らしに民間人を銃殺し、「戦争における最悪の蛮行の多く」を生み出している（Kennard 2012）。ベトナム戦争で軍の情報士官を務めたジェフ・スタインは、ノースカロライナ州の米軍基地キャンプ・ルジューンに「狙撃兵の専用会館」があると言い、そこの壁はナチス親衛隊の紋章・勲章・写真で覆われ、兵士らはそれと「明らかに同化していた」と振り返った（Stein 2012）。

人種差別はおよそあらゆる軍隊の問題となっている。二〇一四年、カナダの退役軍人らは、九年前にカナダ軍初のオンブズマン〔行政監察官〕が軍における「組織的人種差別」と称したものについて、調査の実施を要請した（*CBS News* 2014a）。発端は一九九三年にカナダ軍の兵士がソマリアの少年シデイン・アローンを殺した「ソマリア事件」で、これは軍内の人種差別をめぐる公開調査の切っ掛けとなったにとどまらず、カナダ空挺部隊の解体、および軍事費の削減につながった。単に沢山の差別主義者が軍にいる、というだけでなく、むしろ差別主義・軍国主義・資本主義は「三つ巴の巨悪」となって、相互連関する暴力を形づくる（King 1967）。そしてそれを本質とし、かつ蔓延させるのが新自由主義の経済であって、これは市場原理主義と一体になりながら「略奪的社会」を形づくり、その「商品化された大衆文化」の中では民主主義と社会契約の思想が葬られる代わりに個人の達成が重んじられ、「極端な暴力・貪欲・利己心」が「愉楽の源泉」となる（Evans and Giroux 2015）。動物活動家は動物搾取を資本主義に内在する暴力とみて糾弾するが、それと違って差別主義者の右翼による暴力は支配階級にとっての脅威とはならない。例えば二〇一五年のアメリカ共和党大統領候補ドナルド・トランプ（現大統領）は露骨な人種差別とファシストまがいの言辞を弄し、それで主要な白人至上主義団体の支持を得る一方、法人メディアからの批判はほとんど受けなかった（Marans and Bellware 2015）。

こうした差別感情が当然視されていく中、保守的な政治家やメディアに登場する右翼、中絶反対組織、アメリカ在郷軍人会その他は、証拠という証拠が出そろっていても右翼テロの可能性に言及することを禁忌とみなし、それは軍に対する非愛国的な攻撃だと難じる。ラジオの司会を務める右翼論者のラッシュ・リンバウは、ＤＨＳの報告書に悪態をつきつつ、不正確な非難を口にした。「ここに挙げられた右翼団体のどれ一つについても、何ら悪いことをしたという証拠が示されているわけではありません」（CNN Politics n.d.）。ブロガーのミシェル・マルキンは報告書を「紙くず」だと言い、ここには具体的な右翼団体の名が挙がっていない、ＤＨＳには反保守のバイアスがかかっている、左翼過激派に関する以前の報告書はＡＬＦを名指ししていたというのに、と文句を並べた。ところが実際の報告書には具体的な事例が載っており、リンバウとマルキンは嘘をついているに過ぎない。名前ではティモシー・マクベイしか載っていないとはいえ、他の事件は有名である。例えば報告書は二〇〇九年四月四日にピッツバーグで三人の警察官を襲った銃撃事件を挙げ、犯人の右翼過激派は「銃器の押収、抑留所、およびユダヤ人が支配する『世界統一政府』に関連した反政府の陰謀論を信じ込んだこと」から当の行為におよんだという。これは白人至上主義者のリチャード・ポプロスキーを指す。また、報告書は二〇〇七年四月にアラバマ自由市民軍が逮捕された事件を挙げるが、その際に連邦警察が見つけた隠し倉庫には、自家製手榴弾一三〇個、グレネードランチャー一基、小型機関銃、銃の消音装置、大量の弾薬とマリファナが収められていた。DHSの報告書はもう一つ、二〇〇七年二月にワイオミング市民軍の構成員一人が逮捕された例を挙げる。これはリチャード・T・セラフィンのことで、殺人目的の武器所有により七十八カ月の禁錮刑に処された彼は、中部ワイオミング市民軍の指導者に居座り、アリゾナ州へ出向いてメキシコからの移民を殺戮する計画を立てていた。以上、リンバウとマルキンの言うこととは裏腹に、DHSの報告書は右翼過激派の具体的な事件に言及している。もっとも、そこで挙げられた例は氷山の一角でしかない。南部貧困法律センター（SPLC）のとある報告書は、合衆国に散る一〇一八の憎悪団体が一九九五年以降に企ててきた犯行の数々を列挙する。

計画されたのは、政府施設・銀行・精錬所・公益設備・診療所・教会堂・モスク・記念館・橋梁の爆破、警察官・裁判官・政治家・市民権活動家・その他の暗殺、銀行・装甲車・他の犯罪者を狙った強盗、および、所持が認められない機関銃・ミサイル・爆発物・生物兵器・化学兵器の蒐集［におよぶ。いずれの計画も、政治的暴力によってアメリカに変化をもたらそうと意図したものだった］。ほとんどの例において大量殺人が予定され、ある計画では三万人もの市民が狙われたが、これは二〇〇一年九月十一日に殺された人数の一〇倍にも相当する。（Southern Poverty Law Center 2012）

二〇〇三年四月、ＦＢＩは本物のテロ脅威を暴いた。かれらはテキサス州ヌーンデイで巨大な武器庫を見つけ、そこに何十丁もの自動式機関銃や拳銃、書類カバンに似せた遠距離操作爆弾、六〇個以上のパイプ爆弾やその他の爆発物、数千人を殺害できる化学兵器、何万発分にもなる弾薬、銃の消音装置、爆弾製造マニュアル、白人至上主義の宣伝広告、それに麻薬が隠されているのを確認した。ウィリアム・クラールとその妻ジュディス・ブリューイ、それにニュージャージー市民軍に属するエドワード・フェルタスが逮捕された（夫妻はフェルタスに宛ててアメリカ国防情報局と国際連合の偽造身分証明書を送ろうとしたところが、誤って別の人物にそれを届けてしまい、この受け取り手が警察に連絡したという経緯があった）。発覚は偶然によったものの、クラールはすでに警察の知る男だった。彼は警察官に偽装した罪から一九八五年に逮捕された前科を持つほか、二〇〇三年には車内に収めていた化学物質と銃器をテネシー州警察に見咎められ、さらに様々な右翼組織とつながっていることも知られていた。しかし、こうしたことがあってもさらなる調査の必要性が意識されなかったのと同じで、このたびの逮捕についてもＦＢＩは特記するに足らないと判断した。ＳＰＬＣはクラールとブリューイの所持していた武器類が９・11の同時攻撃に匹敵する人数を殺せると指摘したが、司法省は記者会見も開かず報道発表もせず、この逮捕をテロとの戦いにおける勝利と謳うこともなかった。『ニューヨーク・タイムズ』紙はこの事件をめぐる対応と広報が、イスラム教徒や左翼のテロリストとされた者の逮捕時とは大きく異なることを認め、記者ポール・クラッグマンは司法長官のジョン・アシュクロフトが白人至上主義者の思想に同調しているとした上で、その点については例えば、人種差別的な雑誌と非難される『南部パルチザン』誌に載った一九九八年の悪名高いインタビューの中で、彼が「南北戦争期に奴隷所有者連合を背負った英雄たち」を讃美したことからも分かる、と指摘した（Krugman 2004）。アシュクロフトは学校の差別撤廃にも反対した。クラッグマンによればさらに、アシュクロフトは銃ロビー団体と癒着して市民の安全をないがしろにし、政府の登録制度はすべてＦＢＩによる身分確認を経なければならないとしながら、銃購入に関してだけは身分確認の手続きを禁止した。

ピーター・バージェンとデビッド・スターマンはＣＮＮの報道で新アメリカ財団の研究に触れ、右翼テロリストは９・11以降に合衆国で三四人を殺害したと語った（Bergen and Sterman 2014）。しかしアリー・パーリンジャーは、一九九〇年から二〇一二年のあいだに発生した四四二〇件の暴力的攻撃事件において、右翼テロリストは六七〇人を殺害し、三〇五三人を傷害したと報告する。(注2) 動物活動家は一人の人間も殺害したことがなく、すでに指摘したようにＡＬＦとＥＬＦのガイドラインは「人間と人間以外とを問わず、あらゆる動物に対する害悪を防ぐべく必要なかぎりの予防措置を講じる」と謳っている。対して右翼テロリストは多くの人々を故意に殺害・

傷害する者たちで、その血塗られた伝統は合衆国では十九世紀のクー・クルックス・クランによるリンチと火あぶり、さらには先住民に対する人種差別と集団殺害の長大な歴史にまで遡（さかのぼ）る。

にもかかわらず、右翼の論者は政府が自分たちにバイアスを向けていると訴え続けてきた。アントニー・L・カイマリーは雑誌『国土安全保障のいま』の中で、DHSの報告書に記された右翼過激派への懸念は「ゲリラの集団・組織」が広めたものである、と、その具体的な名を一つも示さずに断言した（Kimery 2010）。一方、彼によれば某「テロ対策専門家」は「同じ程度の懸念」を「エコテロリスト、および資本主義に反対する社会主義者、マルクス主義者、無政府主義者」に向けているという。カイマリーは諜報部の知見をもとに次のような警告も発した。「〔左翼過激派の〕単独犯らが『保守派』の組織と個人に対し何らかの行動を実施に移そうと検討しており、その標的には新たに選ばれた共和党候補や無所属候補、『また、とくに茶会党[注3]につながる』候補も含まれる」。これについても具体的な情報は何も示されていない。

DHSの幹事らによれば、報告書の執筆陣代表ダリル・ジョンソンは、このたびの論争が原因で事務所が縮小されることを恐れた結果、報告書をDHSのウェブサイトから消して自身の部局の人員削減に踏み切った。二〇一〇年、合衆国の右翼過激派による政治的圧力に屈したジョンソ

注2　パーリンジャーの報告書は以下から入手可。"Challengers from the Sidelines: Understanding America's Violent Far-Right," https://www.ctc.usma.edu/wp-content/uploads/2013/01/ChallengersFromtheSidelines.pdf（二〇一七年一月三十日アクセス）。

注3　保守派の政治集団。二〇〇九年以降、オバマ政権の諸政策に反対する運動を展開。

ンは、ＤＨＳに勤続した六年間も含め、白人至上主義者やネオナチ等の右翼組織を十五年にわたって研究してきたあげく、辞職へと追い込まれた。ＤＨＳの長官ジャネット・ナポリターノは右翼メディアと在郷軍人会の圧力に押されて報告書のことを詫び、国内の右翼テロリストに対する調査は打ち切りとなった。

右翼テロに関する報告書が憤怒を誘ったのに対し、左翼組織の調査をめぐっては何の抗議もなされなかった。「エコテロリズム」についてＤＨＳが大部の報告書を発表した際も文句の声は上がらなかったが、それ（United States Department of Homeland Security 2008）によると、エコテロリストはいまや「世界的影響力」を持ち、「戦略・戦術の洗練」と「日用品を『武器化』する技能」によって「事実上なんの罪も恐れずに経済的な破壊行為・テロ行為」を遂行できるという。さらに、エコテロリストは他のあらゆる集団、「アルカイダやイスラム主義の過激派分子」にもまして多くのテロ行為におよんだと報告書は述べる。しかしながらその「テロ行為」というのは、器物損壊や標語のスプレーペイント、おぞましい工場式畜産場からの動物救出などであり、とてもではないが、飛行機をハイジャックしてビルに突撃し、大量の人々を殺害するなどの企てとは比較にならない。

しかもこの報告書は、産業界の政治宣伝やロビー団体の偽情報、外部の「セキュリティ専門家」による杜撰（ずさん）な調査（Metscher 2005など）に依拠して、ゆがんだ不正確な情報を載せている。取り上げられたいわゆるエコテロリスト組織は、存在しないもの、活動停止中のもの、あいまいなもの（「グリーン団体」など）ばかりで、そうかと思えばオーデュボン協会や全米人道協会（ＨＳＵＳ）

のような大手組織が何の根拠もなくエコテロリズムと関連付けられていたりもする。活動団体のアリッサは「ＥＬＦの好戦的分派であり、ＥＬＦを超える直接行動として、環境への脅威とみなした個人・集団の暗殺などを支持する」と説明されている。報告書はアリッサのロゴ（アメリカ地図の上に「ＡＲＩＳＳＡ（アリッサ）」の文字が書かれたデザイン）を載せ、ここには「同団体の革命的性格と全国的野望が明確に表われている」と述べる。報告書を読んだ者は、アリッサが全国各地で殺人を犯す危険な暴力組織と思うかもしれない。が、本当のアリッサは環境活動家と反戦活動家を融合させる目的で生まれた。おもな活動は小規模の独立系出版社として少数の急進的政治論に関する文献を世に出したまでで、暗殺の前科は皆無である。ところが先のような誤解を招く情報が、テロリズム研究分析連合のような事業体によって報告書から抜き出され、専門情報として売りに出される。

右翼テロリストが爆発物による大量殺人を計画・実行してきたのとは対照的に、ＤＨＳが言及するいわゆるエコテロリストらは、ほとんどが破壊や放火におよんだまでで、それも動物の傷害・殺害に使われる機材を壊そうとしたのに過ぎない。ＤＨＳの一覧はいくつかの攻撃事件を挙げるが、例えばその一つはパイ投げなどであって、なるほど人に不愉快な思いをさせ、周りを散らかす行為とはいえようものの、これは右翼テロリストが犯す暗殺や虐殺に比べれば大したことではない。一連の報告書を振り返りながらジョンソンは不安を口にした。右翼過激派の攻撃は増えているというのに「議員も政治家も国の指導層もそんなことはさして気にしていない様子です。ですから私にとって一番怖いのは、この国の国内過激派がなにか、大量の犠牲者を出す攻撃を実行するに至るまで増長するんじゃないかと――かれらの認識からしても、国内の脅威に目を光らせている人間はいませんから。それを思うと夜も眠れません」（Beirich 2011）。バージェンとスターマンも同様に、合衆国で9・11以降にアルカイダが攻撃をしかけたことはなく、取り締まり機関はジハーディストの国内活動をよく看破できていて、おかげで海外のイスラム主義活動とつながった集団は容易に結成できず、ただ個人単位の行動が企てられるだけとなったのを念頭に、CNN上で疑問を呈し、なぜ国家安全保障の点で「国内育ちの右翼過激派が犯す暴力は、国内育ちの武装ジハーディストが犯す暴力に比べてまったく注目されない」のか、と問うた（Bergen and Sterman 2014）。

放牧地戦争

動物や環境を守ろうとする活動家と、右翼思想に駆られた暴力的犯罪者とでは、描かれ方と扱われ方に大きな違いがある。示唆に富むのは、動物産業複合体に属する者が違法行為におよんだ時の描かれ方だろう。テロリストと呼ばれるどころか、かれらは賞讃に浴する。例えば二〇一四年四月にはネバダ州の牧場経営者クライブン・バンディが、自然保護区で放牧していた数百頭の牛を土地管理局（ＢＬＭ）に没収されたとして、連邦政府に対する「放牧地戦争」を呼びかけた。政府の権限を認めないと主張するバンディは二十年にわたって放牧料の支払いを拒み、裁判所が認めたところでは未納額が一〇〇万ドルに達していたが、ＢＬＭは違反を理由に彼を逮捕することなく、数年ものあいだ交渉を続けた。同局が牛を没収したのは、バンディが絶滅危惧種の砂漠亀を守る自然保護区から牛を移動させることに同意しなかったからでしかない。放牧は希少種の蛙も脅かし、土地や地域の泉や先住民の文化遺跡を傷つけた。のみならず、牛が私有地に迷い込んで作物を荒らし、大通りその他の公道に現われて自動車運転手の脅威となることもあった。バンカービルやメスキートといった町の住民らは、バンディが放牧によって問題を起こし、法に従おうとしないことに憤っていた（Bureau of Land Management 2014）。

バンディは市民主権絶対主義者の論理にのっとり、自分は合衆国政府の権限を認めない、好きなようにやる、と言い張った。その後ろ盾には武器類を重装備して迷彩を施した市民軍の、「誓いの番人」や近衛軍団、ホワイト山地市民軍、「憲法権限を支持する郡保安官協会」（ＣＳＰＯＡ）など、白人至上主義の愛国者運動とつながる組織も控えていた。ＣＳＰＯＡ代表者の元アリゾナ州保安官、反政府急進派で銃の愛好家でもあるリチャード・マックが、フォックス・ニュースの中で語ったところでは、同組織は女性を部隊の前線、すなわち衝突が起これば真っ先に銃撃される位置に立たせることで、政府に女性殺しの汚名を着せる戦略を考案したという。

バンディは武装した同朋に州間高速道路の閉鎖を促し、「我々はまもなく、武力によってこの国を奪還する！」と宣言した（Hernandez and Langdon 2014）。『ガーディアン』紙の特集には、防弾チョッキを着た武装メンバーがＢＬＭの職員らに自動小銃の狙いを定めた写真が載っている。この人物はアイダホ州出身のエリック・パーカーであることがＡＰ通信（Associated Press 2014）と『アトランティック』誌（Ford 2014）によって確認されており、前者の記事によれば、ＦＢＩ

は「政府職員に銃を向けたとされる者たちの行動を捜査」したという。同じ狙撃手のインタビュー動画は、『インデペンデント』誌ユタ州南部版によってユーチューブにも投稿された。パーカーが政府職員を狙ったことは、写真、目撃証言、刊行記事によって確認されているにもかかわらず、ＦＢＩはいわゆるエコテロリスト――ウェブ上に情報を載せるだけの活動家――に向き合う時とは随分違う対応を見せる。もしもバンディの後ろに控えるガンマンがイスラム教徒や動物活動家であったとしたら、メディアと警察がどんな反応をみせるかは想像に難くない。

フォックス・ニュースをはじめとする右翼メディアの後押しと支えを受け、バンディは過去にも横暴な脅迫を行なってきた。二〇一三年には日刊紙『ラスベガス・サン』で、牧場に武器を置いていることを明かし、政府政策に反対するためなら「どんな手でも」使うと公言した。妻のキャロルも同紙の中で、自分は装塡済みの散弾銃を持っていて、使う心準備も整っていると語った（Johnson and Powell 2014）。メディアが伝える市民軍の言葉は、政府職員に対し武器を使うことへのためらいはない、と語っている。こうした脅迫や法の軽視は犯罪行為の歴史を映し出す。バンディの身内は三州にまたがる膨大な犯罪歴を持ち、それは「無免許運転、不渡り小切手の発行、裁判所への出頭拒否、裁判所侮辱、火器の重窃盗、不法侵入、文書偽造、保護観察中の遵守事項違反、合法的逮捕の妨害」におよぶ（McNab 2014a）。上院議員のハリー・レイドがバンディを国内テロリストとみなした時には、バンディ本人が「連邦政府に謀叛（むほん）を起こしている」ことを認め（*Fox News Insider* 2014）、これによってレイドの評価の正しさが実証されたかにみえた。が、『ロサンゼルス・タイムズ』紙はバンディを後援する武装勢力が国内テロリストであることを認めず（Horsey 2014）、他の大手メディアもそうした見解には取り合わなかった。

しかし明らかにバンディは無法者であり、彼やその後援者は危険行為に奔りもすれば暴力行使の準備も整え、自身らの目的を達成するために政府を脅迫・威圧してきたその所業は、他の者が犯せばテロリズムと断じられる。バンディの仲間は議員レイドに殺人予告を送り付け、牛の没収に関わったＢＬＭ職員の個人情報をソーシャルメディアに載せ、傍観者を脅し、地方道路を封鎖した（McNab 2014b）。政府はかれらをテロリストとして逮捕することなくみずから退き、「行政・司法の手続きを通して」問題処理に当たる道を選んだ（Johnson and Powell 2014）。脅迫と恐喝はなお続く。五月にはフードを被ったバンディの仲間がＢＬＭ職員の一人に銃口を突き付け、攻撃を恐れた他の職員らが車から政府ロゴを外す事態となった（Alberty 2014）。

法を破り、力づくで政府を脅す牧場経営者はバンディ一人に限らない。公有地を無料で私利私欲のために使いたがる牧場経営者らは、長年にわたり連邦政府の職員に脅迫と暴力を加えてきた。一九九七年から一九九九年にかけてＢＬＭ長官を務めたパトリック・シェイが振り返るには、西部州では暴力の脅威が去らないので、訪問時には武装した護衛が必要とされたが、二〇一四年に状況は悪化し、市民軍は「十九世紀のカウボーイになったつもりで、はぐれ者の徘徊集団」をつくっていたという（Glionna 2014）。「環境を守る公務員の会」は、ＢＬＭや内務省魚類野生生物局、農務省林野庁に勤務する政府職員らが急進派の財産権保護運動による爆破や銃撃といった脅迫に面していると述べ、そうした事件が増加傾向にあるというのに、司法省は海外のテロリストに注意を向けるばかりで国内の右翼暴力を顧みない、と苦言を呈した（Public Employees for

Environmental Responsibility 2003）。

バンディの行為は非難されるどころか政治家たちに賞讃され、例えば共和党上院議員のテッド・クルーズ、ランド・ポール、ディーン・ヘラーらは、干渉好きの政府に立ち向かう勇敢なヒーローとしてバンディに喝采を送った。こうした政治家は石油・ガス産業や伐採・採掘産業、さらには牧場経営産業と金銭的なつながりを持ち、バンディを自由の闘士と担ぎ上げれば、自身らも公有地の私有化によって恩恵を得られる立場にあった。

『タイム』誌が記すに、バンディの後援者らは彼の反政府闘争をアメリカ独立革命（一七七五年に始まる独立戦争）になぞらえ、バンディを保守派の「偶像……ある種のフロンティア精神を体現する輝かしい象徴……英雄［として］語り継がれる人物、すなわち、政府の横暴に歯向かう反骨の地主」と讃えた（Altman 2014）。実際には、バンディは問題となっている土地の「主」ではない。バンディは自分の家族がＢＬＭの創設された一九四六年よりも以前から当の土地を使っていたとの理由から土地所有権を主張する。しかしＫＬＡＳテレビのジャーナリストであるネイサン・ベイカが郡の不動産記録を参照して明らかにしたところでは、バンディの両親が牧場を購入したのは一九四八年であり、水利権は牧場に譲渡されたのみで周囲の国有地には適用されず、またバンディの家族が問題の土地で放牧を始めたのは一九五四年のことだった。さらに、先住民のパイユート人は合衆国陸軍によって一八七五年に居留地へ移されたが、その後、二〇一二年になって居住を許されたのは、二年後にバンディが自分のものだと言い張ることになる、その土地であった。

暴力を見せつけて政府職員を脅し、自身の政治的・経済的意向を押し通そうとしたのに加え、バンディは国有地の使用に伴う放牧料の支払いを拒んで法律違反も続けてきた。自由の闘士を自称するバンディであるが、彼は実のところ自分の利益のために公共の資源を独占したに過ぎない。牧場経営者は誰もがこの公有地貸し出し制度の恩恵に浴し、かれらの中にはコーク兄弟やヒルトン一族など多くの億万長者もいれば、カナダの採掘会社で水利権獲得を主目的に牧場を買うバリック・ゴールド、それに南部ネバダ水公社その他の法人も名を連ねる（Eckhoff 2015）。BLMが課す毎月の放牧料は動物一頭につき僅か一・三五ドルという「理論上の最低額で、……他の国有地、あるいは州や私人の土地で課されるどんな放牧料よりも小さい」。BLMは放牧料で集められる以上の予算を放牧プログラムの運営に用い、それが市民に課す負担は年間一〇億ドルにものぼる（Vincent 2012: 1）。石油・石炭・ガス会社もまた連邦政府の土地を利用するに当たっては最低限の税を納めるだけでよく、この企業優遇システムの受益者となっている。富豪の牧場経営者に安い料金で土地を貸し与えるとともに、政府は他のサービスも提供する。例えば合衆国農務省の野生生物局は、裕福な畜産業者の求めに応じ、絶滅危惧種を含む捕食動物の殺害に税金を投じる。企業を支えるこれらの公的補助が環境にどれだけの被害を与えるかは、完全には解明されていない。が、最大の煽りを受けるのは公有地に暮らす野生馬たちである（Eckhoff 2014）。牧場経営者を支援すべくBLMはヘリコプターを使って野生馬を駆り立てるが、その費用は一頭につき七五〇ドル、年間総額では七一八〇万ドルにもなる。馬の「増えすぎ」を理由として、牧場経営者らはBLMに税金を使った間引きを求め、安い公有地で数百万頭の牛や羊を放牧しようとする（ibid.）。

たかりとしか言いようのないバンディを、メディアや政治団体は英雄だと持ち上げた。フォックス・ニュースはバンディの連続インタビューを放送することで、スポンサー企業の主張を世に伝えた。フォックス・ニュースへの巨額献金者には大富豪コーク兄弟のチャールズとデビッドが名を連ね、二人が投資する右翼政治団体もフォックスの宣伝枠を買っている。コーク産業はアメリカ最大の民間石油会社にして同国第二位の巨大民間法人であり、石油のほか、農業・金融・石油化学・製紙の利権も併せ持つ。兄弟は右翼のシンクタンクやロビー団体に大金を投じ、その顔触れには「経済的繁栄を求めるアメリカ市民の会」（ＡＦＰ）やケイトー研究所、ヘリテージ財団、マルカタス・センター、雑誌『理性』などが連なる。二〇一五年、コーク兄弟は次期大統領選に八億九〇〇〇万ドルを投じると発表し、強大な影響力が行使されることとなった。反政府的と思われる自由市場の思想を広めるにもかかわらず、二人は事業に支給される公的補助金によって潤っている。バンディと同じくコーク兄弟も、傘下のマタドール・キャトル・カンパニー（合衆国の十大牧場経営会社の一つ）を介して、自身らが所有する牛の群れを公有地で放牧する。兄弟は投資先のＡＦＰなどの団体を通し、バンディの反政府闘争を後押しした。コロラド州とネバダ州のＡＦＰ支部はフェイスブック上でバンディに応援メッセージを送るとともにＢＬＭをののしり、この「暴君ら」はバンディに法の遵守を求め、裁判所が命じる料金支払いの義務を履行させせようとしている、と書き立てた（Prager 2014）。コーク兄弟がバンディを応援するのは、公有地の管理権限を連邦政府から州政府に委譲させる狙いからで、そうなれば土地購入は一層容易になる。

バンディの活動を擁護する一方、コーク兄弟は自前の非営利団体である「フリーダム・パートナーズ」なども使いながら右翼組織に寄付金を流し、かれら流の自由企業体制を喧伝するとともに公有地の売却を認める法整備へ向け圧力を加えている。

バンディの反政府的な思想は広く共有されている。銃販売店の店主で猟師でもある元オレゴン州クース郡の保安官マイケル・E・クックは、政府との戦争が迫っていると警告を発してこう述べる。「我々の権利を奪おうと企てる者たちは学校その他で暴力を用い、自身らの目標達成に弾みをつける。我々はすでに絶滅危惧種保護法その他の連邦法を前に財産権を失った。人々は仕事にあぶれ、クース郡の景気は落ち込んでいる」（Cook n.d.）。クックによれば、政府の「お偉方」は「大内戦」に手を付け、「鳥や魚の保護を介して我々の産業を破壊」し、「環境保護・動物の権利キチガイ」におもねっている（Cook 2000）。さらにその「キチガイらは『自然らしさ』という独自の狂った概念を全国に押し付ける」べく、カナダから輸入した狼の定住計画を図るが、「狼はアメリカにおける我々の暮らしそのものを脅かす」という（Cook 2003）。クックは続ける。

これはどう見てもテロリズムであり、国防の観点からは、海外の敵による攻撃と同程度の注意が払われなければならない。これら「緑」の動物の「権利」団体は、世界のあらゆるテロリストにもまして大きな被害を、この国の地方住民におよぼしている。

ＡＬＦや「勝ち取れ動物の権利」から輩出される「動物の権利運動過激派」は「テロリストと

なって猟師その他を狙い」、「狩猟を喰い止めるためなら殺人も」いとわない、とクックは述べる（Cook 2005）。オンライン・フォーラム「ＰＥＴＡくたばれ」に投稿されたクックの書き込みに対しては、猟師らが血に飢えた返信をして、動物活動家を殺したいとの願望をあらわにした。クックやその支持者は人への危害を禁じるＡＬＦのガイドラインを無視するばかりか、猟師にとって最大の脅威は誤射をしかねない別の猟師であるという事実をも無視する。ＢＬＭが活動家と共同で野生馬を守り牧場経営者を廃業に追い込んでいる、と唱える者もみられた（Noble 2014）。

公有地を私有化する動きに加わる実際の関係者に目を向ける代わりに、バンディの支持者らは奇怪な陰謀論を練り、政府の行動は国連の計画にのっとるもので、その目的はアメリカを従属させ、社会主義の世界統一政府をつくって、人類文明を犠牲にしつつ環境を守ることにある、と主張した。同様の発想は市民軍運動にも広く見られ（Chaloupka 1996）、これを広めるウェブサイトやブログやダウンロード・コンテンツは革新派や社会主義者の陰謀に警鐘を鳴らしつつ暴力的革命を呼びかけるが、その内容は穿ち過ぎていて妄想の域に達している。オンライン・ラジオ局の司会デーヴ・ホッジスは「バンディの問題はこれから起こることの前触れに過ぎない」と警告を発した（Hodges 2014）。彼が言うには、上院議員ハリー・レイドが太陽光発電所や太陽パネル製造工場を設けたのは、アメリカの全エネルギーを支配しようと目論む中国の陰謀によるもので、小型武器規制条約も、国連が合衆国を武装解除して中国とロシアの軍に侵略を促すための仕込みということらしい。

ホッジスのインタビューにたびたび現われるのがもう一人のバンディ支持者ジム・ギャロウ

で、彼もバンディのことを、政府に虐げられる自由の闘士だと形容する。本人が語るところでは、ギャロウは非公認のノースカロライナ神学校で神学の名誉博士号を修め、四十五年間にわたりＣＩＡの諜報員を務めたという。オンタリオ州ゲルフに身を置きながら、ギャロウは中国の語学学校とピンク・パゴダなる組織を運営し、後者は養子縁組を手配することで三万五〇〇〇人の女児を死から救ったと自慢するが、批判者らはこれが公認の慈善活動ではなく児童売買であると言い、ギャロウの暗い過去にも目を向ける。その指摘によれば、彼は高校教師を務めていた頃に職業上の非行を犯し、未登録・無保険の飛行機を使って航空学校を運営しようと企て、インターネット・ビジネスの失敗で投資者に巨額の損失を負わせ、自身を中国のティムホートンズ支店営業者と偽った前歴を持つ。ギャロウは環境運動をロシアとカタールの投資に支えられた「富豪クラブ」だとののしり（Garrow 2015）、バラク・オバマはマルクス主義者のイスラム教徒である、彼はやがて自身を第十二代イマーム〔最後の審判の日に再臨すると言われるシーア派指導者〕と称し、核兵器とカナダの軍を使ってアメリカを乗っ取り、まもなく宇宙人とコンタクトをとったとの発表を行なうだろう、と喚（わめ）き立てた（Right Wing Watch 2013）。フェイスブックに載った二〇一四年一月三十一日の記事では、オバマは国連に代わってアメリカ人を攻撃すべく、電磁パルス（ＥＭＰ）兵器を使おうとした、と語る。

オバマは悠然たる態度で全人民を統べる独裁者の地位を狙い、アメリカを「持続可能」とした後にも上層民が生き永らえることを可能とすべく、国連アジェンダ21の要求に応じている。アジェンダ21はナチス的横暴であり、その勧告は人口調整によって今日生きている大多数の人間を減らすよう求める。オバマはあと一歩で三億人のアメリカ人を殺害するところだった。というのも専門家の見解によれば、EMPがアメリカに命中すれば二年でそれだけの者が命を落とすといわれるからである。アメリカ全土の九〇パーセントが無人になるとは。ヒトラーであれば、かかる達成を自慢に思うことだろう。

他のバンディ支持者も同様の妄想にふけり、太陽光発電所と環境運動と国連の陰謀のつながりをめぐって想像を逞しくしている。話に突飛な背ひれ尾ひれを付けるのもさることながら、かれらは一々つまらないところでも事実をゆがめる。『日刊投資家ビジネス』(IBD)のウェブサイトには「アメリカの牧場経営者が牛を放牧していたら政府の役人がライフルを携えてやって来る」とあるが(*Investor's Business Daily* 2012)、実際に銃を携えるのは政府職員ではなくバンディを応援する武装集団の方である(もっとも、幸いまだ銃撃事件は起こっていない)。IBDは動物・環境活動家の反人間計画が最高位の政府・国際レベルで運用されていると語る。

本件その他、多くの土地押収活動〔原文ママ〕の裏にある政府指針は、国連の「再野生化」計画に従おうとする意図に端を発する。「再野生化」計画は田舎の住民を人口が密集する都市部へ追いやり、国連がいうところの「持続可能な開発」を進めようとするものである。

バンディの支持者らが信じるところでは、国連は大量のアメリカ人を虐殺した後に「バイオスフィア」〔人工の自給自足環境〕と巨大な国立公園を設け、環境保護論を盾にグローバル社会主義を押し付けようとしている（Southern Poverty Law Center 2014）。計画の鍵と目されたのは一九九二年のリオデジャネイロ国連環境開発会議〔地球サミット〕で採択されたアジェンダ21である。これは非拘束・任意参加の環境・資源・エネルギー保全計画で、地域主導の持続可能な開発を促す。炭素排出の削減に向けては、自転車道の整備や公共輸送機関の活用、高速鉄道の導入によって交通渋滞を解消しようとの案を挙げるが、反対者はそうした穏健な試みを前にしても、これは地球温暖化というウソにちなんで個人の自由を縛ろうとする国連の陰謀だと騒ぎ立てる（Kaufman and Zernicke 2012）。アジェンダ21に反対する一人、茶会党の外郭団体バージニア州自由キャンペーン代表を務めるダナ・ホルトは警告した。「環境活動家はいつでも自然を人間より上に位置づける方針を掲げてきました。……目的達成の手段が見つかれば、かれらは手口を問いません。地球温暖化や気候変動をダシに使って上手くいくのなら、そのやり方を選ぶでしょう」（Fears 2011）。

テキサス州の上院議員候補テッド・クルーズも警告を発し、アジェンダ21は「アメリカ経済を狙った危険な国連計画で、議会や国民を飛び越えた支配体制を築き上げ、アメリカ経済の多岐にわたる管轄権を、選挙で選ばれたのでもない国連の高官らにゆだねる策である」と述べる（Cruz 2012）。さらに、これはジョージ・ソロスが仕組んだ社会主義の計画で、国の統治権と市民の所有権を廃し、「ゴルフコースや放牧地、舗装道路といった『持続不可能な』環境を消し去ろう」とするものである、とクルーズは言う。議員に選ばれた彼はその権限を使って石油・ガス産業を応援し、キーストーンXLパイプライン開発を推し進める一方で、砂丘蓬蜥蜴などの絶滅危惧種を守る努力は産業を破壊するだろう、と誤った主張を唱える（動植物の生息地保護が生産業を損なわないことは州当局が保証している）。テキサス州商工会の面前で、クルーズは営業の邪魔となりそうな希少種の動物に対する愚弄を口にした。「あれは我々の蜥蜴ですから、せいぜい立派な革靴にでもすればいいんです」（Parker 2012）。予想のつくところであるが、クルーズは政府に対抗するバンディを擁護し、彼の武装闘争はオバマ政権の統治が招いた「最終結果」である、この大統領は「我々の自由を［政府の］攻撃に」さらした、政府は「人々の生活の諸側面を統べる権限の拡大に夢中」な上、「権威主義の圧力でもって市民に敵対している」、と自論を展開した（Feldman 2014）。二〇一四年七月、クルーズは二〇一四年超党派スポーツマン法〔狩猟・釣り・野外活動に関する法律〕の修正案を提出し、連邦政府が所有できる各州の土地を五〇パーセント以下に制限しようと試みる。この案が通ると連邦政府は各州に現在の土地を売却しなければならず、州は税金を投じて土地の管理に当たるか、あるいはその土地を掘削・採鉱・伐採企業に売ることを迫られ、公有地の管轄権奪取という急進的な目標――それは企業がバンディの反政府闘争を応援した動機でもある――に追い風を与える結果となるのだった（Moser 2014）。

バンディやその支持者らが「土地押収」と称した行為は、反人間的な環境運動のアジェンダ21計画にのっとるものとされるが、実際にはバンディが所有権も持たず利用料も払わない土地で違法に牛を放牧するのをBLMが差し止めようと試みたことを指す。BLMはかけらほどの土地も押収せず、ただバンディの牛を差し押さえて巨額の負債を払わせようとしたに過ぎない。

この保守派の偶像は、メディアがいうところの「人種差別への転換」をみせたことで、いささかの光彩を失った。四月十九日の集会でバンディは中絶・人種・奴隷制・福祉に関する自身の哲学を披露し、「黒ん坊についてもう一つ、知っていることをお話ししたい」と前置きした上で、ノース・ラスベガスの公営住宅について思うところを語った。

あの政府の住居前は普段からドアが開いていまして、年寄りと子供が――まぁいつでも最低五、六人が玄関口に座っているんですが――そいつらは何もしないんです。子供にやらすこともない。娘にやらすこともない。

それで、自分らは基本的に政府の助成金で喰ってるわけですから、じゃあ何をするのかと。……子供を中絶するか、男子を産んだら若いうちに刑務所送りです、綿の摘み方なんて習っていませんから。よく思うんですよ、やつらにとっては、奴隷になって綿を摘んで、家族で生活して何かやっているのと、政府の助成金に頼っているのと、どっちがいいのかと。やつらは別に自由になったわけじゃない。むしろ不自由になったんです。(Nagourney 2014)

バンディ支持者は、政府の助成金で暮らすアフリカ系アメリカ人の怠惰を非難する当のバンディが、「福祉に浴する牧場経営者」となって長年にわたり他人の負担のもと牛を放牧しているという、このあからさまな矛盾を見過ごした。支持者らの見解は彼と同じであったと思われるが、バンディの「黒ん坊」に対する考えはあまりに露骨な言葉で言い表わされたので、メディアや政界の後援者たちはいち早く彼から距離を置いた。

それにしても、バンディの言動が人種差別への「転換」と表現されたのは奇妙なことで、人種差別はむしろ郡主権論や市民軍運動の基本要素をなす。一九九四年には、連邦政府職員がアイダホ州ルビー・リッジにある白人至上主義者ランディ・ウィーバーの小屋を強制捜査したことへの「直接反応」からモンタナ市民軍が結成され、複数の州で「劇的な」市民軍の組織化が進んだ(Chaloupka 1996)。この動きの背景には準軍事組織の差別団体であるKKKやアーリア国家、秩序会(デンバー・ラジオの司会アラン・バーグは一九八四年にこの組織の一味によって殺された)、それにポッセ・コミタートゥス(「国家の力」の意)等の存在がある。ポッセ・コミタートゥスは差別主義者のキリスト教徒による税制反対運動であり、発端の着想を築いたウィリアム・ポッター・ゲイルという人物は、キリスト教アイデンティティの運動に自警団の役割を与え、アフリカ系アメリカ人の市民権やユダヤ人の世界的陰謀(と彼が信じるもの)に反対した。加盟員は自身らを「市民主権絶対主義者」と心得、連邦政府を認めずただ郡保安官の権威のみを認める。一九九〇年代末にポッセ・コミタートゥスはネオナチ組織との親交を深めて「武力的・暴力的な革命哲学に一層の共感を示した」(Levitas 1998: 3)。オクラホマ・シティの爆破事件を起こした白人至上主義者のティモシー・マクベイとテリー・ニコルスも市民主権絶対主義運動に傾倒した。バンディが二〇一四年にBLMと争うのに先立って、ポッセ・コミタートゥスの信奉者らは連邦政府職員と武力衝突を起こした。ニューメキシコ州では一九九四年と九五年に、武装市民軍がモンタナ州職員による法執行を断念させた。オクラホマ・シティ爆破事件の一日後にはある牧場経営者が、環境破壊を憂慮した政府職員から国有地で放牧する牛の数を制限されそうになったことを受け、武装市民軍を呼んで対抗するとの脅しをかけた。ネバダ州リノでは一九九三年にＢＬＭ本部が爆破され、カーソン・シティでは一九九五年に林野庁の地区監督事務所が爆破され、四カ月後には同じ監督の車が自宅の私道で爆破された（Chaloupka 1996: 168）。バンディは郡保安官がＢＬＭと国立公園局の役員を逮捕すべきだと唱えるが、これはポッセ・コミタートゥスが保安官を最高の法執行者に据え、連邦政府は違法だと考えるのと同じ信念にのっとる。こうした思想に触発された「誓いの番人」やＣＳＰＯＡの武装メンバーは、バンディの牧場に集まってＢＬＭに対抗した。

フォックス・ニュースにたびたび現われインタビューを受けるバンディは、そこで市民主権絶対主義への入れ込みようを示して連邦政府の権限を否定したあげく、連邦政府など存在しないのだ、とまで述べ、再三にわたり政府職員への暴力行使を予告した（おかしなことに、フォックス・ニュースが紹介するバンディの姿は、馬に乗って大きな星条旗をはためかす愛国者のなりをしていたが、本人も支持者らもその構図の矛盾には気付かなかったらしい）。

バンディ支持者の中には独自に暴力ニュースを飾った者もいる。銃肯定・政府否定のネオナチ白人至上主義者、ジェラドとアマンダのミラー夫妻は、バンディの牧場に集った後、ピザ屋で二人のラスベガス市警職員を殺し、死体に鉤十字を書いて「革命」を布告する書き置きを添え、「自治の自由を踏みにじるな」と書いた茶会党の旗でこれを覆った。それから夫妻はウォルマートの店舗へ逃げ込み、二人を止めようと武器を構えた店員に発砲した。現場に着いた警察はジェラド・ミラーを撃ち、アマンダ・ミラーは自殺した。この件をめぐっても、動物活動家や環境活動家をイデオロギーに凝ったテロリストとみるのとは対照的に、警察やメディアはミラー夫妻の政治観に関心を払わず、二人を単なる迷惑者といって片付けた（Blasky and Lochhead 2014）。これも右翼テロリストの思想的な背景や傾倒を無視するパターンにのっとっている。重武装した市民主権絶対主義者のデニス・マークスは、人質をとる目的から二〇一四年六月にジョージア州の郡庁舎を襲ったが、ほとんどのメディアは彼をテロリストとはみなさなかった。アラスカ平和維持市民軍のメンバー四人は、市民主権絶対主義の思想から連邦判事や警官などの公務員を殺そうと画策し、二〇一一年に逮捕されたが、かれらもテロリストとはみなされなかった。しかしバンディ、ミラー夫妻、マークス、アラスカ平和維持市民軍メンバーらの行為は明らかにＦＢＩの定義する国内テロリズムに該当するものであって、その内容は同局テロ対策部長のジェームズ・ジャーボウが二〇〇二年に合衆国議会で具体化している。すなわち、暴力の違法行使や行使予告によって政府ないし民間人を脅迫・威圧し、政治的・社会的目標を達成する企てである。

政府への勝利に勢いづいた財産権保護運動は次の狙いをユタ州に定め、政府がアメリカ先住民の考古遺跡を守るリキャプチャー・キャニオンに、域内での使用が禁止されている全地形対応車で乗り込んだ。バンディの息子、アモンとライアンもこれに参加したが、計画を立てたのはサン・ファン郡の郡政委員フィル・ライマンだった。この騒擾（そうじょう）には単なる気晴らしや先住民文化への侮辱を超える、さらなる意図があった。『ロサンゼルス・タイムズ』紙は資源をめぐる争いに言及する。「先頃、ソルトレーク・シティに九つの州から五〇人以上の政治指導者が集まり、石油・

材木・鉱物の豊富な土地を連邦政府から奪取するという共通目標について語り合った。西部六州は州境内の国有地を奪えるか否か、検討を進めている」。一方、牧場経営者は公有地での牛放牧に差し障る野生馬を違法に駆り立てるとの予告を行なった（Glionna 2014）。

二〇一六年一月、渡り鳥と絶滅危惧種の野生生物にとって大切な土地であるオレゴン州のマルーア野生生物保護区が、アモン・バンディ指揮下の武装市民軍によって占拠される。バンディは当初、牧場経営者のハモンド親子、ドワイトとスティーブンを応援するためだと語った。ハモンド親子は鹿の違法屠殺を隠蔽するため国有地に火を放って罪に問われたが、ひいき目の判事は五年間の法定刑期を無視してそれより遥かに短い懲役を言い渡す。しかし控訴裁判所が法定刑期を支持したためにバンディが刺激されることとなった。クライブン・バンディと同じく、ハモンド親子も長い犯罪歴を持つ。ドワイト・ハモンドは一九九四年、事業に介入した魚類野生生物局の役員に殺害警告を発し、二〇〇六年には国有地への違法放火や証人の買収など複数の罪状で訴えられた（ただし、ほとんどは斥けられる）。バンディはハモンドの応援者を名乗ったものの、ハモンドの方はその応援を拒み、バンディ本人も自身の目的が全米「愛国者」運動の拠点づくりにあることを認めた。地方警察はその目的を合衆国政府の転覆とみた（Yuhas 2016）。この占拠によって当該地域には最大で一日七万五〇〇〇ドルの負担がのしかかり、パイユート人の部族長シャーロット・ロドリケは、バンディの市民軍が未所有の土地の伝統文化遺産を汚し、地域の安全を脅かしたと非難した。バンディが連邦政府の土地を「奪い返せ」ば、牧場経営・伐採・採掘・石油・ガス業界がその恩恵に浴するとあって、土地利用の専門家らはこの占拠が生態系に「壊滅的結果」をもたらし、すでに危機的な野生生物たちの生息地を「焦土」に変えるだろうと警告した(Galbraith and Gilman 2016)。

バンディやハモンドへの対応は、他の抗議に対する措置とは大きく懸け離れている。合衆国司法省ばかりはハモンドの放火を、犯罪隠蔽のため「郡全土に火をつける」計画だったと記したもの(United States Department of Justice 2015)、大手メディアはこれを資産保護のためだったと同情的に報じた。警察と裁判所も行為の内容を無視もしくは過小評価した。例えばジェフリー・ルアーズは地球温暖化に抗議すべく三台の車を焼いたことで二十三年の懲役を言い渡されたが、ハモンドの刑期はそれより遥かに短い(Dollack 2016)。環境活動家や動物活動家は些末なこと(チョークで歩道にメッセージを記すなど)で逮捕されテロリストとして断罪される。警察はネバダ州でバンディの武装市民軍の前から退却し、マルーア占拠の際も距離を保って、状況を「見守る」ことに専念した。ハーニー郡保安官はアモン・バンディにオレゴン州からの安全な護送を申し出た(Bult 2016)。これらの対応が黒人の抗議運動に対するそれと著しく対照的であるという指摘も多い(Dollack 2016; King 2016など)。警察は市民軍への介入までに一カ月を費やし、介入後は銃撃戦で一人の戦闘員が死亡、八人が逮捕された。

『サイエンティフィック・アメリカン』誌は、市民軍が生態系に長期の悪影響をおよぼし、結果として外来種である鯉が増え、数千もの渡り鳥の営巣地が損なわれ、また同時に、保護地で進められる考古学研究や何十もの生物学研究事業も煽りを受けるだろうと懸念を示した(Zorich 2016)。一方、オレゴン州バーンズのパイユート人らは、この侵略者たちに最大限の刑罰を科すよう連邦政府に要請する。市民軍戦闘員の残党には、ソーシャルメディアに反ユダヤ・同性愛嫌悪のナチス的暴言を投稿するデビッド・フライなども交わり、かれらは死をも厭わない覚悟を示しつつ、同調者の加盟、邪魔をする警察官の殺害を呼びかけた。

露骨すぎる差別発言で失敗するまで、クライブン・バンディには「経済的繁栄を求めるアメリカ市民の会」から熱烈な賞讃が寄せられていた。コーク兄弟がつくったこの政治活動団体は、連邦政府の国有地管轄権を失効させようと圧力をかけ、州政府から開発業者へ資源豊富な土地が売り渡される道筋を整えることで、伐採・石油・採掘業者や牧場経営者を環境保護庁や絶滅危惧種保護法の縛りから解き放とうと画策する。のちにアモン・バンディがオレゴン州の国有地を私有化しようとした際も同様の有力者組織が後援に回った。例えばコーク兄弟が投資する不動産・環境研究センターは、国立公園の私有化を通して資源採取に伴う制約を一掃し、その土地を民間企業に売って利益に変えようと目論んでいる。コーク兄弟は右翼組織に大々的な支援を行なっているので、クライブン・バンディの思想を共有していないとは考えにくいものの、バンディがそれを乱暴な言葉で言い表わしたのは仇（あだ）になると判断した。

右翼メディアがバンディを讃え、目障りな政府にぎゃふんと言わせた英雄と担ぎ上げる中、思いもよらない例外的な発言をしたのが元フォックス・ニュースの陰謀論者グレン・ベックで、彼はバンディの武装集団を暴力的反政府組織の一味だと批判した。しかしながらベックがその正しい分析を台無しにしてしまったのは、当の武装闘争を「右翼版のウォール街占拠運動」と譬えたからである（Redden 2014）。占拠運動は平和的なデモ参加者からなり、殺人的な衝突を好む重武装の戦闘員からなるものではない以上、両者を同列に並べるのは到底妥当とはいえない。写真を見比べれば分かるが、バンディの支持者らは連邦政府の職員に高性能自動小銃の銃口を向けるのに対し、占拠運動のデモ参加者らはニューヨーク・シティのズコッティ公園を清掃したり、フィリピンのマカティではアメリカ商工会議所の前で仰向けになってプラカードを掲げていたりする。占拠運動で「暴力が発生した」とメディアが報じた際も、写真には非武装のデモ参加者が警察に向き合い、警察の方がかれらを棍棒で叩きバイクで轢く姿が収められている（Duell 2011）。『サイエンティフィック・アメリカン』誌のサンドラ・アプソンは台湾の占拠運動の一環で行なわれた一万人のデモ参加者による台北の政府ビル包囲に加わった時の体験を振り返る。「印象的だったのは、優れた礼節と平和精神が表われていることだった。学生や教師、その他の応援者らが、綺麗な列をつくって道に座り、占拠した立法府のビルを取り囲むのである。参加者の多くはこのイベントの愛称『ひまわり運動』にちなんで、ひまわりの花を携えていた」（Upson 2014）。レベッカ・ソルニットも同様に、合衆国の占拠運動にみられる精神に触れ、そこに「大きな魂の寛容」と「憐憫」が宿ること、それが半世紀前の公民権運動によって言明された「愛の共同体」を思わせることを記した（Solnit 2011）。これらの運動は過激な印象に反省を促すものであると同時に、バンディ支持者らの自警団を構成した暴力的で差別的かつ滑稽なほどに雄々しい悪党らの闘争とは際立った対照をなすが、そうした武力闘争からさらに離れているのが動物の権利運動と環境保護運動であり、こちらは憐憫の情と愛の共同体を、人間という一生物種の狭い枠を超えた範囲にまで広げるのである。

第7章　猿轡

潜入調査

動物の扱いに関してはどんなことでもまかり通り、残忍の極みである虐待さえもが標準的な業界慣行として認められる一方、残忍に納得せず動物を守ろうとする者は取り組みに対して非難を浴びせられるのが現状で、これはその戦略が合法的かつ平和的であっても変わらない。情報操作の中で、業界ロビイストや法人メディア（それに動物虐待で儲ける個人ら）は、まったく無害な活動をも「異常」「狂信的」と痛罵する。少しでも穏健さに欠ける手段を選べば「テロリスト」と糾弾されるが、この言葉は法にのっとった非暴力の反対者に対してさえ無差別的かつ惰性的に用いられる。その射程には、単に動物産業複合体の内部で起こっていることを人々に知らせる行為までもが含まれる。

動物保護団体は長年にわたり、制度化された虐待の潜入調査を行なってきた。そこで収めた写真や動画は、虐待に対する人々の見方を改め、反対運動を起こす上で大きな力となる。時にはそれが警察や裁判所に提出する証拠となることもあるが、刑事司法制度は組織的虐待犯を罰するよりも、むしろ庇（かば）う方に傾いている。

「動物の倫理的扱いを求める人々の会」（ＰＥＴＡ）は動物虐待の暴露において重要な役割を果たした。一九八一年、ＰＥＴＡ共同創設者の一人であるアレックス・パチェコは、メリーランド州シルバー・スプリングスの行動科学研究所へ潜入調査に入る。そこでは心理学者のエドワード・タウブが、フィリピンで捕らえた野生のマカク猿を脳機能研究に使い、神経可塑性（脳が元の機能を再構成する能力）について調べるべく、猿たちの脳を損傷して四肢感覚を奪った上で、拘束具や電気ショックや飢餓の苦しみを味わわせ、否応なくかれらに無感覚となった手足の使用を強いていた。パチェコは研究所の様子を写真に収め、警察に証拠を提出し、これが合衆国で初となる動物実験施設の強制捜査へとつながった。状況は惨憺たるもので、猿たちは腐りゆく傷を負いながら汚物の中に置かれていた（注1）。

タウブは動物虐待と獣医処置の閑却とで一七件の罪に問われ、六件で有罪判決を受けた。ところが控訴裁判所は判決を覆し、州の動物虐待防止法は政府資金で運営される施設には適用されないとした。裁判所はタウブを無罪とは考えなかったものの、法の専門解釈よって彼を放免したことになる。タウブの研究所における制度化された虐待が知れ渡って、ＰＥＴＡは屈指の知名度を誇る活動団体となった（ただし、ＰＥＴＡは大々的な安楽殺や性搾取的なキャンペーン〔ポルノ的イメージの使用など〕を行ない、企業がわずかな改善をみせただけで賞讃を贈るなどの点から、後にその正当性を問われ、評価を落とすこととなる）。

注1　動物実験のこうした暗部は一般に科学教養書などでは隠蔽される。例えば本研究について触れた生田哲『脳地図を書き換える――大人も子どもも、脳は劇的に変わる』（東洋経済新報社、二〇〇九年）は、拘束衣を使う以外にいかなる手段で猿に四肢の運動を強いたかを記さず、その上で「過激な動物愛護団体の仕掛けによって、この実験が動物虐待であるとデッチあげられた」と述べている。中立性を欠くこのような記述がさりげなく大量生産されることで、科学と産業を全肯定し、動物保護を否定する風潮が形づくられる。

もう一つの重要事件は動物解放戦線（ＡＬＦ）による一九八五年の「ブリッチズ」救出である。ブリッチズは幼いマカク猿で、カリフォルニア大学リバーサイド校の研究者らによってまぶたを縫い合わされ、頭部にソナー機器を埋め込まれていた。ＡＬＦはＰＥＴＡに救出時のビデオを送り、ＰＥＴＡはこれを広めた。大学側は虐待の事実を否定して実験を擁護したものの、一部の研究は打ち切られ、幼児猿のまぶた縫い合わせは禁じられた。

ＰＥＴＡが得たような浅ましい画像は動物の権利運動一般に欠かせない道具となる。活動家は調査を通して特定の虐待行為を衆目にさらすのもさることながら、それとともに虐待が動物利用産業の本質そのものである事実をも明らかにする。特定の慣行を改めさせるのが目的なのではなく、不要な苦しみの上になる産業をなくすことが目的なのである。

業界からの典型的反応は、画像に写された事実を否定する、というものであり、タウブの言い分もそれだった。彼はパチェコの写真が演出を盛られたものだと言い、研究所の環境は業界の中で普通の水準だった、自分は動物福祉に関心を寄せている、と語った。何十年ものあいだ、この手の主張は事実上すべての業界代表者が、暴露された惨状の説明を求められた際に口にしてきたものだった。潜入調査と虐待暴露が消費者に影響をおよぼすと分かっている業界は、手を尽くして証拠を抑え込もうとする。企業は広報会社に大金を支払って反論をつくらせ、虐待を隠すと同時に自身らの活動を良いもののごとく見せかける。告発と動物救出を防ぐ目的から、組織的虐待者らはフェンスを建て、警備員を雇い、防犯装置を設け、さらには法整備による活動家の取り締まりを求めることで動物利用の真実を封じ込めてきた。

虐待調査の犯罪指定

二〇一一年、合衆国の企業は複数の州において、潜入調査を犯罪指定する法制定を後押しした。モンサントをはじめとする企業、州の農業局、それに牛肉・豚肉・鳥肉・卵・乳製品・大豆・とうもろこしの生産者協会が後援についた当の法案は「畜産猿轡法」の通称で知れ渡る。動物福祉を最優先に考えていると言いながら、営利目的で動物を虐待する業者はその残忍と偽善を暴露する活動家たちを黙らせようと巨額の投資を行なう。もしも本当に動物福祉を重んじるのなら、業界はむしろ活動家の調査を応援し、法の強化を求めるはずである。しかしそれは言うまでもなく産業の基盤そのものを損なう。批判者を抑え込もうとする熾烈な取り組みをみれば、業界が多くの秘密を持つことも、その告発を恐れていることも分かろうというものである。

業界は世間の批判から身を守るために法案をつくり上げる。ミネソタ州の共和党議員ロッド・ハミルトンは下院法案一三六九を提出し、動物虐待調査の違法化を図った。ハミルトンのウェブサイトによれば、彼は「一九八六年以来、養豚業界の中に身を置いて」ミネソタ州豚肉生産者協会の元代表を務め、現在は同協会と農業局、農業組合に属しながら、クリステンセン・ファミリー農場の広報部長に居座っている。クリステンセンは合衆国で三番目に大きな豚肉生産者で、屠殺する豚の数は年間三〇〇万頭にも達するが、二〇一五年八月、暴露動画によって同社が「病気の豚を虐待・放置」している様子が公開された（Coolican 2015）。ハミルトン以外にも、上下両院の法案支持者らは同法案が可決された暁に恩恵を得られる業界と直接のつながりを持っていた。業界の法的扱いと保護に直結する法律を企業重役が起草すれば明らかに中立性が損なわれるにもかかわらず、その点はほとんど問題にされなかった。ハミルトンの法案は画像ばかりでなく、畜産場や実験所や子犬繁殖工場などで監禁・拷問される動物たちの声や音まで収録してはならないとするものだった。しかも画像や音声の収録に加え、その公開、例えばユーチューブ上への動画投稿なども違法となる。ハミルトンが企てたのは、動物搾取産業の「邪魔」になりそうな行為すべての犯罪指定であった。曖昧な法文は多様な活動を包含しうるので、ともすると特定産業の批判すらも犯罪とされかねず、現に一九九六年にはテレビで食肉業界の問題を論じたというだけで、司会を務めた著名人オプラ・ウィンフリーと活動家ハワード・ライマンが、テキサス州の食肉生産者たちから「食品悪評禁止法」のもと訴えられる事態となった。一方、業界団体の全米卵委員会などは菜食代替物を叩く政治宣伝に巨額を費やしながら、同時に大手の食料品チェーン店にそうした食品を置かせまいと立ち回り、「冗談」メールの中で菜食代替物の開発者を暗殺するといった内容をつぶやいている（Clifton 2015）。

「食品安全」

畜産猿轡法の推進者は、これを擁護する理由として、活動家が「生物災害」をもたらし食品安全を脅かすと唱える。が、人間の健康にとって本当の脅威は、工業化した農業システムそのものに由来する。事実、活動家たちが明らかにしたところの不衛生な飼育環境は、動物にとってだけでなく、人間にとっても致命的となる。合衆国の疾病管理予防センターによる試算では、一年間に四八〇〇万人の人々が食品由来の病気にかかり、うち一二万八〇〇〇人が入院し、三〇〇〇人が死亡する（Centers for Disease Control and Prevention 2011）。肉は最大の罹患要因で、家禽肉は最大の死亡要因となっている（Painter, Hoekstra, Ayers, Tauxe, Braden, Angulo and Griffin 2013）。肉の細菌感染は抑えようがなく、ミネソタ州の双子都市ミネアポリス - セントポールの食品に含まれる大腸菌を調べた研究によれば、家禽肉の九二パーセント、牛肉と豚肉の六九パーセントが汚染されていた上、九四パーセントは抗菌薬耐性生物に冒されていた（Johnson, Kukowski, Smith, O'Bryan and Tattini 2005）。不適切に保管した食品からカビが生じるように、植物性食品から病気が広まることもあるとはいえ、レタスなどの作物が細菌感染を起こしていれば、その起源は動物にたどり着くのが普通である。カナダのブリティッシュ・コロンビア州で農家市場に並ぶレタスを調べた研究では、サンプルの七二パーセントから汚染が検出されたが、そこに抗生物質耐性の大腸菌などが含まれていたことから、原因は動物ないし人間の排泄物にある〔畜産場の細菌が河川や土壌を伝って畑へ流れ込んだ、など〕と考えられる（Shore 2015）。

全米人道協会（ＨＳＵＳ）は二〇一〇年、卵用鶏の「平飼い」を促すキャンペーンを行なった際に、工場式畜産場のケージ飼い雌鶏から致死性のサルモネラ菌が発生し、人々のあいだに蔓延していることを実証した。そうした報告による被害から身を守ろうとする採卵業者に代わって、広報組織「消費者の自由センター」（ＣＣＦ）は、サルモネラ菌の発生率はケージ飼いでも平飼いでも変わらないと応え、提携関係にある他の業界団体も即座に同じ主張を繰り返した（*Beef Magazine* 2010）――もっとも、それは工場式畜産の擁護にはならず、むしろ畜産業一般が人の健康を脅かすことの証明にしかならない。アイオワ州では農業界が虐待暴露に懲役五年と罰金七万五〇〇〇ドルを科す畜産猿轡法を後押しした（二〇一二年三月施行）。同州で行なわれたＨＳＵＳの潜入調査は、ライト郡採卵場とヒランデール農場に五億個の卵をリコールさせる上での決め手となった（無論、業界はこれに苛立つ）。卵は一四の州に行き渡り、確認されただけでも二〇〇〇人を中毒に陥れたが、これは卵中毒の件数で「正常値」とされる水準の二倍に相当する。サルモネラ菌の中毒が報告されるのは三〇件につき僅か一件との試算があるので、実際の中毒患者はこれより遥かに多いと推測できる（Neuman 2011）。関係企業は疑わしき原因として、ねずみの増殖や食品汚染、鳥の感染などを挙げるばかりで、そもそもの標準的な事業のあり方自体が動物にとって酷なばかりでなく、人の健康にとっても至極危険なものである、とは考えない。ＨＳＵＳの調査を切っ掛けに食品医薬品局（ＦＤＡ）が設けた新規則は、採卵業者にねずみの管理を課しただけだった。

先述したように、汚染商品で何千もの消費者を中毒にするのは例外的なことではなく、とくにライト郡採卵場の所有者オースティン・ジャック・デコスターはこれをたびたび繰り返した。「霊的体験で生まれ変わった」キリスト教徒を名乗るデコスターは膨大な犯罪歴を持ち、幼少期の友人からは「無慈悲なビジネスマン」、アイオワ州の司法長官からは州法の「違反常習犯」と目される。一九九〇年代には豚糞の流出による環境規則違反で罪に問われ（Crumb 2010）、一九九七年には職場環境の安全と職員住居の水準に関する規則違反で二〇〇万ドルの罰金を科されたが、その職員らは「素手で糞便と鶏の死骸を片付けるよう強いられ、ねずみのはびこるトレーラーハウスで暮らす」というありさまで、労働長官のロバート・B・ライヒは採卵場の様子を「農業の搾取工場」に譬えた（Neuman 2010）。二〇〇二年にはアイオワ州の畜産場で女性職員に対する性的嫌がらせと暴行を働いたとして、デコスターは一五〇万ドルの支払いに同意する。二〇〇三年には、ビザを持たない移民を、そうと知った上で雇っていたことから、二〇〇万ドルの罰金と五年間の保護観察を科される。州最大の採卵場であるメイン契約農業では一〇羽の雌鶏に適切な居住環境と食物が与えられておらず、デコスターには二万五〇〇〇ドルの罰金が科されたものの、かたやそこにいた残り五〇〇万羽の雌鶏は、他の州で違法とされる家禽檻（バタリーケージ）に閉じ込められていた。デコスターの施設の強制捜査では、防疫服に身を包んだ警察が八時間にわたって鳥たちの死骸を片付け、農務省の職員四名は施設内に充満する有毒アンモニアに肺を焼かれて病院送りとなった。州の獣医ドン・ヘニッグはメイン契約農業の飼育環境を「嘆かわしく浅ましく胸がえぐられる」と評価した。この強制捜査もやはり、「動物たちへの憐れみ会」による潜入調査を切っ掛けとした。その動画には雌鶏たちがゴミ容器の中で徐々に窒息していく姿、肥溜めの中で溺れる姿のほか、ジャック・デコスターの息子ジェイが、職員に扮した潜入調査官に、苦しむ鳥は放っておけと言う姿が映っている。メイン州の施設に限ってもデコスターの犯罪歴は長く、一九七七年には近隣住民から住居が虫に覆われたとの理由で訴訟費用五〇〇万ドルの裁判を起こされ、一九八〇年には児童労働を取り入れていたことと一〇万羽の鶏を焼き殺して腐るままにしていたことで訴えられ、一九九二年には移民労働者に年季契約の労働を課しながら、医療施設や教師、社会福祉司、弁護士、労働組合との接触を許さなかったことで罪に問われている。一九九六年の調査では、デコスターのもとの労働者たちがねずみとごきぶりのはびこる家に暮らし、その飲み水も排泄物に汚染されていることが発覚した。膨大な有罪判決を受け罰金を科されているにもかかわらず、デコスターは刑を免れ続けてきたばかりか、優秀な広報会社の助力を仰いで事業拡大まで果たしてきた。デコスターの所業は言語道断ながら珍しくはない。二〇〇三年にデコスターはオハイオ・フレッシュ採卵場を秘密裡に買収する。もとバックアイ農場の名で知られたこの施設の前所有者アントン・ポールマンはドイツからの移民で、重度の水路汚染をはじめ様々な法律違反を犯したことから、母国での農場所有を禁じられ、オハイオ州の施設も同州農業規制当局の指示により売却を余儀なくされた（Lambert 2006）。ひそかにデコスターが所有者となった採卵場はその後も大きな汚染源であり続けた（Lambert 2010）。

構造的暴力の暴露

制度化された虐待が視覚資料の形で裏付けられても、法人メディアはそれを放送したがらず、映像はあまりにグロテスクで動揺を誘うといった理由を並べる。よしんば放送したとしても、メディアは当の虐待を異常な労働者の個人的行為と位置づけるばかりで、それが産業の本質をなす構造的暴力であるとは言わない。

しかし活動家たちは他にも多くの工場式畜産場の実態を暴露してきたのであり、デコスターの件も本来的なあり方からの逸脱とみるわけにはいかない。例えば二〇〇四年にPETAの潜入調査官が収録した動画は、アイオワ州ポストビルにある合衆国最大の適法食牛肉(カシェル)供給業者[注2]、アグリプロセサーズの現場を告発した。動画に映った労働者たちは生きた牛の喉を割いて気管を引きずり出し、牛が苦しみにもだえ血が汚い床へほとばしるのをそのままにしていた。PETAの調査と保守運動ラビ会議の抗議を受けてFDAは独自の調査を行ない、多くの「非人道的屠殺行為」を確認した。工場の強制捜査では数百人の未登録移民就労者[注3]が摘発され、かれらには五カ月の懲役刑が科された一方、工場所有者らは罪に問われなかった――後者は健康・安全基準に背き続け、食品を汚染したばかりか労働者を危険にさらし、五件の切断事故まで起こしたにもかかわらず、である（Rosenberg 2008）。未登録移民労働者の搾取はアグリプロセサーズでもデコスターの施設でも行なわれていたことで、業界の中では茶飯事である。二〇〇六年にアイオワ州マーシャルタウンその他のスイフト〔大手食肉会社〕の工場が強制捜査された時などは、計一二〇〇人の未登録移民労働者が逮捕された。

さらなる調査で、アイオワ州の工場式畜産場にはびこる動物虐待も明るみに出た。「動物たちへの憐れみ会」（ＭＦＡ）による調査を簡単に振り返ればよい。二〇〇九年の五月、六月に、ＭＦ

注2　ユダヤ教の戒律に従い正しい仕方で処理・調理したとされる動物性食品。
注3　「不法移民」という言葉は、この呼称が当てられる人々の負う社会的背景を考慮していない侮蔑語とされるので、以下では「未登録移民」の語を用いる。

Aの潜入調査官はアイオワ州スペンサーに位置するハイライン・インターナショナルの動物虐待を動画収録した。

世界最大の卵用鶏孵化業者を名乗る同社は、アイオワ州の施設で年間三三〇〇万羽以上の雌鶏を生み出す。鳥たちは金網の家禽檻に監禁されて苦痛の一生を送り、人間の消費する卵を産み続けて体をボロボロにしたあげく、屠殺されてドッグフードなどの低品質商品に変えられる。採卵業の副産物として生まれる何億羽もの雄ひよこたちは、肉用にして儲けになるほど体が大きくは育たないので毎年殺処分される。(注4) MFAの動画では労働者らが雄ひよこの羽をつかんでベルトコンベヤーから廃棄口へ放っていき、ひよこは粉砕機の中に落ちて生きながらすり潰される。雌のひよこは頭を機械に固定されてくちばしを切断され、怪我を負った体で別のコンベヤーに落とされる(くちばしを切るのは、鳥たちが不自然な過密環境に置かれて気性を乱し、互いをつついて負傷し合うのを防ぐためである)。壊れた卵から産まれたひよこはゴミの中でゆっくりと息絶え、あるいは床でもがいている。大手食料品チェーン五〇店に送った手紙の中で、MFAは卵パックに次のようなラベルを付すよう要請した――「注意：雄ひよこは採卵業の過程で生きたまますり潰されます」。業界慣行を正確に言い表わしたこの記述を、取引ロビー団体の全米鶏卵生産者組合に属する広報担当ミッチ・ヘッドは「冗談に近い」と受け流し、MFAを信頼ならない団体だと評してその菜食理念をののしったが、これはタバコ業界のロビイストらが健康リスクに関する警告ラベルの表示案をバカにした調子で拒否したのに似る。ハイラインは生きたひよこの粉砕を「獣医と科学界の推奨する標準慣行」といって擁護した(Frommer 2009)。

「生きるに値しない命」

ハイラインで記録された蛮行は実際、標準的な業界慣行である。同社の労働者らは動物に不要な苦しみを与えたいと特に強く思っていたとは見えない。むしろその虐待は日常的で機械的なものになっている。採卵用の雌鶏を孵して苦悶の生涯に陥れる一方で、ハイラインは雄ひよこを一層配慮に値しないもののように、ナチスの言葉を借りれば「生きるに値しない命」のように扱う。この言葉でくくられた人間集団はナチスの差別的法律のもと、生存に適さないと判断され、殺害、あるいは殺害遂行者の好む表現でいえば、安楽死処分された(注5)。医療的処方による殺害は段階を経て、強制断種、病院での障害児殺害、殺人センターにおける成人障害者のガス殺〔T4作戦など〕、絶滅収容所における成人「不適格者」の抹消、そして絶滅収容所での〔ロマやユダヤ人を主な対象とする〕大殺戮へと至った(Lifton 1988)。犠牲者を感情の上で遠ざけ貶めるという、この同じ仕組みが屠殺場やアグリビジネス全体の労働現場で機能している。生きた動物を粉砕機ですり潰す、煮えたぎる湯で焼き殺す、意識あるまま生皮を剝ぎ身体を引き裂くなど、事実上あらゆる扱

注4　日本でも卵用品種とされた鶏の雄ひよこは商品価値がないということで、生きたままゴミ袋や段ボール箱に詰められ産業廃棄物にされる。平飼いでも放牧でも事情は同じなので注意されたい。

注5　なお、二〇一一年の福島原発事故で被爆した畜産場の動物たちも、商品価値がなくなったという理由で、政府指示のもと「安楽死処分」された(これが政府の定めた正式な用語である)。

い、あらゆる拷問が許されるのは、犠牲者たちが道徳的配慮の外に置かれ、捨てるのも置き換えるのも自由なモノとみなされるからである。

アグリビジネスとホロコーストの対比は、人間奴隷制と動物奴隷制の対比と同様、非難を呼び起こしてきた。非難の中で強調されるのは、人間の苦しみは他の動物の苦しみとは比べられないという主張であり、また、そのような比較は人間の犠牲者を貶めるという主張である。差別主義者はしばしば動物表象を用いて犠牲者をさげすみ道徳的配慮の外へ置くので、人と他の動物の対比は同種の人間性否定につながる、ということが繰り返し指摘されてきた。しかし、暴虐にさらされた人間犠牲者は、同じ人間という種に属する他集団と比べられることにも嫌悪を示し、自身らの苦しみについては他と一緒にせず、別格のものとして扱ってほしいと願う。作家スーザン・ソンタグは一九九四年にサラエボで開かれた写真展覧会のことを書き記す（Sontag 2004: 113）。会場にはサラエボ包囲の写真がソマリアの写真とともに並べられたが、サラエボ人は自身らの災難を収めた写真を見たがる一方、そこにソマリアの写真が含まれていることに不快感を示した。かれらが嫌がったのは、自身らの苦しみを他者のそれと並べられたことだった。「みずからが被った苦しみを他と一くくりにされるのが我慢ならないのである」。ソンタグの見たところ、「かれらの怒りには明らかに差別的な含みがあった」。なんとなればサラエボ人が「熱心に説き立てた」のは、自分たちはヨーロッパ人であってこのような扱いを受ける身ではない、という主張であり、それは裏を返せばソマリア人が暴力の珍しくない原始的社会に暮らしていると言うのに等しいからである。種を問わず他者の苦しみに思いをはせる、それに怒りを表わす態度は、特別性・特権・

権力の構造を浮かび上がらせる（Davis 2005）。

サディズムと構造的暴力

工場式畜産場や屠殺場に勤める労働者の多くは、動物の傷害・殺害を特に面白がっているのではなく、仕事として機械的に行なうまでであるが、中には現に虐待を愉しむ者もいる。第２章で触れたように、ＭＦＡの潜入調査官は二〇一〇年の四月から五月にかけ、オハイオ州プレーン・シティにあるコンクリン酪農場の虐待を記録した。動画に映ったビリー・ジョー・グレッグ・Jr.その他の職員は牛の親子を地面に叩きつけ、顔や頭や乳房に殴る蹴るの打撃を加え、干し草フォークで顔や脚や腹を何度も突き刺し、しかもＭＦＡによればそれを「毎日のように」行なっていた。動画にはバールで牛の顔を叩く職員らの姿もあり、頭をめがけて四〇発以上も殴打を繰り返す者もいれば、「歩行困難（へたり）」牛の顔や首を蹴りつける者もいて、これは酪農場所有者ゲイリー・コンクリンが奨励する行為だった。グレッグは牛の尾をひねり、骨を砕き、子牛を地面に投げつけて頭や首を踏みつけた。この虐待は明らかに意味をなさない嗜虐趣味であって、グレッグはカメラに向かい、牛を殴るのは「いい気分」だと公言する。二〇一〇年九月にグレッグは八カ月の禁錮刑を言い渡されるも後に刑期は四カ月に短縮され、あとは一〇〇〇ドル以下の罰金、三年間にわたる動物との接触禁止を科されたに過ぎない。ＭＦＡ理事のネイサン・ランクルはこれを「生ぬるい仕置き」と評価する。グレッグの車から実弾の入った拳銃が見つかった時には、火器の不法所持によって五年間の保護観察、二百時間の社会奉仕が言い渡された。警察官を志望するグレッグは、動物虐待の前科がコミュニティ・カレッジの警察学履修に支障を来しかねないと不満を漏らした。酪農場所有者のゲイリー・コンクリンも動画中で歩行困難牛の顔を蹴っていたが、自分は出産後の牛が立ち上がる手助けをしていたのだと言い訳した。業界の獣医四人はその行為が適切であったと証言し、告発はなされなかった。動画が一般公開されると、コンクリンは自社が動物福祉に配慮していると述べ、業界は総じてグレッグを腐ったリンゴとみなした。しかし、動画はグレッグの病的・嗜虐的性格を余すところなく伝えるのに加え、虐待が組織的なものであることをも物語っている。グレッグは故意の虐待を自慢するが、動画に収められた発言を聞けば、酪農業が牛を搾取し尽くした後、生産性がなくなった彼女たちを屠殺場へ売って肉に変える様子が分かる。

この牛は俺らが滅多打ちにしてブッ刺して、俺なんかこいつの尻尾を三カ所でブチ折ってよ、ザクザク突いてやったんだ。それにぶん殴ったり。そしたら次の日にゲイリーが「こいつは肉屋行きだ」って。乳房炎とか何とかで。もう搾乳室まで連れてくこともできやしない。俺が引っ張ってったんだよ。もうボコボコにしてやって、顔なんかこんなパンパンに膨れたんだぜ。

他者を完全な支配下に置き資産として所有する権力は、残忍と暴力を喚起するだけでなく、その発生を確実なものとする。ましてそこに、人種や性や生物種といった恣意的な区分が援用されるのであればなおのことである。そうした区分の上に序列が築かれれば、権力構造における所有者や操業主らは、最下位に置いた者たちを奔放自在に扱うことが許される。

コンクリンはメディアを通して、中傷を受けたと不満を並べ、自分が動物福祉に気を配っている旨を改めて言明した。しかしながらグレッグの発言によって察せられるごとく、コンクリンの関心は第一に自分の利益へと向けられていた。病んだ牛を保護施設へ送る代わりに彼が即決したのは「肉屋行き」の選択だった。絶えず口にされる福祉への配慮は、業界専門メディアに向けた受け答えからは読み取れず、そこではジャーナリストが施設暴露の防止策に関し、コンクリンに他の農家に向けた助言を請うている（Dairy Herd Management 2011; Ohio's Country Journal 2011）。

二〇一一年、ＭＦＡは「隠された虐待」と題した動画を投稿して、アイオワ州で四番目に大きな豚肉生産者、アイオワ・セレクト農場の惨状を暴露した。同年三月にはＭＦＡの潜入調査官が、テキサス州ハートのＥ６という「家族農場」、その実は酪農業界に代わり年間一万頭の子牛を出荷する施設において、虐待の様子を記録した。その動画を切っ掛けに同州の地区検察官は、所有者カート・エスペンソンと現場主任アルトゥーロ・オルモスに軽罪逮捕状を、五人の元職員に重罪逮捕状を発行する。職員らは逃亡したが、罰を受けたエスペンソンにしても一年間の保護観察と四〇〇〇ドルという少額の罰金が科されたのみで、人間以外の生きものを守る法律が力不足であると知れる。ＭＦＡはおぞましい虐待と苦痛の証拠を余すところなく収録した。調査官の隠しカメラに映る職員たちは、つるはしと金槌で子牛の頭蓋を叩き割り、意識を失うまで殴り続ける。

コンクリン酪農場と同じく、職員らは歩行困難の子牛がいれば、頭を蹴り、踏みつける。子牛たちは不衛生な環境のなか汚物にまみれ、体の向きも変えられない。足先が皮一枚でぶら下がっているなど、明らかに痛みを伴う負傷や病気を抱えていても獣医の治療は施されない。角は麻酔なしで焼き切られる。MFAによれば、E6のオーナーは釘抜きハンマーで子牛を殺すよう職員に指導していたそうで、残忍凄惨な死の苦しみは必然の結果であった。不要な子牛を金槌で殺すことに異を唱えた調査官は、オーナーから調子の悪い22口径ライフルを渡されたが、これは一層殺害に向かない代物だった。動画を見せられて、業界顧問のテンプル・グランディンさえもがMFAのサイトでこう述べた。「経営陣と現場職員はどちらも明らかに動物福祉のことを考えていません」。グランディンの言葉は正しいものの、E6の動物虐待を逸脱行為のごとく表現している点で語弊がある。事実は、産業の経済そのものが虐待を必要とするのである。牛に乳を出させるためには彼女たちを繰り返し妊娠させなければならず、それによって幾百万もの不要な子牛が生まれてくれれば、廃棄の問題が生じて利益に差し障る。そこで酪農業の不要な副産物を儲けに変えるべく、子牛肉産業が発達した。子牛肉と乳製品は不可分の関係にあり、乳製品を消費する人間は子牛を苦しめている。その苦しみは膨大でありながら全く不要なものであって、なんとなればそれは乳製品の消費という、人間の生存には必要ない食習慣の産物に他ならないからである。(注6)水気が多く青白いグルメ向けの肉をつくる目的から、業界は故意に鉄分と繊維質を奪って子牛を貧血状態に陥れ、動きを許さない檻にかれらを閉じ込めて筋肉の発達を妨げる。子牛は産まれた時点で母から引き離され、不安とストレスに苦しみながら、与えられた数カ月の生を送る。自然の行動は封じられ、制限食はしばしば胃潰瘍その他の健康問題を引き起こす。高度の社会性を具えるかれらを隔離環境に置けば、甚だしい不快・不満・孤独感に苛まれる。近年では子牛肉産業全体を覆う苛酷な実態が暴露されたことで、集団飼育の導入や囲いの拡張などわずかな改善が推進されはした（ただし多くの農家は出費を嫌がり施設改造に難色を示している）。なるほど故意に縮められた短い生涯でも、最期を迎えるまでの苦しみは多いより少ないに越したことはなかろうが、つまらない目的のために動物を傷つけ殺してはならない、というのは多くの人々が認める主張であり、それを真面目に受け止めるのであれば、そもそも殺すという行為自体が悪なのである。

虐待と殺害の擁護

伝統の知恵や倫理の基本常識は、絶対の必要がない時に動物を害してはならないと説く。ところが動物を殺して儲けに変える人間はこの初歩的な道徳規則を拒み、それにしたがう者をこき下ろす。業界サイト「子牛肉情報窓口」（ＶＩＧ）は動物を思いやる人々をけなし、許された快楽に口出しをする目障りなお節介として斥ける。

注6　カルシウムを摂取するのに乳製品は必要ない。ほうれん草、ブロッコリー、豆腐などには豊富なカルシウムが含まれる。むしろ乳製品は成分中の動物性蛋白質による作用を介してカルシウムの排出を促し、骨粗鬆症の原因となる。のみならず、乳製品は乳癌や前立腺癌などの発症原因にもなるとされる有害食品である。

> 説教好きの動物活動家は、おばあちゃんの子牛肉チーズカツが食卓から消える日を夢見ているのでしょう。子牛すね肉の煮込みが両切りタバコや朝飲みマルティーニのように敬遠される、そんな日をです。手あかのついた子牛肉産業の「真実」を示しながら、この子牛肉反対の狂信者たちは罪悪感を呼び起こす宣伝を広め、料理界の高潔の地位をハイジャックしようと企むのです。かれらは畜産業をナチスのホロコーストに譬えます。肉食反対の戦いを公民権運動に譬えます。「子牛を救え（セーブ・ザ・カーフ）」の群衆は、子牛肉チョップやウィーン風シュニッツェルに対する政治的復讐劇を踏み台にして、いずれはステーキハウスも乳製品も動物園も革靴も医療動物実験もない世界をめざすのです。（Veal Information Gateway n.d.）

ＶＩＧは動物の権利活動家を由緒ある伝統の敵、神聖な家族の空間を冒す者、「おばあちゃんの子牛肉チーズカツ」を嗜（たしな）む無邪気な喜びを台無しにする者と描き出す。家族は情感ある他の生きものを苦しめない形で絆を深めるべきだ、という思いやりに満ちた考えはまともでないものとされる。肉食は残忍なだけでなく不健康でもあるという指摘についても、「朝飲みマルティーニ」を戒めるような野暮な運動の一環として片付けられる。ＶＩＧは活動家が社会正義を唱える中でホロコーストや公民権運動に言及すると言いながら、その比較の意味を深く掘り下げようとはしない。代わりに人間の優越性や人間例外主義、すなわち人間の生だけが大事であるという考えを暗に前提することで、そのような比較が熟考に値しないナンセンスであるとほのめかす。しかし一方、その奢った姿勢を別にすれば、ＶＩＧは活動家の目標をよく摑んでいる。搾取産業を単に改善しようとする者、「人道的屠殺」というごまかしを受け入れる者と違って、動物の権利活動家は事実、「ステーキハウスも乳製品も動物園も革靴も医療動物実験もない世界」を望む。他者への思いやりある扱いを求める主張に反論できないとみえて、ＶＩＧはそれを「復讐劇」に燃える「狂信者たち」の「宣伝」とののしる。不要な苦しみをなくしたいと願う人々は「『子牛を救え（セーブ・ザ・カーフ）』の群衆」と片付けられるが、これは言うまでもなく「くじらを救え（セーブ・ザ・ホエール）」運動を意識した当てこすりで、後者はしばしば、都会の裕福な白人が経済の現実を理解せず感傷に流されて行なうお節介のごとく見られてきた。個の次元、種の次元の違いはあれど、いずれの場合も動物を死から救おうとする取り組みは嘲笑の的とされるのみで、倫理的な大問題の提起とは受け止められない。思いやりとは、他者の苦しみを認めた上で、それを和らげようと試みる重要な道徳の働きである（情けや同情が受け身であるか奢っているかのどちらかであるのとは違う）。他者にやさしくあれ、というのはよく聞かれる言葉であるが、差別主義者や宗教的狂信者のような一部の人間は、気づかいのおよぶ範囲を論じ、それを自身の属する集団内に限定する。活動家を「『子牛を救え（セーブ・ザ・カーフ）』の群衆」と笑殺するＶＩＧはまさにその一派であり、動物への思いやりを愚弄しながら、思いやりそのものを軽侮する。

　他者の苦しみを軽んじる姿勢は、権力の産物でありながら権力を握る手段でもある。生命の商品化、生ある存在を財産の地位に落とし込むという営みは、暴力的となることを避け得ない。それは地位の剝奪であり、毎年何億何兆と殺される動物の犠牲者たちは言わずもがな、そのシステムを運用・統御する人間をも貶める。ことに資本主義の絶対命令は生産者に効率性の向上と費用の削減、利益の増大へ向けた奮闘を課し、それによって動物の苦しみはつねに規模を広げつつ再生産される。その苦しみが拡大・激化すれば業界は一層の努力をもってそれを隠し、人々を真実から遠ざけねばならない。業界で働く人間は自身を無感情にして他者への思いやりをけなさなければ生き残っていくことはできない。

MFAの動画で告発された企業は、収録された虐待を関知していなかったと言い、それが自社の動物福祉規則に反する旨を主張するが、虐待が例外的事件でなく普通の業務であることは明白であり、それはアメリカ獣医学会の最高責任者で元農務省の動植物検疫局長官でもあったロン・デヘイブンも認める。「こうした動画が頻繁に公開されるところからすると、それらを単独の事件とみるわけにはいかず、生産者が虐待を関知していなかったと言うのも信用できない」。デヘイブンは「牧場・畜産場・家畜市場・屠殺場の監視に、より多くの獣医をつけること」を要請したが、業界慣行を擁護する他の獣医の話からすると、これは単に現行の動物福祉基準を「監督」ないし監査すればいいという問題ではない。むしろ基準は虐待を防げないのであって、それはその運用に当たる業界自体がもとより虐待的だからである。

「活動家は我々にいささかの知識を与えてくれるのかもしれない」

E6の動画を「私が見てきた中でおそらく最悪の動物虐待を収めたもの」と評価しながら、『ビーフ』誌の寄稿編者トロイ・マーシャルはこう語った。「活動家は我々にいささかの知識を与えてくれるのかもしれない。かれらはこうした虐待を暴く点において、業界の内部機構よりも卓越した腕を持つ」。E6の行為を虐待とみなしたまでは正しかったものの、マーシャルは活動家が本当に訴えたかったことを見逃したか、あるいは故意にうやむやにした。彼は業界に何らかの「内部機構」なるものがあって、それが普段は動物を守り、福祉を担保しているかのように言う。これは人を惑わせる。虐待は逸脱ではなく、畜産業の本質である。これらの産業は他者の搾取を土台とするものであり、一部の個人が自分の完全な支配下にある者たちへ余計な害をおよぼさずにいることはあっても、その動物たちが稀な例外を除いてことごとく苦しみ、所有者にとって最高の利益を生む時点で殺される事実は動かない。動物福祉を語る言葉はこの基本的な真実を覆い隠す煙幕に過ぎない。制度化された虐待は単に動物の扱いがひどくなって生じる問題ではなく、人間がかれらを利用する権利を主張するという、その根本のところから生じる問題である。特定の扱いを改めればよいという話ではなく、他の動物を人間のために利用すること自体が虐待なのである。この産業はもう随分以前に、情感ある生きものを「動物機械（アニマル・マシーン）」へと転じるところまで辿り着いた。工場式畜産を論じた著作にルース・ハリソンが『動物機械（アニマル・マシーン）』の題を冠したのが一九六四年、そしてそれから後、生命の機械化は信じがたいほどの怪物的次元にまで発展した。しかし、もしもそのあいだに動物福祉というものが顧みられたのだとしたら、こうした業界はそもそも立ち現われなかったはずであり、今日に至って福祉的な関心が芽生えたことは、業界の完全な崩壊を意味しかねない。畜産猿轡法が隠したいのは、嗜虐趣味の人間による例外的な虐待だけでなく、営利目的の動物支配に伴う標準慣行としての残忍と暴力でもある。

制度化された虐待を暴露する者を企業は犯罪者に指定すべく立ち回ったが、畜産猿轡法はさすがに一部の法人メディアにも悪辣で過激なものと映ったらしい。『ニューヨーク・タイムズ』紙が批判するには、法律の内容は農業関係の大会社が左右する上に、内容はどうにでも解釈でき、調査官を「農業テロリスト」に指定するのは行き過ぎという他ない。この法律の「目的はただ一つ、工場式畜産場の実態を覆い隠し、動物の権利や食品の生産方法について人々が今以上に深く考えることを妨げようというのである」(*New York Times* 2011)。

抑圧の交差性と人間労働者の搾取

活動家は潜入調査を通し、娯楽の場であるサーカスや動物園、それに工場式畜産場、屠殺場、動物実験施設などの制度化された虐待を記録に収める。これらの産業は虐待の上に成り、儲けのための動物搾取が操業の本質をなす。しかしこれまでに論じてきたごとく、虐待が明るみに出たとなれば業界と法人メディアはそれを一握りの特に残酷な職員による単発的で例外的な行動と捉える。現実には、業界の底辺で働く者の多くは、与えられた労働条件を受け入れるよりほかに選択肢がないからその役割を担うまでで、現場ではかれら自身も虐待的な環境に置かれ、動物たちがパニックを起こして死から逃れようともがくのを捕まえて屠殺するという危険で困難な仕事を強いられる。資本主義の論理が課す容赦ない重圧のもと、かれらは最小限の賃金と引き換えに、最大数の動物を、最大限の速度で葬らねばならない。この悪夢のような状況に囚われた人間が酷薄の性を備えて他の動物への思いやりを失うのは驚くに当たらない。生産を命じる資本主義は、種差別主義の思想、人間中心主義の精神性と結びつき、動物は独自の関心を抱く情感ある個ではなく、人間が利用する資源とみなされる。標準業務を逸して虐待が生じるのではなく、この思想と制度の結合構造が業務の本質を虐待的なものとする。

最大の搾取を被るのは動物たちであるものの、資本主義生産のもとでは人間労働者の搾取もまた構造の本質的部分をなす。屠殺産業は労働災害の発生率が合衆国で最も高い（Human Rights Watch 2005）。高速生産ラインを前にした反復作業が、運動過多による損傷、刃物や機械による事故を招くのに加え、労働者の多くは危険な化学物質にもさらされる。こうした業界は移民労働者を頼りとし、英語運用力の劣る者、在留資格のあやしい者を採用することで、搾取に対する不満が起こりにくくなるよう計らう。負傷の報告率が低ければ管理者は特別手当を支給されることもあるので、労働者には負傷を訴えないよう圧力をかける。業界は労働組合に敵対し、労働者を不安で無防備な境遇に置いていることで悪名高い。そのような状況にあっては、労働者が自身の屠殺・解体する動物たちにいくらかの同情を寄せていたところで、それを抑え込むようになるのは当然といえる。極度のストレスを課す搾取的な環境は、業務上の暴力（動物を速く移動させるための虐待など）を生むに留まらず、その虐待的基盤の上へ故意の蛮行という層を付け加えるのであって、それは囚われの労働者たちが怒りと蟠り（わだかま）に駆られつつ、さらなる残忍性をおのが内に育てるからである。

アグリビジネスの運営者たちは虐待に関する抗議を、農業の現実に無知な都会人らの誤解にもとづく感情的反応といって片付ける。テネシー州の畜産猿轡法案〔畜産場の虐待を記録した者は四十八時間以内に当局へ証拠を提出しなければならないとする法律案〕を支持する者たちは、活動家が虐待と考える行為を単なる普通の業務だと言い張る。牛の除角〔角の焼き切り〕について、テネシー州農業局のロビイスト、レドナ・ローズは、「素人から見ればあれはものすごく残酷に見えるかもしれません」と認めながらも、この処置は「爪切り」に等しいと語った（Zelinski 2013）。これは嘘であるとともに（Berreville 2014）、業界がいかに虐待を過小評価し、活動家を情緒丸出しの誤解した連中と描きたがるかを物語る証言といえよう。

二〇〇八年にHSUSがカリフォルニア州チノに位置するホールマーク食肉加工社の屠殺場を調査したところ、「労働者は病気の牛たちに蹴りを入れ、フォークリフトを激突させ、電気棒や高圧水ホースで攻撃を加えながら、屠殺室へ至るまでの自力歩行を強いていた」（HSUS 2013b）。事件の発覚は一億四三〇〇万ポンド〔約六万五〇〇〇トン〕の汚染肉リコールに至ったが、その大半は学校給食用のものだった。こうした行為は日常的なものであるにもかかわらず、ホールマーク社の経営陣は当の実態を「関知していなかった」と弁明した（Brown 2008）。この調査は議会の公聴会、動物虐待の訴追、屠殺場の閉鎖、合衆国で前代未聞の食肉リコールへとつながった。HSUSは菜食の普及に努めず肉・乳・卵産業と提携するが、調査や改革キャンペーンが時に業者の怒りを買うので、急進派の団体と言われることが少なくない。

矛盾思考と危機管理広報

搾取と死の上になる産業界は、その行ないを擁護するために巧妙な仕組みをつくり上げる。その実例となるのが、二〇〇八年のＰＥＴＡの潜入調査に対する業界の反応である。調査対象はアイオワ州の養豚施設で、親会社のモウマー農場は州内で年に数十万頭の豚を捌（さば）き、その「方々に散った大規模な監禁養豚場は、多くが衛生基準・環境基準・動物虐待防止法に背いている」（Genoways 2013）。動画に映った職員らは豚を蹴り、鉄の棒で打ち、足が不自由な豚に電気棒でショックを与え、体重不足の子豚を地面に叩きつけて殺し、豚の顔にスプレーペイントを噴き付けるなど、様々な虐待を行なっていた。動画は広まって国際的注目を浴びる。例によってアイオワ州豚肉生産者協会は、ジョージ・オーウェルの小説『一九八四年』で言うところの矛盾思考に依拠しつつ、動画に映ったのは業界で「一般に認められた慣行」であると弁明する一方で、虐待は許さないと断言した（Pig State 2008）。モウマーは対応として数人の職員を解雇したが、ＰＥＴＡは施設所有者ならびに後援を行なっていたホーメルフーズの責任者の断罪を求めた。ホーメルは合衆国の三大屠殺企業の一つで、この時は業界でおなじみの論法を用い、ＰＥＴＡは個別の事件をすぐに報告せず組織的虐待の証拠集めをしていた、との非難を行なうことで、果てしもなく何億という動物を監禁・殺害し続ける自社その他が動物福祉に関心を寄せているごとく見せかけようとした（Genoways 2013）。これに似て、カリフォルニア州肉牛生産者協会（ＣＣＡ）は議会法案三四三「動物虐待：証拠記録の提出義務」を支持し、虐待の証拠記録を四十八時間以内に当局へ提出することを義務化しようと試みた（LegiScan 2013）。CCAをはじめとする団体は審議中の法案に目を光らせ、畜産猿轡法のような業界利益に資する法律を後押しする。そうした立法措置をこれらの団体は動物福祉への配慮と言い張るが、真の目的は活動家による動物虐待の証拠集めを妨害することにある。

システムに内在する蛮行の責任を自社が搾取する労働者に押し付けるのに加え、アグリビジネスは「危機管理広報」（Becker 2012）による他の対応策も考え出した。二〇一二年、モウマー農場の共同所有者リン・ベッカーはアイオワ州デモインで開かれた世界豚肉博覧会の豚肉アカデミーに顔を出し、「動物の愛護と世話は私どもが第一に考えることです」と語った。常套のレトリックを用いて、ベッカーは自社の虐待を暴露したPETAの二〇〇八年調査を「わが業界に訪れた動物愛護の9・11」と形容した。ここで9・11を引き合いに出すのは、事業を念頭に都合よく愛国心と恐怖を煽る操作の手法で、その乱暴さはAT&Tが9・11をテーマにした画像を使って新しい携帯電話を売り込み、またウィスコンシン州のタンブルダウン・トレイルズ・ゴルフ場が「九コース、カート付きで九・一一ドル」などと9・11をテーマに集客を図ったのに似る（*Huffington Post* 2012; Krumholtz 2013）。ところが、暴力をなくそうと努める活動家の取り組みを暴力の行使になぞらえ、動物虐待の暴露をテロ攻撃による数千人の大虐殺になぞらえるベッカーの議論は、業界人のあいだでは何らおかしくないもののように受け入れられている。動物搾取を奴隷制やホロコーストになぞらえれば即座に非難を浴びせる業界擁護者らが、一方では活動家をテロリストと言い、その取り組みを弾圧すべく、９・11その他、人間の苦しみを譬えに持ち出す。

ベッカーの議論から明確に伝わるのは、彼の関心が事業の損害に向けられていて、虐待そのものに向けられているのではないという事実である。業界自体が動画中の虐待を発生・存続させる元凶であることには触れず、ベッカーはただ虐待を告発された際の対処法を他の業者に説くだけだった。話の中で強調されたのは、全米豚肉委員会その他の業界団体が協力して対処に当たること、暴露騒動に備えた声明文を作成して、制度化された虐待をメディアの前で擁護できるようにしておくことだった。さらに、自分の会社は州の代議士がいつでも味方をしてくれるので幸運だった、とベッカーは語った。業界の仲間に向けては、虐待ではなく潜入調査の「危険信号に注意」しよう、職員の身元は綿密に調べ上げ、携帯電話やカメラの持ち込みがないかを確かめて「飼育場を徹底管理」し、虐待ではなく暴露を防止しようと説いた。

カナダにおける調査

活動家は動物産業複合体の根底にある悲惨を明るみに出す。近年の例ではＭＦＡカナダ支部（ＭＦＡＣ）による諸々の調査報告があり、例えばケベックの子牛飼養施設デリマックス農場では子牛たちが「小さな木製の檻に押し込められ、多くは首を鎖でつながれ、向きを変えることも気持ちよく寝そべることもできず、労働者らは乱暴に彼らを蹴ったり殴ったりしていた」（Mercy

For Animals Canada n.d.a)。オンタリオ州に位置するメープルリーフフーズ傘下のホライズン孵化場では、「ひよこは弱い羽をつかまれて金属製の仕分け口に投げ入れられ、生きたまま熱湯の洗浄機に送られて火傷を負い、水に溺れ、雄は多くが折り重なったまま粉砕機に押し込まれて生きながらミンチにされる」(Mercy For Animals Canada n.d.a)。二〇一二年にMFACはマニトバ州アーボーグのピュラトーン社で横行していた豚の虐待を告発する。豚は労働者たちから殴る蹴るの暴行を加えられ、「標準慣行にしたがって数千頭が体の大きさとほぼ変わらない不衛生な金属製の妊娠豚用檻（ストール）に押し込められていた。さらに本調査が明らかにしたところでは、子豚はコンクリートの床に叩きつけられて殺され、麻酔なしで去勢や断尾を施される」。二〇一三年にMFACが調査したアルバータ州のクリークサイド農場およびクク農場では、「数千羽の卵用鶏が小さな金網の家禽檻（バタリーケージ）に押し込められ、ひよこが労働者たちの手で頭を打ちつけられ、あるいは生きたままゴミ袋に放られて窒息し、死んだ成鳥がケージの中に放置され、その腐りゆく死体のそばで雌鶏たちが人の消費用となる卵を産んでいた」。二〇一四年にはオンタリオ州に位置する世界屈指の七面鳥飼養施設ハイブリッド・ターキーで、「七面鳥が労働者たちに蹴られ、投げられ、背骨を砕かれ、シャベルや鉄の棒で乱暴に叩かれる様子が隠しカメラに収められた。傷が開いて膿みに覆われた鳥、目が腐った鳥、感染症で皮膚がただれた鳥も、苦しみ死んでいくままに放置されていた」(Mercy For Animals Canada 2014)。

　これらの虐待は畜産業において不可避のものである。改善策は一部の苦しみを軽減するかもしれない——例えばケベック州の子牛施設を告発したMFACの調査が切っ掛けとなって、業界は単頭飼育の檻を「漸次撤廃する」と発表した（ibid. 2014）――が、産業そのものをなくさなければ、動物たちが別の苦しみを味わい数十億単位で殺されていくことに変わりはない。

ＭＦＡＣが二〇一二年にピュラトーンの虐待動画を公開した時、人々は豚が剝き出しの傷に苦しみ、狭い檻に閉じ込められ、ストレスから鉄柵を嚙み、ボルト銃で殺され、子豚が地面に叩きつけられて殺される光景に怒りの声を上げた。しかしＭＦＡＣを代表するキンバリー・キャロルは、「この工場式畜産場で記録された凄惨な虐待はカナダ人の多くにとって恐ろしいものでしょうが……実際には標準的な業界慣行とされているのです」と述べた（Canadian Press 2012）。現に合衆国のロビー団体である食品健全センターが設けた動物愛護評価委員会はこの証言を裏付けている。委員会はマニトバ大学動物科学部の学部長であるローリー・コナー教授、オンタリオ州獣医大学のロバート・フレンドシップ博士、プレーリー豚類センターの研究者ジェニファー・ブラウン博士からなり、業界の虐待を弁護するどころか、それを「人道的」だと評価した。ブラウンは「この人たちのやり方に問題はありません」と言い、フレンドシップは開いた傷口の件を「学校のグラウンドにひざを擦りむいた子供がいるようなものです」と一蹴した（Ontario Pork 2014）。フレンドシップは、職員らが笑いながら去勢や殺処分をしているのは「初めて見たら……ひどいと思う」だろうと認めながらも、「お分かりいただきたいのは、この人たちは毎日こういう仕事をしている、ということです。……この人たちはこれに何も感じなくなる、けれども一般の方々からしたら、これは見るのもつらい、ということになるんです」と説明する（ibid.）。人は蛮行に慣れる、という点は真実であるが、それは蛮行が蛮行でなくなる理由にはならず、蛮行を存続させるべき理由にもならない。コナーは豚が去勢中に叫びを上げるのは痛みによるだけでなく「逆さまにされたり拘束されたりするせいでもある」だろうと言い、職員の施術を高評価した。ゲルフ大学動物科学部の名誉教授であるイアン・ダンカン博士は、コナーがボルト銃の使用をよしとしたことに異を唱え、この方法は「非常に問題がある」、成長した豚は頭蓋骨が分厚いので銃ではうまく殺せない、と指摘した。ただしそのダンカンも、麻酔なしの去勢や断尾を認める点ではコナーと意見を同じくするが、両者ともなぜこの痛みを伴う処置を認めるのか、その理由については語らない（White 2012）。コナーの業界擁護論は、二〇〇九年にマニトバ大学のダナ・メドーロ教授によって、偏りがあると批判されている（Medoro 2012）。コナーは公開討論の場で妊娠豚用檻（ストール）飼育を肯定し、豚は「体の向きを変えたいという強い行動欲求を持っていません」と主張した。彼女の言葉は全米豚肉生産者評議会のデーヴ・ワーナーが発したコメント〔第2章参照〕に通じるもので、業界の反応としては珍しくない。

もっとも、ピュラトーンの一件については、専門家委員会と会社が話を合わせ損なった。虐待的慣行を標準業務とした学者たちに対し、会社は公開された虐待への関与を否定しようとした。ピュラトーンCEOのレイ・ヒルデブランドは、動画に「衝撃を受けた」と述べ、これらの行為は社則にのっとるものではない、当社は独自の調査を始めた、と発表した。ピュラトーンの買収手続きを進めていたメープルリーフフーズは、動画中の虐待を「見るに堪えない」許されざる行為だと非難した（Canadian Press 2012）。

「信頼の確立」

合衆国では業界による後ろ盾のもと、偽装団体の食品健全センター（ＣＦＩ）が二〇〇七年に結成され、企業利益向上のために奉仕している。創設者のチャーリー・アーノットは、アグリビジネスへの協力に特化したカンザス・シティの広報会社ＣＭＡを立ち上げた人物で、ＣＦＩの使命は公式サイトによると、消費者のあいだにおける「信頼の確立」であるという。後援にはアメリカ鶏卵評議会、アメリカ農業連合会、全米生乳生産者連盟、全米豚肉評議会、コナグラ・フーズ、デュポン、エランコ・アニマルヘルス、メルク・アニマルヘルス、モンサント、スミスフィールド、タイソン、その他数十の業界団体や企業が就く。人の健康と環境にやさしい農業を応援する非営利組織、食品安全センターのジョセフ・メンデルソンは、ＣＦＩが政府の監督をなくし業界自主規制への移行を促す偽善組織であると述べ、その名が食品安全センターと酷似しているのは「偶然ではない」と指摘した。「食品健全センターという名が選ばれたのは、明らかに私どものような団体から衆目をそらし、消費者を惑わせるためでしょう」（*Bulldog Reporter* 2007）。ＣＦＩのいう「信頼の確立」とは、実際のところ業界による虐待を取り繕うことを指す。

二〇一三年にＭＦＡが公開した動画では、ミネソタ州の養豚場で豚たちが密飼いされ、狭い檻の中、木製のスノコ床に嵌まり、蛆の湧いた傷に苦しみ、労働者たちにボードで叩かれ、子豚であれば宙に放られ、コンクリートの床に叩きつけられる様子が曝露されたが、ＣＦＩはその対処を、動物科学の専門家からなる豚肉委員会に委任した。パーデュー大学のキャンデス・クローニー、ミネソタ大学のジョン・ディーン、ミシガン州立大学のジャニス・スワンソンは、「おぞましい虐待」が行われていたことを認めるものの、それは個々の職員が正しい処方に従わなかったせいだと話を矮小化した。密飼いは一時的なものである、妊娠豚用檻(ストール)は豚を守る機材である、傷や障害は個別に考えなければいけない、痛みを伴う去勢や断尾は公認されている、頭を叩きつけられた子豚はまだ生きているように見えるが、不随意運動を起こしているだけの可能性もある、と三名は説いた。コンクリートの床で子豚を叩き殺すのは残酷に見える、と前置きした上でディーンは述べる。「見ていて気持ちのいいものじゃありません。……このやり方の是非が問われているのは、適切さが疑われるからではなく、見た目が悪いからです」(Center for Food Integrity 2013)。

ＡＬＥＣと猿轡

いら立った職員や嗜虐癖の職員による単独の虐待よりも、合法の標準業務として行なわれる日常的な虐待を暴露されることに恐れを抱いて、業界団体は暴露を犯罪指定する法律の制定に向け立ち回った。アメリカ立法交流評議会(ＡＬＥＣ)は産業界の資金提供を受けるロビー団体で、資本主義の理念を浸透させようと、産業ひいきのモデル法案を作成して州政府に提出する。モデル法案の一つ、動物・環境テロリズム法案は、畜産場で「施設や所有者の名誉毀損となる」写真・動画を収めてはならず、それをした者は「テロリスト名簿」に登録されるという内容だった

（Oppel 2013）。

『ニューヨーク・タイムズ』紙によれば、二〇一二年にアイオワ、ミズーリ、ユタの三州で可決された法律は、動物擁護団体による州内での虐待暴露を「ほとんど不可能」とし、現にそれらの団体は三州での調査を打ち切ったという（ibid.）。アメリカ農業連合会の議会関係部長ケリー・ラドラムが説明するには、潜入調査の動画に映された虐待は、工業的畜産業になじみのない人々にとってはひどい光景に思えるかもしれない、しかしそれらは「動物管理の専門家が認めた最善の措置」である（ibid.）、とのことで、要するに、虐待は広く横行して動物搾取の構造に組み込まれていれば、また、業界の金を受け取った専門家がそれをよしとすれば、もはや虐待ではない、という理屈である。

業界団体は調査を悪質であると咎め、活動家は個々の虐待をすぐに報告して、やさしい農家がただちに対処できるよう計らうべきだと主張する。が、それをすると刑事訴訟のための証拠固めができなくなってしまう。これが業界の目的であることは疑う余地がない。ＨＳＵＳのマット・ドミンゲスは言う。「再発防止に努める代わりに、工場式畜産業界は虐待をもみ消そうとします。……内部告発を告発するのが本当の狙いです」。

ＡＬＥＣの動物・環境テロリズム法案は、動物利用施設の写真撮影をした活動家をテロリスト指定する内容だった。この法案自体は提出されなかったものの、ＡＬＥＣはその改訂版として動物関連企業テロリズム法（ＡＥＴＡ）を作成した。アグリビジネス・生物医学・食品・製薬産業の後援を受け、「消費者の自由センター」や全米動物福利連盟（ＮＡＩＡ）その他のロビー団体によって推進されたＡＥＴＡは、二〇〇六年に可決される。同法の前身は一九九二年の動物関連企業保護法（ＡＥＰＡ）で、これはやはり動物保護から身を守ろうとする業界努力の産物であったが、業界擁護者に言わせればＡＥＰＡは企業利益を守る上で役に立たず、批判者を黙らせるにはさらに重い罰則が必要だった。「憲法上の権利センター」が指摘するには、強化されたＡＥＴＡの法制度はボイコットやデモ、潜入調査などの合法的・平和的活動であっても、それが動物関連企業を「妨害」してその利益を損なう場合は認められないとする点で、憲法修正第一条に反する。

コーク兄弟のほか、ＡＬＥＣの法人後援者にはシェル石油、エクソンモービル、ＢＰ（二〇一〇年のメキシコ湾原油流出事故を引き起こしたイギリス最大の企業）、デューク・エナジー（合衆国屈指の大手電力会社）、ピーボディ・エナジー（合衆国最大の石炭会社）、トランスカナダ（キーストーンＸＬパイプラインを運用するエネルギー整備会社）等々が加わっている。企業利益に直結する法整備へ向けＡＬＥＣが露骨な努力をする実態がメディアによって報じられると、アマゾンやコカ・コーラ、ゼネラル・エレクトリック、ゼネラルモーターズ、ヒューレット・パッカード、マクドナルド、ペプシ、ウォルマートなどの大手グローバル企業を含め、判明しているだけで七二社の企業が、ＡＬＥＣ会員権の更新を終了すると発表した。しかしＡＬＥＣは二〇一三年にも三四の州で何十もの新法案を提出し、その中に含まれていた各種の畜産猿轡法案は、再生可能エネルギーの開発を阻み、エネルギー会社に危険な水圧破砕と継続的な環境汚染を許す内容だった。

業界努力は成功を収めてきた。暴露写真を撮る活動家を犯罪者指定して動物搾取産業の保護を図る法律は八つの州で可決され、他いくつかの州でも同様の法整備が検討された。ミネソタ州の畜産猿轡法に反対するＨＳＵＳの同州支部局長ハワード・ゴールドマンが指摘するには、この法律は人々の監視を防ぐ「業界の遮蔽」となる。「この法案はあらゆる動物施設の内部告発を違法化するわけですが、それは動物虐待の告発であることもありえます。……ただしこれは広い解釈が可能ですので、食品安全に関することも、環境汚染や労働問題に関することも対象となりうるでしょう」(Associated Press 2011)。

最終的には否決されるものの、二〇一一年にフロリダ、アイオワ、ミネソタの三州では、許可なく撮られた農業施設の写真ないし動画を生産・所持・拡散する行為を犯罪指定する法案が検討にかけられた。同法案はさらに、施設所有者が認めない行為を働く意図から、履歴を偽って施設へ職員応募することをも禁じる内容だった。企業はこの法案によって調査を妨げ、動物虐待や食品安全規則の違反が暴露される事態を防ごうとした。後援者にはロビー団体のＮＡＩＡなども加わった。アイオワ州の上院議員トム・リエリーは、活動家が編集動画を広めるのは虐待を防ぐためでなく資金を集めるためだと主張した。アイオワ州家禽協会の会長ケビン・ビンカトルは同州の法案を起草した張本人であり、当の法律は消費者を活動家から守るのに欠かせない、活動家は演出を加えた動画をつくって、会社を貶め、設備を壊し、農場に病気を持ち込む、と持論を展開した。しかし『ニューヨーク・タイムズ』紙が指摘する通り、彼は一つの実例も示していない(Sulzberger 2011)。主張に根拠がなく、産業に付きまとう虐待を隠したい意図は明らかでありながら、アイオワ州で提出された法案は圧倒的多数の支持を得て下院を通過し、上院の農業委員会も通過した。同州の経済に大きな影響力を振るう農業界であってみれば、自分たちの利益にかなう法案を作成できてしまうのも不思議ではない。「農業はアイオワ州のすべてだ」と語る州上院議長ジョン・P・キッピーは、「生産者がもっと好い気分になれる」（ibid.）ためと称して法案を支持した。なるほど生産者は悪い気分になる事柄を沢山抱え、それが暴露されることを恐れている。テネシー州で同様の法案が通過した際には、下院議員のアンディ・ホルトがHSUSに勝利宣言のEメールを送った。その文面には食肉産業への忠誠と、動物保護に取り組む者への軽侮が表われている。

本日、テネシー州の家畜を守る下院法案一一九一が通過しましたことは慶賀の至りに存じます。家畜たちは何カ月にもわたる無意味な調査によって苦しめられてきました。実行犯は急進派の動物活動家からなる宣伝組織であり、その一翼を担ってこられました目障りこの上ない欺瞞組織、動物虐待を利益に変える悪質な協調組合主義者の貴女らは、あたかも人身売買商人が十七歳の少女を利用するごとく、動物たちを利用することに余念なきものと愚察いたします。動物虐待で儲けようと企む組織の、憐れを催す正当化の口実をつくる貴女〔手紙受取人ケイシー・マクレオド〕の務め、しかとお見受け申しました。蛇足ながら、ここテネシー州で貴女らの好む資金調達の方法、小生の口にしております「テープとレイプ」に制限が設けられましたことにも満足を感じている次第です。貴女らの団体ならびにその真の意図が水泡に帰すことをお祈り申し上げます。（Genoways 2013）

バプテスト教会の執事、全米ライフル協会の会員、中絶反対派のホルトは、自身もアグリビジネスに関わり、肉用とする牛や山羊の飼養、出荷前の豚の肥育に携わっている。二〇一二年には六年前に連邦政府が閉鎖した馬の屠殺場をテネシー州で再開させる法案を提出した。畜産猿轡法を支持するホルトの偏向は実に分かりやすい。彼は農業ビジネスの中で「再三にわたり」法律違反を犯してきた前科があり、無許可で集中家畜飼養施設〔大型の工場式畜産場〕を操業しているのに加え、動物糞便の品質評価でも基準値を満たしていない（Humphrey 2013）。畜産猿轡法案が通って自身らの施設が活動家の調査から守られたことに喜んだホルトであったが、二〇一三年五月にテネシー州知事ビル・ハスラムは同法案を否認し、司法長官によればこれは憲法に反するもので、動物虐待の訴追を難しくする、とその理由を説明した。二〇一五年八月には連邦判事Ｂ・リン・ウィンミルがアイダホ州の畜産猿轡法を違憲と判断し、「同法の成立背景には、農畜産業に批判的な言論を抑え込む意図がある」と見解を述べた（Chapman 2015）。

自身が関わる産業の関連法案をつくる点で政府官僚に直接の贔屓がなくとも、腐敗はあからさまである。アイダホ州が二〇一四年に独自の畜産猿轡法案である上院法案＃一三三七を承認した際には、ＫＰＶＩニュースによって、農業界から州の政治家に五四万ドル以上の献金があったこと、法案支持層の中核である酪農業界は二万四五〇〇ドル以上を拠出し、「法案に指示票を入れた上院議員二三名のうち一二名は酪農業界の献金を受け取っていた」こと、下院では献金を受けた一五名のうち一四名が法案支持票を入れたことが報じられた。知事のブッチ・オッターも法案を支持した一人で、酪農業界から五五〇〇ドルの献金を受け取っていた。

二〇一三年、活動家のエイミー・メイヤーは、合衆国で畜産猿轡法のもと訴えられた初の人物となる。ユタ州のドレーパーへ向かったメイヤーは、公有地に立って携帯電話を使い、デール・T・スミス&ソンズの屠殺場で見られる恐ろしい光景を収録した。そこでは牛たちが逃げようともがき回り、「角の山」が積み上がり、「建物の脇にある排出口から肉片が吐き出され」、病気の牛がトラクターによって「ガラクタ同然」にどかされていた（Dalrymple II 2013）。虐待を暴露したメイヤーは、賞讃されるどころか犯罪者として逮捕された。もっとも、この事件では批判者を黙らせようと業界が法の悪用に訴えた意図があまりに見え透いており、メイヤーの弁護士は、判事を任命した町長が問題の屠殺場の共同所有者であった点を指摘して判事に裁判の担当を辞するよう迫り、事件が世間に知れ渡った後には訴えそのものが却下された。

アグリビジネスの代表者やその利益に奉仕する政治家らは、抑え込みを思いやりと称する。西オーストラリア州のリベラル派上院議員クリス・バックは、虐待発見から通報までの遅れをなくすためにオーストラリアの畜産猿轡法を支持すると表明した（Bettles 2013）。バックが依拠したのは北米の広報組織が作成した原稿で、そこでは動物の監禁・殺害で儲ける業者が動物福祉の守護者であるごとく語られる。畜産猿轡法が虐待暴露に虐待行使よりも遥かに重い罪を着せる点を考えれば（Chapman 2015）、かかる主張の偽善性は驚くべきものであるといえよう。

弁護できないものを弁護する

同じ原稿はカナダでも使われた。二〇一四年六月、「動物たちへの憐れみ会」カナダ支部（MF

AC）は、カオイマン一族が所有するカナダ最大の酪農場、三五〇〇頭以上の牛を収容するチルワック・キャトル・セールスの虐待動画を公開した。動画は八人の職員が牛たちを蹴り、鞭打ち、殴る光景を映し出し、カナダ最大の乳製品加工会社サプトに虐待への加担から手を引くよう求める請願書がつくられると、一〇万六〇〇〇人を超える人々の署名が集まった。サプトは虐待に衝撃を受けたと述べ、問題が解決されるまではカオイマンの牛乳を仕入れないと発表した。何十万リットルという牛乳が廃棄のため合衆国へ送られると、その廃棄の問題が抗議を呼んだ。酪農業者らは初め、カオイマンの施設での虐待が業界全体に損害を与えたと憤ったが、後には一致団結して「カオイマン一族を励ます」方へと向かった（Luymes 2014）。ロビー団体のカナダ酪農組合は「すべての酪農場を定期的に視察する」計画を発表する（その程度のことは既に行なっていると多くの人々は思っていた）。カオイマンは広報会社を雇ってスキャンダルの対処に当たらせ、透明性を確保するためにカメラを設置したと世間に伝え、八人の職員を解雇した（ibid.）。虐待の罪を幾人かの腐ったリンゴに着せる常套手段に訴えた格好であるが、職員たち本人に言わせると、経営者らは内部の実態を充分に把握していたらしい。解雇された一人、ジェイミー・ビッサーはＣＴＶニュースの中で、カオイマンが虐待に驚くはずはない、「中の様子の八割方は分かっていたんですから」、と語った（Wintonyk 2014）。さらに、カオイマンが驚いたと語っているのとは裏腹に、チルワック・キャトル・セールスは過去にも虐待の罪を問われている。二〇〇六年には政府の査察官によって、施設に送られてきた牛たちが脱水症状を起こし、やせ衰え、大きく口の開いた傷や壊死や乳房炎に苦しんでいることが確認された。この時にも施設所有者らは動物の様子を知らなかったと弁解し、何らの罰も受けなかった(ibid.)。

業界擁護者は即座にチルワックの虐待事件を逸脱と主張した。ゲルフ大学商業経済学部の副学部長シルベン・シャールボアもこれに賛同するごとく、畜産業で儲ける人間を「本当の土地の世話役」と讃え、何の根拠も示さず、山なす反証も無視して、「畜産動物に対するこのような残忍行為が見られることは滅多にない」と断言した(Charlebois 2014)。資本主義生産システムの工業的畜産業が「土地の世話役」になるとは、開いた口が塞がらない。人間による動物性食品の消費は「陸域生態系と生物多様性の保全に影響する最大の負の要因に数えられる。畜産業は単一では最大の生態系喪失要因であり……気候変動、土壌流失、水質汚濁、栄養素汚染、野生の草食動物や食物連鎖の頂点に位置する捕食動物の減少、複合的な生態系・生物多様性破壊の主要因にもなっている」(Machinova, Feeley and Ripple 2015: 419)。目で分かる証拠では、アーティストのミシュカ・ヘナーによる牛の肥育場の空撮写真があり、その景観は「世界崩壊後の悪夢」を思わせる。「巨大な肥溜め池は危険な硫化水素の瘴気を発し、硝酸塩と抗生物質で地下水をも汚染しかねず、そのさまは口を開いた膿み傷に似る」(Brownstone 2013)。虐待が「滅多にない」というシャールボアの言葉も、同じく説得力を欠き、人を欺く。虐待はシステムに組み込まれているばかりか、システムを成り立たせる基盤そのもの、システムの核である。動物たちが日々虐待されるのは、集中的高速生産を求められる人間労働者が、みずからも搾取されながら、仕事をこなすために他の動物をモノとして、感性と知性を持つ個ではないものとして扱わねばならないという、そればかりのせいではない。先述したごとく、単に動物がどう扱われるかの問題ではないのであって、動物をそのように利用すること、それ自体が虐待なのである。暴力と殺害なくしてこのシステムはありえない。

チルワックの所有者は労働者らに責任をなすりつけ、業界団体は虐待を単独の事件として扱ったが、ＭＦＡＣのアンナ・ピッパスはそれに対し、自分たちが同施設を選んだのはまったくの無作為だった、虐待は「酪農業界に蔓延」している、そして「任意に選んだ施設を潜入調査するたびに動物虐待が確認されて、カナダ市民はそれに驚きおののくのです。……偶然ではありません」と語った（Wintonyk 2014）。酪農産業が食肉産業よりも搾取の面で穏やかそうに思えるのは誤解でしかない（Berreville 2014）。酪農は虐待・搾取・苦痛の上に成り立ち、収監される動物たちは利益を生まなくなった時点で結局殺されるのである。

業界の代表者らは、自分たちが調査に反対するのは動物福祉を心から重んじるためだと言い、調査官が報告を先延ばしするせいで虐待が野放しになると不平を並べる。ところが実際に職員が虐待を報告すると、無視されるか報復を受けるかのどちらかで、当人は仲間たちに、事業の差し障りとなるような問題提起はしないよう伝えることとなる。これは屠殺場や加工施設の職員など、劣悪環境のなか低賃金で働く力無い労働者たちだけの事情ではない。合衆国の非営利団体、政府責任プロジェクトは、食品産業の危険な行為を暴露したことで罰せられた内部告発者たちとの活動を振り返るが（Government Accountability Project n.d.）、例えばその一人、合衆国農務省の検査官ホバート・バートリーは、ミズーリ州の家禽工場が出荷前の水増しとして鳥の死体を「糞便スープ」に浸すなど危険なことを行なっていると警告したところ、一九八五年に降格・異動の憂き目にあった。同じく、二〇〇四年には政府の食肉検査官組合である全米食品地方検査官合同評議会の座長チャールズ・ペインターが、農務省の食品安全検査局に向けて牛海綿状脳症（ＢＳＥ）に関する強い懸念を表明し、牛の「特定危険部位」（ＢＳＥの原因蛋白質プリオンがあるとされる神経線維）が正確に同定・除去できていない旨を告げた。これは検査官らがメキシコ向けの牛肉について必要な手続きを踏んでいないことを意味する。ところが、ただちに問題を報告して人の健康を守ろうとしたペインターに対し、農務省は賞讃を贈るどころか取り調べを行なった。農業団体・消費者団体・公益団体、合わせて一八組織が、ペインターへの仕打ちをやめるよう農務長官に要請した（Public Citizen 2005）。連邦政府の検査官による内部告発三六〇〇件を調べた非営利団体、調査報告センターの結論では、告発者らは保証されるはずの「法的保護を告発行為の後に受けられない場合がほとんど」で、九七パーセントは裁判に負け、問題提起によって政府の対応を促すどころか沈黙を強いられ、業績も名誉も損なわれる（Center for Investigative Reporting 2007）。

アグリビジネスは動物搾取を拠り所とし、産業界はその秘密を守ることで、残忍行為をめぐる懸念を放置しようとする。カオイマンの酪農場がＭＦＡＣの調査に応えて防犯カメラの導入を約束したのに対し、ＭＦＡＣはその動画をインターネットに公開するよう求めた。シオバン・オーサリバンは問う。「もし農家が動物の権利を大事にするというのなら、なぜ扉を開けて人々に中の様子を見せないのでしょう」（O'Sullivan 2014）。カメラを取り付けて施設全体の映像を撮り、それを一般公開することを提案した農家は一人もいない。

調査を妨げ内部告発を罰する畜産猿轡法は、動物虐待だけに関する法律ではない。本法は企業による環境犯罪・食品安全問題・労働者の権利侵害に関する暴露をも封じる。話の焦点を動物に絞れば、業界は人々の種差別的偏見を自身らの追い風に変えられる。他の政治問題に関心を寄せる活動家たちも多様な搾取・抑圧のつながりや関わりを見抜けてはおらず、動物の権利を些事として片付ける。おかげで企業はなおのこと秘密裡に、監視を恐れず事を進める推進力を得る。有力な農業会社とともに、デュポンやモンサントのような大企業もまた畜産猿轡法を擁護し、大勢の反発を買うであろう遺伝子組み換え作物の情報を隠すためにこれを役立てようと考える。

業界は調査が不要である理由として、虐待に関する報告があれば即座の是正措置が行なえると説く。しかしながら政府責任プロジェクトの食品理想キャンペーン理事アマンダ・ヒットが述べるように、潜入動画は企業の犯罪を告発するために欠かせない証拠であって、政府職員が企業の違法行為を報告した時ですら、潜入動画なしでは相手にされない（Hitt 2012）。例としてヒットは農務省の公衆衛生獣医ディーン・ワイアット博士が関わった二〇一〇年の事件を挙げる。ワイアットはオクラホマ州のシーボード農場とバーモント州のブッシュウェイ加工社で目にした食品安全規則違反と動物虐待を報告したが、政府はそれを黙殺したばかりか、彼に繰り返しの譴責（けんせき）と応報を加えた。ＨＳＵＳの潜入動画が不動の証拠となった末、ようやくにして議会はワイアットの証言を求めることとなった。ヒットはさらに、フード・ライオン社の食品安全規則違反を暴く上でも潜入動画が決定的な役割を果たしたと指摘する。従業員の内部告発が明かしたその企業慣行は人々の健康を脅かすもので、例えば「期限切れの肉をソーセージにする、商品に付着した緑の粘性物質を洗い落とす、鳥肉を漂白剤に漬け込んで腐敗を隠す、期限切れの鶏肉にトマトソースをかけるなどである。新たに『品質向上』したこれらの商品は特別高価格で販売される」。問題解決を図る代わりにフード・ライオンは調査を行なったＡＢＣニュースを訴え、記者らが会社の違法行為を記録するために詐欺を働いたと主張した。

「食品スキャンダル」

畜産猿轡法は活動家だけでなく、アグリビジネスを調べるジャーナリストにも影響し、動物問題よりも健康問題に関心を払う層もその射程に収める。二〇一四年七月には『ガーディアン』紙の潜入調査によって、イギリスのスーパーマーケットで売られる鶏肉の三分の二がカンピロバクター菌に汚染されていることが発覚した（Lawrence, Wasley and Ciorniciuc 2014）。カンピロバクター汚染はイギリスで年間二八万人の食中毒患者、一〇〇人の死者を出している。潜入調査の動画と写真からは、工場の床に屑肉（くずにく）が高く積み上がり、床に落ちた屠体が作業員のブーツに接した後で生産ラインに戻され、羽を落とすための熱湯タンクが洗われていないせいで屠体が糞便と汚物と細菌に満ちた毒液に浸され、バイオセキュリティ上の規則違反が日常と化しているなど、あらゆる不衛生な業務実態が見て取れた。同紙に載った記事は、大手スーパーのマークス＆スペンサー、セインズベリーズ、テスコに、供給元の施設を「緊急調査」するよう促した。イギリス食品基準庁（ＦＳＡ）は当初、カンピロバクター汚染がとくに目立つスーパーマーケットや加工施設を名指しすることで「恥をさらし」てやろうと息巻いたものの、業界にへつらう他の政府機関から口封じをされた。業界の秘密を守る政府の言い分は「食品騒動」の回避にあり、例えば一九八八年にはイギリスで売られる卵のほぼすべてがサルモネラ菌に冒されていると分かって大変な騒ぎになったが、そうした事態を避けたいというのである。イギリス政府は市民ではなく企業利益を守ると決めたのだった。ＦＳＡの長官キャサリン・ブラウンは、企業名を開示すると警告したおかげで業界は「初めて」汚染問題に取り組む姿勢を見せたと言いつつも、まだ業界は汚染軽減の措置を何もとっていないと認めた。サセックス大学の食品安全学教授エリック・ミルストーンは、市民の代わりに業界を保護したＦＳＡを咎め、企業名の非公開を決定した点からしても、同組織が独立機関であるというのは「まったくの幻想」だと批判した（ibid.）。政府が業界をかばった一方、『ガーディアン』紙はこの食品スキャンダルに少なくとも二社のイギリス最大手家禽肉企業、２シスターズ・フード・グループとファクセンダが関与し、問題の鶏肉がマークス＆スペンサー、セインズベリーズ、テスコのほか、アルディ、アズダ、ナンドス、ＫＦＣにも出回っていることを突き止めた。業界は事実を否定・過小評価し、でたらめの「動物福祉」論に新しい趣向を付け加えた。すなわち、ウェールズにある２シスターズの工場では「しばしば不調によって羽や内臓や屑肉といった危険物質が何時間にもわたり積み上がっていくあいだにも生産が続けられるが……企業によれば、ラインを止めないのはケージの中で屠殺を待つ鶏の福祉を思ってのことなのだという」。『ガーディアン』紙は汚染率が過去十年のあいだに上昇したことを明らかにして、人々が安全で責任ある産業を思い描いているとしたら誤りである、安い経費でより多くの肉を生産するとなれば健康や安全に関わる基準は日常的に破られ、それはあらゆる工程、農場から移送、屠殺、加工にまでおよんで、消費者に深刻なリスクを突き付ける結果となる、と指摘した（ibid.）。

『ガーディアン』紙がイギリスの食肉産業にまつわる健康危機を暴いたのに似て、中国のテレビ局、東方衛視による調査も、合衆国イリノイ州の食品企業ＯＳＩグループ傘下にある上海福喜食品の違反行為を暴露した。作業員らはイギリスの施設でも見られたように、床へ落ちた屠体を拾って生産ラインに戻し、「再加工された牛肉パティや不備のあるチキン・ナゲット」もそこへ加え、何カ月も前に期限切れとなった肉を新しい肉と混ぜ合わせ、それを小売店のＫＦＣやマクドナルド、ピザハット、スターバックスなどに出荷していた（Thanh Ha 2014）。中国の食品当局はこれらの違法行為が例外ではなく「会社によって組織された」ものであることを認めた（Associated Press, JIJI, Reuters 2014）。

このように、潜入調査が決め手となって明かされるものは、動物虐待だけでなく、深刻な人の健康危機も同様である。ところが法人メディアは事件を個別の「スキャンダル」として扱い、それが通常業務と不可分の関係にあるとは認めようとしない。メディアが注目してきたのは、ある動物の肉が別の動物の肉として出回る「スキャンダル」で、例えばウォルマートの中国支店が狐の肉と混ざった「五香粉」ろば肉を回収した事件（Fisk 2014）、ねずみ肉を子羊肉と偽って販売した中国の業者数百人が逮捕された事件（Patience 2013）、二〇一三年にイギリス、ヨーロッパ、香港、シンガポールで、スーパー、レストラン、病院、老人ホームなど数百の会社に出回っていた「牛肉」が、大部分、馬肉であると判明した事件などがその類となる。すでに述べた通り、企業はこれらの事実をできるかぎり否定し、否定できなくなったら罪を未熟な職員に押し着せる。しかし調査で明らかになるのはいつも決まって反対の真相であり、問題の行為は巧みに企てられた犯罪的取り組みに他ならず、目的は消費者をだまし最大の利益をむさぼることに置かれ、そこでは動物も人間労働者も人々の安全もないがしろにされると知れる。そもそもこれらの犯罪はグローバル資本主義の性格を考えれば当然起こりうるものであって、なんとなればこの体制下にある企業は世界商品市場の為替相場と交換価格を目安に、加工品の原材料を最安値で仕入れようと試みるからである。執拗な宣伝に踊らされて消費者は安い肉を買い求め、スーパーマーケットはそれを提供するため供給元からの仕入れ値を押し下げ、供給元は家畜飼料の穀物が価格高騰するなか板挟みに陥る。情感ある生きものを商品に変えるグローバル資本主義の食肉システムにあっては、違法行為が起こることなど予測できない方がおかしい。想定と違う肉を食べていた消費者はうろたえるが、それも動物の食用利用に伴う道徳的・倫理的倒錯のもう一つの表われといってよい。

第8章　カナダにおけるエコテロリズムの捏造

カナダの保守政権がテロリズム論の中でしつこく取り上げていたのは、アルカイダをはじめとするイスラム主義組織の脅威だった。「イラクとシャームのダウラ・イスラーミーヤ」（ＩＳＩＳ）が台頭して恐ろしい動画を広めたことで、この言論は二〇一四年に再燃する。ＩＳＩＳへの対抗を図るカナダ政府が同年十月に戦闘機の派遣を決定し、二名のカナダ軍兵士が同じ月に国内でＩＳＩＳ支持者によって殺害されたことを受け、首相スティーブン・ハーパーは二〇一五年、新しい法律によって国内過激派と戦い、「テロ行為の促進」を違法化する旨を発表した。しかし標的となったのはイスラム主義テロリストだけではない。政府幹部、国家治安当局、法人ロビー団体、右翼メディアが生み出した言論は、種々多様な主張を展開する市民団体をも射程に入れ、中でも動物擁護団体、反戦団体、環境団体、その他、反資本主義勢力や左翼とみなされる組織を的の中心に見据えた（Monaghan and Walby 2013）。エネルギー開発と資源採取を一大目標に掲げるハーパー政権は、テロリズム論を用いつつ、環境活動家を国家にとって特に危険な敵と位置づける。

環境活動家を批判する政府の徹底した宣伝キャンペーンを支持するごとく、天然資源大臣ジョー・オリバーは、とある公開書簡の中でノーザン・ゲートウェイ・パイプライン開発の反対者らを危険な過激派とののしった。テロリズム同様、「過激派」というのもあいまいな分類で、用いるとすれば資本主義体制が環境を取り返しのつかない形で損ない、毎年何百億という動物をおぞましい監禁と虐待の末に食用として葬り去ることをそう呼んでもよい。が、一般的なエコテロリズム論でいうところの「過激派」は様々な市民活動を指し、合法的な活動、果てはまったく害のない抗議文の執筆や集会への参加など、普通であれば民主主義社会における最低限の政治的自由とされる活動までがその範疇に含まれる。カナダでは警察が積極的にこの過激派論を活動に反映し（例えばこの言葉はバンクーバー・オリンピックの批判者を指す「符牒（ふちょう）」にもなった）、市民的不服従を暴力とみなすに至った（Monaghan and Walby 2013）。反対勢力を危険視・犯罪視する傾向が強まる中、王立カナダ騎馬警察やカナダ安全情報局などの機関は、タールサンド開発企業の援護にその力を投入した。

タールサンドと環境破壊

安価で採取の容易な化石燃料が枯渇を迎える中、石油・ガス会社は新しい資源に目を向け始めた。アルバータ州北部のタールサンドはビチューメン（高粘度の原油）鉱床の形で大量の石油を蓄えるが、これは低品質な上に採取・精製が高コストかつ困難とされる。生産は効率が悪く、大量のエネルギー投入が要され、従来の石油よりもさらに環境負荷が大きく、莫大な二酸化炭素と汚染物質をまき散らす。よしんば採取のしやすいビチューメン鉱床を見つけても、広範囲にわたって森を皆伐し、湿地の水を抜き、大規模な露天掘りを行なわなくてはならない。もっとも、その方法が使える場合は少なく、ほとんどのビチューメン鉱床では蒸気補助重力排油法といって、掘削した井戸に水蒸気を送り込み、熱でビチューメンの粘性を下げて地表まで汲み出す方法をとる。高圧蒸気を注入する際にはシェール開発と同じく水圧破砕(フラッキング)の技術も用いられる。その影響は地層中にある自然の亀裂にもおよび近接地域にも達するため、完全には把握できない。アルバータ州のフォックス・クリークでは水圧破砕が何十もの地震を起こしているとされ、ブリティッシュ・コロンビア、オクラホマ、テキサスの各州でも同様の報告がなされている。二〇一三年には亀裂の影響からカナダ天然資源社のプリムローズ地区開発事業で大規模な漏洩が起こり、何千バレルものビチューメンが一年以上にわたって数キロメートルの範囲へ広がった結果、森や湖が汚染され、野生生物たちが死滅した。タールサンドは採掘にも精製にも大量の水を要し、採掘後の廃水は塩分濃度が高い上に有害化学物質で満たされ強い発癌性を持つ。すなわち開発のために使われる何千億ガロンもの淡水は水圧破砕を通して故意に予定調和的に汚染されるのであって、いかなる技術もこの汚染されたかけがえのない水資源を元通りにすることは叶わない。水圧破砕は地下水の汚染事故を起こし(完全に予測できる事態を事故と呼ぶならば、であるが)、ビチューメンが回収された空洞には他所から水が流れ込むので、開発によって地下水位も下がっていく。

二〇一四年の科学評価では「業界も地区の規制当局もビチューメン生産に伴う作業上および地質学上の危険性を充分に理解できていない」との結論が出され、石油会社が行なう危険要素の分析は「杜撰(ずさん)」と評価された(Nikiforuk 2014)。ウォータールー大学の研究者モーリス・デュソーは、掘削に細心の注意を払っているという業界の主張に異を唱え、「何千もの坑井(こうせい)が漏洩を起こしているが、これは地下水の汚染やメタンによる大気汚染を引き起こしかねず、業界が責任を負担するとしたらその額は何十億ドルにもなる」と指摘する（ibid.）。開発がもたらす結果の全体像は分からないものの、環境に破滅的影響がおよぶことは確実である。にもかかわらず世界の大手エネルギー企業はタールサンドに投資し、地方政府や国家は「ビジネス優遇」の方針を掲げて税控除や補助金や採掘料の値引きといった特典を設ける。ハーパーはカナダをエネルギー大国と称し、その埋蔵資源を「倫理的石油（エシカル・オイル）」と呼んで、イスラム主義テロリストとつながった圧制的政権の支配する国で採れる石油から区別した。二〇一五年十月に誕生したリベラルの〔ジャスティン・トルドー〕新政権はハーパーの論をいくらか斥（しりぞ）けたとはいえ、エネルギー政策では様々な面を受け継いでおり、例えば国連の気候サミットにおいては前政権が設定した恐ろしく甘い排出削減目標をそのまま踏襲したほか、エナジー・イースト・パイプライン開発に関しても、これがタールサンド生産を拡大してカナダの温室効果ガス排出を増やすことになると知りながら、支持の方針を打ち出した。

タールサンド開発は世界屈指の工業事業となり、過去十年のあいだに訪れたその急成長は広汎な汚染問題を引き起こした。尾鉱（びこう）、すなわち採掘・生産から生じる有害廃棄物は、大きな開放型の尾鉱池に溜められるが、これを囲う盛り土には遮水壁がなく、その地盤も脆（もろ）い。宇宙からも確認できる尾鉱池には何十年分もの有害廃棄物が湛えられ、これが水系へ漏れ出した例ではアタバスカ川の被害もある。この川の流れ行く先にはマッケンジー川流域があり、カナダで使用される淡水の五分の一はここから供給される（Nikiforuk 2010）。漏洩は野生生物を毒に冒し広範囲の生態系を損なう。企業は何十万トンもの有害廃棄物を毎日この池に投棄して危険を増大させている。様々な毒性物質の中にはナフテン酸や多環芳香族炭化水素も含まれ、前者は殺菌剤やナパームに使われる一方、後者は毒性試験にかけられた動物種すべてに癌を発症させるほか、「ひれの腐食、肝臓の異常、白内障、免疫障害」をも引き起こす（ibid.: 88）。

漏洩

建築状況評価書は多くの尾鉱池が極めて貧相な設計であると警告する。一度の漏洩が起こっただけでもマッケンジー川流域は大きな影響を被りかねない。ルーマニアでは二〇〇〇年に、強い暴風雨が襲来して尾鉱池が決壊し、シアン化物を含む全長一五〇キロメートルの毒液の流れが、ルーマニアからハンガリー、ユーゴスラビア、ブルガリア、そして黒海へと至る一九五〇キロメートル以上の距離を移動し、魚その他の動物を殺しつつ河川の生態系を損なった（ibid.）。尾鉱池の決壊一四七件を調べた二〇〇八年の研究は「すぐにも政府規制が要される」と結論する（Rico, Benito, Salgueiro, Diaz-Herrero and Pereira 2008: 846）。しかし大規模な漏洩はその後も続き、二〇一〇年十月にはハンガリーのアイカで、砒素や水銀を溜めるアルミ加工施設の尾鉱池が決壊を起こした結果、六億九八〇〇万リットルの汚染泥土がマルツァル川へ流れ出し、八人の命を奪った後にドナウ川へと広がった。ハンガリーの首相はこれを国内最悪の環境災害とみた（Than 2010）。北米最大級の漏洩は二〇一三年にアルバータ州のオベド山で起こり、一〇億リットルの汚染水と九万トンの汚染沈殿物が、全長一〇〇キロメートルにおよぶ銀・砒素・鉛の流れとなってアタバスカ川を覆った（Griwkowsky 2014）。二〇一四年八月にはブリティッシュ・コロンビア州ライクリー近郊のポリー鉱山で、銅と金を採掘するインペリアル・メタル社の尾鉱池から汚染水一〇〇億リットルと重金属の混ざった土砂四五〇万立方メートルが手つかずの水路へ流れ出し、クエネル、カリブー両川を覆いつくしてフレーザー川へ達した。カナダ環境省の二〇一三年全国汚染物質漏出録によれば、ポリー鉱山からは砒素・水銀・鉛などが流出したが、鉱山所有者は汚染水を「飲料水に近い水質」と評価し、地域の飲水禁止を「予防措置」であると説明した（Woo and Posadzki 2014）。一方、CBCニュースはこの事件を「環境災害」と報じ（*CBC News* 2014b）、クエネル湖周辺の住民は健康被害を恐れながらこう語った。「尾鉱池は化学物質で一杯です。水は緑色で、魚は死んで浮かんでいます」（Brach 2014）。水路ウォッチ鮭協会のクレイグ・オアは、クエネル湖へ一五〇万尾の鮭が昇ってくることを案じて言った。「これはフレーザー川を襲った史上最大の環境災害に数えられます」（Nagel 2014）。

ブリティッシュ・コロンビア州政府は独立の工学専門家を集めてポリー鉱山の評価を依頼した。一九六九年以降の尾鉱池決壊を追った委員会は「十年に二度、三十年に六度の漏洩」が起きると予測し、「事業が日常どおりに営まれることは到底ありえない」と警告した（Independent Expert Engineering Investigation and Review Panel 2015: 118）。採掘ウォッチ・カナダは、「目下いずれの州においても、何百とある尾鉱池を網羅した公の一覧がなく、ましてその安全状況などはまったく調べられていない」と述べ、業界の自己管理を認めるのはやめて、すぐにも現場の安全評価を行ない、政府監視の強化へ向けて舵を切らなければならないと提言した（MiningWatch

Canada 2015)。専門家の見解では設計の悪さや無配慮がポリー鉱山の漏洩を引き起こしたにもかかわらず、ブリティッシュ・コロンビア州政府はインペリアル・メタル社に新たな銅・金鉱山を開発する暫定許可を与え、これによってスティキーン川の流域には将来、さらに大きな有害尾鉱池がつくられることとなった。事業の評価を行なった工学会社クローン・クリッペン・バージャーによれば、この計画は設計上の問題を数多く含み、「先のポリー鉱山における尾鉱池決壊を遥かにしのぐ環境被害へとつながりかねない」(McKenna 2014)。

不可避の災害

気候変動が進んで異常気象が増える中、漏洩その他の事故や予想もつかない災害が生じる可能性は高まっている。「気候変動に関する政府間パネル」(IPCC)は二〇〇七年、タールサンドの開発が二酸化炭素排出を加速し、異常気象やその関連現象、すなわち嵐、旱魃、熱波、氷河の縮小、湿地の減少、森林火災の増加、虫による食害の拡大、森林破壊の進行、病原体や寄生虫の蔓延などを引き起こす一因となりうることを警告した。他の研究者らは「確固たる転換」の必要を唱え、地球温暖化の気温上昇を摂氏二度以下に抑えるには、「二〇一〇年から二〇五〇年までのあいだ、現在残っている石油の三分の一、ガスの半分、石炭の八割超を使わずにおかなければならない」と説く(McGlade and Elkins 2015)。すなわち、破滅的な地球温暖化を避けたければカナダに眠る石油の四分の三、タールサンドの八割五分は燃やしてはならない(Weber 2015)。カナダの気候学者ジョン・ストーンに言わせれば、この報告書は「気候変動に目をつむってきた人々を呼び覚ます注意喚起」であり、代替エネルギー開発の必要を知らせる明確な証拠である（Dyer 2015）。

漏洩や流出のほかに、大気質の研究では高濃度の毒物汚染も観測されている。タールサンド開発の周辺地区は、中国で最も汚染が進んでいる四三都市よりも汚染度が高い（Nikiforuk 2010）。フォート・サスカチュワン近傍の工業地帯アップグレーダー・アレイ〔ハートランド工業団地〕では、大気中の毒ガス・毒性化学物質濃度が合衆国テキサス州のヒューストン‐ガルベストン湾地区（北米最大の石油化学精製地区）やメキシコシティよりも高い（Nikiforuk 2013）。もと農業地域だったアップグレーダー・アレイは、いまや製油所と（石油）化学処理工場と鉄道に覆われた町となっている。穴だらけの規制が災いして大気中には発癌性物質が充満し、白血病、男性の血液癌、非ホジキン型リンパ腫の発症率は同地区がアルバータ州で最も高い（ibid.）。

採掘や貯蔵に伴う漏洩・流出もさることながら、パイプラインでビチューメンを運ぶ輸送もまた、環境にさらなる打撃を加える。キンダー・モルガン社はアルバータ州からブリティッシュ・コロンビア州沿岸およびアジアに輸送する精製用石油の量を三倍に増やす計画を立てたが、これが実現されるとパイプライン自体が漏洩・流出・爆発を起こす可能性も高まり、さらにバンクーバーへ入港するタンカーが増える結果、海岸全体が漏洩の危険にさらされる。広範囲にわたる生態系の破壊、水路の汚染、農地の荒廃は事実上避けようがないのに加え、キンダー・モルガンはブリティッシュ・コロンビア州でパイプラインの漏洩事故を起こした前科がある。他方、エンブリッジ社が建設しようとしているノーザン・ゲートウェイ・パイプラインも、タールサンドのビチューメンをブリティッシュ・コロンビア州キティマットへ届けるもので、同様の破壊的結果をもたらしうる。二〇一〇年にエンブリッジが起こした漏洩事故では、一〇〇万ガロンを超える希釈ビチューメンがミシガン州のカラマズー川へ流れ込み、その先のミシガン湖もおそらくは汚染して、一二〇〇万人以上の飲料水に影響をおよぼした。キーストーンXLパイプラインはアルバータ州から合衆国テキサス州へビチューメンを輸送する予定であるが、その途上に横たわるオガララ帯水層は、合衆国の八つの州にとって飲料水の源であり、灌漑用水の三分の一もここから引かれる。パイプライン産業の安全策はいずれも不充分なので災害は事実上不可避といってよく、またそれ以前に、地球温暖化による危機の激化は何としても避けなければならないのであるから、汚染度が一際大きいかかるエネルギー産業のインフラを拡大することはやめて、私たちはむしろその縮小を目指し、より安全な再生可能エネルギーの活用へ向かって努力を傾注する必要がある。

新自由主義の思想に染まり、市民への責任を放棄した政府は、企業の自己管理を促してきた。当然ながら企業は普通、自社の活動が何ら問題を起こしていないと報告する。ハーパー政権のもとではこの傾向がさらに強まり、政府は公益のために尽くすという建て前を完全に捨て去って企業利益に仕える旨を言明した。ハーパーがエネルギー輸出を「我が国の最優先課題」と位置づける一方、環境大臣のピーター・ケントはカルガリー商工会議所に向けた二〇一二年一月の演説中で、環境省は産業との関わりを見直し規制当局から事業者の「戦略的パートナー」へ転身すると述べ、規制緩和の目的は「いわば険しい道に電灯を設けて、進み具合を安全かつ効率的にするようなもの」であると説明した（Vanderklippe 2012）。政府文書には「ヨーロッパが低炭素燃料戦略へ赴き、実効力あるタールサンド輸入の禁止措置を検討する中、カナダのタールサンドに対する同地域の理解を改めるとともに、メディアや意思決定機関の上層部が同事業に抱く印象を変えていく」との方針が記され（ibid.）、これがグリーンピース・カナダの告発によって明らかになると、批評家たちはカナダ政府が国民の福祉向上をなげうち、露骨な産業擁護の考えを打ち出したと難じた。

長距離にわたるパイプラインの新設はタールサンドの害をさらに広げる。キティマットに石油を運ぶノーザン・ゲートウェイ・パイプラインが建設されれば、ブリティッシュ・コロンビア州の沿岸には何百という大型タンカーが出入りするようになるので、原油流出は避けられない。リベラルの新政権は沿岸部でのタンカー航行を禁止すると発表したものの、エンブリッジ社が計画を中止する気配はない。パイプラインの建設とともに合衆国やオンタリオ州では製油所も増えると予想され、後者の候補都市サーニアの「化学渓谷」は、すでに「大気汚染がカナダ最悪の水準」に達している（Nikiforuk 2010: 125）。その影響を実感する先住民アームジウナーン・ファースト・ネーションのあいだでは、妊娠女性の四割が流産を起こし、小児の三分の二が喘息（ぜんそく）をわずらい、新種の癌も現われている。一帯を覆う様々な発癌性化学物質は、他方で亀や魚の性別異常をも引き起こしてきた（ibid.）。

二〇〇八年にはシンクルード社のオーロラ・ノース沈殿池に鴨（かも）たちがやって来て、五〇〇羽が毒性の汚泥に覆われ死亡したとの報道がいくらかの注目を集めた。が、後に本当の死亡数は一六〇〇羽であったと判明する。この事件はささやかな抗議につながり、何社かの企業は案山子を立てたり音を使ったりなどして形ばかりの鳥よけ対策を行なったものの、タールサンドの埋蔵地は水鳥の主要な渡りルートや営巣地に重なるため、開発による野生生物への影響は甚大である上、毒性物質は何世紀ものあいだ消えることはない。

タールサンド開発は野生生物を毒に冒すばかりでなく、その動物を食べる人間をも毒に冒す。アルバータ州のフォート・チップワイアンでは、魚や鴨や箆鹿を食べる人々が高い率で珍しい癌を発症する。政府は危険を軽く見て、地域の検視官ジョン・オコナーが包括的な研究を行なうよう求めると、保健省は彼が誤った警告を発したと咎め、アルバータ州医師会の前で懲戒に処した。しかしアルバータ州癌委員会による二〇〇九年の研究がオコナーの議論を裏付け、タールサンド開発地の下流域に暮らす住民のあいだでは癌の発症率が通常よりも三〇パーセント高いことを明らかにした。二〇一四年二月、キーストーンXLパイプラインの開発計画について合衆国上院議員と話し合ったオコナーは、タールサンド開発地の下流域にあたるフォート・チップワイアンでは珍しい癌の発症率が通常の四〇〇倍に達していると語った。政府が開発と癌の関連性を否定したことに対してオコナーはこう述べた。「ここに用意した査読済みの公刊資料をお読みになりましたら、アルバータ州政府やカナダ政府が事業の環境影響について嘘をつき、誤った情報を流していることが分かります」(Prystupa 2014)。

タールサンド開発は温室効果ガスの排出量も通常の石油生産を大きく上回り、この事業だけのせいで、カナダは比較的人口が少ないにもかかわらず、排出量が世界で八番目に大きな国となっている（Dyer, Lemphers, Huot and Grant 2013）。ハーパー率いる保守党政権は環境配慮の建て前も放棄した。エネルギー企業と結託した政府はただ企業利益につながる資源開発のみに血道をあげ、温室効果ガス排出の最大の元凶であるタールサンド開発を拡大することで、大気と水を汚染し、野生生物とその生息地を破壊し、深刻な地球危機を助長した。

タールサンドから石油を抽出する過程でも、通常の石油精製とは比べ物にならないほどの二酸化炭素が生じる。現存するパイプラインはフル操業し、新たな燃料効率の基準を設けた合衆国ではタールサンドの需要が落ち込んでいるので、企業はアジア市場の開拓を見込んで新たなパイプラインを建設しなければならず、それがブリティッシュ・コロンビア州を横切って沿岸にまで伸びると、石油を積んだ大型タンカーが流出事故を起こすことは確実となり、環境は壊され、野生生物は葬られ、人々の健康と生活も危機にさらされる。環境と文化に脅威が迫っているとの認識から、ファースト・ネーションの団体はパイプライン建設に反対してきた。すでにカナダは気候変動への寄与においてG８諸国の中でも最悪のランクに位置するが、タールサンド開発を進めれば事態は一層深刻になる。

環境保護の過激派とテロリスト

まともな人間であればタールサンド開発に危機感を覚えるだろう。が、懸念を表明する者は中傷を浴びせられる。カナダ防衛外交研究所のセキュリティ専門家を名乗るトム・フラナガンはエコテロリストのもたらす破滅に警鐘を鳴らした（Flanagan 2009: 9）。ハーパーの元相談役でカルガリー大学の政治学教授でもあるフラナガンは児童ポルノをめぐる発言で世間を騒がせたほか（Purdy 2013）、ウィキリークスの創設者ジュリアン・アサンジを暗殺しろと「冗談」を飛ばし（Canadian Press 2010）、未開社会のファースト・ネーションは進歩したヨーロッパ人入植者に同化するしかなかろうと語るなどして物議をかもしてきた。彼の想像する「悪夢のシナリオ」では、ファースト・ネーションの武人集団がエコテロリストと手を組んで、「方々で銃器を振り回し……標的に火炎瓶を投げつけ」、ついには「生命を損ない産業を停止に追い込む」だろうという。もっとも、「この破滅的な筋立て」には何の根拠もなかったので、本人も「こうした事態は考えにくい。というのも武人集団の成員と環境活動家は別種の人間だからである」と認めている。

似た例として、二〇一一年には金融取引報告分析センター（ＦＩＮＴＲＡＣ）が、オンライン上のテロ資金源解説サイトで、それも「アルカイダへの言及で埋め尽くされた」ページの中で、動物活動家と「環境保護過激派」をテロリストに分類した（Berthiaume 2011）。ＦＩＮＴＲＡＣの広報ブレイン・ハーヴェイによれば、活動家を「単一問題に関わるテロリズム」とする着想はカナダ安全情報局（ＣＳＩＳ）による一九九八年の報告書から得たという。『グローブ＆メール』紙が報じるところでは、王立カナダ騎馬警察（ＲＣＭＰ）とＣＳＩＳは二〇〇五年から二〇〇九年に作成した多くの文書において、「動物の倫理的扱いを求める人々の会」（ＰＥＴＡ）やグリーンピースなどの団体を「複数問題に関わる過激派」集団とみなした。例えば二〇〇八年のＣＳＩ

Ｓ報告書はこう警告する。「複数問題に関わる過激派と先住民の過激派は共通の目標を立てる可能性があり、いずれの集団もカナダの重要インフラに攻撃を仕掛ける意図および能力があることを示してきた」(McCarthy 2012a)。「攻撃」の中には、グリーンピースがピカリング原子力発電所のゲート封鎖を試みたこと、アルバータ州マスケグ・リバーに位置するロイヤル・ダッチ・シェル社のビチューメン鉱床に立ち入ったこと、「ＰＥＴＡがカナダのアザラシ猟に反対し……ウェブサイト上で二〇一〇年バンクーバー・オリンピックのマスコットを『血に飢えたアザラシ殺し』の姿に描こうとしたこと」などが含まれる。ＣＳＩＳはさらに、あらゆるテロ行為の中で最も恐ろしいものを特定した――ＰＥＴＡによるカナダ産メープルシロップの不買運動である。政府の議論に対し、グリーンピースは自身らが非暴力行動に携わってきたことを指摘して、テロ集団の汚名を着せる試みは政府方針に反対する者すべてを異端に仕立て上げる心得違いの政策である、と批判を展開した。ＰＥＴＡは破壊行為や違法行為を認めないと明言したが、広報担当のジェーン・ドリンジャーはこう付け加えた。「アザラシの子供を殴り殺す、コートの襟飾りのためにチンチラを肛門電殺にかける、羽取り容器の中で鶏を煮殺す、残酷な動物実験で猫を毒に冒す――そうしたことに反対するのが過激だというのなら、別にそれでもいいですよ」(ibid.)。

エコテロリズムと国家安全保障

二〇一二年、カナダ政府は公安大臣ヴィック・トーウェスを発行人とする報告書『テロリズム迎撃措置の構築──カナダの対テロ戦略』の中で、エコテロリズムを国家安全保障の脅威に数えた。報告書はイスラム主義テロリストについて論じたものであったが、トーウェスによれば、政府の警戒対象には「動物の権利論、環境保護論、白人至上主義、反資本主義」も含まれるという。『グローブ&メール』紙は、「オタワの対テロ新戦略はエコ過激派を脅威に分類」と題した記事の中で、政府が環境活動家を「監視し打倒すべき不倶戴天の敵」とみていることを強調し(McCarthy 2012b)、一方で環境団体シエラ・クラブ・カナダ支部のジョン・ベネットは、政府が「環境運動を迫害しようとまた一歩を踏み出した」と説明した。新民主党議員ミーガン・レスリーは「環境保護に努める人々を白人至上主義者と同列に並べるリストがあるとは言語道断です」と語った(ibid.)。

「犯罪には強気で向かう」の戦略から、ハーパー政権は「過激派」などの語彙を用いて、政策に歯向かう者をことごとく弾圧した。テロの定義を拡大して、器物損壊やさらには商業活動・利益追求の妨害となる行為のほぼすべてをその枠に収めることで、政府は反抗そのものを国家安全保障上の脅威に変えてしまった。「石油大国」を自負する政府が脅威を誇張しながら環境運動対策に力を注ぐ一方、治安当局は新しい脅威をつくり出すことで監視の強化と自己の予算・規模・権限拡大を正当化した(Monaghan and Walby 2013)。

二〇一三年に活動家とジャーナリストが情報公開を通して得た文書によれば、政府はタールサンド事業に抗議する活動家をスパイしてエネルギー開発への反対運動を潰そうとしていた。パイプライン建設に関する共同評価委員会の公聴会に先立ち、国立エネルギー委員会(NEB)はスパイ活動を組織する。標的はタールサンド事業の批判者と、政府政策やエネルギー企業の利益に楯突く団体で、カナダ市民評議会、エコ社会、怠慢さよなら会、花水木(はなみずき)イニシアチブ、市民サミット、フォレストエシックスが狙われた。本来、ＮＥＢはカナダ市民の福祉を考えて石油・ガス産業を規制するはずの政府機関であって、企業のために市民をスパイするのがその仕事ではない。ところがＮＥＢの秘密工作員はＣＳＩＳやＲＣＭＰ、さらには法人企業のエンブリッジやトランスカナダと提携した（Millar 2013）。企業と情報を共有するかたわら、政府は対テロ特別機関の国家保安統合執行チーム（ＩＮＳＥＴ）を結成し、アルバータ、ブリティッシュ・コロンビア、オンタリオ、ケベックの各州に散るエネルギー産業の防衛に当たらせた。当時ＲＣＭＰの国家保安部を統率していたＩＮＳＥＴ理事のジャイルズ・ミショーは、自身らがスパイするのは暴力集団だけであると言いながらも、「脅威の発生を防ぐには、団体が暴力へ向かう前からその活動の情報を集めることが必要です」と付け加えている（Cotter 2012）。

二〇一三年四月、ＲＣＭＰの上級犯罪情報専門研究員ティム・オニールは「治安上の懸念――国立エネルギー委員会」という件名のＥメールをＩＮＳＥＴの回覧に付し、ＮＥＢと企業の利益防衛を呼びかけた。石油産業への反発についてオニールはこう記す。

反発が特に目立つのはブリティッシュ・コロンビア州であり、抗議の矛先はエンブリッジ社のノーザン・ゲートウェイならびにキンダー・モルガン社のトランス・マウンテン、両パイプラインの拡大に向けられ、また水圧破砕の使用増、液化天然ガス工場の建設計画にもおよぶ。反対勢力はタールサンドの環境破壊に注意を惹き寄せる意図から（ＮＥＢおよびその委員に対し）多様な抗議行動を展開しており、最終的にはカナダの石油産業を廃絶しようと目論んでいる。（ibid.）

オニールはＲＣＭＰとＣＳＩＳに諜報任務の拡大を求めるとともに、環境活動家の情報を国家安全保障プログラムのメイン・データベースへ集めるよう促したが、当のシステムは「国家安全保障上の犯罪調査・犯罪情報、および必要に応じて細分化した犯罪その他の問題情報」を管理する（Millar 2013）。オニールはＮＥＢの委員が脅迫を受けることは「充分にありうる」と予想しながらも、一方では「ＮＥＢやその委員に犯罪的な脅迫が寄せられたとの情報はいまだ存在しない」「直接的・具体的な脅迫事例は見つからない」と認めている（ibid.）。にもかかわらず、彼はその目にも見えず存在もしない敵に警戒しろと言う。二〇一三年五月二十三日、オニールは想像上の脅威をもとに、企業と政府と治安当局のさらなる連携を呼びかけた。その発表の場となったのはＣＳＩＳオタワ本部で執り行なわれた「エネルギー・公共施設事業出資者極秘説明会」で、カナダ天然資源省、ＣＳＩＳ、ＲＣＭＰが主催するこの会合は、二〇〇五年以降、年二回の間隔で開かれ、政府幹部と企業が「非公式の」情報交換を行ない、「継続的な信頼関係」を築き、環境活動家への対抗策を練り、エネルギー開発とインフラ整備の推進をめざすことを趣旨とする。エネルギー企業の代表者らは重要機密情報へのアクセス権限を与えられ、カナダ通信安全保障部（ＣＳＥＣ）からの情報提供にも浴した。なお、ＣＳＥＣは二〇一三年、おそらくはカナダ企業の利益を念頭に、ブラジル政府の鉱物エネルギー省をスパイしていたことが発覚した。グリーンピース・カナダのキース・スチュアートは、石油・鉱物産業に尽くす政府の方策には「際限がない」と指摘する。

> 科学者を口封じする、環境法を骨抜きにする、国際的な気候変動への取り組みに背を向ける、環境問題を訴える者に犯罪者や売国奴の烙印をおす、そして今度は友好国に経済スパイ行為を働いていたことが判明したというありさまです。カナダ国民も同盟国も、一体誰がその集めた情報を受け取っているのか、それが誰の利益に役立てられているのかを知る権利があります。（Lukacs and Groves 2013）

緑の党の党首エリザベス・メイは、ハーパー政権において「政府機関が民間の企業に仕えるスパイ組織へと変わったこと」は「まことに恐ろしい」と述べ、これは「許しがたい……迫害であり、弾圧であり、民主社会の健全な対話を犯罪に仕立てようとする脅威」であると語った（Millar 2013）。『バンクーバー・オブザーバー』紙も、「ＲＣＭＰと〔ＣＳＩＳは〕嘆願や抗議や反対意志の表明を行なう一般市民と本当のテロリストとの境をあいまいにしつつある」と懸念を示した（Chisholm and Uechi 2013）。警察と国のスパイは、グリーンピースをはじめとする大手の環境団体だけでなく、小さな草の根団体の情報をも集める。水圧破砕に反対するケベック州の団体、「セントローレンス渓谷のシェールガスに関する地域間再編成会」（ＲＩＧＳＶＳＬ）のメンバーらは、手紙による抗議や集会の開催などをするだけで、何ら違法行為や暴力行為を働いていないにもかかわらず、自身らがＲＣＭＰの調査対象となっていることをメディアの報道で知った。ＲＩＧＳＶＳＬは声明を出し、反対運動が民主的権利であることを強調するとともに、政府の監視活動を批判した。

ＲＣＭＰとＣＳＩＳはそうしたことの代わりに大きな経済犯罪を追及すべきであり、われわれ誠実な市民が行なう合法の運動を貶めるような真似からは手を引かなければなりません。……これは参加型民主主義に対する侮辱です。

民主主義の侮辱

侮辱は広く行き渡っているので、民主主義は根本から愚弄されているかに思える。二〇一四年一月、もと保守党の大臣チャック・ストラールは、ＣＳＩＳの監督を担う保安情報活動評価委員会（ＳＩＲＣ）代表の座を降りるよう迫られた。環境団体フォレストエシックス・アドボカシー〔現スタンド・アース〕の調べによると、彼はノーザン・ゲートウェイ・パイプラインの建設を予定するエンブリッジ社のロビイストであったという。ＣＳＩＳはパイプライン建設に反対するファースト・ネーションや環境団体をスパイしていた（Paris 2014）。

これ見よがしに中立的立場を逸していたのはストラールだけではない。ハーパーに任命されたSIRCの委員のうち半分は石油産業とつながっていた。デニス・ロジアはエンブリッジの取締役員で、イヴス・フォルティエはキーストーンXLパイプラインの建設を予定するトランスカナダの取締役員だった。石油産業ともハーパー政権とも密接なつながりのないメンバーはたった一人しかいなかった。フォレストエシックス・アドボカシー理事のツェポラ・バーマンは指摘する。「中立的な立場からCSISを監督できる機関がありません。……鶏小屋の番を狐に任せるようなものです〔見張り役が悪事を働く、の意〕。……カナダ政府は私たちの税金を使って私たちをスパイしながら、石油産業を応援するのです」（Weston 2014）。SIRCは保守党政権が独立の監察総監事務所を廃するのと入れ替わりにつくられたが、もともと監察総監が置かれたのは、CSISがその前身組織、RCMP保安局の犯したような不祥事を繰り返さないよう監督をするためであった。

一九七〇年代に発覚したRCMP保安局の任務には「違法な家宅侵入、電話盗聴、容疑者の脅迫、財産損壊、政治的妨害、大臣らに対する虚偽の申告」といったものが含まれ、これは「カナダ版ウォーターゲート事件」に発展した（Stewart 2012）。公安大臣ヴィク・トーウェスが監察総監を廃すると決めたのは、「正規の批判を真摯に受け止める気がなさそうなこの政権が、オタワからもう一つ、独立した警告と定期的批判の声を消し去った」ことを意味する。それが深刻な事態に思われるのは、かつての監察総監エヴァ・プランケットが発した警告を振り返れば分かる。「CSISが独自に定めた政策に違反した例は、少なくとも一九件に達する」（ibid.）。

情報公開法を通して気候アクション・ネットワークとグリーンピース・カナダが入手したカナダ外務国際貿易省の内部文書によれば、タールサンド事業を推進しつつ国際的な気候政策を妨害する取り組みの中で、先住民団体と環境団体は「敵対者」とみなされている。他方、タールサンド事業に明るい印象を与えたい政府は、そのイメージ戦略の「同盟者」として、エネルギー企業や業界ロビー団体や他の政府機関の名を挙げた（De Souza 2012）。敵対者と同盟者の一覧は二〇一一年の政府広報計画、汎欧州オイルサンド推進戦略にも含まれ、政府と石油産業は同計画のもと、タールサンド開発が引き起こす環境と社会への害を説く批判者の抑え込みを図ると同時に、責任あるエネルギー生産国の装いをカナダに持たせようと結束を固めた（Fitzpatrick 2012）。

天然資源大臣のジョー・オリバーは、公開書簡の中でタールサンド開発の経済的な重要性を強調しつつ、次のような警鐘を鳴らした。「環境団体その他の急進派組織は、この取引の多様化につながる機会を妨害しようとしている。目標はあらゆる大事業を挫折させることにあり、それが失業中のカナダ人家庭や経済成長にいかなる代償を強いるかは顧慮されない。林業もなくなる。鉱業もなくなる。石油もなくなる。ガスもなくなる。水力発電ダムもなくなる」（Oliver 2009）。オリバーは一体どの団体がこのような主張を掲げているのか明らかにしないまま非難を続ける。いわく、かれらは「海外の特別利益団体から資金を受けてカナダの国家経済利益を損なう。よそからジェット機を乗り回すセレブを連れて来て、この炭素排出量が誰よりも大きい人物に、カナダ人の前で、天然資源開発はいけないと説教させるのである」。これは科学的根拠にもとづく真っ当な市民の懸念をしりぞける際に企業が用いる常套句といえる――環境問題を訴える者たちは「特別利益団体」であり、得体の知れない海外の人間から資金提供を受けつつ、勤勉な一般庶民に「説教」を垂れるのだ、と。かたやタールサンド事業にアメリカやイギリス、フランス、ノルウェー、中国といった海外からの企業投資が注がれている点はまったく問題にされない。オリバーが言うには、環境団体はカナダの規制制度を「ハイジャック」して「急進思想に発する目標」を達成しようとしているとのことで、ＣＢＣニュースによれば、政府は財政委員会が公益財源の見直しを始めたら環境団体に「狙い」を定める姿勢だという（Payton 2012）。ハーパーは二〇一二年にエドモントンで演説した際にも「ハイジャック」の比喩を用い、環境団体は海外投資に支えられた組織で、規制手続きに訴えながらノーザン・ゲートウェイ・パイプラインの建設を遅らせていると語った（*CBC News* 2012）。緑の党党首エリザベス・メイは、オリバーに宛てた公開書簡の中で、本当は貴殿こそ首相官邸にハイジャックされているのではないか、その首相官邸は海外の石油ロビーにハイジャックされているようだが、と指摘し、オリバーが状況を環境運動とカナダの繁栄のせめぎ合いのように語ることで、理非をわきまえた政策を妨げていると批判した（May 2012）。

気温が二度上昇すれば地球が臨界点に達し、抑えの利かなくなった温暖化によって破滅的結果がもたらされる、という点は世界中の科学者が認め、国際エネルギー機関（ＩＥＡ）のような組織も危ぶむところであるが、オリバーは『ラ・プレス』紙に向かって、そんなことは「まったく関知しておりません」、「気温にして二度の地球温暖化については、人々も以前ほど気に病んではいません」、「最近の科学者によれば、［気候変動に対する］恐怖は誇張されているという話です」と語った（Cote 2013; Paris 2013）。実際には、オリバーの言うことは世界の著名な科学者たちの見方に真っ向から反している。二〇一四年に発表されたＩＰＣＣの第五次評価報告書によれば、前代未聞の気候変動はすでに始まり、雪・氷の減少や海面上昇がそれを伝える一方、異常気象のサイクロン・旱魃・洪水・熱波・森林火災は生態系を損ない、食料生産を妨げ、水供給を奪い、インフラを傷つけ、人の健康を害している。報告書が述べるには、科学的知見は「疑う余地のない」地球温暖化の証拠を示しており、人為による温室効果ガス排出の増加が温暖化に関与している点については「九五から一〇〇パーセントの確実性」がある。

人為の影響が確認されたものとして、大気および海水の温度上昇、世界の水循環の変化、雪と氷の減少、世界平均海水面の上昇、一部異常気象の変化が挙げられる。……二十世紀中期以降に観測されてきた地球温暖化では、人為影響がその支配的要因となっている可能性が極めて高い。（United Nations News Centre 2014）

カナダをエネルギー大国に仕立てようとしたハーパーは、タールサンド開発を支えるとともに環境保護を葬った。二〇〇二年にはカナダ同盟党党首の立場から彼は京都議定書に非難を向けた。これは気候変動によって深刻な危機が迫っているとの認識から、温室効果ガス排出の穏健な削減目標値を設定する国際取り決めであったが、ハーパーは支持者に宛てた手紙の中で「京都議定書の正体は裕福な生産国家から金を搾り取ろうとする社会主義構想だ」と書き立てた（*CBC News* 2007b）。「社会主義構想」を打倒して富裕層を守る意志に燃えたハーパー政権は、環境保護に対する戦争を始めた。二〇〇六年包括的予算法案のもと、政府は各種福祉制度を骨抜きにした上、環境保全と科学研究の予算を大幅に削減して、重要な研究機関を廃していった。同時に、政府の科学者は許可なくメディアの前で話をすることを禁じられた。二〇〇七年までに政府は環境省を完全支配下に治め、発言はすべて政府の承認を経なければならないものとし、科学者が会議に参加する際は政府の管理者が付き添って発表を監視する決まりとなった。カナダは温室効果ガスの排出量が世界で突出しているのに加え、先進国の中でもエネルギー使用量が大きく、これはエネルギー効率や再生可能エネルギーへの関心が薄いことに原因がある。政府の二〇一〇年予算ではこの分野に残された主要プログラムが廃され、他方で石油・ガス企業向けに年間一〇億ドルを超える莫大な補助金が組まれた（Greenpeace 2012）。二〇一一年に保守党が過半数の議席を占めると、政府は京都議定書を脱退し、環境保全予算をさらに削減し、カナダ環境経済円卓会議を解散し、政策変更によってエネルギー事業の環境認定を簡略化し、環境法を撤回・緩和した。保守党の嫌いな主張を唱える慈善団体を念頭に、その政治活動を制限する形で所得税法が変更され〔政治活動をする団体への寄付を、寄付金控除の枠から外す、など〕、かたや八〇〇万ドルの新予算が「環境慈善団体の監視・取り締まり」のため税務調査官に割り当てられた――国内メディアが「魔女狩り」と称した動向である（ibid.: 10）。

魔女狩り

二〇一二年、上院議員ニコル・イートンは、「海外基金からの投資」がカナダの環境団体に流れ込むとしてその調査を後援し、無防備な石油・ガス会社が大きな国際的陰謀に巻き込まれていると騒ぎ立てた。「この調査が対象とするのは、慈善団体の仮面を被って政策を自分たちの利益に引き付けようと企む手練れの操り師たちです」（Paris 2012a）。庶民院〔下院〕の財政委員会は海外から流入する環境団体への投資について聞き取りを始め、政府は環境団体の監査を行なって政策提言の規約違反がないかを確かめた。問題があった場合は慈善団体の資格が取り消され、「団体は容易く息の根を止められる」（Solomon and Everson 2014）。監査の政治色は濃厚であり、「対象団体の多くは保守党政権にとって一番の論敵である」一方、監査を推し進めるのはタールサンド事業のロビー団体エシカル・オイルで、業界資金を受けるこの組織は「環境団体のタイズ・カナダ、デビッド・スズキ財団、環境防衛団のことでカナダ歳入庁（ＣＲＡ）に正式な訴状を提出した」過去もある（ibid.）。

エシカル・オイル研究所（ＥＯＩ）を立ち上げたアリカン・ベルシは保守党大臣ジェイソン・ケニーとジョン・ベアードの元補佐にあたる。その当初の目標は、エズラ・レバントという夢想家の右翼でテレビ局サン・ニュースの解説者を務める人物の著書『エシカル・オイル』を広めることにあったが、ベルシが首相官邸で働くことになると、EOIの広報担当はキャスリン・マーシャルに代わり、その夫ハミシュ・マーシャルも、広報会社ゴー・ニュークリアー・プロダクションを経営するかたわら、エシカル・オイルや保守党大臣ジョー・オリバー、ピエール・プワリエーブル、ジェイソン・ケニーらの公式サイトを作成した（McCarthy 2014）。EOIはCRAに環境団体の財源を調査するよう迫り、それらの団体が寄付金を募って外資を呼び込んでいると非難した。調査が勢い付く中、環境大臣ピーター・ケントは資金洗浄の件で環境団体を咎めた。

慈善団体の資格を持つ一部の組織は、CRAが慈善団体に認める活動ガイドラインを著しく逸脱している。さらに、カナダの慈善団体が外国資金の洗浄に利用されている懸念もぬぐえない。（Paris 2012b）

具体的な説明を求められてケントは答えた。「資金洗浄、経済的不正行為、スリーカード・モンテ〔いかさまの一種〕、何と表現しても構いませんが、それは慈善団体の資格から外れます」（ibid.）。

一方、なぜCRAは石油パイプラインに反対する団体に的を絞るのかと尋ねられた元カナダ財務大臣ジム・フラハティは、「話をそらして」こう語った。「CRAが取り締まるのは、慈善団体を介したテロリストへの財政援助です。それから、テロ支援国家とされるイランやシリアなどからお金を得ている団体も無視できません」（Millar 2014）。何気なくイスラム主義テロリズムを引き合いに出すことで、企業利益を脅かす環境団体の弾圧は正当化された。エンブリッジやシェルのようなエネルギー企業におもねるハーパー政権は、カナダ国民だけでなく、環境保護政策を敷く他国政府にも敵対心を向ける。シェル・カナダ会長ブライアン・ストラウブは、ハーパーに宛てた二〇〇九年の書簡で述べた。「カナダは最重要市場である合衆国との取引を脅かす動き――例えば合衆国エネルギー自給安全保障法の条項五二六、(注1)それに低炭素燃料基準など――のすべてに反対する必要があります」(Greenpeace Canada 2012: 7)。

カナダ政府は業界と手を組むことを公言する一方、ファースト・ネーションの先住民や環境活動家を敵と同定する。二〇一四年二月、「ブリティッシュ・コロンビア州人権協会」(BCCLA)はCSISとRCMPを告訴し、この二者はエンブリッジ社のノーザン・ゲートウェイ・パイプライン開発に反対する民主的・合法的・平和的な地域活動家とファースト・ネーションの団体を組織立ってスパイしていた、これはカナダ人権自由憲章に背く法律違反にあたる、と主張した。ファースト・ネーションの大首長スチュアート・フィリップがみるところでは、活動家を狙ったスパイ活動は政府がパイプライン開発を推進する中で環境規制を弱体化させたことと関係があり、またフォレストエシックス・アドボカシーのベン・ウェストによれば、警察はNEBやエンブリッジ、民間セキュリティ会社のトクラと情報を共有している(Lupick 2014)。

スパイ宮からの眺望

環境保全の予算を削る一方、政府はカナダ通信安全保障部(CSEC)の新本部「スパイ宮」

の建設に取り掛かった。ＣＳＥＣはかつて某大空港でカナダ人旅行者の無線通信を傍受していたことから違法スパイ活動の罪に問われた組織であるが、この総工費一二億ドル、運営費四〇億ドルの宮殿は、カナダの政府施設の中では最大投資が注がれるものとなり、当のスパイ機関に「申し分ない」便宜を提供する（Tencer 2014）。なお、この巨額投資に先立つ二〇一二年には、会計検査院長官の報告により、サイバーセキュリティに投じた一〇億ドルがカナダ国民をコンピュータ上の脅威から守る上で役に立ったかどうかは定かでない旨、政府のサイバーセキュリティ予算九億八〇〇〇万ドルは「行方不明になった」旨が伝えられている（Fekete 2013; Press 2012）。

ＣＳＥＣは合衆国の国家安全保障局（ＮＳＡ）、イギリスの政府通信本部、オーストラリアの国防情報安全保障局、ニュージーランドの政府通信保安局と提携する。犯罪者・テロリスト・外国政府からのカナダ防衛を使命に掲げるＣＳＥＣは（CSEC 2014）、「国内テロ」を監視してＣＳＩＳやＲＣＭＰと情報共有を行ない、企業に代わってスパイ活動に携わる。二〇一三年にはＮＳＡの内部告発者エドワード・スノーデンが発表した文書によって、ブラジルの鉱物エネルギー省に対するＣＳＥＣのスパイ活動が暴露された。ブラジルでは何十ものカナダ企業が採掘事業を進め、ガス会社や民間の電気会社も同国への投資を目論んでいる。

ＢＣＣＬＡは二〇一三年にＣＳＥＣを訴え、電話やインターネットの通信を調べてカナダ人を大規模な監視下に置くのは憲法違反であると主張した。ＣＳＥＣはさらに、エネルギー企業の代

注１　生産・消費過程で従来の石油以上に温室効果ガスを排出する新燃料について、政府の購入を禁じる条項。

理で環境活動家に対するスパイ活動も行なっている。

カナダにおける恐怖の文化

カナダの右翼政権はエコテロリズムの脅威を煽った。二〇一二年、サン・ニュースは自社が後援した世論調査で、五〇パーセントのカナダ人がエコテロリズムを恐れ、攻撃の危険性がやや高い、ないし極めて高いと回答したことを明らかにした。アバカス・データ社が実施したこの調査では、環境活動家を狙ったCSISとRCMPのスパイ活動を強く支持する傾向がみられた。『トロント・サン』紙の全国事務局長デビッド・エイキンは、ハーパー政権の宣伝戦略が功を奏し、活動家は危険な過激派とされ、恐怖の文化が形づくられたと語る。「保守党政権が『環境団体その他の急進派組織』に言論攻撃を行なった結果、エコテロリストがカナダのエネルギー基盤を損なうのではないかとの恐怖が、保守派の有権者層を中心に蔓延した」(Akin 2012)。アバカス社のCEOも述べる。「エネルギー基盤の安全と『急進派の環境団体』をめぐる問題設定を通し、ハーパー政権が人々を二分しおおせたことは疑いえない」(ibid.)。

メディアも脅威の誇張に加担した。政府がエコテロリズムの恐怖をつくりだしたと報じたその同じ日に、サン・ニュースは「エコテロリズムの脅威は本物」だと警告し、「エコテロリズムが怖い、あるいは少なくとも気になるというカナダ人はどんどん増えている」とした上で、社内専門委員のエズラ・レバントに解説を求めた(*Sun News* 2012)。恐怖の生みの親は政府自身であると突いた『トロント・サン』紙のエイキンの言葉（Akin 2012）を無視して、レバントは環境活動家の大半は暴力的でないが一部はそうだと語った。例として彼はグリーンピースの名を挙げ、その「署名運動」を破壊行為と位置づける。グリーンピースは「人の傷害や殺害を企てはしない」ものの、「法を破る」には相違なく、「さらに先を行く者もいる」、とレバントは言う。その先を行く者の例として、今度はウィーボ・ラドウィッグの名が挙がり、この人物はテロリズムの罪に問われた男で「彼の敷地に入った少女は撃ち殺されました。環境運動に携わる者には暴力的な人間が混ざっているということです」と話は続いた。

エコテロリストの具体例を挙げようとするあまり、レバントは嘘を口にした。ラドウィッグは環境活動家ではなく、その肩書きをみずから否定していたほどで（Christopher 2012）、実際にはアルバータ州北部の小さなキリスト教地域を統率していた人物である。近郊で酸性ガス油井の開発が始まると、地域では流産・死産・奇形児出産が相次ぎ、多くの動物たちも死んでいった。石油会社への抗議は解決に至らず、破壊行為や油井爆破が行なわれだした。二〇〇〇年にラドウィッグは二十八カ月の禁錮刑を言い渡されるが、罪状はレバントのいうテロリズムではなく、迷惑行為と爆発物の所持だった。地域には石油会社に雇われる者も多かったため、かれらとラドウィッグ一家の関係には摩擦が生じていた。一九九九年、ラドウィッグの農場で夜の宴会が催されていたところへ地元の少年少女が乱入する。目撃者によれば、侵入者らは農場をトラックで走り回り、ビールの缶を投げ、テントにいた四人の少女を危うく轢き殺しそうになって、居合わせた者に「戦慄」を与えた（ibid.）。判明しているだけで二発の銃弾が放たれ、一発が地面から跳ね返ってトラックに乗る少女を殺した。発砲者も武器も見つからなかった。レバントが暴力的エコテロリストの行動と称したものは、数人の過ちが引き起こした不測の悲劇という方が正しい。

テレビに現われたレバントは視聴者に向け、パイプラインへの攻撃は一層の用心に値する、暴力的な先住民集団は外国資本に頼る環境団体から「そそのかされて」危険をもたらすだろう、CSISとRCMPは「賢明にも警戒態勢を整えて」いる、と説き、サン・ニュースの聞き手は、そのような「一触即発の状況」があるからこそカナダ人は監視の強化を支持するのだと語った。レバントと聞き手は、カナダ人が危険な環境活動家に対し批判的な見方を強めているとの見解でうなずき合った。案の定、警戒を呼び掛ける無根拠の主張と「つり合い」をとるために先住民団体や環境団体の代表者にも取材を行なう、といった配慮はなかった。

エコテロリストのカナダ企業

資源採掘企業は批判者をののしってテロリストや国家安全保障の脅威に仕立て上げる点で抜け目ないが、それをする企業自体が暴力と不可分の関係にある。政府報告書によれば、カナダの石油会社タリスマンはスーダンで事業を進めるかたわら南スーダンとの戦争に関与していた。石油収益が戦争資金に使われ、開発が解決を遠ざけていたのもさることながら、タリスマンはスーダン軍に自社の滑走路を貸して地元民への攻撃を促し、あまつさえ利権保護のために油田周辺を無人化しようと、スーダン政府の焦土作戦を後押しした（Harker 2000）。『グローブ&メール』紙が伝える通り、外務大臣ロイド・アクスワーシーは「カナダ企業が自国民に戦争を仕掛ける悪党政権と商取引に励むのを止めようとしたが、その願いはついに叶わなかった」(Drohan 2000)。彼の行く手を阻んだのは、カナダの「最大手石油企業」に数えられるタリスマンのロビー活動だった。一方、同社が制裁を加えられるとなれば、カナダ国際石油やノース・カリブー航空（石油の空輸を担当）などスーダンで操業する他の多くの企業、それに「アフリカの他地域で紛争を煽るカナダの資源会社」も監視下に置かれかねないということで、この事情もアクスワーシーにとっては障壁となった（ibid.）。

より近年では、カナダの企業はラテンアメリカの暴力に手を染めた。エルサルバドルやメキシコでは新自由主義のもと無制約の資源採掘が進められ、当事者のカナダ企業に反対する人々が殺されてきた（North 2010）。二〇一一年十月には、メキシコのドゥランゴ州で銀山開発を行なうカナダ企業エクセロンが数百人の刺客を派遣して、平和的・合法的抗議を実施する地元地主らの宿営地を破壊した（United Steelworkers 2012）。

グアテマラではバンクーバーの企業タホー・リソースがエスコバル銀山の開発によって地域の反発を招いた。タホーは同国の大物実業家や軍と提携して抗議の抑え込みを図る。住民投票で開発に反対する声が圧倒的多数を占めると、同社は投票が不当だとして訴えを起こす一方、住民に票を入れさせまいと暴力・誘拐・脅迫の手を使ったとして逆に訴えられもした。開発に反対した人々は「テロリズム」の罪に問われ、証拠不充分で訴えが取り下げられるまでの数カ月間を牢獄の中で過ごした。タールサンド開発に反対する環境活動家をハーパー政権が国家安全保障上の脅威と位置づけたように、タホー・リソースとグアテマラの提携者らもテロと国家安全保障の言論を用いて反対者を罪人に仕立てようとした。二〇一三年三月、グアテマラ政府は鉱山開発の反対者を国家安全保障上の脅威に指定する意図から、採掘事業組織間組合を結成した。同年四月にはタホーの治安部隊が七人の平和的抗議者を銃撃する。グアテマラ軍は地域を包囲して自宅内の活動家を逮捕し、やはり無罪ないし証拠不充分で釈放されるまでの数カ月間を獄中で過ごさせた。地域の統率者も攻撃を受ける。若手組織の反対運動を指揮していたメリリン・トパシオ・レイノソ・パチェコは二〇一四年四月に殺され、同じく地域の運動を組織していた彼女の父も四発の銃弾を浴びせられた（MiningWatch Canada 2014）。ラテンアメリカでは何百というカナダの採掘企業が一〇〇〇件を超える事業を展開し、かつては採掘不可能ないし採り尽くしたと考えられていた鉱物を新技術によって掘り起こすことで莫大な利益を生んでいる。その結果は途方もない破壊であって、環境は毒に冒され、野生生物の生息地は失われ、地域の人々は貧困者や先住民を中心に悪影響にさらされる（Veltmeyer and Petras 2014）。

宣伝戦略

批判者を海外資金に頼る過激派やエコテロリストとののしる一方で、業界団体は世論を操ろうと大金を投じて宣伝を広める。政府は二〇一三年に一六五〇万ドルの税金を費やしてノーザン・ゲートウェイ・パイプラインを宣伝し、エンブリッジ社は二〇一二年から翌年六月までのあいだに五〇〇万ドルを投じて同パイプラインを宣伝し、カナダ・エネルギー・パイプライン協会は年間二五〇万ドルを宣伝に費やし、他のエネルギー企業は総額不明の宣伝費用を投じてカナダ人の頭から環境破壊と破滅的な地球温暖化への危機感をぬぐい去るとともにタールサンド開発肯定の思潮をつくり出している（Cryderman 2013）。カナダ石油生産者協会をはじめとする石油産業のロビー団体は、ニュースキャスターのピーター・マンスブリッジや気候変動否定論者のレックス・マーフィーといった著名人に講演を依頼するので、これらの人物がテレビ上で業界やその反対者について語る段になると露骨な偏向が顕われる。環境活動家がいうところの世界最大の破壊事業に「批判の津波」が押し寄せる中、カナダ石油生産者協会は広報活動に巨額の資金をつぎ込む。その「意図はつまるところ、カナダの石油会社に好印象を与える点にあり」、それがある程度の成功を収めていることは世論調査からもうかがえる（Turner 2012）。「石油・ガス産業は「合衆国」議会に意向を伝えるため大枚をはたく」が、アルバータ州政府はその金をメールマン・フォーゲル・カスタニェッティ社のロビイストらに流し、「合衆国の国会幹部」に接近・献金してキーストーンＸＬパイプライン建設の支持を取り付けるよう依頼した。公益団体パブリック・シティズンはこれを「不徳の極み」と批評する（Corbeil and Whittington 2014）。

カナダ政府は、タールサンド開発が環境破壊と地球温暖化に関係しないもののごとく見せかけようと、金に糸目を付けない宣伝作戦を繰り広げる一方、広報会社フライシュマン・ヒラードと二二〇〇万ドルの契約を結び、タールサンドその他の資源を合衆国、アジア、ヨーロッパ市場へ売り込むこととした。これはタールサンド開発を持続可能に見せかける詐欺だ、と指摘した新民主党の院内総務ネイサン・カレンは、政府が公的資金を投じて資源会社の商売を手伝うことに疑問を呈した。

まさか石油・ガス・採掘会社が自社の宣伝を新聞に載せられないほど困窮しているとは思いませんでした。……シェルやシェブロンが石油を売り込む上で、どうして補助金が必要なのでしょうか。これらの企業にとっては宣伝を行なうなど訳（わけ）もないことのはずです。
(Boutillier 2014)

気候変動は人間にとっても人間以外の生きものにとっても、この上なく深刻な脅威となる。タールサンド開発はカナダ最大の温室効果ガス排出源であり、全輸送機関の合計よりも負荷が大きいこの事業があるせいで、カナダは温室効果ガスの上位排出国に名を連ねている。このような開発を推進することで、政府は排出削減に関する国際的な取り決めに背を向けるどころか、他国のクリーン・エネルギー政策を帳消しにまでした。石油・ガス会社は、環境負荷を減らす施策はとれないと主張することで、最低限の規制まで取り払ってしまった。これらの企業は政府に支えられながら、今後十年で生産増を果たす考えであり、それによって環境破壊はなお進み、地球は臨界点に達して制御のきかない気候変動が始まると危ぶまれる。アメリカの科学雑誌『原子力科学者会報』は二〇一五年一月、核兵器と気候変動の脅威を念頭に世界終末時計(注2)の針を進め、零時までの時間はあと三分に迫った。

かつてない警鐘の声が環境危機の接近を訴え、世界中の科学者がそれを認める中にあって、カナダ政府は無視と無関心の態度を示すばかりか、当の危機を口にする者を抑え込みにかかり、かれらにエコテロリストの烙印をおす。

法案C51

二〇一五年、ハリファックス市警はショッピング・センターを狙った三人の人物による大量虐殺計画を阻止するが、この時にも「テロ」という概念のあいまいさが浮き彫りになった。司法大臣のピーター・マッケイは、「大量の犠牲を伴う惨劇が起こりえた」と認めながらも、メディアに向けてこう語った。「この攻撃計画は文化的な動機に駆られたものにはみえませんので、テロリズムには結び付かないでしょう」(Reuters Canada 2015)。ハリファックス管区警察署長ジャン・ミシェル・ブレスとノバスコシア州RCMP司令官ブライアン・ブレナンも、この事件をテロリズムとはみなさなかった。もっとも、ブレナンは容疑者三名が「一種の信条を持って、市民に対する暴力を実行に移そうとしていました」と語る(*CBC News* 2015b)。その「信条」とはナチズムや白人至上主義のことであったが(Bundale 2015)、これらはどういうわけか、警察や司法大臣の目には文化的ないし思想的な動機とは映らない。本件の容疑者らは「テロリスト」ではなく「異

注2　世界滅亡までの時間を時計の形で表わした図。世界を悩ます問題が深刻化するにつれて時計の針が進み、零時になったら滅亡が訪れる、という比喩で用いられる。『原子力科学者会報』の創作。

分子」とされた。ところがマッケイは、この事件によって保守党政権の提出した新たなテロ対策法案、C51の必要性が明らかになったと主張する――計画が暴かれたのは匿名の電話が警察にそれを知らせたおかげであって、CSISが新権限を得たおかげではない、という点は顧みられなかった。

C51はCSISの権能を拡大する法案であるが、こうした動向は今になって現われたものではない。二〇一四年に保守党政権が提出した法案C44こと、「テロリストからのカナダ防衛法案」は、既存の法律や保護に反してまでCSISの権能を拡大し、国内外における監視の強化、情報源の隠蔽、捜査条件の緩和を認める内容だった。しかし連邦裁判所判事リチャード・モーズリーはCSISを批判して、同局はカナダの電子スパイ組織CSECや海外の諜報機関との連携を隠そうとしている、これは「海外諜報活動の規模・範囲について裁判所を無知のままでいさせるための意図的な戦略」である、と述べた。オタワ大学の法学教授クレイグ・フォーシーズは、C44が説明責任について「何も定めていないに等しい」と評した（Bronskill 2014）。二〇一五年一月、保守党は新たに法案C51を提出し、さらなるCSISの権能拡大を図った。C51はテロ行為におよぶ「可能性がある」とみられる人物の逮捕権限を警察に認め、活動妨害やネット情報削除の権限をCSISに認め、テロ行為の促進を犯罪指定し、秘密審理を承認し、航空機の搭乗拒否リストを拡大する（Payton 2015）。CSIS本来の役割は政府への情報提供にあるが、法案C51はその権能を強め、いかようにも解釈できる「テロリズム」への対処を可能とするもので、しかもそれをカナダ人権自由憲章その他の国内法に逆らう形で堂々と行なうことを容認する。批判的立場からは、法案の狙いが反対者を抑え込んで社会運動や環境運動への市民参加を阻むことにあるとの指摘が挙がっている。国内右翼メディアの記者でさえもがその抑圧的な性格を見逃さなかった。例えば『ナショナル・ポスト』紙が警告するには、法案Ｃ51は「単にテロだけに関わる法律ではない。これは政府に包括的ともいうべき警察力と国家安全保障力を与え、もしも何らかの活動が国の『経済的・財政的安定』に関わる国家機能に支障をもたらして『カナダの安全保障を損なう』おそれがあれば、それを狙い撃つことを可能とする措置である」（Glavin 2015）。保守党政権がアルバータ州のタールサンド開発を国家・経済安全保障の要としている点に触れながら同紙は述べる。「法案Ｃ51のもとでの警察力が、緑の党の反パイプライン運動を勝手放題に弾圧するであろうことは想像に難くない」（ibid.）。

緑の党党首エリザベス・メイは、Ｃ51が多様な解釈を許し「何にでも適用されうる」ことを批判した（Smith 2015）。メイはハーパーが恐怖の政治学を利用して秘密警察を結成したと言い、続けて、Ｃ51が特定する脅威はいずれも既に違法ではあるものの、そこに加えられた「『重要インフラへの干渉』という項目を考えると、当然ながらこの法案がパイプラインに反対するファーストト・ネーションや環境団体を標的にするのではないかとの懸念が生じる」と分析する（May 2015）。メイは合法的な運動がそこに含まれることはおそらくないだろうとしながらも、自分は再三にわたり「質問時間に公安大臣と司法大臣に問いを投げかけ、この法案がパイプラインに沿った道路封鎖のような非合法かつ非暴力の市民的不服従にも適用されうるのかを確かめようと試みた。しかしスティーブン・ブレイニーもピーター・マッケイもはっきりしたことは言わなかった」と振り返る。市民的不服従の中には現在の私たちが勇敢な記念すべき行為とみるものがあり、例えば反人種差別の鑑（かがみ）と目されるローザ・パークスは一九五六年にアラバマ州の人種差別法に従うことを拒んで、モンゴメリー・バス・ボイコット事件(注3)を引き起こし、ひいてはアフリカ系アメリカ人に対する抑圧に世界の目を向けさせる切っ掛けをつくったが、メイのみるところ、法案C51はそのような賞讃すべき行ないすらも犯罪に指定する。

テロ対策を強化するかに思える法案を前にして、対立政党も断固たる反対を唱えるには至らなかった。世論調査では多くのカナダ人がこの新たなテロ対策法案を支持するという結果が出た。その背景にはまぎれもなく人々の不安が横たわっており、不安の源をたどれば、カナダで起きた近年の軍人殺害事件、パリのシャルリー・エブド襲撃事件、ペシャワールの軍人学校襲撃事件、シドニーのカフェを襲った人質立て籠もり事件、トロントで開かれたＶＩＡ鉄道爆破計画容疑者の裁判、ＩＳＩＳによる一連の首切りビデオの公開、イスラム主義組織ボコ・ハラムによる虐殺などにたどり着く。

テロに甘いと思われることを恐れて自由党は法案支持を表明した。新民主党はいささか躊躇した後の二〇一五年二月に法案反対の姿勢をにおわせる。これに先立って新民主党の牽引役であるエド・ブロードベントとロイ・ロマナウは一つの記事を発表し、法案Ｃ51を市民の自由に対する攻撃と判断した（Broadbent and Romanow 2015）。この法案は経済的・財政的安定への干渉を例外なく国家安全保障の侵犯に分類するものと思われるが、「そのような活動は日常的に行なわれるもので、さらにいえば、およそあらゆる活動がそれに該当するとも考えられる」と両名は指摘する。彼らによれば、政府を動かす目的から違法行為や「インフラへの干渉」に訴える手法は、必ずしもテロとはいえず、むしろ常識の範疇に含まれる。

新法案が環境団体を狙うのではないかと危惧するのは飛躍ではない。カールトン大学のジェフリー・モナガン教授は情報公開請求を通し、二〇一一年に発行されたＲＣＭＰの報告書を入手したが、それをみると、警察が国家安全保障上の理由から環境団体を監視するのは標準慣行になっているという。ＲＣＭＰは保守党政権の見方に倣ってタールサンド開発をカナダ経済の支柱と位置づけている、と指摘した上でモナガンは続ける。「これらの公安組織が何よりも重視するのは営利事業の妨害です――テロではありません」（Tello 2014）。

グリーンピースが入手したＲＣＭＰ重要インフラ情報班の二〇一四年一月付け脅威評価秘密報告書は、「豊富な資金に支えられ高度に組織化された平和的活動家・戦闘員・暴力的過激派による新興のカナダ石油開発反対運動」を国家安全保障上の脅威に認定している。そこではタールサンド開発や水圧破砕、パイプライン事業の破壊的影響を憂うる当然の問題意識が、カナダ政府と石油産業の力を「弱体化」させようとする裕福な「反カナダ」組織の陰謀と目される（Royal Canadian Mounted Police 2014: 7）。報告書によれば、「組織化と財源確保の面で優れた反政府活動組織が指揮する……カナダ石油開発反対運動」（ibid.: 7）は、「係争中の先住民の土地」を守ろうとして資源採掘に反対する「先住民の暴力的過激派」と一丸になり、「法治共同体」と力ない石油

注３　市営バスの白人優先席に乗車したローザ・パークスが白人に席を譲ることを拒んで逮捕されたのを切っ掛けに、キング牧師らの呼びかけでバス乗車のボイコットへと至った事件。

産業、さらにはカナダそのものに、今までになく大きな危険をつきつけているという（ibid.: 3）。RCMPは石油産業とつながりのあるカナダ西部財団の言葉を引用して、カナダ人の大半はタールサンド開発を支持していると説き、ほぼすべての科学者が認める見解に逆らって、化石燃料と地球温暖化の関連性については疑問もあると述べ、さらには環境活動家が「環境問題をめぐる危機感」を操作して、メディア上で石油産業に悪いイメージを負わせていると論じる。

生放送の配信をはじめとするソーシャルメディアの利活用によって、石油開発反対運動は既存の報道ネットワークを迂回（うかい）し、独自の主張を構築ないし加工し、現実の事態について一方的な見解を発信することが可能となった。石油開発への反対に広汎な支持が集まったのはこのような背景による。（ibid.: 2）

「一方的」なのはRCMPの見解である。『ファイナンシャル・ポスト』紙の中から石油業界の資金を受けたビビアン・クラウゼの記事を引き、他の御用学者の証言にも頼りながらRCMPが述べるには、タールサンド開発に伴う環境影響への懸念、それに「石油産業や水圧破砕の安全性ならびに完全性」をめぐる懸念は「誇張」されているそうで（ibid.: 8）、環境活動家はソーシャルメディアを介して多感な青少年を誑（たら）し込み、「カナダの石油産業に疑問を」抱かせるのだという（ibid.: 9）。

懸念には確固たる根拠があり、あえて言うならばむしろ過小ですらある（個々の事業を切り離して捉え、それらの複合的影響を考えない点で）。その見地からカナダの科学者らは、効果的な炭素排出削減策と代替エネルギー普及策が確立されるまではタールサンド開発を禁止すべきだと唱えている（Palen, Sisk, Ryan, Arvai, Jaccard, Salomon, Homer-Dixon and Lertzman 2014）。

批判的な立場からは、ＲＣＭＰの報告書によって保守党政権の意向が一層明らかになった、同政権は法案Ｃ51などの措置を講じて石油パイプライン事業の敵、とくにファースト・ネーションの団体を、テロリストとして弾圧するつもりだろう、との推理が挙がっている。マニトバ州の先住民マサイアス・コロム・クレー・ネーションに属し、非営利団体ポラーリス協会とともに先住民タールサンド・キャンペーンの共同指揮を執るクレイトン・トマス・ミュラーは述べる。

> 反対勢力の先住民を罪人に仕立てるという試みは、この国ではこれが初めてではありません。……しかしハーパー政権のように、国の安全保障を引き合いに出してテロ一般の議論を先住民の反対運動に当てはめるという手口は初めてです。これは結局、政権の経済活動計画を阻む障壁は何でも取り払ってしまえという、その本音のところに根差すのでしょう。先住民の優先権は雑多な法案の寄せ集めでは取り払えなかった障壁です。ハーパー政権は安保法案を用いることでファースト・ネーションを犯罪者に仕立て、政治宣伝を広めたいのだと思います。（Linnitt 2015）

二〇一〇年のＧ20トロント・サミットに向けた抗議運動の実施拠点リストをつくったとして、

懲役十三カ月半の刑を言い渡された無政府主義者の反戦・環境活動家アレックス・ハンダートもまた、こうした不安はすでに現実となって、「あらゆる共同体や社会運動」がテロに指定されていると語った。「C51がつくる世界をみんな不安がっていますけど、今のこの世界がすでにそれなんですよ」(Toledano 2015)。

動物活動家と環境活動家をエコテロリストに仕立てる動きは、アグリビジネス、生物医学、製薬、ならびに資源採掘分野のグローバル大企業が、その破壊的事業から人々の注目をそらすための策である。食品・衣服・娯楽・研究を目当てとした動物利用は果てしなく甚だしい苦しみと死をもたらし、資源採掘はかれらの絶滅を推し進める。

しかし私たちは自分の行為の結果を直視したがらない。私たちは代わりに否定の言説を練り上げ、暴力の産物をむさぼりながら、暴力など存在しないと自分に言い聞かせ、善良な自己像を保とうとする。中でもその傾向を逞しくするのが、他の動物の商品化と搾取によって儲けを得る者たちである。自身らの活動を血塗られた蛮行ではなく良心的行為にみせかけるため、業界人は動物の身におよぼす暴力に善の装いを持たせようとする。企業は大金をつぎ込んで宣伝を打ち出し、広報の専門家を雇い、それによってもう一つの現実と世論を形づくる。業界宣伝は構造的暴力を正常と位置づけ、事業に向けられた糾弾をかわし、批判者を理性に反した見当違いの危険人物として描き出す。宣伝戦略の一つは、動物搾取に携わる者を動物の保護者に仕立てる手法で、そこでは「動物福祉」の議論が用いられる。もう一つの戦略は動物への思いやりを愚かな感情論とする手法で、そこでは活動家が「過激派」や「狂信者」、そして近年頻用されるようになった「テロリスト」の烙印をおされる。この構図を定着させようと、業界宣伝は活動家を「反人間的」と形容し、動物の権利運動が伝統的に他の社会正義、それも直接に人間の問題と関わる女性の権利運動や奴隷解放運動、さらには人権運動一般と関わっていた事実を無視する。活動家を反人間的とする言説は、人間例外主義、種差別主義、支配主義によって力を得る。宣伝の発信元は多岐にわたり、作成者には農家、猟師、牧場経営者、ペット産業、サーカスやロデオなどの動物搾取興行、衣服産業と毛皮・皮革の取扱業者、外食店と食料品チェーン、大手アグリビジネス企業、生物医学・製薬・動物実験産業、それに軍も連なる。おのおの利害を異にしながらも、これらすべての業者が等しく抱くのは、自分たちに動物を搾取する権利があるという信念であり、その犠牲者に憐れみと思いやりを寄せる者があれば、かれらは足並みを揃えて敵の打倒を図る。が、動物産業の広汎な生態系破壊と、私たちの動物搾取がはらむ善悪の倒錯を前にするならば、思いやりと種を超えた社会正義の心を持つ人々は、そのような弾圧に抗していくことが私たちの使命であると悟るだろう。

PCJF	Partnership for Civil Justice Fund	市民正義協力基金
PETA	People for the Ethical Treatment of Animals	動物の倫理的扱いを求める人々の会
PNAC	Project for the New American Century	アメリカ新世紀プロジェクト
RCMP	Royal Canadian Mounted Police	王立カナダ騎馬警察
RIGS-VSL	Regroupement Interrégional sur le gaz de schiste de la Vallée du Saint-Laurent	セントローレンス渓谷のシェールガスに関する地域間再編成会
SAFE	Save Animals From Exploitation	動物たちを搾取から救え
SDS	Special Demonstration Squad	対デモ特別部隊
SHARK	Showing Animals Respect and Kindness	動物たちに敬いと優しさを
SIRC	Security Intelligence Review Committee	保安情報活動評価委員会
SOCPA	Serious Organized Crime and Police Act	組織的重犯罪警察法
SPLC	Southern Poverty Law Center	南部貧困法律センター
START	Study of Terrorism and Responses to Terrorism	テロリズム研究・テロリズム対策連合
TRI	Threat Response International	脅威対策インターナショナル
USWA	United Steelworkers of America	アメリカ鉄鋼労働組合
VIG	Veal Information Gateway	子牛肉情報窓口
WWAB	West Wales Anti-Bloodsport	西ウェールズ流血スポーツ反対協会
WWF	World Wildlife Fund	世界自然保護基金

HSUS	Humane Society of the United States	全米人道協会
IBD	*Investor's Business Daily*	『日刊投資家ビジネス』
ICSC	International Council of Shopping Centers	国際ショッピング・センター委員会
INA	Information Network Associates	情報ネットワーク・アソシエート
INSE	Integrated National Security Enforcement	国家保安統合執行チーム
ISIS	Islamic State of Iraq and Syria	イラクとシャームのダウラ・イスラーミーヤ
ITRR	Institute of Terrorism Research and Response	テロリズム調査・対策研究所
JTTF	Joint Terrorism Task Force	合同テロリズム対策部隊
MBA	"Masters of Beef Advocacy" program	「牛肉応援修士」課程
MBD	Mongoven, Biscoe and Duchin	モンゴベン、ビスコー＆デューチン
MFA	Mercy For Animals	動物たちへの憐れみ会
MFAC	Mercy For Animals Canada	MFA カナダ支部
NABR	National Association for Biomedical Research	国立生物医学研究協会
NAF	New American Foundation	新アメリカ財団
NAIA	National Animal Interest Alliance	全米動物福利連盟
NEB	National Energy Board	国立エネルギー委員会
NETCU	National Extremism Tactical Co-ordination Unit	全英対過激派戦術連携部隊
NJIT	New Jersey Institute of Technology	ニュージャージー工科大学
NSA	US National Security Agency	国家安全保障局
OFAC	Ontario Farm Animal Council	オンタリオ州畜産動物評議会
ONPRC	Oregon National Primate Research Center	オレゴン国立霊長類研究センター
OSPCA	Ontario Society for the Prevention of Cruelty to Animals	オンタリオ州動物虐待防止協会
PAWS	Performing Animal Welfare Society	芸能動物福祉協会

CMU	Communications Management Unit	通信監理舎
COIN-TELPRO	Counter Intelligence Program	対敵諜報プログラム
CRA	Canada Revenue Agency	カナダ歳入庁
CRC	Capital Research Center	首都研究センター
CRL	Charles River Laboratories	チャールズ・リバー・ラボラトリーズ
CSEC	Communications Security Establishment Canada	カナダ通信安全保障部
CSIS	Canadian Security Intelligence Service	カナダ安全情報局
CSPOA	Constitutional Sheriffs and Peace Officers Association	憲法権限を支持する郡保安官協会
DHS	Department of Homeland Security	国土安全保障省
DSAC	Domestic Security Alliance Council	国内安全保障連合委員会
ELF	Earth Liberation Front	地球解放戦線
EOI	Ethical Oil Institute	エシカル・オイル研究所
ERM	Environmental Resources Management	環境資源管理社
EWA	Equine Welfare Alliance	馬福祉同盟
FAC	Farm Animal Council	畜産動物評議会
FAO	UN Food and Agriculture Organization（UN）	（国連）食糧農業機関
FFC	Farm and Food Care	農場・食料ケア
FIN-TRAC	Financial Transactions and Reports Analysis Centre	金融取引報告分析センター
FSA	Food Standards Agency	食品基準庁
GMO	genetically modified organism	遺伝子組み換え生物
GRACE	Global Resource Action Center for the Environment	世界環境保全資源行動センター
HLS	Huntingdon Life Sciences	ハンティンドン ライフサイエンス
HSA	Hunt Saboteurs Association	狩猟妨害協会

略称一覧

AA	Animals Australia	アニマルズ・オーストラリア
AAA	Animal Agriculture Alliance	畜産同盟
ACLU	American Civil Liberties Union	アメリカ自由人権協会
ACPO	Association of Chief Police Officers	警察本部長協会
ADL	Anti-Defamation League	名誉毀損反対同盟
AEPA	Animal Enterprise Protection Act	動物関連企業保護法
AETA	Animal Enterprise Terrorism Act	動物関連企業テロリズム法
AFAC	Alberta Farm Animal Care	アルバータ州畜産動物ケア協会
AFP	Americans for Financial Prosperity	経済的繁栄を求めるアメリカ市民の会
AFX	Ag and Food Exchange	農業食料取引所
ALEC	American Legislative Exchange Council	アメリカ立法交流評議会
ALF	Animal Liberation Front	動物解放戦線
AMP	Americans for Medical Progress	医療進歩を求めるアメリカ市民の会
BCCLA	BC Civil Liberties Association	ブリティッシュ・コロンビア州人権協会
BLM	Bureau of Land Management	土地管理局
CAAT	Campaign Against the Arms Trade	武器取引反対キャンペーン
CCA	California Cattlemen's Association	カリフォルニア州肉牛生産者協会
CCF	Center for Consumer Freedom	消費者の自由センター
CCR	Center for Constitutional Rights	憲法上の権利センター
CETFA	Canadians for the Ethical Treatment of Food Animals	食用動物の倫理的扱いを求めるカナダ市民の会
CFI	Center for Food Integrity	食品健全センター

Producer. December 14. <producer.com/2012/12/ euthanasia-in-hog-industry-falls-under-scrutiny%E2%80%A9/>.
White, Ed, 2015. "Free Speech Can Be Ugly — Especially in Agriculture Today — But It's a Right Worth Fighting For." *Western Producer*. January 29. <producer.com/2015/01/free-speech-can-be-ugly-especiallyin-agriculture-today-but-its-a-right-worth-fighting-for/>.
White, Lyn, 1967. "The Historic Roots of Our Ecologic Crisis." *Science* 155, 3767: 1203–1207.
Whitehead, Hal, Sara Iverson, Boris Worm and Heike Lotze, 2012. "Independent Marine Scientists Respond to Senate Fisheries Committee Report 'The Sustainable Management of Grey Seal Populations: A Path Toward the Recovery of Cod and Other Groundfish Stocks.'" Open Letter. November 6. <marketwired.com/press-release/independent-marine-scientists-respondsenate-fisheries-committee-report-the-sustainable-1722244.htm>.
Wintonyk, Darcy, 2014. "Chilliwack Dairy Farm Workers Speak Out after Shocking Video Released." *CTV News Vancouver*. June 10. <bc.ctvnews.ca/ chilliwack-dairy-farm-workers-speak-out-after-shocking-video-released-1.1861404>.
Witte, Rob, 2013. "The Dutch Far Right: From 'Classical Outsiders' to 'Modern Insiders.'" *Extreme Rightwing Political Violence and Terrorism*. (Max Taylor, P.M. Currie and Donald Holbrook, eds.). London: Bloomsbury. 105–127.
Woo, Andrea, and Alexandra Posadzki, 2014 "Red Flags Raised Years Before B.C. Mine-Tailings Spill, Consultant Says." *Globe and Mail*. August 5. <theglobeandmail.com/news/british-columbia/bc-minehad-issues-with-rising-waste-water-ahead-of-breach-consultant-says/ article19920040/>.
Wright, Stephen, 2009. "Fat Cats in Terror after Anti-Capitalists Attack Fred the Shred's Home." *Daily Mail*. March 26. <dailymail.co.uk/news/article-1164691/Fat-cats-terror-anti-capitalists-attack-Fred-Shreds-home.html>.
Young, Peter, 2010. "Leaked Newsletters Reveal Spying on Animal Rights Activists." November 5. <animalliberationfrontline.com/ confidential-newsletter-reveals-spying-on-animal-rights-activists/>.
Yuhas, Alan, 2016. "Oregon Militia Says Occupation of Wildlife Refuge Could Last 'Several Years.'" *The Guardian*. January 4. <theguardian.com/us-news/2016/jan/04/oregon-militia-ammon-bundy-malheur-national-wildlife-refuge>.
Zelinski, Andrea, 2013. "'Ag-Gag' on Haslam's Desk but Sponsor's Farm Has History of Issues." *The City Paper*. May 9. <nashvillecitypaper.com/content/ city-news/ag-gag-haslam-s-desk-sponsor-s-farm-has-history-issues>.
Zorich, Zach, 2016. "Malheur Standoff Puts Science in the Crosshairs." *Scientific American*. January 29. <scientificamerican.com/article/ malheur-standoff-puts-science-in-the-crosshairs/>.
Zulaika, Joseba, 2012. "Drones, Witches and Other Flying Objects: The Force of Fantasy in US Counterterrorism." *Critical Studies on Terrorism* 5, 1: 51–68.

pbio.0060042>.
Vanderklippe, Nathan, 2012. “Federal Documents Spark Outcry by Oil Sands Critics.” *Globe and Mail*. January 26. <theglobeandmail.com/globe-investor/federal-documents-spark-outcry-by-oil-sands-critics/article554506/>.
Veal Information Gateway, n.d. “Holy Veal: Guess Who’s Eating Veal.” [website, now extinct.]
Vegetarians Are Evil, n.d. “Volkert van der Graaf, Vegan Killer.” [website, now extinct.]
Veltmeyer, Henry, and James Petras, 2014. *The New Extractivism*. New York: Zed.
Verheyden-Hilliard, Mara. 2012. “Homeland Security Spies on the Occupy Movement.” RT America. May 16.
Verheyden-Hilliard, Mara, and Carl Messineo, 2014. “Out from the Shadows: The Hidden Role of the Fusion Centers in the Nationwide Spying Operation against the Occupy Movement and Peaceful Protest in America.” Resisting the New World Order. <12160.info/page/ the-hidden-role-of-the-fusion-centers-in-the-nationwide-spying-op>.
Vidal, John, 2014. “WWF International Accused of ‘Selling Its Soul’ to Corporations.” *The Guardian*. <theguardian.com/environment/2014/ oct/04/wwf-international-selling-its-soul-corporations>.
Wagstaff, James, 2014. “Animal Law Expert Will Potter Says Whistleblowers Should Be Praised, Not Prosecuted.” *The Weekly Times*. May 7. <weeklytimesnow. com.au/news/national/animal-law-expert-will-potter-says-whistleblowersshould-be-praised-not-prosecuted/story-fnkfnspy-1226909113948?sv= ff0484056c49b8cd831865494a85b8d#.U2qcClpQQOk.twitter>.
Walker, Tim, 2015. “PETA Claims SeaWorld ‘Spy’ Infiltrated US Animal Rights Group and Tried to Incite Activists into ‘Illegal and Violent Activity’.” *The Independent*. July 15. <independent.co.uk/news/world/americas/ peta-claims-seaworld-spy-infiltrated-the-us-animal-rights-group-and-triedto-incite-activists-into-illegal-and-violent-activity-10391553.html>.
Washington Post, 2010. “Top Secret America.” July 18. <TopSecretAmerica.com>.
Watson, Dale L., 2002. “Testimony.” Senate Select Committee on Intelligence. September 26. <fbi.gov/news/testimony/joint-intelligence-committee-inquiry-1>.
Weber, Bob, 2015. “Canada Can’t Go Green if Oil Sands Are Developed, Report Says.” *Toronto Star*. January 7. <thestar.com/news/canada/2015/01/07/canada_cant_go_green_if_oilsands_are_developed_report_states.html>.
Weinberg, Leonard, 2013. “Violence by the Far Right: The American Experience.” *Extreme Rightwing Political Violence and Terrorism*. (Max Taylor, P.M. Currie and Donald Holbrook, eds.) London: Bloomsbury. 15–30.
Welter, Janet, 2009. Letter to Dr. William Mellon, Associate Dean for Research Policy. University of Wisconsin – Madison. May 4. <isthmus.com/downloads/30924/download/Janet%20Welter%20letter%20050409.pdf>.
Weston, Greg, 2014. “Other Spy Watchdogs Have Ties to Oil Business.” CBC *News*. January 10. <cbc.ca/news/politics/ other-spy-watchdogs-have-ties-to-oil-business-1.2491093>.
White, Ed, 2012. “Euthanasia in Hog Industry Falls Under Scrutiny.” *Western*

Extremists in US." June 14. <animalrightsextremism.info/news/media-conferences-and-press/ overview-of-attacks-by-animal-rights-extremists-in-us/>.

Understanding Animal Research, 2015. "Five Dutch Activists Sentenced for Stealing Beagles." January 7. <animalrightsextremism. info/news/arrests-court-appearances-and-sentencing/ five-dutch-activists-sentenced-for-stealing-beagles/>.

United Nations General Assembly, 1999. "International Convention for the Suppression and Financing of Terrorism. Resolution 54/109." December 9. <un.org/law/cod/finterr.htm>.

United Nations News Centre, 2014. "Human Cause of Global Warming Is Near Certainty, UN Reports." January 30. <un.org/apps/ news/story.asp?NewsID=47047#.U9vGmqX92f R>.

United Nations News Center, 2014. "'The Race Is On, It's Time to Lead' UN Chief Tells Abu Dhabi Climate Change Event." May 4. <un.org/ apps/news/story.asp?NewsID=47718#.VPDbKcYzBNJ>.

United States Department of Homeland Security, 2008. "Ecoterrorism: Environmental and Animal-Rights Militants in the United States." Universal Adversary Dynamic Threat Assessment. May 7. <rexano. org/Documents/dhs-Eco-Terrorism-in-US-2008.pdf>.

United States Department of Homeland Security, 2009. "Rightwing Extremism: Current Economic and Political Climate Fueling Resurgence in Radicalization and Recruitment." Office of Intelligence and Analysis Assessment: Extremism and Radicalization Branch, Homeland Environment Threat Analysis Division. April 7. <fas.org/irp/eprint/rightwing.pdf>.

United States Department of Homeland Security, 2009. "Leftwing Attacks Likely to Increase Use of Cyber Attacks Over the Coming Decade." Strategic Analysis Group, Homeland Environment Threat Analysis Division. January 26. <fas.org/irp/eprint/leftwing.pdf>.

United States Department of Justice, 2015. "Eastern Oregon Ranchers Convicted of Arson Resentenced to Five Years in Prison." October 7. US Attorney's Office, District of Oregon. Press Release. <justice.gov/usao-or/pr/ eastern-oregon-ranchers-convicted-arson-resentenced-five-years-prison>.

United Steelworkers, 2012. "Violent Attack on Peaceful Protestors at Canadian-Owned Mine." October 26. <usw.ca/media/news/releases?id=0819>.

United Steelworkers of America, 2003. "Union Condemns Use of Federal Iraq Reconstruction Funds to Subsidize 'Homeland Repression' at FTAA Meetings." November 24 press release. <thewe.cc/contents/more/archive2003/november/uswa_for_congress_investigation_into_police_state>.

Upson, Sandra, 2014. "Taiwan's 'Occupy' Movement Teeters Between Peace and Violence." *Scientific American*. March 24. <blogs.scientificamerican.com/observations/2014/03/24/ taiwans-occupy-movement-teeters-between-peace-and-violence/>.

Vallortigara, Giorgio, Allan Snyder, Gisella Kaplan, Patrick Bateson, Nicola S. Clayton, and Lesley J. Rogers, 2008. "Are Animals Autistic Savants?" *PLoS Biol* 6, 2: e42. <journals.plos.org/plosbiology/article?id=10.1371/journal.

dangerous-legislation-says-manitoba-first-nations-leader-1.2966795>.
Teague, Matthew, 2012. "Sikh Temple Attack Echoes in N. Carolina." *Los Angeles Times*. August 12. <articles.latimes.com/2012/ aug/12/nation/la-na-adv-fayetteville-20120812>.
Tello, Carlos, 2014. "Canada More at Risk from Environmentalists than Religiously Inspired Terrorists: RCMP." *Vancouver observer*. September 16. <vancouverobserver.com/news/ canada-more-risk-environmentalists-religiously-inspired-terrorists-rcmp>.
Tencer, Daniel, 2014. "csec Headquarters' $1.2 Billion Price Tag Has Activists Outraged." *Huffington Post*. February 11. <huffingtonpost. ca/2014/02/11/spy-palace-csec_n_4762228.html>.
Terris, Ben, 2012. "Animal Rights Issue Complicates Farm Bill." July 24. <hsus. typepad.com/files/national-journal-article-july-24.pdf>.
Than, Ker, 2010. "Toxic Mud Spill Latest Insult to Polluted Danube River." *National Geographic News*. October 12. <news.nationalgeographic.com/ news/2010/10/101012-toxic-spill-hungary-danube-river-water/>.
Thanh Ha, Tu, 2014. "China's Latest Food Scandal the First to Ensnare the Likes of McDonald's, Starbucks." *Globe and Mail*. July 22. <theglobeandmail. com/ report-on-business/international-business/asian-pacific-business/ exploding-watermelons-and-recycled-meats/article19707962/>.
Thomas, Mark, 2007. "Martin and Me." *The Guardian*. December 4. <theguardian. com/world/2007/dec/04/bae.armstrade>.
Thompson, Melissa, 2013. "My Perfect Boyfriend Was an Undercover Police Officer — Now I Want Justice." *Daily Mail*. November 5. <mirror.co.uk/news/ real-life-stories/perfect-boyfriend-undercover-police-officer-2677256>.
Todd, Andrea, 2008. "The Believers." *Elle*. April. 266–272, 373–375.
Toledano, Michael, 2015. "Anti-Oil Activists Named as National Security Threats Respond to Leaked RCMP Report." *Vice News*. February 17. <vice.com/en_ca/ read/anti-oil-activists-named-as-nationalsecurity-threats-respond-to-leaked-rcmp-report-968>.
Toolis, Kevin, 2001. "To the Death." *The Guardian*. November 7. <theguardian.com/ g2/story/0,,588987,00.html>.
Townsend, Mark, and Nick Denning, 2008. "UK Police Warn of Growing Threat from Eco-Terrorists." *observer*. November 9. (Retracted)
Traynor, Ian, 2013. "Le Pen and Wilders Forge Plan to 'Wreck' EU from Within." *The Guardian*. November 13. <theguardian.com/politics/2013/nov/13/le-pen-wilders-alliance-plan-wreck-eu>.
Trotta, Daniel, 2012. "U.S. Army Battling Racists Within Its Own Ranks." Reuters. August 21. <reuters.com/article/2012/08/21/ us-usa-wisconsin-shooting-army-idUSBRE87K04Y20120821>.
Tucker, Eric, 2013. "Campus Police Forces Increasingly Expand Reach, and Could Keep Growing Authority." *Huffington Post*. December 17. <huffingtonpost. com/2013/12/17/campus-police-forces-authority_n_4461099.html>.
Turner, Chris, 2012. "The Oil Sands PR War." *Marketing*. July 30. <marketingmag. ca/advertising/the-oil-sands-pr-war-58235>.
Understanding Animal Research, 2013. "Overview of Attacks by Animal Rights

Stein, Jeff, 2001a. "The Greatest Vendetta on Earth." *Salon*. August 30. <salon.com/ news/feature/2001/08/30/circus/index.html>.

Stein, Jeff, 2001b. "Send in the Clowns." *Salon*. August 31. <salon. com/news/ feature/2001/08/31/circus/index.html>.

Stein, Jeff, 2012. "Mordant Combat." *Book Forum*. June/July/ August. <bookforum. com/inprint/019_02/9467>.

Stewart, Brian, 2012. "Why Are We Eliminating the CSIS Watchers?" *CBC News*. May 31. <cbc.ca/news/canada/ brian-stewart-why-are-we-eliminating-the-csis-watchers-1.1166600>.

Stewart, Scott, 2009. "Mexico: Emergence of an Unexpected Threat." *Stratfor Global Intelligence*. September 30. <stratfor.com/ weekly/20090930_mexico_ emergence_unexpected_threat>.

Stewart, Scott, 2010. "Escalating Violence From the Animal Liberation Front." *Security Weekly*. July 29. <stratfor.com/ weekly/20100728_escalating_violence_ animal_liberation_front>.

Strand, Patti, 1992. "Animal Rights: The History and Nature of the Beast." National Animal Interest Alliance. <naiaonline.org/articles/ article/animal-rights-the-history-and-nature-of-the-beast>.

Street, Danielle, 2014. "Has New Zealand's Milk Gone Bad?" *Vice*. February 25. <vice.com/en_au/read/has-new-zealands-milk-gone-bad>.

Sullivan, Walter, 1972. "The Einstein Papers: A Man of Many Parts." *New York Times*. March 2. 20.

Sulzberger, A.G., 2011. "States Look to Ban Efforts to Reveal Farm Abuse." *New York Times*. April 13. <nytimes.com/2011/04/14/us/14video.html>.

Sun News, 2012. "Eco-Terrorism Threat Is Real." August 20. <sunnewsnetwork.ca/ video/1795383509001>.

Support Kevin and Tyler, 2014. "Kevin & Tyler Indicted on Federal Charges." July 11. <supportkevinandtyler.com/kevin-tyler-indicted-on-federal-charges/>.

Swanson, Ana, 2015. "Big Pharmaceutical Companies Are Spending Far More on Marketing than Research." *Washington Post*. February 11. <washingtonpost. com/news/wonkblog/wp/2015/02/11/big-pharmaceuticalcompanies-are-spending-far-more-on-marketing-than-research/>.

Syal, Rajeev, and Martin Wainwright, 2011. "Undercover Police: Officer A Named as Lynn Watson." *The Guardian*. January 19. <theguardian. com/uk/2011/jan/19/ undercover-police-officer-lynn-watson>.

Sztybel, David, 2006. "Can the Treatment of Nonhuman Animals Be Compared to the Holocaust?" *Ethics and the Environment* 11, 1: 97–132.

Szymanski, Greg, 2005. "Close Informant and Friend of Former FBI Agent John O'Neill, Killed on 9/11, Tells How FBI Higher-Ups 'Shut Him Down' Letting 9/11 Happen." *The Arctic Beacon*. August 16. <arcticbeacon.com/articles/16-Aug-2005.html>.

Tartar, Steve, 2009. "Ag Professor: Animal Rights Advocates Using Religion." *Peoria Journal Star*. December 1. <pjstar.com/x29006991/ Ag-professor-Animal-rights-advocates-using-religion>.

Taylor, Jillian, 2015. "Bill C-51 Dangerous Legislation, Says Manitoba First Nations Leader." *CBC News*. February 23. <cbc.ca/news/canada/manitoba/ bill-c-51-

perspectives-farm365-activist-backlash/>.
Smith, Wesley J., 2010a. "Words Matter: You Can't 'Murder' Animals." *National Review*. July 29. <nationalreview.com/human-exceptionalism/324585/ words-matter-you-cant-murder-animals>.
Smith, Wesley J., 2010b. *A Rat Is a Pig Is a Dog Is a Boy*. New York: Encounter.
Solnit, Rebecca, 2011. "Compassion Is Our New Currency: Notes on 2011's Preoccupied Hearts and Minds." *TomDispatch.com*. December 22. <tomdispatch.com/post/175483/tomgram%3A_rebecca_solnit,_occupy_your_heart/>.
Solnit, Rebecca, 2012. "The Truth About Violence at Occupy." *Salon*. February 21. <salon.com/2012/02/21/the_truth_about_violence_at_occupy/>.
Solomon, Evan, and Kristen Everson, 2014. "7 Environmental Charities Face Canada Revenue Agency Audits." *CBC News*. February 6. <cbc.ca/news/ politics/7-environmental-charities-face-canada-revenue-agency-audits-1.2526330>.
Sontag, Susan, 2004. *Regarding the Pain of others*. New York: Picador.
Sorenson, John, 2011. "Constructing Extremists, Rejecting Compassion: Ideological Attacks on Animal Advocacy from Right and Left." *Critical Theory and Animal Liberation*. (John Sanbonmatsu, ed.). Lanham: Rowman and Littlefield. 219–237.
Sorenson, John, 2014. *Critical Animal Studies*. Toronto: Canadian Scholars' Press.
Southan, Rhys, 2014."The Enigma of Animal Suffering." *New York Times*. August 10. <opinionator.blogs.nytimes.com/author/rhys-southan/?_r=0>.
Southern Poverty Law Center, 2012. "Terror from the Right: Plots, Conspiracies and Racist Rampages Since Oklahoma City." Montgomery: Southern Poverty Law Center. <splcenter.org/get-informed/publications/terror-from-the-right>.
Southern Poverty Law Center, 2013. "SPLC Report: Nearly 100 Murdered by Stormfront Users." April 17. <splcenter.org/blog/2014/04/17/ splc-report-nearly-100-murdered-by-stormfront-users/>.
Southern Poverty Law Center, 2014. "Backgrounding Bundy: The Movement." July. <splcenter.org/get-informed/publications/ War-in-the-West-Backgrounding-Bundy-The-Movement>.
Spash, Clive, 2015. "The Dying Planet Index: Life, Death and Man's Domination of Nature." *Environmental Values* 24, 1: 1–7
Spiegel, Marjorie, 1996. *The Dreaded Comparison*. New York: Mirror Books.
Spinks, Peter, 2014. "Dawning of the Anthropocene Age." Sydney Morning Herald. May 4. <smh.com.au/national/education/dawning-of-theanthropocene-age-20140501-zr2jg.html#ixzz314yDGHgr>.
Standing Committee on Fisheries and Oceans, 2005. *Northern Cod: A Failure of Canadian Fisheries Management. Government of Canada. House of Commons*. November. <parl.gc.ca/HousePublications/ Publication.aspx?DocId=2144982&File=21>.
Staples, Todd, 2014a. "Staples: Keep 'Meatless Mondays' Campaign Out of Schools." *Austin American-Statesman*. September 7. <https://texasagriculture.gov/Portals/0/DigArticle/2299/AAS%20Meatless%20Monday%20Article.pdf>.
Staples, Todd, 2014b. "Fire the Ones Responsible." Texas Agriculture Commissioner Todd Staples. July 26. <commissionertoddstaples. blogspot.ca/2012/07/fire-ones-responsible.html>.

Sea Shepherd Conservation Society, n.d. "$25,000 Sea Shepherd Posts Reward in St. Lucia Jane Tipson Murder Case." <seashepherd.org/get-involved/rewards.html#tipson>.
Sea Shepherd Conservation Society, 2014. "Sea Shepherd Diver Attacked While Documenting Aquarium Trade Wildlife Trafficking." May 13. <seashepherd.org/news-and-media/2014/05/13/sea-shepherd-diverattacked-while-documenting-aquarium-trade-wildlife-trafficking-1585>.
Serrano, Richard A., 2010. "FBI Improperly Investigated Activists, Justice Department Review Finds." *Los Angeles Times*. September 21. <articles. latimes.com/2010/sep/21/nation/la-na-fbi-activists-20100921>.
Shane, Scott, 2005. "Vietnam War Intelligence 'Deliberately Skewed,' Secret Study Says." *New York Times*. December 2. <nytimes.com/2005/12/02/politics/vietnam-war-intelligence-deliberately-skewed-secret-study-says.html?_r=0>.
Shepherd, Jessica, 2007. "The Rise and Rise of Terrorism Studies." *The Guardian*. July 3. <theguardian.com/education/2007/jul/03/highereducation.research>.
Shore, Randy, 2015. "Updated; Antibiotic Resistant E Coli Found in Farmers Market Lettuce." *Vancouver Sun*. February 4. <blogs.vancouversun.com/2015/02/04/antibiotic-resistant-e-coli-found-in-farmers-market-lettuce>.
Shourd, Sarah, 2015. "I Was Jailed as an Ecoterrorist — But I Was Set Up by the FBI." *The Daily Beast*. January 25. <thedailybeast.com/articles/2015/01/25/iwas-jailed-as-an-ecoterrorist-but-i-was-set-up-by-the-fbi.html>.
Simon, Stephanie, 2011. "Beef Industry Carves a Course." *Wall Street Journal*. March 7. <wsj.com/articles/SB10001424052748703842004576163243369084776>.
Singer, Peter, 2000. *Animal Liberation*. New York: Ecco.
Singer, Peter, and Agata Sagan, 2009. "When Robots Have Feelings." *The Guardian* December 14. <guardian.co.uk/commentisfree/2009/dec/14/rage-against-machines-robots>.
Singh, Amrit, 2013. *Globalizing Torture CIA Secret Detention and Extraordinary Rendition*. New York: Open Society Foundations. <opensocietyfoundations. org/sites/default/files/globalizing-torture-20120205.pdf>.
Smallwood, Scott, 2005. "Speaking for the Animals or the Terrorists?" *Chronicle of Higher Education* 51, 48. August 5. <chronicle. com/article/Speaking-for-the-Animals-or/30599>.
Smith, Charlie, 2015. "Elizabeth May Condemns Bill C-51, Saying It Would Create Secret Police Force." *Georgia Straight*. February 2. <straight.com/news/818486/elizabeth-may-condemns-bill-c-51-saying-it-would-create-secret-police-force>.
Smith, G. Davidson, 1992. "Militant Activism and the Issue of Animal Rights." Canadian Security Intelligence Service. Paper No. 21. Ottawa: Government of Canada.
Smith, G. Davidson (Tim), 1998. "Single Issue Terrorism." Canadian Security Intelligence Service. Commentary No. 74. Ottawa: Government of Canada.
Smith, Gayle, 2012. "Addressing the Emotion of Animal Welfare." *Beef*. August 22. <beefmagazine.com/beef-quality/addressing-emotion-animal-welfare?page=1>.
Smith, Lyndsey, 2015. "Farmers Speak Up — Perspectives on the #farm365 Backlash." *Real Agriculture*. <realagriculture.com/2015/01/ farmers-speak-

January 23. <motherjones.com/politics/2008/01/dont-even-think-about-it>.
Right Wing Watch, 2013. "Jim Garrow Reveals Obama's Secret Plan to Use Aliens and Canadians to Plot Against America." December 30. <rightwingwatch.org/content/jim-garrow-reveals-obamassecret-plan-use-aliens-and-canadians-plot-against-america>.
Rosenberg, Martha, 2008. "Raiding Big Meat; Arresting the Wrong People." *Counterpunch*. May 30. <counterpunch.org/2008/05/30/ raiding-big-meat-arresting-the-wrong-people/>.
Royal Canadian Mounted Police, 2014. "Criminal Threats to the Canadian Petroleum Industry." Critical Infrastructure Intelligence Assessment. January 24. <desmog.ca/sites/beta.desmogblog.com/files/RCMP%20-%20 Criminal%20Threats%20to%20Canadian%20Petroleum%20Industry.pdf>.
Rudolph, Eric Robert, n.d. "Statement of Eric Robert Rudolph." <armyofgod.com/EricRudolphStatement.html>.
Runge, Carol, 2008. "Declaration in Support of Defense Sentencing Memorandum." April 30. <supporteric.org/declaration1.pdf>.
Ryan, John C., 2001. "Statement of Former FBI Agent John C. Ryan." May 7. <judibari.org/Ryan050701>.
Ryder, Richard D., 1989. *Animal Revolution*. London: Basil Blackwell.
Sanbonmatsu, John, 2005. "Listen Ecological Marxist! (Yes, I Said Animals)." *Capitalism Nature Socialism* 16, 2: 107–114.
Sanbonmatsu, John, 2014. "The Animal of Bad Faith: Speciesism as an Existential Project." *Critical Animal Studies*. (John Sorenson, ed.). Toronto: Canadian Scholars' Press. 29–45.
Sattazahn, Raechel Kilgore, 2012. "Molly Is Not a Cow." *Go Beyond The Barn*. March 11. <gobeyondthebarn.wordpress.com/2012/03/11/molly-is-not-a-cow>.
Saunders, Sakura, 2014. "Harper and the International Canadian Mining Industry." Toronto Media Co-op. March 3. <toronto.mediacoop.ca/ story/harper-and-international-canadian-mining-industry/22042>.
Sayers, Daniel O., 2014. "The Most Wretched of Beings in the Cage of Capitalism." *International Journal of Historical Archaeology* 18, 3: 529–554
Schmidt, A., and A. Jongman, 1988. *Political Terrorism*. Oxford: North Holland.
SchNews, 2002. "Gone to the Dogs." 383. November 29. <schnews.org.uk/archive/news383.htm>.
SchNews, 2008. "Fifth Columnist." November 14. <schnews.org.uk/archive/news655.htm>.
Schonholtz, Cindy, 2007. "Animal Rights Win, Horses Lose!" *National Animal Interest Alliance Newsletter*. October 12. <naiaonline.org/ naia_newsletter_alerts/page/animal-rights-win-horses-lose>.
Schor, Elana, 2013. "TransCanada Prepped Local Police for Prosecuting Pipeline Foes." *EnergyWire*. June 11. <eenews.net/stories/1059982632>.
Schulenberg, Shawn, 2013. "Essentially Contested Subjects: Some Ontological and Epistemological Considerations When Studying Homosexuals and Terrorists." *New Political Science* 35, 3: 449–462.
Schuster, Henry, 2005. "Domestic Terror: Who's Most Dangerous?" CNN. August 24. <cnn.com/2005/US/08/24/schuster.column/>.

org/news2005/0126-14.htm>.
Public Employees for Environmental Responsibility, 2003. "More Attacks on Fdereal Resource Employees." August 26. <peer.org/news/ news-releases/2003/08/26/ more-attacks-on-federal-resource-employees/>.
Purdy, Chris, 2013. "University of Calgary Announces Tom Flanagan's Retirement after Condemned Child Pornography Remarks." *National Post*. February 28. <news. nationalpost.com/news/canada/canadian-politics/ex-harper-advisor-tom-flanaganapologizes-after-widespread-condemnation-of-appalling-child-porn-remarks>.
Quan, Douglas, 2014. "'We Call It a Rescue Vehicle': Growing Number of Canadian Police Forces Bulking Up with Armoured Vehicles." *National Post*. August 21. <news.nationalpost.com/news/canada/we-call-it-a-rescue-vehicle-growingnumber-of-canadian-police-forces-bulking-up-with-armoured-vehicles>.
Quigley, Bill, and Rachel Meeropol, 2010. "The Case of the AETA Four." *Counter-punch*. July 16. <counterpunch.org/2010/07/16/the-case-of-the-aeta-four/>.
Rahall, Karena, 2015. "The Green to Blue Pipeline: Defense Contractors and the Police Industrial Complex." *Cardozo Law Review* 35, 5: 1785–1835.
Ranstorp, Magnus, 2006. "Introduction: Mapping Terrorism Research — Challenges and Priorities." *Mapping Terrorism Research*. Magnus Ranstorp (ed.). New York: Routledge. 1–24. <fhs.se/Documents/Externwebben/forskning/ centrumbildningar/CATS/2007/mapping-terrorism-research.pdf>.
Rasmussen, Matt, 2007. "Green Rage." *orion Magazine*. January/ February. <orionmagazine.org/index.php/articles/article/6/>.
Ratliff, Evan, 2011. "The Mark." *New Yorker*. May 2. <newyorker.com/ reporting/2011/05/02/110502fa_fact_ratliff ?currentPage=all>.
Rayman, Graham, 2011. "9/11: The Winners." *The Village Voice*. August 31. <villagevoice. com/2011-08-31/news/9-11-the-winners-profiting-from-september-eleventh/>.
Redden, Molly, 2013. "A Glitter-Covered Banner Got These Protestors Arrested for Staging a Bioterror Hoax." *Mother Jones*. December 17. <motherjones.com/ politics/2013/12/tar-sands-keystone-protesters-arrested-terrorism-glitter>.
Redden, Molly, 2014. "Everyone on the Far-Right Loves Militia-Backed Rancher Cliven Bundy — Except Glenn Beck." *Mother Jones*. April 15. <motherjones. com/mojo/2014/04/right-wing-loves-militia-rancher-cliven-bundy-except-glenn-beck>.
Regan, Tom, 1983. *The Case for Animal Rights*. Berkeley: University of California Press.
Regan, Tom, 2004. *Empty Cages*. Lanham: Rowman and Littlefield.
Reuters Canada, 2015. "'Misfits' Plotted Valentine's Day Murders in Canada Mall: Minister." February 15. <ca.reuters.com/ article/topNews/ idCAKBN0LI0KV20150215>.
Rico, M., G. Benito, A.R. Salgueiro, A. Diaz-Herrero and H.G. Pereira, 2008. "Reported Tailings Dam Failures: A Review of the European Incidents in the Worldwide Context." *Journal of Hazardous Materials* 152, 2: 846–852.
Ridgeway, James, and Jean Casella, 2008. "Don't Even Think About It." *Mother Jones*.

Platt, Teresa, with Simon Ward, 2011. "Animal Liberation Is Not Lethal? May the Myth Rest in Peace." Fur Commission USA. <old. furcommission.com/ resource/perspect999cj.htm>.

Podolak, Eroc, 2010. "Researcher Reinstated Following Animal Rights Controversy." *Biotechniques*. March 30. <biotechniques.com/news/Researcher-reinstatedfollowing-animal-rights-controversy/biotechniques-221763.html>.

Potter, Will, 2009. "Making an Animal Rights 'Terrorist'." *Bite Back*. 14. <greenisthenewred.com/blog/wp-content/Images/fran_trutt_bite_back.pdf>.

Potter, Will, 2010. "Confidential Corporate 'Risk Analysis' Says Placing Stickers on suvs Is Eco-Terrorism." *Green Is the New Red*. June 1. <greenisthenewred. com/ blog/inkerman-report-stickers-on-suvs-are-eco-terrorism/571/>.

Potter, Will, 2013. "TransCanada Is Secretly Briefing Police about Keystone XL Protests and Urging Terrorism Prosecutions." *Green Is the New Red*. June 12. <greenisthenewred.com/blog/transcanada-police-presentation-on-protests/7094/>.

Potter, Will, 2015. "Animal Activists' Chalking Charges Have Been Dropped!" Green Is the New Red. August 6. <greenisthenewred.com/blog/ animal-activists-chalking-charges-have-been-dropped/8492/#more-8492>.

Potts, Annie, and Jovian Parry, 2014. "'Too Sexy for Your Meat': Vegan Sexuality and the Intimate Rejection of Carnism." *Critical Animal Studies*. (John Sorenson, ed.) Toronto: Canadian Scholars' Press. 234–250.

Prager, John, 2014. "Koch Brothers Back Rightwing Militia Terrorists in Nevada Land Dispute." *Americans Against the Tea Party*. April 14. <aattp.org/ koch-brothers-back-rightwing-militia-terrorists-in-nevada-land-dispute/>.

Preece, Rod, 2008. *Sins of the Flesh*. Vancouver: University of British Columbia Press.

Press, Jordan, 2012. "Canada Falling Behind on Cyber-Security Despite Spending Almost $1 Billion, Auditor-General Says." *National Post*. October 23. <news. nationalpost.com/2012/10/23/canada-falling-behind-on-cyber-security-despite-spendingmore-than-1b-auditor-general-says/>.

Presswire, 2005. "Rep. Bennie Thompson Urges Hearing into Domestic Terror Threats to the Nation's Critical Infrastructure". May 20. Presswire News Services. <prnewswire.com/news-releases/rep-bennie-thompson-urges-hearing-intodomestic-terror-threats-to-the-nations-critical-infrastructure-54482452. html>.

Primate Freedom, 2010. "Basso: Cover-Up? Conspiracy? Scandal." March 28. <primateresearch.blogspot.ca/2010/03/basso-cover-up-conspiracy-scandal. html>.

Proctor, Robert N., 1999. *The Nazi War on Cancer*. Princeton: Princeton University Press.

Prystupa, Mychaylo, 2014. "Alberta Doctor Tells U.S.: Canada Is 'Lying' about Tar Sands' Health Effects." *Vancouver observer*. February 27. <vancouverobserver. com/ news/alberta-doctor-tells-us-canada-'lying'-about-tar-sands'-health-effects>.

Public Citizen, 2005. "Groups Urge New Agriculture Secretary to Listen to Whistleblower, Not Punish Him." Press Release. January 26. <commondreams.

says-1.1148310>.
Payton, Laura, 2015. "Anti-Terrorism Powers: What's in the Legislation?" CBC *News*. January 30. <cbc.ca/news/politics/ anti-terrorism-powers-what-s-in-the-legislation-1.2937964>.
Pearce, Daniel, 2014. "Ont. Farmers Develop Security Squad Against Animal Activists." *Toronto Sun*. February 18. <torontosun.com/2014/02/18/ ont-farmers-develop-security-squad-against-animal-activists>.
Pearce, Matt, 2012. "FBI Stays Mostly Mum about Sikh Temple Shooter Wade Page." *Los Angeles Times*. December 19. <articles.latimes.com/2012/ dec/19/nation/la-na-nn-fbi-sikh-wade-page-20121219>.
Pearce, Matt, John Glionna and Will Webber, 2014. "Gunman Kills 3 at Jewish Centers Outside Kansas City." *Los Angeles Times*. April 13. <latimes.com/nation/ la-na-kansas-city-shootings-20140414,0,6113373.story#axzz2ysXbMO2U>.
Peeples, Lynne, 2013. "Keystone XL Lawsuit Filed by Sierra Club Over 'Deeply Flawed' Environmental Review." *Huffington Post*. June 11. <huffingtonpost.com/2013/06/11/keystone-xl-lawsuit-sierra-clubstate-department_n_3422849.html?utm_hp_ref=tw>.
Peet, Judy, 2010. "NJIT Homeland Security Center Studies Groundbreaking Anti-Terrorism Technology" June 12. <nj.com/news/index. ssf/2010/06/njit_scientists_homeland_secur.html>.
PETA (People for the Ethical Treatment of Animals), n.d.a. "The Dirty Dozen: 12 Worst CEOs for Animals in Laboratories." <peta.org/features/dirty-dozen-12-worst-ceos/>.
PETA (People for the Ethical Treatment of Animals), n.d.b. "PETA's Activism Tips." <peta.org/action/activism-guide/your-animal-saving-style-quiz/activism-tips/>.
PETA (People for the Ethical Treatment of Animals), 2006. "Ringling Bros. 'Elephantgate' Update." March 15. <peta.org/features/ringling-bros-elephantgate/>.
Peters, Gord, n.d. "Bill C-51 Is About Control, Not Terrorism." Association of Iroquois and Allied Indians. <aiai.on.ca/newsroom/ opinion/bill-c-51-is-about-control-not-terrorism/>.
Phillips, Brian J., 2015. "Was What Happened in Charleston Terrorism?" *Washington Post*. <washingtonpost.com/blogs/monkey-cage/ wp/2015/06/18/was-what-happened-in-charleston-terrorism/>.
Pig Site, 2008. "IPPA: Animal Abuse Cannot Be Tolerated, MowMAr Farm Statement." September 19. <thepigsite.com/swinenews/19083/ ippa-animal-abuse-cannot-be-tolerated-mowmar-farm-statement>.
Pilkington, Ed, 2013. "Jailed Anonymous Hacker Jeremy Hammond: 'My Days of Hacking Are Done.'" *The Guardian*. November 15. <theguardian.com/technology/2013/nov/15/jeremy-hammond-anonymous-hacker-sentenced>.
Pilkington, Ed. 2015. "Animal Rights 'Terrorists'? Legality of Industry-Friendly Law To Be Challenged." *The Guardian*. February 19. <theguardian.com/us-news/2015/ feb/19/animal-rights-activists-challenge-federal-terrorism-charges>.

19, 3: 407–415. <wwwnc.cdc.gov/eid/article/19/3/pdfs/11-1866.pdf>.
Palen, Wendy J., Thomas D. Sisk, Maureen E. Ryan, Joseph L. Arvai, Mark Jaccard, Anne K. Salomon, Thomas Homer-Dixon and Ken P. Lertzman, 2014. "Energy: Consider the Global Impacts of Oil Pipelines." *Nature*. June 25. <nature.com/news/energy-consider-the-global-impacts-of-oil-pipelines-1.15434>.
Pallister, David, 1999. "Embattled Breeding Farm Closes." *The Guardian*. August 14. <guardian.co.uk/uk/1999/aug/14/davidpallister>.
Palmer, John, 2013. "The Rise of Far Right Parties Across Europe is a Chilling Echo of the 1930s. *The Guardian*. November 15. <theguardian.com/commentisfree/2013/nov/15/far-right-threat-europe-integration>.
Pangea Today, 2014. "Animal Rights Activists Attacked, Arrested after Protest." May 9. <pangeatoday.com/animal-rights-activists-beaten-arrested-after-protest/>.
Paris, Max, 2012a. "Senate Examines Foreign Funding of Charities." CBC *News*. February 29. <cbc.ca/news/politics/ senate-examines-foreign-funding-of-charities-1.1230915>.
Paris, Max, 2012b. "Charities Urge Peter Kent to Retract 'Laundering' Accusation." CBC *News*. May 4. <cbc.ca/news/politics/ charities-urge-peter-kent-to-retract-laundering-accusation-1.1213026>.
Paris, Max, 2013. "Joe Oliver Beats Back Accusations of Climate Change Denial." CBC *News*. April 16. <cbc.ca/news/politics/ joe-oliver-beats-back-accusations-of-climate-change-denial-1.1353252>.
Paris, Max, 2014. "Chuck Strahl Steps Down as Spy Watchdog Amid Lobbying Questions." CBC *News*. January 24. <cbc.ca/news/politics/ chuck-strahl-steps-down-as-spy-watchdog-amid-lobbying-questions-1.2510321>.
Parker, Kolten, 2012. "Lizard Stirs Controversy in West Texas." *Houston Chronicle*. April 27. <blog.chron.com/texaspolitics/2012/04/ lizard-stirs-controversy-in-west-texas/>.
Parker, Janet, 2005. "Jihad Vegan." *New Criminologist*. June 20.
Partnership for Civic Justice Fund, n.d. "The Crackdown on the Occupy Movement." <justiceonline.org/ows-foia>.
Partnership for Civic Justice Fund, 2014a. "National Police Chiefs Collaborated with Counter-Terrorism Fusion Center Targeting Peaceful Protest." May 28. <justiceonline.org/commentary/ national-police-chiefs-collaborated-against-occupy.html>.
Partnership for Civic Justice Fund, 2014b. "Fusion Centers Approached Black Friday Consumer Boycott Like a Terrorist Threat." June 2. <justiceonline.org/commentary/fusion-centers-approached.html>.
Partnership for Civil Justice Fund, 2015. "NYPD Commissioner Bratton Compares Black Lives Matter Protests to Paris and Mumbai Terrorist Attack." January 30. <justiceonline.org/nypd_commissioner_bratton_compares_black_ lives_matter_protests_to_paris_and_mumbai_terrorist_attack>.
Patience, Martin, 2013. "Rat Meat and Chinese Food Safety." BBC *News*. May 12. <bbc.com/news/magazine-22467484>.
Patterson, Charles, 2002. *Eternal Treblinka*. New York: Lantern.
Payton, Laura, 2012. "Radicals Working Against Oilsands, Ottawa Says." CBC *News*. January 9. <cbc.ca/news/politics/ radicals-working-against-oilsands-ottawa-

<abc7news.com/archive/8642893/>.
O'Sullivan, Siobhan, 2014. "'Ag Gag' Laws: The Battle for Animal Welfare is a Battle Over Information." *The Guardian*. May 5. <theguardian.com/ commentisfree/2014/ may/05/ag-gag-laws-the-battle-for-animal-welfare-is-a-battle-over-information>.
Obama, Barrack, 2005. "Statement of Senator Barrack Obama." Oversight on Eco-terrorism specifically examining the Earth Liberation Front ('ELF') and the Animal Liberation Front ('ALF'). Washington, D.C.: U.S. Senate Committee on Environment & Public Works. May 18. <epw. senate.gov/public/hearing_ statements.cfm?id=237833>.
Ohio's Country Journal, 2010. "A Conversation with Gary Conklin, Conklin Dairy, Plain City." August 10. <ocj. com/2010/08/a-conversation-with-...-gary-conklin-conklin-dairy-plain-city/>.
Ohio Farm Bureau, 2010. "Ohio Farm Bureau Statement on Animal Abuse Video." May 26. <ofbf.org/news-and-events/news/774/>.
Oklahoma Farm Report, 2011. "Communication Guru Tells Pork Producers — Consumers Don't Care About Sound Science Arguments in Animal Well Being Debate." March 28. <oklahomafarmreport.com/wire/ news/2011/03/03023_JamisonOkPorkCongress03282011_064917.php>.
Oliver, Joe, 2009. "An Open Letter From the Honourable Joe Oliver, Minister of Natural Resources, on Canada's Commitment to Diversify Our Energy Markets and the Need to Further Streamline the Regulatory Process in order to Advance Canada's National Economic Interest." *National Resources Canada*. January 9. <nrcan.gc.ca/media-room/news-release/2012/1/1909>.
Omond, Tamsin, 2008. "How We Spooked the World's Worst Spy, by Commons Rooftop Protestor." *Daily Mail*. April 13. <dailymail.co.uk/news/ article-559222/ How-spooked-worlds-worst-spy-Commons-rooftop-protester.html>.
Ontario Pork, 2014. "Expert Panel Addresses Hidden Camera Investigation at Manitoba Swine Farm." December 10. <ontariopork.on.ca/portals/0/docs/ news/whatnew/canadianacrpvideoreviewresultsrelease121012.pdf>.
Oppel, Richard A. Jr., 2013. "Taping of Farm Cruelty Is Becoming the Crime." *New York Times*. April 6. <nytimes.com/2013/04/07/ us/taping-of-farm-cruelty-is-becoming-the-crime.html>.
Osborn, Andrew, 2003. "'I Shot Fortuyn for Dutch Muslims' Says Accused." *The Guardian*. March 28. <theguardian.com/world/2003/mar/28/thefarright.politics>.
Oxford Mail, 2004. "Protestors Suffer Burns." September 10. <oxfordmail.co.uk/ archive/2004/09/10/6562753.Protesters_suffer_burns/?ref=arc>.
Oxford Times, 1998. "Animal Lib 'Terrorists' Target Cat Breeder." March 3. <oxfordtimes. co.uk/news/6640879.Animal_lib__terrorists__target_cat_breeder/>.
Painter, John A., Robert M. Hoekstra, Tracy Ayers, Robert V. Tauxe, Christopher R. Braden, Frederick J. Angulo and Patricia M. Griffin, 2013. "Attribution of Foodborne Illnesses, Hospitalizations and Deaths to Food Commodities by Using Outbreak Data, United States, 1998–2008." *Emerging Infectious Diseases*

National Safety Council, 2014. "The Odds of Dying From…" <nsc. org/act/events/Pages/Odds-of-Dying-2015.aspx>.

Neuman, William, 2010. "Egg Recall Expanded after Salmonella Outbreak." *New York Times*. August 18. <nytimes.com/2010/08/19/business/19eggs.html>.

Neuman, William, 2011. "Egg Producers and Humane Society Urging Federal Standard on Hen Cages." *New York Times*. July 7. <nytimes.com/2011/07/08/business/ egg-producers-and-humane-society-urging-federal-standard-on-hen-cages.html>.

New Jersey Institute of Technology, 2004. "NJIT Named Homeland Security Center." Press Release. June 7. <eurekalert.org/ pub_releases/2004-06/njio-nnh060704.php>.

New Jersey Institute of Technology, 2010. "Donald H. Sebastian." <njit.edu/news/experts/sebastian.php>.

New York Times, 2011. "Hiding the Truth About Factory Farms." Editorial. April 26. <nytimes.com/2011/04/27/opinion/27wed3.html?_r=0>.

Newman, Alex, 2011. "Day of Rage Wall St. Occupation Sparks Fears." *The New American*. September 13. <thenewamerican.com/usnews/ politics/item/9663-day-of-rage-wall-st-occupation-sparks-fears>.

Nibert, David, 2002. *Animal Rights Human Rights*. Lanham: Rowman and Littlefield.

Nibert, David, 2011. "Origins and Consequences of the Animal Industrial Complex." *The Global Industrial Complex*. Steven Best, Richard Kahn, Anthony J. Nocella II and Peter McLaren (eds.) Lanham: Lexington. 197–209.

Nibert, David, 2013. *Animal oppression and Human Violence*. New York: Columbia University Press.

Nibert, David, 2014. "Foreword." *Defining Critical Animal Studies*. Anthony J. Nocella II, John Sorenson, Kim Socha and Atsuko Matsuoka (eds.). New York: Peter Lang. ix–xi.

Nietzsche, Friedrich, 1954. "From On Truth and Lie in an Extra-Moral Sense." *The Portable Nietzsche*. (Walter Kaufmann, ed.). New York: Viking.

Nikiforuk, Andrew, 2010. *Tar Sands*. Vancouver: Greystone Books.

Nikiforuk, Andrew, 2013. "Alberta's Oil Legacy: Bad Air and Rare Cancers." *The Tyee*. October 24. <thetyee.ca/News/2013/10/24/Alberta-Bad-Air/>.

Nikiforuk, Andrew, 2014. "Steam Injection Fracking Caused Major Alberta Bitumen Leak." *The Tyee*. July 24. <thetyee.ca/News/2014/07/24/CNRL-Seepage-Review/>.

Noble, S., 2014. "Government, Animal Activists in a Dangerous Showdown Against Ranchers in Nevada — Update." *Independent Sentinel*. April 7. <independentsentinel.com/government-animal-activists-ina-dangerous-showdown-against-ranchers-in-nevada/>.

Nocella II, Anthony J., 2014. "A Green Criminologist Perspective on Eco-Terrorism." In *The Terrorization of Dissent* (Jason Del Gandio & Anthony J. Nocella II, eds.) New York: Lantern. 177–202.

North, Liisa, 2010. "Bad Neighbours." *Canadian Dimension*. December 31. <canadiandimension.com/articles/view/bad-neighbours>.

Noske, Barbara, 1997. *Beyond Boundaries*. Montreal: Black Rose.

Noyes, Dan, 2012. "Reaction Sizzles Over Use of Meat Glue." ABC 7 News. April 30.

DeSmog Canada. February 6. <desmog.ca/2013/02/06/surveillance-environmentalmovement-when-counter-terrorism-becomes-political-policing>.

Monbiot, George, 2005. "Protestors Are Criminals." *The Guardian*. October 4. <monbiot.com/2005/10/04/protesters-are-criminals/>.

Monbiot, George, 2013. "Neonicotinoids Are the New DDT Killing the Natural World." *The Guardian*. August 5. <theguardian.com/environment/georgemonbiot/2013/aug/05/neonicotinoids-ddt-pesticides-nature>.

Moore, Solomon, 1998. "Utah Police Deny Boy's Killing Was a Hate Crime." *Los Angeles Times*. November 14. <articles.latimes.com/1998/nov/14/local/me-42755>.

Moser, Claire, 2014. "Ted Cruz Launches Senate Fight to Auction Off America's Public Lands." *Think Progress*. July 10. <mediaite.com/online/ cruz-bundy-standoff-culmination-of-obamas-jackboot-of-authoritarianism/>.

Moss, Michael, 2015. "U.S. Research Lab Lets Livestock Suffer in Quest for Profit." *New York Times*. January 19. <nytimes.com/2015/01/20/dining/ animal-welfare-at-risk-in-experiments-for-meat-industry.html>.

Mueller, John, 2009. *overblown*. New York: Free Press.

Mueller, John, and Mark G. Stewart, 2011. *Terror, Security and Money*. New York: Oxford University Press.

Mullen, Andrew, 2009. "The Propaganda Model after 20 Years: Interview with Edward S. Herman and Noam Chomsky." *Westminster Papers in Communication & Culture* 2: 12–22.

Munro, Lyle, 2001. *Compassionate Beasts*. Westport: Praeger.

Munro, Lyle, 2005. "Strategies, Action Repertoires and DIY Activism in the Animal Rights Movement." *Social Movement Studies* 4, 1: 75–94.

Nagel, Jeff, 2014. "Mine Tailings Spill Raises Fears for Fraser Salmon." *Kamloops This Week*. August 6. <kamloopsthisweek.com/ mine-tailings-spill-raises-fears-for-fraser-salmon/>.

Nagourney, Adam, 2014. "A Defiant Rancher Savors the Audience That Rallied to His Side." *New York Times*. April 23. <nytimes.com/2014/04/24/us/politics/rancher-proudly-breaks-the-law-becoming-a-hero-in-the-west.html?hp>.

National Animal Interest Alliance, n.d. "Mission Statement." <naiaonline. org/about/mission.htmnaiaonline.org/about/mission.htm>.

National Animal Interest Alliance, 2006. "Voices of Reason Win the Day AETA Awaits Presidential Signature." NAIA Newsletter. November 20. <naiaonline. org/naia_newsletter_alerts/page/ voices-of-reason-win-the-day-aeta-awaits-presidents-signature>.

National Animal Interest Alliance, 2012. "Action Alert! Anti Terrorism Bill Request for Action by the Senate Judiciary Committee of the US Senate." January 28. <naiaonline.org/naia_newsletter_alerts/page/action-alert-anti-terrorism-bill>.

National Association for Biomedical Research, n.d. "Animal Rights Extremism." <nabr.org/Activism/AnimalRightsExtremism/tabid/407/Default.aspx>.

National Counterterrorism Center, 2006. "Country Reports of Terrorism, 2005 Statistical Annex." April 7. <state.gov/documents/organization/65489.pdf>.

National Institute of Canine Experts, 2009. "Animal Rights Corrupts Religion." May 5. <niceorg.wordpress.com/2009/05/18/animal-rights-corrupt-religion/>.

December 6.
Medoro, Dana, 2012. "The Life and Death of a Pig." *Winnipeg Free Press*. Letter of the Day. March 13. <winnipegfreepress.com/opinion/letters_ to_the_editor/the-life-and-death-of-a-pig-142591846.html>.
Meeropol, Rachel, 2015. "Non-Violent 'Terrorism'?" *Huffington Post*. February 19. <huffingtonpost.com/the-center-for-constitutionalrights/non-violent-terrorism_b_6709996.html>.
Menache, Andre, n.d. "Interview." Humane Research Australia. <humaneresearch.org.au/interview/interview-andre-menache-bsc-hons-bvsc-mrcvs>.
Mendoza, Martha, 2011. "Rightly or Wrongly, Thousand Convicted of Terrorism Post 9/11." NBC *News*. September 4. <nbcnews.com/ id/44389156/ns/us_news-9_11_ten_years_later/t/rightly-or-wronglythousands-convicted-terrorism-post-/#.U3VQCKX92fQ>.
Mercy For Animals Canada, n.d.a. "Crated Cruelty." <cratedcruelty.ca>.
Mercy For Animals Canada, n.d.b. "Baby Chicks Ground Up Alive at Maple Leaf Hatchery." Maple Leaf Hatchery Horrors. <canadahatchery.mercyforanimals.org>.
Metscher, Robert, 2005. "Ecoterrorism in the U.S." Know Your Threat. August 9. <knowyourthreat.com/resources/Ecoterrorism+in+the+US.Online.pdf>.
Millar, Matthew, 2013. "Harper Government Officials, Spies Meet with Energy Industry in Ottawa." *Vancouver observer*. November 22. <vancouverobserver.com/world/ canada/harper-government-officials-spies-meet-energy-industry-ottawa>.
Millar, Matthew, 2013. "Harper Government's Extensive Spying on Anti-Oilsands Groups Revealed in FOIs." *Vancouver observer*. November 19. <vancouverobserver.com/politics/ harper-governments-extensive-spying-anti-oilsands-groups-revealed-fois>.
Millar, Matthew, 2014. "Flaherty Cites Terrorism When Asked Why CRA Is Auditing Environmental Charities." *Vancouver observer*. February 12. <vancouverobserver.com/news/ flaherty-cites-terrorism-when-asked-why-cra-auditing-environmental-charities>.
Miner, John, 2015. "Vegan Groups Attack Ont. Farmer on Twitter." *Welland Tribune*. January 13. <wellandtribune.ca/2015/01/13/ vegan-groups-attack-ont-dairy-farmer-on-twitter>.
MiningWatch Canada, 2014. "Witness for the Indefensible: A Cheat Sheet for Kevin McArthur on Tahoe Resources' Tactics to Silence Opposition in Guatemala." October 17. <miningwatch.ca/blog/witness-indefensible-cheatsheet-kevin-mcarthur-tahoe-resources-tactics-silence-opposition-guat>.
MiningWatch Canada, 2015. "Business as Usual Cannot Continue: Mount Polley Report on Tailings Dam Safety." February 6. <miningwatch.ca/news/ business-usual-cannot-continue-mount-polley-report-tailings-dam-safety>.
Monaghan, Jeffrey, and Kevin Walby, 2012. "Making up 'Terror Identities': Security Intelligence, Canada's Integrated Threat Assessment Centre and Social Movement Suppression." *Policing and Society* 22, 2: 133–151
Monaghan, Jeffrey, and Kevin Walby, 2013. "Surveillance of the Environmental Movement: When Counter-Terrorism Becomes Political Policing."

convert-christians-to-climate-change-belief>.
Marx, Gary, 1974. "Thoughts on a Neglected Category of Social Movement Participant: The Agent Provocateur and the Informant." *American Journal of Sociology* 80, 2: 401–440.
Matsuoka, Atsuko, and John Sorenson, 2013. "Human Consequences of Animal Exploitation." *Journal of Sociology and Social Welfare* XL, 4: 7–32.
May, Elizabeth, 2012. "An Open Letter to Joe Oliver." Green Party of Canada. January 9. <greenparty.ca/blogs/7/2012-01-09/open-letter-joe-oliver>.
May, Elizabeth, 2015. "Harper's Police State Law." Green Party of Canada. February 9. <greenparty.ca/en/blog/2015-02-07/harper's-police-state-law>.
McCarthy, Nick, 2010. "Exclusive: Animal Rights Gyrocopter Pilot Fears Reprisals." *Birmingham Mail*. March 21. <birminghammail.co.uk/news/ local-news/ exclusive-animal-rights-gyrocopter-pilot-246525>.
McCarthy, Shawn, 2012a. "Security Services Deem Environmental, Animal-Rights Groups 'Extremist' Threats." *Globe and Mail*. February 16. <theglobeandmail.com/news/politics/security-servicesdeem-environmental-animal-rights-groups-extremist-threats/ article2340162/>.
McCarthy, Shawn, 2012b. "Ottawa's New Anti-Terrorism Strategy Lists Eco-Extremists as Threat." *Globe and Mail*. February 10. <theglobeandmail.com/news/ politics/ottawas-new-anti-terrorism-strategy-lists-eco-extremists-as-threats/ article2334975/>.
McCarthy, Shawn, 2014. "Greenpeace Asks Elections Canada to Investigate Tory Ties to Ethical Oil." *Globe and Mail*. April 8. <theglobeandmail.com/news/politics/greenpeace-asks-elections-canada-to-investigate-tory-ties-to-ethical-oil/ article17875650/>.
McCoy, Alfred, 2013. "Surveillance Blowback." *TomDispatch*. July 14. <tomdispatch.com/blog/175724/>.
McGlade, Christophe, and Paul Elkins, 2015. "The Geographical Distribution of Fossil Fuels Unused When Limiting Global Warming to 2 °C." *Nature* 517 (January 8): 187–190. <nature.com/nature/journal/v517/n7533/full/nature14016.html>.
McGowan, Daniel, 2013. "Court Documents Prove I Was Sent to Communication Management Units (CMU) for My Political Speech." *Huffington Post*. April 1. <huffingtonpost.com/daniel-mcgowan/ communication-management-units_b_2944580.html>.
McKenna, Cara, 2014. "Red Chris Mine Failure Would Eclipse Mount Polley Damage: Report." *CBC News*. November 19. <cbc.ca/news/canada/british-columbia/ red-chris-mine-failure-would-eclipse-mount-polley-damage-report-1.2841126>.
McNab, J.J., 2014a. "Cliven Bundy's Son Had Run-In with Park Service Two Decades Ago." *Forbes*. May 9. <forbes.com/sites/jjmacnab/2014/05/09/ context-matters-the-cliven-bundy-standoff-part-4/>.
McNab, J.J., 2014b. "Context Matters: The Cliven Bundy Standoff — Part 1." *Forbes*. April 30. <forbes.com/sites/jjmacnab/2014/04/30/ context-matters-the-cliven-bundy-standoff-part-1/>.
Media Matters, 2006. "O'Reilly: U.S. May Have to 'Level Cities Like Tehran.'"

September 7. <hanalow.wordpress.com>.
Lorinc, John, 2014. "Armed and Dangerous." *The Walrus* 11, 10: 28–34.
Lukacs, Martin, and Tim Groves, 2013. "Canadian Spies Met with Energy Firms, Documents Reveal." *The Guardian*. October 9. <theguardian.com/environment/2013/oct/09/canadian-spies-met-energy-firms-documents>.
Lupick, Travis, 2014. "RCMP and CSIS Face Complaints of Illegal Spying on Environmental Activists Opposing Oil Pipelines." *Straight.Com*. February 6. <straight.com/news/582796/rcmp-and-csis-face-complaintsillegal-spying-environmental-activists-opposing-oil-pipelines>.
Luymes, Glenda, 2014. "Chilliwack Dairy Farm at Centre of Animal Abuse Scandal Awaits Word on When Processor Will Accept Its Milk Again." *The Province*. June 20.
MacArthur, Mary, 2014. "Don't Let Farm be Fodder for Activist Video." *Western Producer*. April 3. <producer.com/2014/04/dont-let-farm-be-fodder-for-activist-video/>.
MacCharles, Tonda, 2015. "RCMP Called 'Anti-Petroleum' Critics a Potential Security Threat." *Toronto Star*. February 18. <thestar.com/news/canada/2015/02/17/rcmp-called-anti-petroleum-critics-a-potential-security-threat.html>.
Machinova, Brian, Kenneth J. Feeley and William J. Ripple, 2015. "Biodiversity Conservation: The Key Is Reducing Meat Consumption." *Science of the Total Environment* 536: 419–431.
Mackrael, Kim, 2010. "The Life of Guelph's Jim Garrow: He's Garnered Wide Interest, Praise and Criticism for His Pink Pagoda Child Rescue Operation." *Guelph Mercury*. August 28. <guelphmercury.com/living-story/2679344-the-life-of-guelph-s-jimgarrow-he-s-garnered-wide-interest-praise-and-criticism-for-his-pink-pago/>.
Mackrael, Kim, and Adrien Morrow, 2011. "Undercover Officers Knew of Plans for Downtown Mayhem During G20." *Globe and Mail*. November 23. <theglobeandmail.com/news/toronto/undercoverofficers-knew-of-plans-for-downtown-mayhem-during-g20/ article555130/?page=all>.
MacLaren, Carolyn, 2014. "When the Farm Is No Longer on the Farm." *Let's Talk Farm Animals*. January 16. <letstalkfarmanimals.ca/2014/01/16/ when-the-farm-is-no-longer-on-the-farm/#more-3033>.
Maghami, Neil, 2010. "Humane Society of the United States: 'Green' Rhetoric Masks Animal Rights Radicalism." *Capital Research Center*. April 1. <capitalresearch.org/2010/04/humane-society-of-theunited-states-green-rhetoric-masks-animal-rights-radicalism/>.
Mann, Susan, 2013. "Farmers Urged to Keep an Eye Out for Vandals." *Better Farming*. August 7. <betterfarming.com/online-news/ farmers-urged-keep-eye-out-vandals-24928>.
Marans, Daniel, and Kim Bellware, 2015. "Meet the Members of Donald Trump's White Supremacist Fan Club." *Huffington Post*. August 25. <huffingtonpost.com/ entry/donald-trump-white-supremacists_55dce43ee4b08cd3359dc41a>.
Marsden, William, 2015. "Believer Among the Skeptics: A Canadian's Crusade to Convert Christians to Climate Change Belief." *National Post*. April 24. <news.nationalpost.com/news/a-believer-among-the-skeptics-acanadians-crusade-to-

warns-1.2042980>.
Levitas, Daniel, 1998. "Hate Group Expert Daniel Levitas Discusses Posse Comitatus, Christian Identity Movement and More." *Intelligence Report* 90 (Spring): 1–3.
Lewis, John, 2005. "Hearing Statement to U.S. Senate Committee on Environment & Public Works." May 18. <epw.senate.gov/hearing_statements.cfm?id=237817>.
Lewis, Paul, and Rob Evans, 2011a. "Undercover Police and the Law: The Men Who Weren't There." *The Guardian*. October 19. <theguardian. com/uk/2011/oct/19/undercover-police-law-men-there>.
Lewis, Paul, and Rob Evans, 2011b. "Green Groups Targeted Polluters as Corporate Spies Hid in Their Ranks." *The Guardian*. February 14. <theguardian. com/ environment/2011/feb/14/environmental-activists-protest-energy-companies>.
Lewis, Paul, and Rob Evans, 2013a. "Police Spies Stole Identities of Dead Children." *The Guardian*. February 3. <theguardian.com/ uk/2013/feb/03/police-spies-identities-dead-children>.
Lewis, Paul, and Rob Evans, 2013b. "Police Spies: In Bed with a Fictional Character." *The Guardian*. March 1. <theguardian.com/uk/2013/mar/01/police-spy-fictional-character>.
Lewis, Paul, and Rob Evans, 2013c. "McLibel Leaflet Was Co-Written by Undercover Police Officer Bob Lambert." *The Guardian*. June 21. <theguardian.com/uk/2013/jun/21/ mclibel-leaflet-police-bob-lambert-mcdonalds?guni=Article:in%20body%20link>.
Lewis, Paul, Rob Evans and Rowenna Davis, 2011. "Undercover Policeman Married Activist He Was Sent to Spy On." *The Guardian*. January 19. <theguardian. com/uk/2011/jan/19/undercover-policeman-married-activist-spy>.
Lewis, Paul, Rob Evans and Sorcha Pollack, 2013. "Trauma of Spy's Girlfriend: 'Like Being Raped by the State.'" *The Guardian*. June 24. <theguardian. com/ uk/2013/jun/24/undercover-police-spy-girlfriend-child>.
Lewis, Paul, Rob Evans and Matthew Taylor, 2009. "Police in £9m Scheme to Log 'Domestic Extremists.'" *The Guardian*. October 25. <guardian. co.uk/uk/2009/oct/25/police-domestic-extremists-database>.
Liddick, Donald R., 2006. *Eco-Terrorism*. Westport: Praeger.
Lifton, Robert Jay, 1988. *The Nazi Doctors*. New York: Basic Books.
Linchpin.ca, 2009. "Anarchists Call Police Report Comparing Activism to Hate Crime 'Chilling.'" May 29.
Lindorff, Dave, 2010. "Harah! Israeli Company Hired by State Government to Spy on Pennsylvanians." *This Can't Be Happening!* September 18. <thiscantbehappening.net/node/208>.
Ling, Justin, 2014. "Cheddargate." *Maisonneuve*. September 9. <maisonneuve.org/article/2014/09/9/cheddargate/>.
Linnitt, Carol, 2015. "Leaked: Internal RCMP Document Names 'Violent Anti-Petroleum Extremists' Threat to Government and Industry." DeSmog Canada. February 17. <desmog.ca/2015/02/17/leaked-internal-rcmp-documentnames-anti-petroleum-extremists-threat-government-industry>.
Lion, Tori, 2015. "Guest Post by Tori Lion: On Disrupting Temple Grandin."

Klein, Naomi, 2014. *This Changes Everything*. New York: Simon and Schuster.
Klein, Rebecca, 2014. "Texas Official Is Freaking Out About School 'Meatless Monday'." *Huffington Post*. September 10. <huffingtonpost. com/2014/09/10/todd-staples-meatless-monday_n_5800568.html>.
Kozolanka, Kirsten, 2015. "The March to Militarism in Canada: Domesticating the Global Enemy in the Post-9/11, Neoliberal Nation." *Global Media Journal* 8, 1: 31–51.
KPVI *News*, 2014. "1/3 of State Sens., 1/5 of State Reps., and Gov. Took Dairy Dollars." February 27. <kpvi.com/content/news/local/story/1-3-of-StateSens-1-5-of-State-Reps-and-Gov-took/xwRII7Zkv0afliYAanjmIQ.cspx>.
Krugman, Paul, 2004. "Noonday in the Shade." *New York Times*. June 22. <nytimes. com/2004/06/22/opinion/noonday-in-the-shade.html>.
Krumholtz, Mike, 2013. "Golf Course Uses 9/11 Anniversary to Promote Discount." *Yahoo News*. <news.yahoo.com/blogs/the-sideshow/golfcourse-uses-9-11-anniversary-to-promote-sale-141301755.html>.
Kuipers, Dean, 2012. "Honey Stinger." *outside*. November 26. <outsideonline.com/outdoor-adventure/Honey-Stinger.html>.
Kuipers, Dean, 2012. "Judge Orders Testing of Evidence in Judi Bari Bombing." *Los Angeles Times*. April 2. <articles.latimes.com/2012/apr/02/local/ la-me-gs-judge-orders-testing-of-evidence-in-judi-bari-bombing-20120402>.
Lambert, Emily, 2006. "Fowl Play." *Forbes*. August 19. <forbes. com/forbes/2006/0904/140.html>.
Lambert, Emily, 2010. "Iowa Egg Recall Figure Allegedly Hid Tracks in Ohio." *Forbes*. August 4. <forbes.com/2010/08/24/egg-recalliowa-ohio-controversy-personal-finance-jack-decoster.html>.
Larsen, Jane, 2012. "Peak Meat: U.S. Meat Consumption Falling." *Earth Policy Institute*. March 7. <earth-policy.org/data_highlights/2012/highlights25>.
LaVeck, James, and Jenny Stein, 2012. "Meatopia on the March." *Humane Myth*. October 5. <humanemyth.org/meatopiaonthemarch.htm>.
Lawrence, Felicity, Andrew Wasley and Radu Ciorniciuc, 2014. "Revealed: The Dirty Secret of the UK's Poultry Industry." *The Guardian*. July 23. <theguardian.com/world/2014/ jul/23/-sp-revealed-dirty-secret-uk-poultry-industry-chicken-campylobacter>.
Leahy, Stephen, 2012. "Seal Cull Will Not Revive Canada's Cod Stocks, Say Scientists." *The Guardian*. November 15. <theguardian.com/environment/2012/nov/15/seal-cull-canada-cod-stocks>.
Lee, Karen, 2010. "Three Open Minutes with Gary Conklin." *Progressive Dairyman*. <progressivedairy.com/features/ producers/4784-three-open-minutes-with-gary-conklin>.
Lee, Ronnie, 2010. "Ronnie Lee Interview." *AR Zone*. March 27. <arzonetranscripts. wordpress.com/2010/03/27/ronnie-lee-interview/>.
LegiScan, 2013. "Bill Text: CA AB343." February. <legiscan. com/CA/text/AB343/id/736875>.
Leslie, Keith, 2014. "Pesticides Linked to Bee Deaths Pose 'Massive' Ecological Threat, Watchdog Warns." CTV *News*. October 7. <ctvnews.ca/sci-tech/pesticides-linkedto-bee-deaths-pose-massive-ecological-threat-watchdog-

html>.
Johnson, J.R., M.A. Kukowski, K. Smith, T.T. O'Bryan and S. Tattini, 2005. "Antimicrobial-Resistant and Extraintestinal Pathogenic Escherichia Coli in Retail Foods." *Journal of Infectious Diseases* 191, 7: 1040–1049.
Johnson, Timothy, and Brian Powell, 2014. "Rightwing Media Are Throwing Gas on a Rancher's Violent Threats Against the Government." *Media Matters for America*. April 10. <mediamatters.org/mobile/blog/2014/04/10/ rightwing-media-are-throwing-gas-on-a-ranchers/198841>.
Journeyman Pictures, 2011. "Undercover Clown Cop: Lyn Watson — UK." YouTube. Uploaded February 7. <youtube.com/watch ?v=Kg5OlyT4bFk&list=PLBD9563BFCDB25CD4>.
Jun, Lee Fang, 2010. "Exclusive: The Oily Operators Behind the Religious Climate Change Denial Front Group, Cornwall Alliance." Climate Progress. June 15. <thinkprogress.org/climate/2010/06/15/174718/cornwall-alliance-frontgroup>.
Kaufman, Leslie, and Kate Zernicke, 2012. "Activist Fight Green Projects, Seeing U.N. Plot." *New York Times*. February 3. <nytimes.com/2012/02/04/us/activists-fight-green-projects-seeing-un-plot.html>.
Keep Talking Greece, 2014. "Chania; Animal Activist Bobolaki Beaten & Harassed, While Investigating Case of Dogs Abuse." <keeptalkinggreece.com/2014/02/04/chania-animal-activist-bobolaki-beatenharrassed-while-investigating-case-of-dogs-abuse/>.
Keim, Brandon, 2007. "Animal Rights, Civil Liberties and Human Suffering: Q&A With Frankie Trull." *Wired*. May 16. <wired.com/2007/05/animal_rights_c/>.
Keller, Larry, 2009. "The Second Wave: Return of the Militias." Southern Poverty Law Center. Montgomery. August. <splcenter. org/20090801/second-wave-return-militias>.
Kelly, Matt, 2011. "Human *[sic]* Society Leader Says He's Not Against Agriculture." *Radio Iowa*. August 8.
Kelso, Paul, 2001. "Animal Lab Boss Attacked." *The Guardian*. February 24. <theguardian.com/uk/2001/feb/24/paulkelso1>.
Kennard, Matt, 2012. "The US Army: Unfit for Service?" *The Guardian*. August 31. <theguardian.com/world/2012/aug/31/us-army-racism-iraq-afghanistan>.
Kimery, Anthony L, 2010. "Exclusive: Concerns Over Leftwing Extremists." *HS Today*. November 4. <hstoday.us/blogs/the-kimery-report/blog/exclusive-concernsover-leftwing-extremists/e0212aa50c4a9a7e557b70216a1bb686.html>.
King, Jr., Martin Luther, 1967. "Beyond Vietnam." The Martin Luther King, Jr. Research and Edication Institute. April 4. <mlk-kpp01.stanford.edu/ index.php/encyclopedia/documentsentry/doc_beyond_vietnam/>.
King, Shaun, 2016. "King: African-American Protests Deserve to Be Given as Much Deference as Ammon Bundy's Armed Militia in Oregon." *New York Daily News*. January 13. <nydailynews.com/news/national/ king-black-protesters-treated-ammon-bundy-article-1.2495388>.
Kinsman, Gary, Dieter K. Buse, and Mercedes Steedman, 2000. *Whose National Security?* Toronto: Between the Lines.

part-of-a-lengthy.html>.
Hunt Saboteurs Association, 2012. "Relief of Protestors as Hunt Supporter Jailed on Firearms Offences." <huntsabs.org.uk/index.php/news/press-releases/409relief-of-protestors-as-hunt-supporter-jailed-on-firearms-offences>.
Hunt Saboteurs Association, 2014. "Hunt Saboteur Receives Payout After Police Assault." Press Release. February 23. <huntsabs.org.uk/index.php/news/ press-releases/516-hunt-saboteur-receives-payout-after-police-assault>.
Hussain, Rummana, 2014. "NATO 3 Trial: Recordings Played of Alleged Plans to Attack Obama HQ." *Chicago Sun-Times*. January 22. <suntimes.com/25117076-418/ nato-3-trial-recordings-played-of-alleged-plans-to-attack-obama-hq.html>.
Independent Expert Engineering Investigation and Review Panel, 2015. *Report on Mount Polley Tailings Storage Facility Breach*. January 30. <mountpolleyreviewpanel.ca/sites/ default/files/report/ReportonMountPolleyTailingsStorageFacilityBreach.pdf>.
Inkerman Monitor, 2007. "The War On 'Eco-Terror'." Volume III. September. <greenisthenewred.com/blog/wp-content/ Images/inkerman_report_ecoterror.pdf>.
International Council of Shopping Centers, 2011. "Occupy and Black Friday Risk Briefing for Malls and Retail Sector." November 15. <s3. amazonaws.com/ s3.documentcloud.org/documents/1147920/ mpd-and-council-of-shopping-centers-report-on.pdf>.
International Vegetarian Union, n.d. "Dr. Albert Schweitzer (1875– 1965)." <ivu. org/history/europe20a/schweitzer.html>.
Investor's Business Daily, 2014. "Cliven Bundy's Cattle Battle: Harry Reid, China and Agenda 21." April 14. <climatechangedispatch.com/clivenbundy-s-cattle-battle-harry-reid-china-and-agenda-21.html>.
Jackman, Tom, 2006. "Circus Exec Cleared in Spy Case." *Washington Post*. March 16. <washingtonpost.com/wp-dyn/content/ article/2006/03/15/ AR2006031502226.html>.
Jackson, Richard, 2005. *Writing the War on Terrorism*. Manchester: Manchester University Press.
Jackson, Richard, 2007. "Introduction: The Case for Critical Terrorism Studies." *European Political Science* 6, 3: 225–227.
Jackson, Richard, 2008. "Why We Need Critical Terrorism Studies." *E-International Relations*. April 2. <e-ir.info/2008/04/08/why-we-need-critical-terrorism-studies/>.
Jackson, Richard, 2009. "The Study of Terrorism after 11 September 2001: Problems, Challenges and Future Developments." *Political Studies Review* 7, 2: 171–184.
Jarboe, James F., 2002. "Testimony." House Resources Committee, Subcommittee on Forests and Forest Health. February 12. <fbi. gov/news/testimony/the-threat-of-eco-terrorism>.
Johns Hopkins Bloomburg School of Public Health, 2004. "Public Health Association Calls for Moratorium on Factory Farms; Cites Health Issues, Pollution." January 9. <jhsph.edu/news/news-releases/2004/farm-moratorium.

Horn, Steve, 2013a. "Divide and Conquer: Unpacking Stratfor's Rise to Power." *Mint Press News*. July 25. <mintpressnews.com/ divide-and-conquer-unpacking-stratfors-rise-to-power/165933/>.

Horn, Steve, 2013b. "Here's How the Corporations Defeat Political Movements." *Popular Resistance*. July 29. <popularresistance.org/ heres-how-the-corporations-defeat-political-movements/>.

Horsey, David, 2014. "Cliven Bundy's Militiamen Are Neither Terrorists Nor Patriots." *Los Angeles Times*. April 22. <latimes.com/opinion/ topoftheticket/la-na-tt-cliven-bundys-militiamen-20140421-story.html>.

Howard, Brian Clark, 2014. "Chief Warden Shot in Africa's Oldest National Park." *National Geographic*. April 16. <news.nationalgeographic.com/news/2014/04/140416-emmanuel-de-merode-warden-shot-virunga-congo/>.

Howley, Patrick, 2011. "Standoff in D.C." *American Spectator*. August 10.

Hsiao, Andrew, 1998. "The Green Menace." *Village Voice*. November 10. <villagevoice.com/1998-11-10/news/the-green-menace/1/>.

HSUS (Humane Society of the United States), 2012a. "FTC Complaint Filed Over Pork Council's False and Misleading Animal Welfare Claims." Press Release. April 18. <humanesociety.org/news/press_ releases/2012/04/pork_council_ftc_complaint_041812.html>.

HSUS (Humane Society of the United States), 2012b. "The HSUS Releases Video of Shocking Horse Abuse at Tennessee Training Stable." May 25. <humanesociety.org/news/press_releases/2012/05/horse_ soring_investigation_051712.html?credit=web_id84838937>.

HSUS (Humane Society of the United States), 2012c. "The HSUS Reacts to Guilty Pleas in Federal Horse Abuse Case." May 22. <humanesociety.org/news/press_releases/2012/05/tennessee_ walking_response_052212.html?credit=web_id84838937>.

HSUS (Humane Society of the United States), 2013a. "What Is the Horse Protection Act?" August 2. <humanesociety.org/issues/tenn_walking_ horses/facts/horse_protection_act.html?credit=web_id84838937>.

HSUS (Humane Society of the United States), 2013b. "North Carolinians to See TV Ads Showing Animal Cruelty the Chamber of Commerce Is Trying to Keep Hidden." Press Release. May 27. <humanesociety.org/news/ press_releases/2013/05/north_carolina_ag_gag_ads_052713.html>.

HSUS (Humane Society of the United States), 2014. "The Humane Society of the United States — Farmer Outreach." Comments, July 7. <facebook.com/hsusFarmerOutreach>.

Huffington Post, 2013. "AT&T Uses 9/11 to Promote a Cell Phone." September 11. <huffingtonpost.com/2013/09/11/att-911-tweet_n_3907977.html>.

Human Rights Watch, 2005. *Blood, Sweat and Fear*. New York. January 24. <hrw.org/reports/2005/usa0105/>.

Humane Society International, 2011. "hsi Canada Calls for Urgent Investigation into Barn Fire that Killed 23,000 Caged Hens." June 10. <hsi.org/world/ canada/news/releases/2011/06/calgary_hen_barn_fire_061011.html>.

Humphrey, Tom, 2013. "Rep Andy Holt's Hog Farm Has Problems with TDEC Permit." *Humphrey on the Hill*. <blogs.knoxnews. com/humphrey/2013/05/as-

the Earth. June. <webiva-downton.s3.amazonaws. com/877/cb/5/6306/FOE_SpinningFoodReport_8-15.pdf>.
Harker, John, 2000. "Human Security in Sudan." Ottawa: Minister of Foreign Affairs. January. <globalpolicy.org/component/content/article/202/42493.html>.
Harper, Stephen, 2015. "PM Delivers Remarks in Richmond Hill." Prime Minister of Canada Stephen Harper. January 30. [website, now extinct.]
Harris, Jennifer L., Marlene B. Schwartz and Kelly D. Brownell, 2010. *Fast Food Facts*. Hartford: Yale Rudd Center for Food Policy and Obesity. <grist.files.wordpress.com/2010/11/fastfoodfacts_report.pdf>.
Harvey, David, 2005. *A Short History of Neoliberalism*. Oxford: Oxford University Press.
Hedges, Chris, 2012. "Someone You Love: Coming to a Gulag Near You." *Truthout*. April 2. <truthdig.com/report/item/coming_to_a_gulag_near_you_20120402>.
Hedges, Chris, 2013. "The Revolutionaries in Our Midst." *Truthout*. November 12. <truth-out.org/opinion/ item/19994-chris-hedges-the-revolutionaries-in-our-midst>.
Hedges, Chris, 2014. "America's 'Death Instinct' Spreads Misery Across the World." *Truthdig*. September 30. <alternet.org/world/ americas-death-instinct-spreads-misery-across-world>.
Henley, Jon, 2004. "Mr. Chips Turns Out to Be 007." *The Guardian*. December 4. <theguardian.com/world/2004/dec/04/jonhenley>.
Herman, Edward S., 1982. *The Real Terror Network*. Montreal: Black Rose.
Herman, Edward S., and Gerry O'Sullivan, 1989. *The Terrorism Industry*. New York: Pantheon.
Hernandez, Daniel, and Joseph Langdon, 2014. "Federal Rangers Face Off Against Armed Protestors in Nevada 'Range War.'" *The Guardian*. April 13. <theguardian. com/world/2014/apr/13/nevada-bundy-cattle-ranch-armed-protesters>.
Hickman, Leo, 2011. "The US Evangelicals Who Believe Environmentalism Is a 'Native Evil.'" *The Guardian*. May 5. <theguardian.com/environment/blog/2011/may/05/evangelical-christian-environmentalism-green-dragon>.
High Plains Journal, 2010. "Animal Agriculture Alliance Responds to Casella Wines." <hpj.com/archives/2010/mar10/mar8/0302Letter1sr.cfm#.U7xEAaX92fQ>.
Hill, Amanda, Paul Lewis and Rob Evans, 2013. "Brother of Boy Whose Identity Was Stolen by Police Spies Demands an Apology." *The Guardian*. February 6. <theguardian.com/uk/2013/feb/06/brother-boy-identity-police-spies>.
Hill, Brian, 2011. "Confessions of an Undercover Cop." (Director.) James Ross (producer). Century Films, Channel Four.
Hitt, Amanda, 2012. "Cedar Rapids Gazette — Ag-Gag Hurts Whistleblowers, Not Just Animals." *Cedar Rapids Gazette*. February 29. <foodwhistleblower.org/press/ fic-op-eds/304-cedar-rapids-gazette-ag-gag-hurts-whistleblowers-not-just-animals>.
Hodges, Dave, 2014. "The Bundy Affair Is the Tip of the Iceberg to What's Coming." *The Common Sense Show*. April 13. <thecommonsenseshow.com/2014/04/13/the-bundy-affair-is-the-tip-of-the-iceberg-to-whats-coming/>.

<democracynow.org/2012/9/20/shale_shocked_citizens_fight_back>.
Gosztola, Kevin, 2014. "At NATO 3 Trial, Undercover Cop Defends Chicago Police Spying on Activist Communities." *The Dissenter*. January 24. <dissenter.firedoglake.com/2014/01/24/at-nato-3-trial-female-undercovercop-defends-chicago-police-spying-on-activist-communities/>.
Government Accountability Project, n.d. "Ag Gag: Safeguarding Industry Secrets by Punishing the Messenger." <foodwhistleblower. org/the-lifecycle-of-food/life-on-the-farm/ag-gag>.
Greenpeace Canada, 2012. *Harper's Shell Game*. Toronto. <greenpeace.org/ canada/ Global/canada/report/2012/07/GP-ShellReport-WEB.pdf>.
Greenwald, Glenn, 2015. "Dylann Roof Is Not a "Terrorist" — But Animal Rights Activists Who Free Minks from Slaughter Are." *The Intercept*. July 28. <firstlook.org/ theintercept/2015/07/28/dylan-roof-terrorist-animal-rights-activists-free-minks/>.
Gregory, Dick, 2003. *Callus on My Soul*. New York: Dafina.
Grimm, David, 2014. "How the Rising Status of Cats and Dogs Could Doom Biomedical Research." *Popular Science*. May 21. <popsci.com/article/science/how-rising-status-cats-and-dogs-could-doom-biomedical-research>.
Griwkowski, Catherine, 2014. "Extent of Environmental Damage Caused by Obed Mine Spill Will Not Be Known Until Spring." *Edmonton Sun*. February 27. <edmontonsun.com/2014/02/27/extent-of-environmentaldamage-caused-by-obed-mine-spill-will-not-be-known-until-spring>.
Grove, Casey, 2001. "Militia Members Charged in '241' Plot to Kill Judge, Troopers." *Anchorage Daily News*. March 12. <adn.com/2011/03/11/1750269/ fairbanks-man-plotted-to-kill.html#ixzz1USwsTSod>.
Guardian, 2015. "*The Guardian* View on Bombing ISIS in Syria: Just Say No." July 2. <theguardian.com/commentisfree/2015/jul/02/ the-guardian-view-on-bombing-isis-in-syria-just-say-no>.
Guelke, Adrian, 2008. "Great Whites, Paedophiles and Terrorists: The Need for Critical Thinking in a New Age of Fear." *Critical Studies on Terrorism* 1, 1: 17–25.
Gwiazda, Wojtek, 2015. "Canadian Minister: Mining Industry Has No Stronger Partner than This Government." Radio Canada International. March 2. <rcinet.ca/en/2015/03/02/ canadian-government-announces-tax-credits-to-support-mining-industry/>.
Hager, Nicky, 2008. "Crossing the Line: The Activist Who Turned Police Informer." *Sunday Star Times*. December 14. <nickyhager.info/ crossing-the-line-the-activist-who-turned-police-informer/>.
Hager, Nicky, 2010. "Spies Target Animal Rights Campaigners." *Sunday Star Times*. August 1. <nickyhager.info/spies-target-animal-rights-campaigners/>.
Haines, Christine, 2008. "Officials: Domestic Terrorism Biggest Threat in PA." *Herald Standard*. October 6. <groups.yahoo.com/neo/ groups/extreme-animal-rights/conversations/topics/6504>.
Hall, Sarah, 2001. "Animal Activists Mourn Their Martyr." *The Guardian*. November 6. <theguardian.com/uk/2001/nov/06/sarahhall>.
Hamerschlag, Kari, Anna Lappe and Stacey Malkin, 2015. *Spinning Food*. Friends of

Contemporary Politics 8, 1: 7–22.
Garrow, Jim, 2014. "Hiding Attempted Murder." Facebook. January 31. <facebook.com/permalink.php?story_fbid=1015186234 1537015&id=390503827632449&stream_ref=10>.
Garrow, Jim, 2015. "The Great Snow Job." Facebook. February 3. <facebook.com/permalink.php?id=390503827632449&story_fbid=1039877426028416>.
Gawrylewski, Andrea, 2009. "Personalized Meddling." *The Scientist*. March 1. <thescientist.com/?articles.view/articleNo/27191/title/Personalized-Meddling/>.
General Intelligence and Security Service, 2011. "Rightwing Extremism and the Extreme Right in the Netherlands." March. <aivd.nl/english/publications-press/@2798/rightwing-extremism/>.
General Intelligence and Security Service, 2013. "Leftwing Activism and Extremism in the Netherlands." October. The Hague. <aivd.nl/ english/publications-press/@3089/leftwing-activism/>.
Genoways, Ted, 2013. "Gagged by Big Ag." *Mother Jones*. July/August. <motherjones.com/environment/2013/06/ag-gag-laws-mowmar-farms>.
German, Mike, 2005. "Behind the Line Terrorist, a Pack Mentality." *Washington Post*. June 5. <washingtonpost.com/wp-dyn/content/ article/2005/06/04/AR2005060400147.html>.
Ghate, Onkar, 2006. "Who Will Defend Industry from Eco-Terrorism?" *Capitalism*. February 26. <capitalismmagazine.com/environment/4584Who-Will-Defend-Industry-from-Eco-Terrorism.html>.
Gibson, 2015. "PETA Says Multiple Seaworld Workers May Have Spied." *Moneywatch*. CBS News. July 16. <cbsnews.com/news/ peta-says-multiple-seaworld-workers-may-have-spied/>.
Gilbert, G.M., 1961. *Nuremberg Diary*. New York: Signet.
Giroux, Henry A., 2014. "Neoliberalism and the Machinery of Disposability." *Truthout*. April 8. <truth-out.org/opinion/ item/22958-neoliberalism-and-the-machinery-of-disposability>.
Giroux, Henry A., 2015a. "The Plague of American Authoritarianism." *Counterpunch*. August 21. <counterpunch.org/2015/08/21/ the-plague-of-american-authoritarianism>.
Giroux, Henry A., 2015b. "Terrorism, Violence and the Culture of Madness." *Counterpunch*. March 30. <counterpunch.org/2015/03/30/ terrorism-violence-and-the-culture-of-madness/>.
Glavin, Terry, 2015. "A Whiff of Totalitarianism in Bill C-51." *National Post*. February 11. <news.nationalpost.com/2015/02/11/ terry-glavin-a-whiff-of-totalitarianism-in-bill-c-51/>.
Glionna, John M., 2014. "Protesters in Utah Drive atvs Onto Federal Land — But Find No Showdown." *Los Angeles Times*. May 10. <latimes. com/nation/la-na-utah-blm-battle-20140511-story.html>.
Global Intelligence Files, 2012. "Re: Public Policy Question for Coca-Cola." February 27. <search.wikileaks.org/gifiles/?viewemailid=5282628>.
Global Witness, 2014. *Deadly Environment*. London.
Goodman, Amy, and Denis Moynihan, 2012. "Get the Frack Out of Our Water: Shale-Shocked Citizens Fight Back." *Democracy Now!* September 20.

Press.
Francione, Gary, 2009. "Peter Singer and the Welfarist Position on the Lesser Value of Nonhuman Life." *Animal Rights: The Abolitionist Approach*. <abolitionistapproach.com/peter-singer-and-the-welfarist-positionon-the-lesser-value-of-nonhuman-life/#.VOexWEup31o>.
Francione, Gary, 2010. "Partners in Exploitation." *Animal Rights: The Abolitionist Approach*. March 12. <abolitionistapproach. com/partners-in-exploitation/#. U72CR6X92f R>.
Francione, Gary, 2011. "The Problem with Single-Issue Campaigns and Why Veganism Must Be the Moral Baseline." *Animal Rights: The Abolitionist Approach*. March 15. <abolitionistapproach.com/problem-with-single-issuecampaigns-and-why-veganism-must-be-the-baseline/#.VpFxcEtM71o>.
Francione, Gary, 2012. "Irreconcilable Differences." *Columbia University Press Blog*. September 18. <cupblog.org/?p=7863>.
Francione, Gary, 2014. "The Animal Confusion Movement." *Animal Rights: The Abolitionist Approach*. July 22. <abolitionistapproach.com/author/gary/>.
Francione, Gary, 2015. "Is Veganism Elitist? No. But Nonveganism Is!" *Animal Rights: The Abolitionist Approach*. January 14. <abolitionistapproach.com/author/gary/>.
Francione, Gary, and Erik Marcus, 2007. "Gary Francione/Erik Marcus Debate." February 25. <gary-francione.com/francione-marcus-debate.html>.
Free the NATO 3, 2014. "NATO 3 Trial, Day 10." <freethenato3. wordpress.com/court-notes/nato-3-trial-day-10/>.
Freilich, Joshua D., Steven M. Chermak and Joseph Simone, 2009. "Surveying American State Police Agencies About Terrorism Threats, Terrorism Sources, and Terrorism Definitions." *Terrorism and Political Violence* 21, 3: 450–475.
Frommer, Frederick, J., 2009. "Video Shows Chicks Ground Up Alive at Iowa Egg Hatchery." *The Gazette*. <thegazette.com/tag/hy-line-north-america-hatchery/>.
Fur Commission, 2013. "Reward Now $50,000." October 8. <furcommission.com/5000-reward-for-information/>.
Fur Council, 2006. "Mission Accomplished!" <furcommission. com/wp-content/uploads/2014/06/AETA.pdf>.
Furstenau, Marcel, 2013. "Germany May Under-Estimate Rightwing Victims." *Deutsche Welle*. September 1. <dw.de/ germany-may-underestimate-rightwing-victims/a-17059028>.
Fury, Alexander, 2013. "Why I Won't Be Shopping in the UK's First Veganz Supermarket." *The Independent*. December 31. <independent.co.uk/voices/comment/why-i-wont-be-shoppingin-the-uks-first-veganz-supermarket-9031947.html>.
Galbraith, Kate, and Sarah Gilman, 2016. "What Will Happen if the Oregon Militia Gets Its Demands?" *The Guardian*. January 8. <theguardian.com/ us-news/2016/jan/08/oregon-militia-standoff-demands-what-comes-next>.
Gallegos, Raul, 2013. "Beagle Brutality Sets Off Brazil." *Bloomberg View*. October 31. <bloombergview.com/articles/2013-10-31/beagle-brutality-sets-off-brazil->.
Garner, Robert, 2010. "Animal Rights, Political Theory and the Liberal Tradition."

com/2013/10/09/canadas-spy-agency-says-it-meets-withenergy-firms-to-discuss-security-threats/?__lsa=1524-1a82>.

Feldman, Josh, 2014. "Cruz: Bundy Standoff Culmination of Obama's Jackboot of Authoritarianism." *Mediaite*. April 23. <mediaite.com/online/ cruz-bundy-standoff-culmination-of-obamas-jackboot-of-authoritarianism/>.

Fickling, David, 2005. "The Mouse That Roared: The Internet Has Become a Crucial Tool in Animal Rights Activists' Campaigning." *The Guardian*. August 25. <guardian.co.uk/animalrights/story/0,,1556293,00.html>.

Finkelman, Paul, 2003. *Defending Slavery*. Boston: Bedford/St. Martin's.

Finz, Stacey, 2003. "Militants Say They Planted Shaklee Bomb/Animal Activists Attacking Clients of Research Firm." *San Franciso Gate*. October 1. <sfgate.com/bayarea/article/Militants-say-they-planted-Shaklee-bomb-Animal-2585073.php>.

Finz, Stacey, and Bernadette Tansey, 2003. "2 Bombs Shatter Biotech Firm's Windows/Animal Rights Group Takes Responsibility for Chiron Attack." *San Francisco Gate*. August 29. <sfgate.com/bayarea/article/2bombs-shatter-biotech-firm-s-windows-Animal-2559486.php>.

Fisk, Adam, 2014. "Walmart Recalls Tainted Donkey Meat." *Global News*. January 2. <globalnews.ca/news/1058437/walmart-recalls-tainted-donkey-meat/>.

Fitzpatrick, Meagan, 2012. "Oilsands 'Allies' and 'Adversaries' Named in Federal Documents." CBC *News*. January 26. <cbc.ca/news/politics/ oilsands-allies-and-adversaries-named-in-federal-documents-1.1156539>.

Flanagan, Tom, 2009. "Resource Industries and Security Issues in Northern Alberta. Calgary: Canada Defence and Foreign Affairs Institute." June. <cdfai.org/PDF/Resource%20Industries%20and%20 Security%20Issues%20in%20Northern%20Alberta.pdf>.

Food and Agriculture Organization, 2006. *Livestock's Long Shadow*. Rome: United Nations. <fao.org/docrep/010/a0701e/a0701e00.HTM>.

Forcese, Craig, and Kent Roach, 2015. "Bill C-51 Backgrounder #2: The Canadian Security Intelligence Service's Proposed Power to 'Reduce' Security Threats Through Conduct that May Violate the Law and Charter." February 12. <ssrn.com/abstract=2564272>.

Ford, Matt, 2014. "The Irony of Cliven Bundy's Unconstitutional Stand." *The Atlantic*. April 14. <theatlantic.com/politics/archive/2014/04/ the-irony-of-cliven-bundys-unconstitutional-stand/360587/>.

Forrester, Katrina, 2013. "I Want You to Know I Know Who You Are." *London Review of Books* 35, 1: 23–25. <lrb.co.uk/v35/n01/ katrina-forrester/i-want-you-to-know-i-know-who-you-are>.

Fox News, 2008. "FBI: Eco-Terrorism Remains No. 1 Domestic Terror Threat." March 31. <foxnews.com/story/2008/03/31/ fbi-eco-terrorism-remains-no-1-domestic-terror-threat/>.

Fox News Insider, 2014. "Exclusive: Bundy Hits Back After Reid Calls Family's Supporters 'Domestic Terrorists.'" April 17. <foxnewsinsider.com/2014/04/17/we-arerioting-against-federal-government-rancher-cliven-bundy-stands-firm-after-sen>.

Francione, Gary, 1996. *Rain Without Thunder*. Philadelphia: Temple University

Have Been Monitoring." *The Guardian*. June 19. <theguardian. com/uk-news/undercover-with-paul-lewis-and-rob-evans/2014/ jun/19/undercover-police-and-policing-peter-francis>.

Evans, Rob, 2014b. "Activist to Appeal Against Convictions Over Involvement of Police Spy." *The Guardian*. March 7. <theguardian.com/uk-news/2014/mar/07/activists-appeal-convictions-involvement-police-spy>.

Evans, Rob, and Paul Lewis, 2012. "Calls for Police Links to Firebombing to be Investigated." *The Guardian*. June 13. <theguardian.com/uk/2012/jun/13/police>.

Evans-Pritchard, Ambrose, and Joan Clements, 2003. "Fortuyn Killed 'to Protect Muslims.'" *Telegraph*. March 28. <telegraph.co.uk/news/worldnews/europe/netherlands/1425944/Fortuyn-killed-to-protect-Muslims.html>.

Fang, Lee, 2015. "E-Mails Reveal Dairy Lobbyist Authored Ag-Gag Legislation Outlawing Pictures of Farms." *The Intercept*. May 28. <firstlook.org/theintercept/2015/05/28/ emails-reveal-dairy-lobbyist-authored-ag-gag-legislation-outlawing-pictures-farms/>.

Farm and Food Care, 2014. "Workshop: Talking Tough Topics: Answering Questions about Farming Practices with Confidence." February E-News. <archive.constantcontact.com/fs133/1109092516922/archive/1116448157490.html>.

Farm Progress USA, 2010. "Livestock Producers Must Face Religion Argument." January 13. <farmonline.com.au/news/agriculture/agribusiness/generalnews/livestock-producers-must-face-religion-argument/1723995.aspx>.

Farnsworth, Clyde H., 1994. "Canada's Security Agency Accused of Spying on Canadians." *New York Times*. August 28. <nytimes.com/1994/08/28/ world/canada-s-security-agency-accused-of-spying-on-canadians.html>.

Farrell, Joelle, and Angela Couloumbis, 2010. "Ex-Top Rendell Aide Questions Contract with Private Terror Intelligence Group." *Philadelphia Inquirer*. September 16. <articles.philly.com/2010-09-16/news/24978453_1_rendell-institute-groups>.

Farrell, Joelle, and John P. Martin, 2010. "Tendell's Office Releases Content of All Bulletins on Planned Protests." *Philadelphia Inquirer*. September 18. <articles.philly. com/2010-09-18/news/24976139_1_bulletins-rendell-homeland-security-office>.

Fears, Darryl, 2011. "Virginia Residents Oppose Preparations for Climate-Related Sea-Level Rise." *Washington Post*. December 17. <washingtonpost. com/national/health-science/virginia-residents-oppose-preparations-forclimate-related-sea-level-rise/2011/12/05/gIQAVRw40O_story.html>.

Federal Bureau of Investigation, n.d. "Definitions of Terrorism in the U.S. Code." <fbi.gov/about-us/investigate/terrorism/terrorism-definition>.

Federation of American Societies for Experimental Biology, 2014. "The Threat of Extremism to Medical Research." Bethesda. <faseb.org/Portals/2/ PDFs/opa/2014/Animal%20Extremism%20Report%20Final.pdf>.

Federman, Adam, 2013. "We're Being Watched." *Earth Island Journal*. Summer. <earthisland.org/journal/index.php/eij/article/we_are_being_watched/>.

Fekete, Jason, 2013. "Canada's Spy Agency Says It Meets with Energy Firms to Discuss Security Threats." *Financial Post*. October 9. <business. financialpost.

stopped-talking-tough/article766057/>.

Duell, Mark, 2011. “The Battle of Wall Street: Violence Erupts as Police Clash with Protestors After Force Bloomberg to Back Down After ‘Eviction’.” *Daily Mail*. October 14. <dailymail.co.uk/news/article-2049137/Occupy-Wall-Street-Violence-erupts-police-clash-protesters.html>.

Dunning, Halley, 2012. “Dog Drug Research Threatened.” *The Scientist*. August 2. <the-scientist.com/?articles.view/ articleNo/32454/title/Dog-Drug-Research-Threatened/>.

Dyer, Evan, 2015. “Climate Change Study Says Most of Canada’s Oil Reserves Should Be Left Underground.” *CBC News*. January 7. <cbc.ca/news/politics/climate-changestudy-says-most-of-canada-s-oil-reserves-should-be-left-underground-1.2893013>.

Dyer, Simon, Nathan Lemphers, Marc Huot and Jennifer Grant, 2013. *Beneath The Surface*. Drayton Valley: Pembina Institute. January 28.

Earth First!, 2013. “Informant Tracker.” June 26. <earthfirstjournal.org/informant-tracker/>.

Eckhoff, Vickery, 2011. “Horse Slaughterhouse Investigation Sounds Food Safety and Cruelty Alarms.” *Forbes*. December 6. <forbes.com/sites/vickeryeckhoff/2011/12/06/ horse-slaughterhouse-investigation-sounds-food-safety-and-cruelty-alarms/>.

Eckhoff, Vickery, 2014. “Federal Grazing Program in Bundy Dispute Rips-Off Taxpayers, Wild Horses.” *Forbes*. April 25. <forbes.com/ sites/vickeryeckhoff/2014/04/25/federal-grazing-program-inbundy-dispute-rips-off-taxpayers-wild-horses/4/25/2014>.

Eckhoff, Vickery, 2015. “Forbes Billionaires Top US Welfare Ranchers List.” *The Daily Pitchfork*. March 25. <dailypitchfork.org/?p=698>

Edelman, Murray, 2001. *The Politics of Misinformation*. New York: Cambridge University Press.

Enders, Caty, 2014. “Life at the Bundy Ranch Uncensored.” *Esquire*. April 25. <esquire.com/blogs/politics/bundy-ranch-uncensored>.

Eng, Karen, 2014. “Green Is the New Red: Will Potter on the Problem of Treating Environmentalists Like Terrorists.” January 31. <blog.ted.com/2014/01/31/will-potter-on-of-treating-environmentalists-like-terrorists/>.

Equine Welfare Alliance, 2011. “Mystery Surrounding Abandoned Horses Finally Solved.” Press Release. December 18. <equinewelfarealliance. org/uploads/Abandoned_Horses-FINAL.pdf>.

Europol, 2011. “Joint Forces Against Violent Animal Rights Extremists.” July 18. <europol.europa.eu/content/press/ joint-forces-against-violent-animal-rights-extremists-1023>.

Evans, Brad, and Henry Giroux, 2015. “‘Disposable Futures’: Critique of Violence.” *Truthout*. May 6. <truth-out.org/progressivepicks/ item/30589-disposable-futures-critique-of-violence>.

Evans, Michael, Patrick Hosking and Stewart Tendler, 2004. “MI5 Agents To Infiltrate Animal Rights Terror Groups.” *The Times*. September 10. <timesonline.co.uk/tol/news/uk/article480787.ece>.

Evans, Rob, 2014a. “Police Say They Have Not Counted How Many Politicians They

Demko, Paul, 2009. “Corporate Spooks: Private Security Contractors Infiltrate Social Justice Organizations.” *Utne Reader*. January/February. <utne.com/politics/corporate-spooks-private-security-contractors-blackwaterspies-infiltrate-activist-organizations.aspx#ixzz32PDg3R9Q>.

Democracy Now, 2008. “Did Burger King Target and Spy on Tomato Pickers Rights Groups?” April 14. <democracynow. org/2008/4/14/did_burger_king_target_and_spy>.

Democracy Now, 2009. “EXCLUSIVE: Environmental Activist Jeff ‘Free’ Luers Speaks Out in First Interview After 9.5 Years Behind Bars.” December 23. <democracynow. org/2009/12/23/exclusive_environmental_activist_jeff_free_luers>.

Democracy Now, 2012. “The FBI vs. Occupy: Secret Docs Reveal ‘Counterterrorism’ Monitoring of OWS from Its Earliest Days.” December 27. <democracynow. org/2012/12/27/the_fbi_vs_occupy_secret_docs>.

Democracy Now, 2014. “‘It Was Time to Do More Than Protest’: Activists Admit to 1971 FBI Burglary That Exposed COINTELPRO.” January 8. <democracynow. org/2014/1/8/it_was_time_to_do_more>.

DeQuasie, Karen, 2003. “The Myth of Factory Farms.” *Manure Matters*. Summer. <mcpseniorscience.wikispaces.com/file/view/In+defense+of+Factory+Farms.pdf>.

Deshgujarat, 2009. “Muslim Butchers Attack Jain Animal Right Activists in Bhavnagar.” September 10. <deshgujarat.com/2009/09/10/ muslim-butchers-attack-jain-animal-right-activists-in-bhavnagar/>.

Dodd, Vikram, and Matthew Taylor, 2011. “Muslims Criticise Scotland Yard for Telling Them to Engage with EDL.” *The Guardian*. September 2. <theguardian. com/uk/2011/sep/02/english-defence-league-muslims-police>.

Dollack, Pete. 2016. “The Many Hypocrisies of the Oregon Standoff.” *Counterpunch*. January 6. <counterpunch.org/2016/01/06/ the-many-hypocrisies-of-the-oregon-standoff/>.

Donovan, Josephine, 2007. “Attention to Suffering: Sympathy as a Basis for Ethical Treatment of Animals.” *The Feminist Care Tradition in Animal Ethics*. (Jospehine Donovan and Carol J. Adams, eds.) New York: Columbia University Press. 174–197.

Donovan, Josephine, and Carol J. Adams, 1996. *Beyond Animal Rights*. New York: Continuum.

Doward, Jamie, 2004. “Kill Scientists, Says Animal Rights Chief.” *observer*. July 25. <observer.guardian.co.uk/uk_news/story/0,6903,1268790,00.html>.

Doward, Jamie, and Mark Townsend, 2009. “G20 Police ‘Used Undercover Men to Incite Crowds.’” *The Guardian*. May 10. <theguardian.com/ politics/2009/may/10/g20-policing-agent-provacateurs>.

Downie, James, 2015. “The Charleston Shooter Is a Terrorist. The Federal Government Should Charge Him as One.” *Washington Post*. June 26. <washingtonpost. com/blogs/post-partisan/wp/2015/06/26/the-charleston-shooter-isa-terrorist-the-federal-government-should-charge-him-as-one/>.

Drohan, Madelaine, 2000. “Why Axworthy Stopped Talking Tough.” *Globe and Mail*. February 15. <theglobeandmail.com/report-on-business/ why-axworthy-

Cote, Charles, 2013. "Le Ministre Oliver: Des Sables Bitumineux Sans Limite, Une Menace Climatique 'exagérée'." *La Presse*. April 12. <lapresse.ca/environnement/ dossiers/les-sables-bitumineux/201304/12/01-4640180-le-ministre-oliverdes-sables-bitumineux-sans-limite-une-menace-climatique-exageree.php>.

Cotter, John, 2012. "Alberta Counter-Terror Unit Set Up to Protect the Oil Sands." *National Post*. June 6. <news.nationalpost.com/2012/06/06/ alberta-counter-terror-unit-set-up-to-protect-the-oil-sands-by-federal-tories/>.

CounterPunch Wire, 2002. "Congressman McInnis Equates Enviro and Animal Rights Groups to al-Qaeda." March 7. <counterpunch.org/mcinnis1.html>.

Counting Animals, 2012. "Meat Industry Advertising." May 7. <countinganimals.com/meat-industry-advertising/>.

Croney, Candace, C., 2011. "Should Animal Welfare Be Influenced by Consumers' Perceptions?" WCDS Advances in Dairy Technology 23: 39–45. <wcds.ca/proc/2011/Manuscripts/Croney.pdf>.

Croney, Candace, 2012. "Candace Croney on Politics and Policies of Animal Welfare." Washington State University Farm Animal Welfare Symposium, September 15. YouTube. <youtube.com/watch?v=9FrTVkPXgSs>.

Crosswalk.com, 2001. "Canada Increases Intelligence Spending." October 19. <crosswalk.com/archive/>.

Crumb, Michael J., 2010. "Iowa Egg Producer Separates Business, Charity Work." Associated Press. September 14. <newsvine.com/_news/2010/09/14/5110582iowa-egg-producer-separates-business-charity-work>.

Cruz, Ted, 2012. "Stop Agenda 21: The Constitution Should Be Our Only 'Agenda'." <tedcruz.org/stop-agenda-21-the-constitution-should-be-ouronly-%e2%80%9cagenda-%e2%80%9d/#sthash.YbY0JFIy.dpuf>.

Cryderman, John, 2013. "How Canada's Big Oil Firms Are Trying to Sway Public Opinion." *Globe and Mail*. June 10. <theglobeandmail. com/report-on-business/industry-news/energy-and-resources/ big-oils-push-to-move-the-mushy-middle/article12464590/>.

CSEC (Communications Security Establishment), 2014. "Who We Are and What We Do." Government of Canada. <cse-cst.gc.ca/homeaccueil/careers-carrieres/csec-cstc/who-qui-eng.html>.

Dairy Herd Management, 2011. "Gary Conklin Speaks Out." January 17. <dairyherd.com/dairy-news/latest/gary-conklin-speaks-out-113993599.html>.

Dalrymple II, Jim, 2013. "Woman Facing Misdemeanor for Video Recording Utah Slaughterhouse." *Salt Lake Tribune*. April 30. <sltrib.com/sltrib/news/56235040-78/meyer-gollan-utah-operation.html.csp>.

Davis, Karen, 2005. *The Holocaust and the Henmaid's Tale*. New York: Lantern.

De Souza, Mike, 2012. "Feds List First Nations, Green Groups as 'Adversaries' in Oil Sands PR Strategy." *Financial Post*. January 26. <business.financialpost.com/2012/01/26/ feds-list-first-nations-green-groups-as-adversaries-in-oilsands-pr-strategy/>.

DeGeorge, Krestia, 2006. "Jailing a Cage-Free Activist." *Rochester City News*. May 24. <rochester-citynews.com/gyrobase/Content?oid=oid%3A4438>.

the Study of Terrorism and Responses to Terrorism. April. <start.umd.edu/publication/overview-bombing-and arson-attacks-environmental-and-animal-rights-extremists-united>.

Chisholm, Mike, and Jenny Uechi, 2013. "CSIS Spying on Citizens at Alarming Rate, fois Reveal." *Vancouver observer*. February 26. <vancouverobserver.com/politics/investigations/ canadian-security-intelligence-service-spying-citizens-alarming-rate-fois>.

Chomsky, Noam, 2013. "Media Control and Indoctrination in the United States." *Counterpunch*. November 20. <counterpunch.org/2013/11/20/ media-control-and-indoctrination-in-the-united-states/>.

Chomsky, Noam, 2014. "Why Americans Are Paranoid About Everything (Including Zombies)." *Alternet*. February 19. <alternet.org/ noam-chomsky-why-americans-are-paranoid-about-everything-including-zombies>.

Chomsky, Noam, 2015. "Chomsky Says US Is World's Biggest Terrorist." Interview by Isabelle Kumar. *Euronews*. April 17. <euronews. com/2015/04/17/chomsky-says-us-is-world-s-biggest-terrorist/>.

Christopher, Byron, 2012. "Wiebo's Final Battle." *The Dominion*. March 16. <dominionpaper.ca/articles/4396>.

Clary, Mike, 2013. "A Year Later, South Florida Men Charged in 'NATO' Terror Plot Near Trial." *Sun-Sentinel*. June 16. <articles. sun-sentinel.com/2013-06-16/news/fl-terrorism-suspectsbroward-20130616_1_brian-church-jared-chase-terrorism-trial>.

Clifton, Merritt, 2015. "Will Industries Throw Rotten Eggs Next?" Animals 24-7. September 5. <animals24-7.org/2015/09/05/ will-animal-industries-throw-rotten-eggs-next/>.

CNN Politics, n.d. "Homeland Security Chief Apologizes to Veterans Groups." <edition.cnn.com/2009/POLITICS/04/16/napolitano.apology/>.

Cockburn, Alexander, and Jeffrey St. Clair., 1998. "How Jimmy Carter and I Started the Mujahideen." *Counterpunch*. January 15. <counterpunch. org/1998/01/15/how-jimmy-carter-and-i-started-the-mujahideen/>.

Cook, Michael E., 2000. "We Are at War." May 29. <apfn.org/apfn/atwar.htm>.

Cook, Michael E., 2003. "Wolves and the Eco-Terrorists: The Threat to Rural America." *The Progressive Conservative, USA* V, 23. January 29. <proconservative.net/PCVol5Is023CookWolvesEcoTer.shtml>.

Cook, Michael E., 2005. "Hunters Now the Hunted." November 29. <peta-sucks.com/smf/index.php?topic=4056.0>.

Cook, Michael E., n.d. "Former Oregon Sheriff Speaks Out on Gun Control." *Sweet Liberty*. <sweetliberty.org/issues/guns/sheriff.htm>.

Coolican, J. Patrick, 2015. "Rep. Rod Hamilton, Who Introduced 'Ag-Gag Bill, Works at Farm Accused of Animal Abuse." *StarTribune*. August 13. <startribune.com/rep-rod-hamilton-introduced-an-ag-gag-bill-before-secretvideos-of-alleged-animal-abuse-at-christensen-farms/321670141/>.

Corbeil, Laurent Bastien, and Les Whittington, 2014. "Alberta Lobbyists Doled Out Cash in U.S." *Toronto Star*. July 28.

Corporate Watch, 2008. "Whose Agenda Do Reports of Eco-Terrorism Serve?" November 30. <corporatewatch.org/?q=node/3179%3f>.

newsroom/press-releases/ judge-dismisses-animal-enterprise-terrorism-act-indictments-against-activists>.
Center for Constitutional Rights, 2014. "Previously-Secret Prison Docs Show Constitutional Violations in Experimental Prison Units." April 23. <ccrjustice.org/newsroom/press-releases/previously-secret-prisondocs-show-constitutional-violations-experimental-prison-units>.
Center for Consumer Freedom, n.d. "PETA's Fiery Links to Arsonists." <consumerfreedom.com/advertisements_detail.cfm/ad/15>.
Center for Food Integrity, 2013. "Animal Care Panel Responds to Latest Hog Video." *National Hog Farmer*. October 30. <nationalhogfarmer.com/ animal-well-being/animal-care-panel-responds-latest-hog-video>.
Center for Investigative Reporting, 2007. "The War on Whistleblowers." October 31. <cironline.org/reports/war-whistleblowers-2205>.
Centers for Disease Control and Prevention, 2011. "CDC Estimates of Foodborne Illness in the United States." <cdc.gov/foodborneburden/2011-foodborne-estimates.html>.
Centers for Disease Control and Prevention, 2013. "Attribution of Foodborne Illness, 1998–2008."
Centers for Disease Control and Prevention, n.d. "Highly Pathogenic Asian Avian Influenza A (H5N1) in People." <cdc.gov/flu/avianflu/h5n1-people.htm>.
Chaloupka, William, 1996. "The County Supremacy and Militia Movements: Federalism as an Issue on the Radical Right." *Publius* 26, 3: 161–175. <mavdisk.mnsu.edu/parsnk/2008-9/POL%20680-Fall/documents/POL%20680%20readings/federalism-wk%202/chaloupka%20county%20federalism.pdf>.
Chapman, Steve, 2015. "Exposing Abuse of Farm Animals." *Chicago Tribune*. August 7. <chicagotribune.com/news/opinion/chapman/ct-pigs-chickens-abuse-farm animals-humane-society-ag-gag-perspec-0710-20150807-column.html>.
Charlebois, Sylvain, 2014. "The Economics of Animal Welfare." *Troy Media*. June 15. <troymedia.com/2014/06/15/the-economics-of-animal-welfare/>.
Chase, Steven, 2015. "CSIS To Be Granted Massive Expansion of Its Powers: Source." *Globe and Mail*. January 29. <theglobeandmail.com/news/politics/ csis-to-be-granted-massive-expansion-of-its-powers-source/article22714148/>.
Chatzistefanou, Aris, 2012. "Golden Dawn Has Infiltrated Greek Police, Claims Officer." *The Guardian*. October 26. <theguardian.com/ world/2012/oct/26/golden-dawn-infiltrated-greek-police-claims>.
Cheadle, Bruce, 2003. "CSIS Cites Animal Rights, Anti-Globalization Movement as Possible Terrorists." *C News*. June 5. <ericsquire.com/articles/wto/cnews030605.htm>.
Chensheng, Lu, Kenneth M. Warchol and Richard A. Callahan, 2014. "Sub-Lethal Exposure to Neonicotinoids Impaired Honey Bees Winterization Before Proceeding to Colony Collapse Disorder." *Bulletin of Insectology* 67, 1: 125–130.
Chermak, Steven M., 2002. *Searching for a Demon*. Boston: Northeastern University Press.
Chermak, Steven, Joshua Freilich, Celinet Duran and William Parkin, 2013. "An Overview of Bombing and Arson Attacks by Environmental and Animal Rights Extremists in the United Stated *[sic]*, 1995–2010." National Consortium for

Canadians for the Ethical Treatment of Food Animals, 2014. "Stop the Live Burnings." <cetfawebsite.files.wordpress.com/2014/02/stop-the-live-burnings-formatted.pdf>.
Capell, Kerry, 2004. "Animal-Rights Activism Turns Rabid." *Business Week*. August 2. <businessweek.com/magazine/content/04_35/b3897069_mz054.htm>.
Carlisle, Nate, 2010. "Animal-Rights Activist Gets 2 Years in Prison." *SaltLake Tribune*. February 2. <sltrib.com/news/ci_14334119>.
Carroll, Rory, 2002. "Italian Police 'Framed G8 Protestors'." *The Guardian*. June 22. <guardian.co.uk/world/2002/jun/22/globlisation.rorycarroll>.
Carson, Jennifer Varriale, Gary LaFree and Laura Dugan, 2012. "Terrorist and Non-Terrorist Criminal Attacks by Radical Environmental and Animal Rights Groups in the United States, 1970–2007." *Terrorism and Political Violence* 24: 295–319.
Carter, David, Steve Chermak, Jeremy Carter and Jack Drew, 2014. "Understanding Law Enforcement Intelligence Processes." Report to the Office of University Programs, Science and Technology Directorate, United States Department of Homeland Security. College Park: National Consortium for the Study of Terrorism and Responses to Terrorism. <start.umd.edu/pubs/START_ UnderstandingLawEnforcementIntelligenceProcesses_July2014.pdf>.
CBC *News*, 2007a. "Quebec Police Admit They Went Undercover at Montebello Protest." August 23. <cbc.ca/news/canada/ quebec-police-admit-they-went-undercover-at-montebello-protest-1.656171>.
CBC *News*, 2007b. "Harper's Letter Dismisses Kyoto as a Socialist Scheme." January 30. <cbc.ca/news/canada/ harper-s-letter-dismisses-kyoto-as-socialist-scheme-1.693166>.
CBC *News*, 2011. "Harper Says 'Islamicism' Biggest Threat to Canada." September 6. <cbc. ca/news/canada/story/2011/09/06/harper-911-terrorism-islamic-interview.html>.
CBC *News*, 2012. "Harper Warns Pipeline Hearings Could Be 'Hijacked'." January 6. <cbc. ca/news/business/harper-warns-pipeline-hearings-could-be-hijacked-1.1150914>.
CBC *News*, 2014a. "'Systemic' Racism in Canadian Forces Needs Inquiry, Veterans Say." March 13. <cbc.ca/news/canada/nova-scotia/ systemic-racism-in-canadian-forces-needs-inquiry-veterans-say-1.2571614>.
CBC *News*, 2014b. "Mount Polley Mine Tailings Pond Breach Called Environmental Disaster." August 4. <cbc.ca/news/canada/british-columbia/ mount-polley-mine-tailings-pond-breach-called-environmental-disaster-1.2727171>.
CBC *News*, 2015a. "PETA Activists Dress as 'Crippled' Chickens In Downtown Winnipeg." June 15. <cbc.ca/news/canada/manitoba/ peta-activists-dress-as-crippled-chickens-in-downtown-winnipeg-1.3114043>.
CBC *News*, 2015b. "Randall Steven Shepherd, Lindsay Kantha Souvannarath Charged in Halifax Shooting Plot." February 14. <cbc. ca/news/canada/nova-scotia/ randall-steven-shepherd-lindsay-kanthasouvannarath-charged-in-halifax-shooting-plot-1.2957685>.
Center for Constitutional Rights, 2010. "Judge Dismisses Animal Enterprise Terrorism Act Indictments Against Activists." June 13. <ccrjustice.org/

Brown, Paul, 2011. "UK Cod Collapse Due to Overfishing and Political Failure, Says Fisheries Expert." *The Guardian*. September 30. <theguardian. com/environment/2011/sep/30/uk-cod-collapse-overfishing>.

Brownstone, Sydney, 2013. "These Horrifying Photos Show a Destroyed American Landscape that Agriculture Giants Don't Want You to See." *Co.Exist*. August 20. <fastcoexist.com/3016003/these-horrifying-photos-show-adestroyed-american-landscape-that-agriculture-giants-dont-wan>.

Brzezinski, Zbigniew, 2007. "Terrorized by the War on Terror." *Washington Post*. March 25. <washingtonpost.com/wp-dyn/ content/article/2007/03/23/AR2007032301613.html>.

Buell, Frederick, 2003. *From Apocalypse to Way of Life*. New York: Routledge.

Bulldog Reporter, 2007. "Food Industry Takes Action: New Industry Body Forms to Quell Consumer Food Fears." March 26. <bulldogreporter.com/dailydog/article/ food-industry-takes-action-new-industry-body-forms-quell-consumer-food-fears>.

Bult, Laura, 2016. "Oregon Sheriff Offers Militant Group Occupying Malheur Wildlife Refuge an 'Escort All the Way Out of the State' but They Decline." *New York Daily News*. January 8. <nydailynews.com/news/national/ oregon-sheriff-offers-militia-group-safe-escort-home-article-1.2489922>.

Bundale, Brett, 2015. "Accused in Mass Murder Plot Shared Dark Online Interests." *Herald News*. February 15. <thechronicleherald.ca/ metro/1269354-accused-in-mass-murder-plot-shared-dark-online-interests>.

Bureau of Land Management, 2014. "Northeast Clark County Cattle Trespass." United States Department of the Interior. April 3. <thewildlifenews.com/ wp-content/uploads/2014/04/Northeast-Clark-County-Cattle-Trespass.pdf>.

Burton, Fred, 2006. "SHAC Convictions: The Martyrdom Effect." Stratfor Global Intelligence. March 16. <stratfor.com/analysis/shac-convictions-martyrdom-effect>.

Burton, Fred, 2007. "'Direct Action' Attacks: Terrorism by Another Name?" Stratfor Global Intelligence. May 23. <stratfor.com/ direct_action_attacks_terrorism_another_name#axzz3AJMCPOCS>.

Burton, Fred, and Scott Stewart, 2007. "Informants, Bombs and Lessons." Stratfor Global Intelligence. October 3. <stratfor.com/weekly/ informants_bombs_and_lessons#axzz3AJMCPOCS>.

Butko, Thomas J., 2006. "Terrorism Redefined." *Peace Review* 18, 1: 145–151.

Butler, Jeff, Barbara Olejnik and David Strickland, 2007. "Industry Outlook Remains Strong." *Gainesville Times*. <gainesvillelegals. com/news/stories/20070325/poultry/169655.shtml>.

Caigle, Susie, 2013. "Two Views on Ag-Gag: the Investigator and the Farm Advocate." *Grist*. April 25. <grist.org/food/two-views-on-ag-gags/>.

Canadian Press, 2010. "Police Probing Flanagan's Assassination Comment." December 6. <ctvnews.ca/police-probing-flanagan-s-assassination-comment-1.582929>.

Canadian Press, 2012. "Animal Abuse Alleged at Manitoba Hog Farm." *CBC News*. December 10. <cbc.ca/news/canada/manitoba/animal-abuse-alleged-at-manitoba-hog-farm-1.1258963>.

on Animal Rights Activist." *opED News*. <sharkonline.org/index. php/pigeon-shoots/53-pennsylvania/425-police-and-da-still-silentthree-weeks-after-man-pulls-gun-on-animal-rights-activist>.

Bite Back, 2013. "Diary of Actions." <directaction.info/news.htm>.

Blakely, Ruth, 2011. *State Terrorism and Neoliberalism*. New York: Routledge.

Blasky, Mike, and Colton Lochhead, 2014. "Las Vegas Police Had Contact with Shooters Days Before Ambush." *Las Vegas Review Journal*. June 11. <reviewjournal. com/news/las-vegas/las-vegas-police-had-contact-shooters-days-ambush>.

Blinson, Rossie, 2014. "A Sore Horse Makes for a Sore Subject on Capitol Hill." *Animal Agriculture Alliance, Real Farmers Real Food*. April 4. <realfarmersrealfood. wordpress.com/2014/04/>.

Blizzard, Christina, 2011. "Is Cruelty to Pancakes Next?" *Toronto Sun*. June 20. <torontosun.com/2011/06/20/is-cruelty-to-pancakes-next>.

Boggs, Grace Lee, 2012. "Grace Lee Boggs in Conversation with Angela Davis." February 20. <radioproject.org/2012/02/grace-lee-boggs-berkeley/>.

Bolton, John, 2015. "To Stop Iran's Bomb, Bomb Iran." *New York Times*. March 26. <nytimes.com/2015/03/26/opinion/to-stop-irans-bomb-bomb-iran.html?_r=1>.

Boutilier, Alex, 2014. "Ottawa Hires Ad Firm for $22 Million Oilsands Campaign." *Toronto Star*. January 9. <thestar.com/news/canada/2014/01/09/ ottawa_hires_ad_firm_for_22_million_oilsands_campaign.html>.

Boykoff, Jules, 2006. "Framing Dissent: Mass-Media Coverage of the Global Justice Movement." *New Political Science* 28, 2: 201–228.

Brach, Bal, 2014. "Mount Polley Mine Tailings Breach: 'The Devastation up the Lake Is Unbelievable.'" *CBC News*. August 5. <cbc.ca/news/ canada/british-columbia/mount-polley-mine-tailings-breachthe-devastation-up-the-lake-is-unbelievable-1.2728005>.

Braverman, Faith, 2013. "Former FBI Agent Mike German Talks About the NSA." American Civil Liberties Union: Blog of Rights. November 5. <aclu.org/ blog/ national-security/former-fbi-agent-mike-german-talks-about-nsa>.

Brenner, Michael, 2014. "Terror — America's Archetypes." *Huffington Post*. August 9. <huffingtonpost.com/michael-brenner/terror-americas-archetype_b_5784166. html?utm_hp_ref=world&ir=WorldPost>.

Britten, Nick, 2006. "Peace and Love from the Vegan Who Chose Violence." *The Telegraph*. April 12. <telegraph.co.uk/news/uknews/1515452/ Peace-and-love-from-the-vegan-who-chose-violence.html>.

Broadbent, Ed, and Ray Romanow, 2015. "Parliament Must Reject the Anti-Terror Bill." *Globe and Mail*. February 12. <theglobeandmail.com/globe-debate/ parliament-must-reject-the-anti-terror-bill/article22932072/>.

Bronskill, Jim, 2014. "Tories' Anti-Terror Bill C-44 Extends CSIS Source Protection, Judicial Warrant Powers." *Huffington Post*. October 27. <huffingtonpost. ca/2014/10/27/bill-c-44-csis-spy-watchdog-conservatives_n_6055512.html>.

Brown, David, 2008. "usda Orders Largest Meat Recall in U.S. History." *Washington Post*. February 18. <washingtonpost.com/wp-dyn/ content/ article/2008/02/17/AR2008021701530.html>.

BBC News, 2014. "Dutch Free Killer of Anti-Islam Politician Pim Fortuyn." May 2. <bbc.com/news/world-europe-27261291>.
Beck, Margery, 2014. "Egg Industry Titan Pleads Guilty to Charges Linked to 2010 Salmonella Outbreak." *CTV News*. June 4. <ctvnews.ca/health/egg-industry-titanpleads-guilty-to-charges-linked-to-2010-salmonella-outbreak-1.1852279>.
Becker, Lynn, 2012. "Crisis Communication in Real Life." Des Moines: Pork Academy World Pork Expo. June 6–8. <swinecast. com/panel-doing-whats-right-vs-looking-camera>.
Beef Magazine, 2010. "Science Contradicts the Humane Society of the United States on Salmonella and 'Cage-Free' Eggs." August 30. <beefmagazine. com/organizations/0830-hsus-cage-free-no-science>.
Beirich, Heidi, 2011. "Inside the DHS: Former Top Analyst Says Agency Bowed to Political Pressure." *Intelligence Report* 142 (Summer). <splcenter. org/get-informed/intelligence-report/browse-all-issues/2011/ summer/inside-the-dhs-former-top-analyst-says-agency-bowed>.
Bekoff, Marc, 2010. "Going to Slaughter." *Psychology Today*. February 6. <psychologytoday.com/blog/animal-emotions/201002/ going-slaughter-should-animals-hope-meet-temple-grand>.
Bennett, Diane, 2008. "Declaration in Support of Defense Sentencing Memorandum." May 8. <supporteric.org/declaration2.pdf>.
Bergen, Peter, 2012. "Rightwing Extremist Terror as Deadly a Threat as al-Qaeda?" *CNN*. August 8. <edition.cnn.com/2012/08/07/ opinion/bergen-terrorism-wisconsin/index.html>.
Bergen, Peter, and Andrew Lebovich, 2011. "Study Reveals the Many Faces of Terrorism." *CNN*. September 10. <newamerica.net/publications/ articles/2011/study_reveals_the_many_faces_of_terrorism_57514>.
Bergen, Peter, and David Sterman, 2014. "U.S. Right Wing Extremists More Deadly Than Jihadists." *CNN*. April 15. <cnn.com/2014/04/14/ opinion/bergen-sterman-kansas-shooting/>.
Bernd, Candice, 2012. "SLAPPed, Arrested, Deemed Eco-Terrorists: TransCanada Blockaders Persevere." *Truthout*. October 24. <truth-out.org/news/item/12306slapped-arrested-charged-and-recharged-transcanada-blockaders-persevere>.
Berreville, Olivier, 2014. "Animal Welfare Issues in the Canadian Dairy Industry." *Critical Animal Studies: Thinking the Unthinkable*. (John Sorenson, ed.) Toronto: Canadian Scholars Press. 186–207.
Berthiaume, Lee, 2011. "Federal Website Defines Animal-Rights Groups as Terrorists." *National Post*. October 13. <news.nationalpost.com/2011/10/13/federal-website-defines-animal-rights-groups-as-terrorists/>.
Best, Steve, 2009. "Who's Afraid of Jerry Vlasak?" Op-Ed News. March 5. <opednews. com/articles/Who-s-Afraid-of-Jerry-Vlas-by-Steve-Best-090503-913.html>.
Bettles, Colin, 2013. "Senator Backs 'Ag-Gags.'" *The Australian Dairyfarmer*. July 4. <adf.farmonline.com.au/news/nationalrural/livestock/generalnews/senator-backs-ag-gags/2660177.aspx?storypage=0>.
Biren, Cheryl, n.d. "Police and DA Still Silent Three Weeks After Man Pulls Gun

com/breaking-news/index.ssf/2010/09/gov_ed_rendell_apologizes_to_s.html>.

Associated Press, 2011. "Bill Would Ban Undercover Farm Video." *Star Tribune*. April 13. <startribune.com/politics/119690504.html>.

Associated Press, 2014. "FBI Investigates Cliven Bundy Supporters Who Allegedly Pointed Guns at Federal Officers." May 8. <businessinsider.com/fbi-investigate-cliven-bundy-2014-5>.

Associated Press, Jiji, Reuters, 2014. "Companies Scramble to Recover From Tainted Meat Debacle." *Japan Times*. July 23. <japantimes.co.jp/news/2014/07/23/national/companies-work-repair-damage-china-meat-scandal/#.U9FTFKX92fR>.

Australian Broadcasting Corporation, 2013. "Animal Rights Activists 'Akin to Terrorists', Says NSW Minister Katrina Hodgkinson." July 18. <abc.net.au/news/2013-07-18/ animal-rights-activists-27terrorists272c-says-nsw-minister/4828556>.

Baca, Nathan, 2014. "I-Team: Bundy's 'Ancestral Rights' Come Under Scrutiny." KLAS-TV. Las Vegas. April 23. <8newsnow.com/ story/25301551/bundys-ancestral-rights-come-under-scrutin>.

Bailey, Rob, Anthony Froggat and Laura Wellesley, 2014. *Livestock — Climate Change's Forgotten Sector: Global Public opinion on Meat and Dairy Consumption*. December 3. <chathamhouse.org/publication/livestock-climate-change-forgottensector-global-public-opinion-meat-and-dairy#sthash.tAIxUfYD.dpuf>.

Bajželj, Bojana, Keith S. Richards, Julian M. Allwood, Pete Smith, John S. Dennis, Elizabeth Curmi and Christopher A. Gilligan, 2014. "Importance of Food-Demand Management for Climate Mitigation." *Nature* 4: 924–929.

Baker, Richard, and Nick McKenzie, 2008. "The Spying Game." *The Age*. October 16. <theage.com.au/national/the-spying-game-20081015-51lr.html?page=-1>.

Bandow, Doug, 2005. "Animal Terrorism." *Washington Times*. August 22. <washtimes.com/functions/print.php?StoryID=20050821-103902-4686r>.

Bannerjee, Rupak, 2014. "Dog Lover Beaten to Death for Feeding Strays." *The Times of India*. June 27. <timesofindia.indiatimes.com/city/kolkata/Doglover-beaten-to-death-for-feeding-strays/articleshow/37288226.cms>.

Barnett, Richard, 2013. "Don't Turn Security into Theater." CNN *World*. May 6. <globalpublicsquare.blogs.cnn.com/2013/05/06/dont-turn-security-into-theater/>.

Barrera, Jorge, 2015. "AFN Fears Unjust Labelling of First Nations Activists Under Proposed Anti-Terror Bill: Document." Aboriginal Peoples Television Network. February 26. <aptn.ca/news/2015/02/26/afn-fears-unjust-labellingfirst-nations-activists-terrorists-proposed-anti-terror-bill-document/>.

BBC News, 2000. "Animal Rights, Terror Tactics." August 30. <news.bbc.co.uk/2/hi/uk_news/902751.stm>.

BBC News, 2010. "Police 'War' Against Bomb Accused." November 4. <news.bbc.co.uk/2/hi/uk_news/england/7707326.stm>.

BBC News, 2012. "Pembrokeshire Farmer, 66, Jailed Over Firearms Offences." July 20. <bbc.co.uk/news/uk-wales-south-west-wales-18926997>.

and Physical Activity for Cancer Prevention." <cancer.org/ acs/groups/cid/documents/webcontent/002577-pdf.pdf>.
American Civil Liberties Union, 2005. "New Documents Show FBI Targeting Environmental and Animal Rights Groups Activities as 'Domestic Terrorism'." December 20. <aclu.org/news/new-documents-show-fbi-targetingenvironmental-and-animal-rights-groups-activities-domestic>.
American Civil Liberties Union, 2009. "Letter to David D. Gersten." March 27. <aclu.org/files/images/asset_upload_file376_39222.pdf>.
American Civil Liberties Union, 2010. "Policing Free Speech." <aclu. org/files/assets/policingfreespeech_20100806.pdf>.
American Civil Liberties Union of Tennessee, 2010. "Tennessee Law Enforcement Classifies Protected Free Speech as "Suspicious Activity." December 21. <aclu-tn.org/release122110.htm>.
American Institute for Cancer Research, n.d. "Recommendations for Cancer Prevention." <aicr.org/reduce-your-cancer-risk/recommendationsfor-cancer-prevention/recommendations_05_red_meat.html>.
Animal Agriculture Alliance, 2008. "Tsunami of Horse Abuse Cases Sweeps Nation: Eliminating Horse Processing Devolves into Undeniable National Horror." <getbig.com/boards/index.php?topic=195184.0;imode>.
Animal Agriculture Alliance, 2011. "Myths Promoted at 'End Factory Farming' Conference." *Dairy Business*. November 7. <dairybusiness.com/seo/headline.php?title=myths-promoted-at-end-factory-farming-confere&date=2011-11-17&tab le=headlines#ixzz38DUMjbLg>.
Animal Law Coalition, 2007. "How the AETA Was Maneuvered through Congress with Little Opposition." August 21. <animallawcoalition.com/ how-the-aeta-was-maneuvered-through-congress-with-little-opposition/>.
Animal Liberation Front, n.d. "The ALF Credo and Guidelines." <animalliberationfront.com/ALFront/alf_credo.htm>.
Animal Voices, 2006. "Radio Against Rodeo." <animalvoices.ca/show/rodeo>.
Animals Australia, 2013. "What Is Animals Australia's 'Hidden' Agenda?" <animalsaustralia.org/about/animals-australia-agenda.php#toc2>.
Anti-Defamation League, n.d.a. "Ecoterrorism: Extremism in the Animal Rights and Environmentalist Movements." <archive.adl.org/learn/ext_us/ecoterrorism.html>.
Anti-Defamation League, n.d.b. "Christian Identity." <adl.org/learn/ext_us/Christian_ Identity.asp?LEARN_Cat=Extremism&LEARN_SubCat=Extremism_in_Ame rica&xpicked=4&item=Christian_ID>.
Anti-Defamation League, n.d.c. "The Militia Movement." <adl.org/ learn/ext_us/Militia_M.asp?LEARN_Cat=Extremism&LEARN_ SubCat=Extremism_in_America&xpicked=4&item=mm>.
Arluke, Arnold, and Clinton R. Sanders, 1996. *Regarding Animals*. Philadelphia: Temple University Press.
Armstrong, Stephen, 2008. "The New Spies." *New Statesman*. August 7. <newstatesman.com/business/2008/08/private-security-company>.
Associated Press, 2010. "Gov Ed Rendell Apologizes to Some Groups Included in Homeland Security Anti-Terrorism Bulletins." September 15. <lehighvalleylive.

参考文献

AAA (Animal Agriculture Alliance), 2006. "Alliance Announces First Midwest Anti-Terrorism Training Course Protect Yourself from Agro-Terrorism." Press Release. <animalagalliance.org/current/home. cfm?Category=Press_Releases&Section=2006_0810_Midwest>.

Aaronson, Trevor, 2013. *The Terror Factory*. Brooklyn: IG Publishing.

Abbott, Alison, 2012. "Court Orders Temporary Closure of Italian Dog Breeding Premises." *Nature*. August 2. <nature.com/news/ court-orders-temporary-closure-of-italian-dog-breeding-premises-1.11121>.

ABC News, 2008. "Sea Shepherd Captain 'Shot by Japanese Whalers'." Australian Broadcasting Corporation. March 7. <abc.net.au/news/stories/2008/03/07/2183690.htm?section=justin>.

ABC News, 2013. "Animal Rights Activists 'Akin to Terrorists', Says nsw Minister Hodgkinson." Australian Broadcasting Corporation. July 18. <abc.net.au/news/2013-07-18/ animal-rights-activists-27terrorists272c-says-nsw-minister/4828556>.

Adams, Carol J., 1995. "The Feminist Traffic in Animals." *Neither Man Nor Beast*. New York: Continuum. 109–127.

Addley, Esther, 2006. "Animal Liberation Front Bomber Faces Jail After Admitting Arson Bids." *The Guardian*. August 18. <theguardian. com/uk/2006/aug/18/animalwelfare.topstories3>.

Advocates for Agriculture, 2010. "Judge Calls Animal Activist a Terrorist." February 5. <advocatesforag.blogspot.ca/2010/02/judge-calls-animal-activist-terrorist.html>.

Agenda Security Services, n.d. "Guardian Intelligence Gathering, Investigation and Analysis." <agenda-security.co.uk/intelligence.asp>.

Akin, David, 2012. "One in Two Worried About Eco-Terrorist Threats: Poll." *Toronto Sun*. August 20. <torontosun.com/2012/08/20/ one-in-two-worried-about-eco-terrorist-threats-poll>.

Alberty, Erin, 2014. "BLM: Threats Against Employees Won't Be Tolerated." *Salt Lake Tribune*. May 8. <sltrib.com/sltrib/news/57920443-78/blm-employees-federal-law.html.csp>.

Alderman, Liz, 2012. "Greek Far Right Hangs a Target on Immigrants." *New York Times*. July 10. <nytimes.com/2012/07/11/world/europe/as-golden-dawnrises-in-greece-anti-immigrant-violence-follows.html?pagewanted=all&_r=0>.

Altheide, David, 2003. "Notes Towards a Politics of Fear." *Journal for Crime, Conflict and the Media* 1, 1: 37–54.

Altman, Alex, 2014. "The Nevada Ranch Rebellion Takes a Racist Turn." *Time*. April 24. <time.com/75554/the-nevada-ranch-rebellion-takes-a-racist-turn/>.

American Cancer Society, n.d. "American Cancer Society Guidelines on Nutrition

【は行】

【ま行】

【ら行】

【た行】

【な行】

【さ行】

索　引
（原書索引を元に訳者が作成）

【略称】

【あ行】

【か行】

訳者あとがき

本書は国家と企業による社会正義運動の弾圧、その中でもとくに、動物擁護運動と環境保護運動を「エコテロリズム」なる汚名のもとに迫害するという近年の現象について、批判的見地から考察した稀有な書である。世界各国の実例によって明らかにされる活動家弾圧の実態からは、搾取と抑圧の上に成り立つ現今の社会が市民の管理統制へと向かうさまを窺い知ることができ、慄然とさせられるものがある。

と同時に、本書はその抑え込みの背景に存在する企業や国家の立役者たちを示し、国際的な暴力と破壊のネットワーク、動物産業複合体と資源エネルギー産業複合体の全体像に迫ることを特色とする。

著者ジョン・ソレンソン氏はカナダ・ブロック大学の社会学教授を務め、新興の学術領域、批判的動物研究における主要論者の一人として存在感を放つ。批判的動物研究はエコフェミニズムとともに現在の動物解放論を牽引する役割を担いつつあり、従来の学術研究につきまとっていた似非客観性、似非政治的中立、理論のための理論構築を廃し、学際的・領域横断的視点から、理論と実践の統合をめざす。(注1)本書でもその姿勢は貫かれ、巷に溢れるエコテロリズム論を力強く批判する一方、市民弾圧の仕組みと手口を解き明かすことで、不当な国家権益・企業利益に立ち向かう活動家たちに重要な知見と洞察を提示する。

日本のエコテロリズム論

日本は動物の保護政策がいわゆる「先進国」の中でもとくに遅れていることで悪名高い。「動物の愛護及び管理に関する法律」、略して動物愛護法は、「国民の間に動物を愛護する気風を招来し、生命尊重、友愛及び平和の情操」をやしなうこと、および「動物による人の生命、身体及び財産に対する侵害並びに生活環境の保全上の支障を防止」することを目的とするのみで、動物たち自身の苦しみを配慮する利他性が一切なく、しかも科学実験に供される動物や自然界に暮らす動物に対しては（種の保存法に係る点以外）何らの保護措置も講じない。こうした欠陥制度をもとに、利権や利益の追求を目的とする各種動物搾取産業——ペット販売、ペット品種改変、補助犬ビジネス、動物園・水族館ビジネス、動物サーカス、動物実験、生命操作、工場式畜産、工場式養殖、狩猟、漁業、捕鯨、その他もろもろ——が無規制のままに営まれ、それに反対する活動家は一律に異端者と目される。

なかんずくエコテロリズム論との絡みで注目されるのは捕鯨産業だろう。日本の捕鯨は科学調査を名目とした事実上の商業捕鯨である南極海での調査捕鯨、および鯨肉・イルカ肉流通と水族館ビジネスに支えられた各地方の小型沿岸捕鯨に分かれる。いずれも鯨やイルカを残忍な手法によって捕殺もしくは捕獲し、しかも「持続可能」とされる捕獲量の水準すらも守らない環境犯罪であるところから、動物団体や環境団体による国際的批判を受けているが、水産庁の天下り役員から構成される調査捕鯨の実施団体、日本鯨類研究所は――「鯨を殺さなければ魚が増えすぎる」「鯨は海の資源であるから、人間が消費しなければ自然の恵みを粗末にすることになる」など、非科学的もしくは科学に無関係な空論を並べつつ――反対勢力を「エコテロリスト」と糾弾する。

さらに、一九七〇年代に広告代理店の国際ピーアール株式会社が、鯨食を日本の文化と称し、商業捕鯨の禁止をアメリカの陰謀と位置づけ、反捕鯨運動を人種差別に起因すると訴えるなどして、国内世論を捕鯨擁護へと誘導した甲斐あって、[注2] 現在では捕鯨と何の関わりもない一般市民のあいだですら、反捕鯨を唱える団体をテロリストもしくはエコテロリストとする見方が支配的となっている。

エコテロリズム論が広まることによって得をするのは一握りの利権集団であり、例えば二〇一二年には、東日本大震災の復興予算二三億円が調査捕鯨におけるシーシェパード対策に充てられた。生命と自然の尊重を呼びかける市民活動家をテロリスト呼ばわりしながら、日本の捕鯨業者らは野生生物の保護を定めた国内法がないのをいいことに、血税を注いで鯨殺しに精を出し、親

注1 Steve Best, Anthony J. Nocella, II, Richard Kahn, Carol Gigliotti, and Lisa Kemmerer, "Introducing Critical Animal Studies," *Journal of Critical Animal Studies*, vol. 5, no.1 (2007), pp.4-5.

注2 星川淳『日本はなぜ世界で一番クジラを殺すのか』幻冬舎、二〇〇七年、一四五～四九頁。

から引き離した子イルカを水族館へ売り飛ばし、あまつさえそれを「文化」や「共生」などと偽って人々に倒錯した自然観を植え付けている。

沖縄における国家テロリズム

現在、活動家弾圧の動きが最も露骨に表われているのが、沖縄の辺野古大浦湾および東村高江での米軍施設開発をめぐる衝突である。沖縄県名護市に位置する辺野古大浦湾では、米軍普天間基地による住民の負担軽減を名目に、五八〇〇種以上の海洋生物が暮らす珊瑚礁、および絶滅危惧種ジュゴンの餌場である海草藻場へ、基地移設と称して埋め立て用の大型コンクリートブロックが大量に投じられている。一方、東村高江では、国内最大規模の米軍施設である北部訓練場の縮小と引き換えに米軍ヘリパッドの建設が進められ、ヤンバルクイナやノグチゲラなど数多くの希少種・固有種を含め、四〇〇〇種以上もの動植物が生きる森林に、径七五メートルにもなる円形伐採地が次々と設けられている。

在日米軍はこれまでにも、強姦や殺人といった凶悪犯罪に奔るのみならず、数々の環境犯罪を重ねてきた。普天間飛行場の騒音公害は有名であるが、それ以外にも、例えば二〇〇三年にキャンプ桑江の一部が返還となった後は、跡地の桑江伊平地区で米軍の廃棄した燃料タンクや送油管による土壌汚染が確認されたほか、「五〇キロ爆弾、ロケット弾、機銃弾が一カ所で一万発余、さらに重機のキャタピラー等の廃材が……六〇カ所以上で発見されている」[注3]。二〇一五年には米海軍の強襲揚陸艦が、艦内の医務施設や衣服クリーニング施設から生じた雑排水一五万リットル超を、うるま市の海域に投棄した(注4)。さらに時代をさかのぼると、ベトナム戦争時の一九六九年には、嘉手納飛行場に隣接する知花弾薬庫が毒ガス漏洩事故を起こし、これに続いて米陸軍は化学兵器のマスタードガスやVXガス、サリンを海洋投棄した(注5)。以上のような事例を振り返るに、このたびの辺野古基地移設、高江へリパッド建設も、建設工事それ自体に加え、建設完了後の軍事活動によってさらに人間生活と自然環境とを汚損・撹乱・破壊することは疑いの余地がなく、真に生命を尊ぶ者はこれに反対するのが当然と考えられる。ところがあろうことか、政府、自衛隊、警察、メディアの論理では、これらの破壊事業に反対する活動家こそが社会の敵と目されるのである。

もともと日本政府は日米同盟のためならばいくらでも国民に負担を課す姿勢であったが、現右翼政権による辺野古問題への対応はとくに悪質卑劣を極め、防衛省が名護市内三区に補助金をバラまいて基地移設の賛否をめぐる民意の分断を図った例にはじまり、埋め立て承認取り消し訴

注3　照屋一博「北谷：基地跡地の環境汚染」沖縄大学地域研究所〈「復帰」40年、琉球列島の環境問題と持続可能性〉共同研究班編『琉球列島の環境問題――「復帰」40年・持続可能なシマ社会へ』高文研、二〇一二年、一〇一頁。アラビア数字を漢数字に変換。

注4　沖縄タイムス+プラス「米軍艦、海に汚水15万リットル捨てる　2015年　トイレ・医務室から か」。http://www.okinawatimes.co.jp/articles/-/80119（二〇一七年三月三日アクセス）。

注5　琉球朝日放送「新たな証言 米軍が海に化学兵器を投棄か」。http://www.qab.co.jp/news/2013072945108.html（二〇一七年三月三日アクセス）。

訟に勝利した政府が工事の遅延を理由に沖縄県への損害賠償請求を検討するなどの経緯をみるにつけ、この国では自治も人権も民主主義もが政府中枢の思惑によって容易に葬られることが分かる。防衛省は「仮想敵国」中国から抽象概念としての「国」を守ろうとする空虚な闘志は燃やしていても、現実の国土である辺野古の海を守ろうという愛国心は持ち合わせていないらしく、計二三六個にもなるコンクリートブロックの投入を沖縄防衛局みずからが買って出ている。同防衛局はさらに、活動家の座り込みを防止すべく、抗議運動が行なわれる米軍キャンプ・シュワブのゲート前にギザギザ型の鉄板を敷き詰めるという策をも弄した。また、洋上に目を向けると、海の安全・治安を守るはずの海上保安庁が、平和的活動家の乗る抗議ボートに立ち退きを命じるばかりか、ボートを追い回し、転覆させ、乗組員を脅迫・拘束し、海に突き落としている。

一方の高江では警察の機動隊が公権力にものを言わせ、活動家を威圧・恫喝しつつ、殴る、蹴る、首を絞める、さらには警察車両でひき逃げするなどの暴行を加え、業務妨害その他の言いがかりをつけて逮捕・拘束する[注6]（機動隊は辺野古でも好き放題の暴力を振るっている）。これは警察機構の仕事が正義への奉仕ではないことの証明といってよい。ストーカー被害の一つもまともに防げない（防ごうとしない）警察が、市民活動の抑え込みにはこれ以上ないほどの勤勉さを発揮する。犯罪を取り締まるべき警察が国家犯罪に加担する。すなわち本書が述べる通り、警察は「自身を戦士とみなし、社会を戦場、市民を敵とみる」。脅迫まがいの尋問や自白の強要、外国人に対する執拗な職務質問といった「日常業務」から、沖縄での奔放な暴力行為にいたるまで、警察は市民を守ることよりも市民を虐げることに特化している。その攻撃的性格が、警察機構内に存在する組織的差別感情と混ざり合って、かの大阪府警機動隊員による「土人」「シナ人」発言を生んだ。

ニュースサイト「LITERA（リテラ）」によると、警察は外部から入手不可の専門雑誌『月刊BAN』を通して隊員内に極右の差別思想を吹き込んでいる。同誌の執筆陣には方々で沖縄への誹謗中傷を繰り返し「基地反対派に〝デマ攻撃〟を仕掛けてきた」元海上自衛官の恵隆之介をはじめ、歴史修正主義者の百田尚樹、渡部昇一、西尾幹二、さらには「在日特権を許さない市民の会」会員で「NPO外国人犯罪追放運動」顧問を務めるヒトラー崇拝者のネオナチ右翼、瀬戸弘幸らが名を連ね、こうした論客の洗脳によって、「警察官に市民運動やマイノリティの団体、在日外国人などを『社会の敵』とみなす教育が徹底的に行われる」(注7)。辺野古の基地移設反対運動、高江のヘリパッド建設反対運動は、極右勢力の推進する軍事開発から貴重な自然と沖縄の人々の人権を守る市民運動であり、それにもかかわらず、ではなく、そうであるからこそ、警察の容赦ない弾圧にさらされるのである。

注6　志葉玲「安倍政権の『沖縄潰し』本土マスコミが伝えない機動隊の暴力――高江ヘリパッド建設問題」。https://news.yahoo.co.jp/byline/shivarei/20160723-00060291/（二〇一七年三月八日アクセス）。

注7　LITERA「『土人』発言の背景……警官に極右ヘイト思想を教育する警察専用雑誌が！　ヘイトデモ指導者まで起用し差別扇動」。http://lite-ra.com/2016/10/post-2648.html（二〇一七年三月九日アクセス）。

特定秘密保護法を設けるまでもなく、メディアは伝えられる真実をも伝えない方針で一貫している。営利事業としての性格、後援企業の意向、あるいは真剣な報道よりも気晴らしの娯楽を求める視聴者側の期待のせいもあろうが、全国放送を持つ大手テレビ局は、面白半分に政治家の不祥事を取り沙汰することはあっても、沖縄問題を批判的に検証した番組を放送することはない。自然と人権に対するこの上ない犯罪よりも、政治家の本音が漏れた舌禍事件や芸能人の結婚・不倫騒動の方がニュースバリューにおいて高い位置を占めるということが、各局の報道姿勢から伝わってくる。NHKは総理大臣が経営委員を任命するというそのシステム上、体制批判を行なう点で致命的な欠陥を抱えているのは当然であって、事実、沖縄で政府の横暴に抵抗する活動家たちの姿が同局の番組に現われることはない。

そうした風潮の中、沖縄問題を真正面から取り上げているのが、差別感情を剝き出しにした地域放送である。例えば大阪で放送される読売テレビの『そこまで言って委員会NP』は、元海上自衛官の恵隆之介などを登場させ、「反基地運動……には巧みに北京、あるいは平壌、ソウルの左巻きたちが入ってきている」といった民族差別にもとづくデマを喋らせることで、視聴者を沖縄憎悪の思想に染め上げている。(注8) 同様の趣旨で、DHCシアターの制作になる東京MXの『ニュース女子』も、高江ヘリパッド建設反対運動に対するバッシングを展開した。同番組は活動家弾圧に用いられる「テロリズム」論の好見本として注目に値する。その二〇一七年一月二日放送回では、自称・軍事ジャーナリストの井上和彦による取材芝居を通し、ヘリパッド反対運動を「過激デモ」、その参加者を「定年過ぎた人たちばかり」「逮捕されても生活の影響もない65～75歳を集めた集団」「武闘派集団『シルバー部隊』」そして「テロリスト」と紹介する。番組は反対運動の背景を一切説明しないまま、活動家たちが「後先考えずに犯罪行為を繰り返す」のはなぜかと問い、陰謀論へと話題を移す。いわく、抗議の裏には活動家に「日当」を支給する外国人組織があるらしく、「韓国人はいるわ、中国人はいるわ」で「なんでこんな奴らが反対運動やっているんだと……地元の人は怒り心頭」であるという。この多分に妄想めいた飛躍的な議論は、アルカイダ系組織とつながった動物・環境団体の陰謀をほのめかす「エコテロリズム」論とまったく同じ構造である。放送局の東京MXは「議論の一環」として同番組を放送したそうだが、その内容は右の通り、地域差別・民族差別・年齢差別にもとづく無根拠な政治宣伝（プロパガンダ）に過ぎなかった（さらに『ニュース女子』は、無知を演じる女性タレントに知識人を騙（かた）る男性解説者が教えを垂れるという構図をつくる点で性差別的でもある）。

『そこまで言って委員会NP』にも『ニュース女子』にも共通するのは、これらの愚弄が終始、笑いの渦に包まれながら口にされることである。『ニュース女子』の中で中傷された「のりこえ

注8　ＬＩＴＥＲＡ「松井知事『土人』発言擁護と同根！『そこまで言って委員会』など大阪のテレビの聞くに堪えない沖縄ヘイト」。http://lite-ra.com/2016/10/post-2638.html（二〇一七年三月九日アクセス）。

ねっと」共同代表の辛淑玉（シンスゴ）氏が言うように、「ヘイトデモをする人たちは、いつも笑っている。笑いながら憎悪の扇動をする」(注9)。こうした「悪徳の笑い」について、フランクフルト学派の議論にもとづき鋭い洞察を示したのは、批判的動物研究に携わるジッポラ・ワイスバーグ氏だった。

和解の笑いは「権力からの脱出を表わす響きに発する」。それは支配への抵抗と自由の笑いである。他方、悪徳の笑いは強圧的権力への隷従に発する。それは抑圧者の口から漏れ出で、犠牲者、すなわち最も手頃な嘲りの対象である弱者へと向けられる。この笑いが「悪徳」であるのは、それが被抑圧者を解放するのではなしに侮辱するからである。それが悪魔的であるのは、「何も笑うべきものがないところに笑いが生じる」からであり、他者への倫理的責任を前にして笑いを響かせるからである(注10)。

悪徳の笑いは支配者の自己確認、あるいは罪悪感からの逃避願望に由来する、というワイスバーグ氏の分析は説得力がある(注11)。「ファシスト国家でも、絶滅収容所でも、拷問部屋でも、それに動物実験室、工場式畜産場、繁殖施設、その他でも」、さらには沖縄を罵倒するテレビスタジオでも、まさに、犠牲者の現実を直視した時に感じるであろう良心の呵責への恐怖こそが、笑えないものを笑う倒錯を生み出す。そして笑いによって自己の内なる良心を殺し続けるかぎり、人はいかなる暴力をも是認する。ナチス・ドイツは徹底的にユダヤ人を笑いものにした。現代日本は徹底的に活動家を笑いものにする。本来、言論の自由や報道の自由は、権力への抵抗を可能とするための概念であったが、現在のそれはむしろ権力におもねって反対勢力を抑圧するための道具になり下がった。軍国化と大衆操作に明け暮れる安倍政権がもとよりナチス的であることは言うまでもないが、どうやら日本は民間レベルでも全体主義の気風に覆われてしまったようである。

総合的正義運動

統制と圧制が世を席巻（せっけん）する中で、活動家に求められるのは何よりも連携と相互理解であろうと訳者は考える。軍産複合体や動物産業複合体に象徴されるごとく、暴力・破壊・搾取を推し進める勢力は、その構成要素をなす個々の事業体がそれ自体でも強大であるのに加え、国家権力を後ろ盾とし、セキュリティ機関によって守られ、メディア媒体によって大衆をみずからのイデオロギーに染め上げ、宣伝戦略によって敵対者を異端に仕立て上げつつ、利権と利益の維持・増大に努める。市民運動は国際的にも盛んで、日本国内にも独創性に富んだ様々な団体が存在するものの、そのそれぞれが単体でこの巨大勢力に立ち向かえば、おのずと越えがたい壁に行き当たるこ

注9　「辛淑玉 on Twitter」https://twitter.com/shinsugok/status/820217505385852928（二〇一七年三月十日アクセス）。

注10　Zipporah Weisberg, "Animal Repression: Speciesism as Pathology" in John Sanbonmatsu ed., *Critical Theory and Animal Liberation*, Rowman & Littlefield, 2011, p.188.

注11　Zipporah Weisberg, "The Broken Promises of Monsters: Haraway, Animals, and the Humanist Legacy," *Journal for Critical Animal Studies*, vol. 7, no. 2(2009), p.57.

とは必至である。

支配の複合体に対抗できる望みがあるのは、多様な主義主張を掲げる各市民運動の団結をおいて他にない。草の根組織の多くは人員・資金・支持者数の面で限界を抱えるが、もしもその各組織が目標の相違を超え、互いを理解し高め合える関係へと至れば、これまで以上の成果を結ぶ希望も芽生え、さらなる人々の共感も得られるだろう。とどのつまり、人間の自然な本性（ほんせい）は、破壊よりも調和を、搾取よりも公正を、殺戮よりも慈愛を求めている。利益が発生しなければ人が環境犯罪や動物抑圧、人権侵害を支持するはずがないのである。したがって正義を要請する声が破壊の論理に屈することはない。ただしその運動が推進力を得るには、参加者各人が自分の関心事のみに囚われる偏狭を脱し、領域横断的な視点に立つことが求められよう。例えば反戦・平和活動家や人権活動家は、記録に計上されるだけでも毎年一千億以上の動物を殺害する動物性食品産業の廃絶なくして真の非暴力はありえないことを自覚しなければならない。この産業が動物を苦しめるばかりでなく、土地収奪・侵略戦争・飢餓問題・文化破壊・移民差別・労働者搾取の大きな元凶であることは、動物の権利団体のあいだではすでに常識であるが[注12]、人権を重んじる人々のあいだでも常識とすべき事実である。同じく環境活動家も、菜食に目を向けず「持続可能な漁業」を推奨するだけでは魚介類の減少を防げず、畜産業を批判しないままでは資源枯渇も森林破壊も地球温暖化も喰い止められないことを学習しなければならない。つまるところ、人間中心主義にのっとった浅い環境保護論（シャロー・エコロジー）は人間も人間以外の生命も救えない。そして動物活動家は、健全な地球環境を守らずして動物たちの安寧はありえないこと、動物の権利擁護と人権擁護を切り離して考えてはならないことを悟る必要がある。例えば毛皮不使用の衣服を勧める文脈でユニクロやH&Mといったファストファッション・ブランドを推す活動家は少なくないが、これらの企業は毛皮こそ扱っていないにせよ、はなはだしい労働者搾取(注13)と環境破壊(注14)に手を染めており、その非倫理的商品を人々に勧めているあいだは、動物擁護論が他の正義運動に携わる市民らの支持を得られることはない。活動家は得てして、自身の携わる問題以外を瑣末事のようにみなす傾向があるが、けだし、被抑圧者のために戦う者同士が互いに背を向けているかぎり、破壊の勢力は何の不都合を感じることもなく横暴を繰り返すだろう。各運動の参加者が、互いの欠陥や独善を自由に批判し合える建設的な議論を通し、総合的正義の認識へと至ることが求められる次第である。

これを横糸の連携とするならば、縦糸の連携もまた欠かせない。活動団体はそれぞれ、実地調査に秀でた組織、啓蒙・教育に優れた組織、法律関係に強い組織など、様々な得意分野ごとに分かれている。現在はその個々の団体が、調査・啓蒙・法務処理・その他、すべての業務を独自にこなしているので、低予算や小規模の弱点を克服できずにいるきらいがある。その克服には、支

注12　例えばデビッド・A・ナイバート著／拙訳『動物・人間・暴虐史――〝飼い貶し〟の大罪、世界紛争と資本主義』（新評論、二〇一六年）およびテッド・ジェノウェイズ著／拙訳『屠殺――監禁畜舎・食肉処理場・食の安全』（緑風出版、二〇一六年）を参照。

注13　例えば横田増生『ユニクロ帝国の光と影』（文藝春秋、二〇一三年）およびiRONNA「まさに地獄！潜入調査で見たユニクロ下請け工場の実態」(http://ironna.jp/article/948) を参照。

注14　例えばアンドリュー・モーガン監督『ザ・トゥルー・コスト――ファストファッション 真の代償』（ユナイテッドピープル、二〇一六年）を参照。

持者を募る努力もさることながら、団体の枠を超えた協力体制の確立も必要とされるだろう。調査を得意とする団体が現場調査の結果を他団体へ伝え、啓蒙に特化した団体がその知識を一般人に広め、法律家集団の団体が一連の手続きをサポートするとともに法改正その他の交渉を進める、といった連携が確立されれば、いま以上に大きな正義の潮流が形づくられるに違いない。無論、この縦糸を結ぶものも相互理解である。共通ないし類似の目標をめざす者同士でも、微妙な主張の差異によって意見が対立することはある。環境保護でいえば、保全論（持続可能な自然利用を肯定する立場）寄りなのか、保存論（自然への人為介入そのものに反対する立場）寄りなのか。動物擁護でいえば、福祉論（動物利用を認めた上で飼育環境の改善を進める立場）寄りなのか、解放論（動物利用そのものを認めない立場）寄りなのか。縦の連携を行なう上ではこうした相違があることを踏まえ、世間に向けて何を訴えるのかを連携者同士でよく話し合う必要があるだろう。この理解と敬意、情熱と協調に発する総合的正義運動の歩みこそが、利権と利益に駆られる破壊活動に歯止めをかける希望となる。

＊

最後になりましたが、訳者を悩ませる語学上の疑問点に明瞭な答を示してくださった上智大学のマイク・ミルワード先生、版権の取得から的確な校正・編集作業にいたるまで、多岐にわたってお世話になった緑風出版の高須次郎氏、高須ますみ氏、斎藤あかね氏、および翻訳作業に打ち込む息子を常に励まし見守ってくれていた母に、心からの感謝を申し上げます。

[著者紹介]

ジョン・ソレンソン（John Sorenson）

カナダ・ブロック大学社会学教授。批判的動物研究、グローバリゼーション、反人種差別を講義。エリトリア、エチオピア、スーダン、パキスタンでフィールド調査を行ない、マニトバ大学災害研究部、ヨーク大学難民研究センター、エリトリア共済協会との提携活動に従事する。著書に Imagining Ethiopia: Struggles for History and Identity in the Horn of Africa（1993）、Disaster and Development in the Horn of Africa（1995）、Ghosts and Shadows: Construction of Identity and Community in an African Diaspora（2001、Atsuko Matsuoka との共著）があるほか、編著・寄稿論文多数。

[訳者紹介]

井上太一（いのうえ・たいち）

翻訳家。おもな関心領域は動植物倫理、環境倫理。既訳書にアントニー・J・ノチェッラ二世ほか編『動物と戦争』（新評論、2015 年）、ダニエル・インホフ編『動物工場』（緑風出版、2016 年）、デビッド・A・ナイバート『動物・人間・暴虐史』（新評論、2016 年）、テッド・ジェノウェイズ『屠殺』（緑風出版、2016 年）、シェリー・F・コーブ『菜食への疑問に答える 13 章』（新評論、2017 年）があるほか、寄稿論文に“Oceans Filled with Agony: Fish Oppression Driven by Capitalist Commodification” in David A. Nibert ed., *Animal Oppression and Capitalism*（Praeger Press, 2017 年刊行予定）がある。

捏造されるエコテロリスト

2017年7月30日　初版第1刷発行　定価3200円+税

著　者　ジョン・ソレンソン
訳　者　井上太一
発行者　高須次郎
発行所　緑風出版 ©
〒113-0033　東京都文京区本郷2-17-5　ツイン壱岐坂
[電話] 03-3812-9420　[FAX] 03-3812-7262 [郵便振替] 00100-9-30776
[E-mail] info@ryokufu.com [URL] http://www.ryokufu.com/
装　幀　斎藤あかね
制　作　R企画　　印　刷　中央精版印刷・巣鴨美術印刷
製　本　中央精版印刷　　用　紙　大宝紙業・中央精版印刷　E1200

ISBN978-4-8461-1711-5　C0036